U0171450

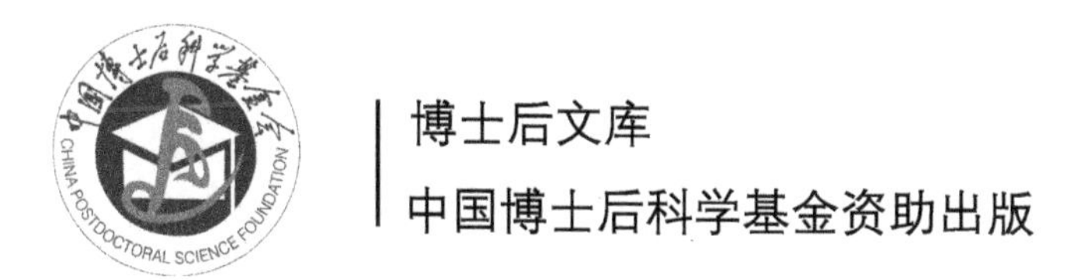

博士后文库
中国博士后科学基金资助出版

材料形态学

万见峰　著

科　学　出　版　社
北　京

内 容 简 介

材料形态学是材料科学研究的核心内容之一。本书共 8 章：第 1 章介绍材料形态学的含义及其与性能的关系；第 2~5 章分别从热力学、晶体学、动力学、力学角度阐述材料形态学的基本原理；因为材料形态是通过表面或界面直接体现出来的，所以第 6~8 章分别分析非磁性表面形态学、非磁性界面形态学和磁性畴界的形态学。希望本书能对材料形态学有一个较为系统的论述。

本书适合从事材料科学、凝聚态物理及相关领域的科研人员和高等院校师生参考和阅读。

图书在版编目(CIP)数据

材料形态学/万见峰著. —北京: 科学出版社, 2020.6

(博士后文库)

ISBN 978-7-03-065039-9

Ⅰ. ①材… Ⅱ. ①万… Ⅲ.①材料科学-研究 Ⅳ. ①TB3

中国版本图书馆 CIP 数据核字 (2020) 第 076681 号

责任编辑：陈艳峰／责任校对：杨　然

责任印制：吴兆东／封面设计：陈　敬

科学出版社 出版

北京东黄城根北街 16 号

邮政编码: 100717

http://www.sciencep.com

北京虎彩文化传播有限公司 印刷

科学出版社发行　各地新华书店经销

*

2020 年 6 月第 一 版　开本: 720 × 1000　B5

2020 年12月第二次印刷　印张: 16 3/4　插页: 4

字数: 330 000

定价: 128.00 元

(如有印装质量问题，我社负责调换)

《博士后文库》序言

1985 年，在李政道先生的倡议和邓小平同志的亲自关怀下，我国建立了博士后制度，同时设立了博士后科学基金。30 多年来，在党和国家的高度重视下，在社会各方面的关心和支持下，博士后制度为我国培养了一大批青年高层次创新人才。在这一过程中，博士后科学基金发挥了不可替代的独特作用。

博士后科学基金是中国特色博士后制度的重要组成部分，专门用于资助博士后研究人员开展创新探索。博士后科学基金的资助，对正处于独立科研生涯起步阶段的博士后研究人员来说，适逢其时，有利于培养他们独立的科研人格、在选题方面的竞争意识以及负责的精神，是他们独立从事科研工作的“第一桶金”。尽管博士后科学基金资助金额不大，但对博士后青年创新人才的培养和激励作用不可估量。四两拨千斤，博士后科学基金有效地推动了博士后研究人员迅速成长为高水平的研究人才，“小基金发挥了大作用”。

在博士后科学基金的资助下，博士后研究人员的优秀学术成果不断涌现。2013 年，为提高博士后科学基金的资助效益，中国博士后科学基金会联合科学出版社开展了博士后优秀学术专著出版资助工作，通过专家评审遴选出优秀的博士后学术著作，收入《博士后文库》，由博士后科学基金资助、科学出版社出版。我们希望，借此打造专属于博士后学术创新的旗舰图书品牌，激励博士后研究人员潜心科研，扎实治学，提升博士后优秀学术成果的社会影响力。

2015 年，国务院办公厅印发了《关于改革完善博士后制度的意见》（国办发〔2015〕87 号），将“实施自然科学、人文社会科学优秀博士后论著出版支持计划”作为“十三五”期间博士后工作的重要内容和提升博士后研究人员培养质量的重要手段，这更加凸显了出版资助工作的意义。我相信，我们提供的这个出版资助平台将对博士后研究人员激发创新智慧、凝聚创新力量发挥独特的作用，促使博士后研究人员的创新成果更好地服务于创新驱动发展战略和创新型国家的建设。

祝愿广大博士后研究人员在博士后科学基金的资助下早日成长为栋梁之才，为实现中华民族伟大复兴的中国梦做出更大的贡献。

中国博士后科学基金会理事长

序

材料微观组织的形貌千姿百态，堪与大自然媲美。微观组织的点阵结构对材料的性能有重要影响，而且它的形貌也对性能有重要影响，尤其对结构材料而言。现代技术可以观察到微观组织形貌形成的全过程，但是无法揭示千姿百态形貌形成的起因。数值模拟成为唯一可以揭示形貌各异起因的有效方法。例如，基于相变热力学、动力学和晶体学的相场模拟，不仅可以显示微观组织的演变过程，而且可以揭示微观组织形貌的影响因素，这为加速高性能材料的设计提供了强有力的技术支持。作者以“材料形态与性能的关系”“基于热力学的材料形态学”“基于晶体学的材料形态学”“基于动力学的材料形态学”“基于力学的材料形态学”“材料表面形态学”“材料界面形态学”和“反铁磁结构相变的形态学”几部分构成《材料形态学》一书，具有积极的学术参考价值。我认为，该书作者从博士到博士后期间的理论和实验知识的积累为其以后的研究奠定了坚实的基础，同时该书丰富的内容必将对我国材料形态学的研究起着积极的推动作用。本人在由徐祖耀院士重建的“相变理论及其应用”课题组担任组长的 12 年间，徐先生先后提出材料热力学、动力学、晶体学和形态学研究的重要性，课题组多名成员不负先生期盼，先后撰写多部著作。从他们的身上我看到了徐先生的“影子”，他们从博士毕业到在不同岗位工作期间一直遵循徐先生“做研究要耐得起清平，要耐得起寂寞”的教诲，令我敬佩。以上是我读了《材料形态学》手稿的一点感想，以作为序。

戎咏华

上海交通大学教授

2019 年 10 月 1 日

前　　言

无论是结构材料还是功能材料，无论是传统材料还是新材料，材料组织对性质的影响都是材料科学与工程的核心。早在 2008 年徐祖耀院士在第八届全国相变及凝固学术会议上就积极倡导发展 “材料形态学”，因为材料形态学是材料研究核心中的关键。这里所提及的形态范围很广，包括电子结构、原子结构、晶体结构、相与组织、形貌等；影响材料形态的因素很多，包括成分、制备方法、热处理和热加工工艺等；材料形态直接关系材料的光学性质、电学性质、磁性、力学特性、化学性质、生物特性等众多性质；在新能源材料中形态更直接关系到新型电池的充放电特性，包括缩短充电时间、提高新能源汽车的续航距离等。希望材料形态学的研究能为当今中国的新能源做出新的贡献，以此促进材料形态学的深入发展，这也是徐先生生前所迫切希望看到的!

为了能较好地阐述材料形态学，在撰写过程中延续这样一个思路：首先了解材料形态学及其与性能之间的关系，以引起大家的重视与关注；接下来分别从热力学、动力学、晶体学、力学的角度对材料形态学进行分析与阐述，因为这四个方面涉及材料形态学的基本原理，是材料形态学的重要理论基石；在了解与认识其基本原理之后，就要将其与具体的材料科学问题——表界面科学结合起来，因为材料形态是直接通过表面、界面来体现的，所以接下来分别分析与讨论表面形态学、界面形态学，由于这里没有涉及磁性，因此最后还要分析磁性畴界的形态学问题。

全书共 8 章，分别从以下几个方面进行了阐述和研究：第 1 章简要概述了材料形态学的热力学、动力学和晶体学基本原理，并结合我们的研究工作分析了形态与性能之间的关系，这里的性能主要是形状记忆效应、光学特性、力学特性及阻尼特性。第 2 章详细地从热力学的角度阐述了在材料形态学方面的研究工作，包括合金中的微观组织演化、纳米材料 (碳纳米管) 的结构演化以及缺陷 (层错) 热力学。第 3 章从晶体学的角度阐述了缺陷晶体学与形态的关系、单步结构相变的晶体学与形态的关系、多步结构相变晶体学与形态的关系，最后基于晶体学提出了一种马氏体形态 (透镜状) 的发展长大模式。第 4 章从动力学的角度研究了单晶和多晶中的微观组织形态的演化规律，并将形态与形状记忆效应、超弹特性、潜热效应、弹热效应等特性结合起来进行了细致的分析。第 5 章从细观力学的角度分析各种形态的层错及马氏体之间的弹性相互作用等，重点阐述了各种形态形成的力学依据。第 6 章重点阐述了材料表面的形态学，这里面包含平直表面、颗粒表面、台阶表面、表面浮凸等不同表面形态所涉及的科学问题，如电子结构、表面吸附、纳米团簇的稳定性、石墨烯的能隙调制、表面浮凸形貌的记忆效应等。第 7 章则重点阐述材料界面的形态学，分别从界面热力学、界面力学、界面形态等角度来研究界面科学与工程中的问题。第 8 章从磁学的角度研究了磁性结构相变过程中的微观组织形态的演化，并将其与磁致应变特性结合起来，这里面涉及的耦合效应包括磁性二级相变与马氏体一级结构相变的耦合，多物理场 (磁场 + 应力场) 的耦合，多畴界 (反铁磁磁畴 + 马氏体孪晶畴) 的耦合；同时比较了单晶和多晶中磁性形态的差异。

在撰写过程中，越来越感觉到材料形态学不仅仅是一个具有高度概括性的概念，更是一个非常重要的研究课题和发展方向。这当中，也时时想起徐先生，想起徐先生的教诲，心中充满感激、充满怀念！仿佛他还生活在我们的身边，也仿佛他还坐在浩然大厦办公室的书桌边不停地写作着 …… 当我们在研究中感到迷茫时，那就擦亮眼睛看看材料的模样，材料形态学在等着你的召唤；当你发现了新的组织结构，材料形态学会非常感谢你为它所做出的贡献；无论你从事哪个方面的材料研究，材料形态学都会陪伴你一路前行，不忘初心。材料形态学也是很美的初心！

感谢合作导师雷啸霖院士在我从事博士后研究工作期间所给予的关心与支持，雷先生严谨的科学态度和深邃的物理思想一直对我有着重要的影响，并激励着我勇敢前行！感谢国家自然科学基金委在科研工作中给予的大力支持！感谢国家留学基金委、全国博士后管委会和上海交通大学在学习、工作和生活中给予的关心、支持和帮助！感谢那些给予我帮助、支持和鼓励的老师们、同学们、朋友们！感谢我的家人和亲人们的默默奉献！由于水平有限，还有很多方面的研究没有深入进行，书中难免会有不妥之处，敬请广大读者批评指正！

万见峰

于上海交通大学

2019 年 5 月

目　　录

第 1 章　材料形态与性能的关系

1.1　引　　言

材料微观组织对性能的影响是材料科学与工程研究的核心内容之一，而材料形态则是核心中的关键因素，开展材料形态学的研究已成为当今材料科学发展和材料工业应用的重要方向。徐祖耀院士曾积极提倡“材料形态学”的研究，认为材料形态学以热力学、动力学、晶体学为基础，主要内容包含各种组织形态的总结与归纳、组织形态的成因以及组织形态对性能的影响等，并从组织形态到组织设计，进行了系统的总结和评述，提出了富有价值的科学见解 [1]。其中有三点内容需要重点关注：材料中众多组织形态的归纳总结和表征；众多组织形态的成因; 组织形态对性质的影响，这与材料的工程应用密切相关，最好能编制相关的公共软件供材料设计人员与研发人员参考和使用。以上三点构建了材料形态学研究的一个基本框架，但目前还没有形成一个完整的理论体系，相关研究工作还需要进一步的系统化。特别需要强调的是不能将材料形态和材料形态学等同起来，后者更应属于一种学说。对于第一点，发展到今天，形成的材料体系不计其数，非常有必要对其进行分类和总结，这有利于节约资源；在微观组织表征方面，中国大科学装置的建设和使用，使得对组织结构的分析更加深入。另外，在材料基因组工程中有一部分是高通量表征，基于新设备和新方法，可大大提高材料表征的效率。这些工作极大地促进了材料表征的深入和高效，对于提高中国的科研竞争力和影响力具有重要的意义。对于第二点，决定组织形态的因素主要是成分和工艺，即便是成分相同，若热处理或热加工的工艺不同，所得到的微观组织形态也会有很大的差异。在高强钢的研究中，不同的工艺制度会导致不同的强度和韧性，实施热处理和热加工相结合的方法，可以同时提高其强度和韧性，以获得高品质钢铁材料。对于第三点，材料的性能最终还是由其组织形态决定的，所以在进行材料设计时，可以采用从上向下的设计思路：首先根据实际应用中对材料性能的需要来选择微观组织，然后再选择材料体系和工艺路线，这有利于缩短材料研发的时间，符合当今绿色发展的战略方针。由此可见，材料形态学的研究仍然任重道远。

1.2　材料形态学基本原理

材料科学发展至今，还没有真正建立材料形态学的基本原理。考虑到材料微观组织的演化过程包括演化方向、演化路径和演化结果，涉及材料的热力学、动力学和晶体学：热力学决定了微观组织演化的方向、动力学决定了微观组织演化的路径、晶体学可以决定微观组织演化结束后组织的位向关系。在大多数材料体系的微观组织演化中，从热力学、动力学和晶体学等方面可以从不同角度深入研究其演化的规律及相关的演化机理。

1.2.1 热力学原理

材料热力学 [2] 研究内容广泛，其中与材料形态学密切相关的是固态相变热力学。所涉及的固态相变包括有序–无序转变、脱溶分解、失稳分解 -Spinodal 分解、马氏体相变、贝氏体相变等。相变热力学的主要内容是计算相变驱动力，根据相变驱动力大小来判断相变的方向，进而协助我们研究相变机制；另外一个研究内容是预测相变温度，这可以为其工程应用提供技术帮助。假定母相为 P_1，新相有 M_1 和 M_2 两种可能，P_1 与 M_1 或 M_2 的平衡温度分别为 T_{01} 和 T_{02}，P_1 与 M_1 或 M_2 的相变温度分别为 T_{M_1} 和 T_{M_2}，那么在某一温度 T 下体系的相变驱动力可以表示为

$$\Delta G^{P_1\to M_1}\Big|_T = G^{M_1} - G^{P_1} \tag{1-1}$$

$$\Delta G^{P_1\to M_2}\Big|_T = G^{M_2} - G^{P_1} \tag{1-2}$$

其中，$T < M_1 < T_{01}$，$T < M_2 < T_{02}$，$\Delta G^{P_1\to M_1}$ 和 $\Delta G^{P_1\to M_2}$ 是相变驱动力，G^{P_1}、G^{M_1} 和 G^{M_2} 是各相的 Gibbs 自由能。当满足以下条件时：

$$\Delta G^{P_1\to M_1}\Big|_T < \Delta G^{P_1\to M_2}\Big|_T \tag{1-3}$$

则在降温过程中母相会转化为 M_1 相，而不会转化为 M_2 相，由此可判断微观组织演化的方向。对于多元合金体系，材料的相平衡温度和相变温度是合金成分浓度 (x) 的函数：

$$T_{01} = T_{01}(x);\quad T_{02} = T_{02}(x);\quad T_{M_1} = T_{M_1}(x);\quad T_{M_2} = T_{M_2}(x) \tag{1-4}$$

1.2.2 动力学原理

在微观组织形态的演化过程中会涉及原子的扩散或界面的迁移，甚至二者会同时进行。推动原子和界面运动的是能量，包括化学势能、化学自由能、应变能、磁性能等，对应的物理场包括浓度梯度场、温度场、应力场、磁场等，对应的物理参量分别为浓度 (c)、温度 (T)、应力 (σ) 或应变 (ε)、磁矩 (M)。对于原子扩散和界面迁移的动力学过程，可以采用 Ginzburg-Landau 理论 [3] 来获得其动力学演化方程：

$$\frac{\partial c}{\partial t} = L_1\nabla^2 c - \frac{\partial G_{\text{Tot}}}{\partial c} \tag{1-5}$$

$$\frac{\partial \eta}{\partial t} = L_2 \nabla^2 \eta - \frac{\partial G_{\text{Tot}}}{\partial \eta} \tag{1-6}$$

其中，η 表示新相的长程序参量，则 $\nabla\eta$ 表示新相与母相的结构界面，∇c 表示浓度界面，L_1 和 L_2 是动力学参数。G_{Tot} 是体系总能量，可表示为

$$G_{\text{Tot}} = G_{\text{Tot}}(T; c; \eta; \varepsilon; M) \tag{1-7}$$

随着时间的推移，体系微观组织形态就会演化，其中温度场、应力场、磁场等对形态演化的路径有重要的影响，并通过能量的方式在动力学演化方程 (1-5) 和 (1-6) 中体现出来。在外场的作用下，体系的浓度及其分布会改变，界面运动的方向也会改变，其动力学演化过程必将沿着最有利的方向进行，如相界面会沿着应力或磁场的方向运动，因为这个方向上推动界面的力量增加了。

1.2.3 晶体学原理

新相与母相之间往往会呈现一定的位向关系。新相的晶体结构都相同，但新相与母相的位向关系会存在差异，这种差异会导致新相不同的变体，对于马氏体相变最多有 24 种变体。热力学只针对不同晶体结构的体系，所以无法来处理不同变体的化学自由能的差异，即各变体的化学自由能是相同的。在动力学演化过程中，如果不考虑晶体学的因素，各变体的演化方程也会是相同的，也将无法区别马氏体变体。利用晶体学理论可以得到各变体的位向关系，并将各变体区别开来，将其引入动力学演化方程中就可以获得不同形态的马氏体变体，即晶体学决定了马氏体变体的最后形态。在处理扩散型相变过程中 O 点阵模型、结构台阶模型、近重合位置模型等各具特色。在处理无扩散相变中马氏体相变晶体学表象理论占据重要位置 [4]。目前还没有哪一种晶体学模型能够处理所有材料中的晶体学问题，这也说明材料体系的复杂性和多样性。针对马氏体相变，在 Bain 应变的基础上提出了 W-L-R 理论 [5]；相变应变矩阵 $\boldsymbol{P}_1$ 可表示为

$$\boldsymbol{P}_1 = \boldsymbol{R}\bar{\boldsymbol{P}}\boldsymbol{B} \tag{1-8}$$

其中 $\boldsymbol{B}$ 为 Bain 应变矩阵，$\bar{\boldsymbol{P}}$ 作为简单切变矩阵是不变点阵切变，$\boldsymbol{R}$ 是点阵转动矩阵。通过晶体学计算得到的具有马氏体相变的切变特征，而 Bain 畸变要满足相变前后原子迁移距离最小，符合能量最低原理，点阵转动则是为了保持不变平面，并转到特定的惯习面方向，与实验结果尽量保持一致。针对扩散型相变，在相变过程中没有切变，没有惯习面，但相变前后新相与母相之间仍保持一定的晶体学位向关系，其相变应变矩阵 $\boldsymbol{P}_1$ 可表示为

$$\boldsymbol{P}_1 = \boldsymbol{R}\boldsymbol{B} \tag{1-9}$$

由于新相的晶格点阵不同，所以依旧会存在一个 Bain 畸变 ($\boldsymbol{B}$)；为了保证实验中所观察到的新相与母相之间一定的位向关系，保留晶格点阵转动 ($\boldsymbol{R}$) 可以实现特定的位向关系。

综上所述，要最后确定一个体系中微观组织的形态，必须结合热力学、动力学、晶体学来进行分析和表征，才能对材料形态演化有一个完整的认识和了解。

1.3　材料形态与性能的关系

1.3.1　形状记忆效应

形状记忆效应 (SME) 与马氏体相变及其形态有直接的关系。改善与提高 SME 的方法很多，如预应变、合金化、热机训练等，其内在机理则与材料形态密切相关：合金化可以改变材料的层错能，从而改变层错的产生概率和相变的形核率；热机训练则直接改变马氏体变体的形态，通过改变各变体在体系中的位向关系及体积分数最后得到单变体。在 Fe-Mn-Si 基合金中进行微量的氮 (N) 合金化处理，其 SME 会得到有效提高；N 对合金的面心立方 (fcc)-密排六方 (hcp) 马氏体相变和顺磁–反铁磁相变都有一定的影响，其中 N 对层错能的影响可通过实验分析 N 对层错概率的影响来进行定性分析。表 1-1 中的 5 种 Fe-Mn-Si-Cr 基合金均采用氩气保护下的电磁感应炉熔炼，N 的引入主要是通过熔炼中添加含 N 铬铁实现的 [6]。铸锭在 1100℃退火 10 小时，然后经锻造，最后热轧成薄板 (厚度约 1.5mm)。

表 1-1　Fe-Mn-Si-Cr-N 合金的化学成分

合金	Mn	Si	Cr	N	Fe
1#	24.39	5.93	5.05	0.007	bal.
2#	24.30	5.97	5.00	0.051	bal.
3#	24.61	5.92	4.93	0.086	bal.
4#	24.32	6.01	5.39	0.12	bal.
5#	25.05	5.84	5.35	0.14	bal.

形状记忆合金的形状恢复率 (η_0) 通过以下关系式进行计算：$\eta_0 = (L_2 - L_0)/(L_1 - L_0)$，其中 L_0、L_1、L_2 分别表示测试试样的原始长度、室温下拉伸后的长度以及加热恢复到室温下的长度。在 Fe-Mn-Si 基合金的实际应用中，需要获得较大的可恢复应变，同时具备良好的 SME；要达到此要求可先对此类合金进行不同应变下的 SME 分析，然后通过热机械训练，进一步提高 SME。考虑到太小的预应变 ($<1\%$) 不具备实际应用价值，下面实验中采用的预应变分别为 1%、2%、3%、4%和 6%，SME 测量结果如图 1-1 所示 [7,8]。从图中可看出，5 种合金的形状恢复率 (η_0) 均随预应变的增加而降低，这符合一般的预变形规律。不同于热弹性记忆合金 (如

Ni-Ti，Ni-Mn-Ga，Co-Ni 合金等)，Fe-Mn-Si 基合金属于半热弹合金，此类合金依旧需要借助热机训练的方法来获得良好的形状记忆效应，但希望热机训练的次数不要太多，次数越少越节约成本，相关的热处理工艺越简单。从图 1-1 的测量结果可以看出，较大的预应变会导致合金 SME 降低。综合考虑预应变和训练次数这两个因素，可采用 3%预应变先对试样进行变形处理，然后进行热机训练，测量结果如图 1-2 所示 [7,8]。从图中可看出：4 号和 5 号合金 (N 浓度较大) 只需两次热机训练就可以获得 100%的形状记忆效应。Fe-Mn-Si-C 合金中一定浓度的 C 也能有效地降低热机训练次数，但考虑到这种合金易腐蚀的特性对工业应用不利，采用 N 合

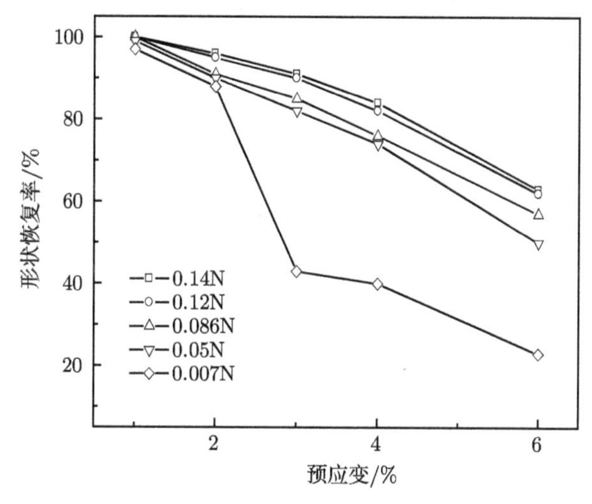

图 1-1 不同预应变下的形状恢复率 [7]

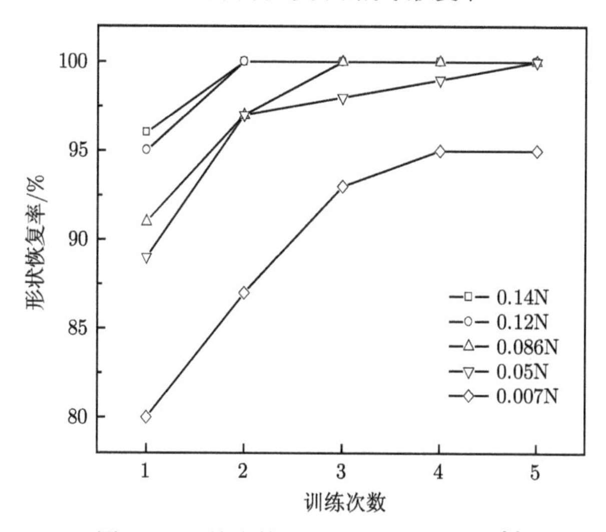

图 1-2 训练次数对形状恢复率的影响 [7]

金化则有效避免了这一不利因素。相比置换原子类型的合金化，只有间隙原子 (C 或 N) 能有效降低 Fe-Mn-Si 基合金的热机训练次数，同时能大大提高基体的强度。

根据 Warren 提出的层错衍射效应可测量材料的层错概率 (P_{sf})[9]：

$$
\begin{aligned}
\left(\frac{1}{D_{\mathrm{eff}}}\right)_{111} &= \frac{1}{D} + \frac{P_{\mathrm{sf}}}{a} \cdot \frac{\sqrt{3}}{4} \\
\left(\frac{1}{D_{\mathrm{eff}}}\right)_{200} &= \frac{1}{D} + \frac{P_{\mathrm{sf}}}{a}
\end{aligned} \tag{1-10}
$$

其中 $(D_{\mathrm{eff}})_{111}$ 和 $(D_{\mathrm{eff}})_{200}$ 分别是 (111) 和 (200) 晶面法向的有效亚晶尺寸，D 表示真实相干区尺寸，a 是 fcc 晶体结构的点阵常数。利用 XRD 图谱，结合公式 (1-10)，计算得到 5 种合金的 P_{sf}-N 浓度曲线如图 1-3 所示。从图 1-3 中可看出 P_{sf} 随氮浓度的增加而有所降低。N 原子和 Mn 原子一样都可降低合金的 P_{sf}，但 N 合金化的作用要远大于 Mn 的合金化效果。由于测量方法和热处理加工工艺等因素都会对 P_{sf} 测量有直接影响，所以大家更关注基于实验所得到的规律性结果。根据图 1-3 可近似得到 P_{sf} 与 N 浓度的定量线性关系：

$$
1/P_{\mathrm{sf}} = 166.2 + 637.7 \times \mathrm{wt\%N} \tag{1-11}
$$

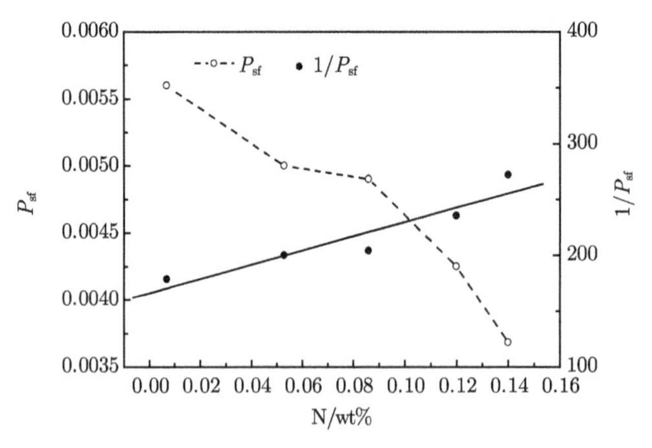

图 1-3　合金的层错概率 (P_{sf}) 与 N 浓度的关系曲线

图 1-4 给出了 5 种合金的 M_{S} (马氏体相变开始温度)、T_{N} (反铁磁相变温度) 与 N 浓度之间的变化关系曲线。从图中可看出，它们与 N 浓度之间分别存在一定的线性定量关系：

$$
M_{\mathrm{S}} = 292.8 - 365.84 \times \mathrm{wt\%N} \tag{1-12}
$$

Fe-C 合金的M_{S}与 C 浓度之间满足定量关系：$M_{\mathrm{S}} = 793 - 320 \times \mathrm{wt\%C}$，而 Fe-Mn-Si 合金中$M_{\mathrm{S}}$与合金浓度之间的定量关系：$M_{\mathrm{S}} = 284.7 - 7.857 \times \mathrm{wt\%Mn} + 46.0 \times \mathrm{wt\%Si}$，

比较可看出间隙原子 N 和 C 对铁基合金 M_S 温度的影响在同一数量级，但远远大于置换原子对结构相变临界温度的影响。徐祖耀 [10] 在 M_S 温度与 P_{sf} 之间提出了一个简单的定量关系式：$M_S = A + B/P_{sf}$，式中 A 和 B 是材料参数。对于 Fe-Mn-Si-Cr-N 合金体系，根据 M_S-$1/P_{sf}$ 关系曲线 (图 1-5)，通过线性回归可得到

$$M_S = 368.5 - 0.48536/P_{sf} \tag{1-13}$$

基于实验结果，通过线性回归可得到 Fe-Mn-Si-Cr-N 合金 T_N 温度与 N 浓度之间的定量关系：

$$T_N = 230.1 - 180.3 \times \text{wt\%N} \tag{1-14}$$

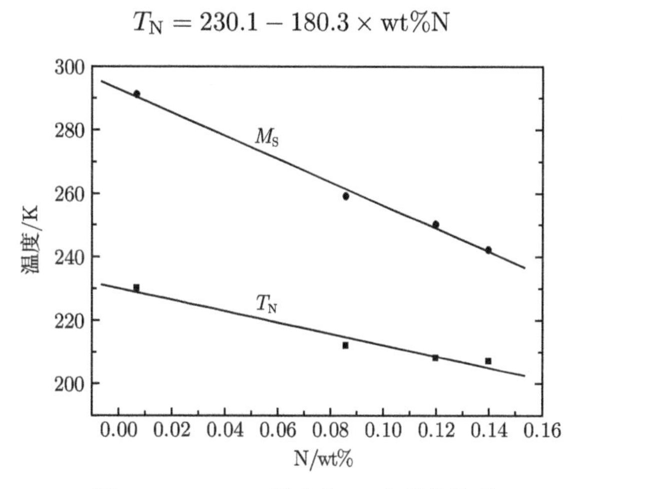

图 1-4 M_S、T_N 温度与 N 含量的关系

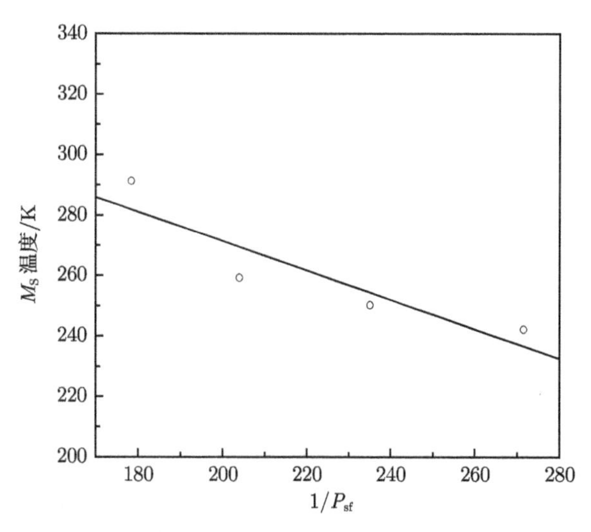

图 1-5 M_S 与 $1/P_{sf}$ 的关系

比较式 (1-12) 和式 (1-14) 发现，N 对此类合金中的 fcc-hcp 马氏体相变的影响程度要大于顺磁–反铁磁相变的。结合式 (1-12) 和式 (1-14) 可得到 $(M_S - T_N)$ 与 N 浓度之间的定量关系：

$$\Delta T = M_S - T_N = 62.7 - 185.54 \times \text{wt\%N} \tag{1-15}$$

式 (1-15) 表明 ΔT 会随 N 浓度的增加而减小。对于 4 号和 5 号 Fe-Mn-Si-Cr-N 合金，由于含有较大的 N 浓度，磁性相变会抑制马氏体相变，主要原因是马氏体相变先于磁性相变发生，这种抑制效应导致热诱发马氏体含量降低。Mn 基合金中顺磁–反铁磁相变先于马氏体相变发生，反铁磁二级相变常会诱发马氏体一级相变的发生，ΔT 越小，合金的热弹效应越明显，不会存在 Fe 基合金中的抑制效应，其内在机理也不完全相同。测量 M_S、T_N 温度与实际应用中的 SME 有一定的内在联系。4 号、5 号合金的 M_S 温度低于室温，因此在室温下对试样进行预变形时不会形成热诱发马氏体，这样可排除它的影响，得到的马氏体都是应力/应变诱发的具有一定取向的马氏体束，这对 SME 更有利，特别是可降低热机训练的次数。一定量的热诱发马氏体也有利于提高合金的 SME，原因是热诱发 fcc-hcp 马氏体相变所产生的相界面和少量层错可增加应力诱发马氏体相变的形核位置，从而影响应力诱发相变的动力学过程。基于以上实验结果可看出，基体中是否存在热诱发马氏体不是影响材料形状记忆效应的决定条件。

基于 Fe-N 合金相图，体系在一定 N 浓度下可形成有序的 fcc 结构相 γ'-Fe_4N(类似于中间相)，但是它的点阵常数略大于 fcc 结构的母相奥氏体。析出的中间相 γ'-Fe_4N 与母相奥氏体之间满足简单的晶体学取向关系：$\langle 100\rangle_{\gamma'}//\langle 100\rangle_{\gamma}$，$\{100\}_{\gamma'}//\{100\}_{\gamma}$。两相组织结构具有相同配置的衍射花样斑点，$\gamma'$-$Fe_4N$ 相的衍射斑点紧密接近奥氏体母相的同指数斑点，由于前者点阵常数略大导致 γ'-Fe_4N 相的斑点矢量短于奥氏体的斑点矢量。为了检测 N 浓度为 0.14wt%的 Fe-Mn-Si-Cr 合金的母相奥氏体中是否有 γ'-Fe_4N 析出，可通过倾转样品来得到奥氏体母相中不同低指数晶带的衍射花样，在这些选区衍射花样中检测、观察、对比 γ'-Fe_4N 的衍射花样，以确定 γ'-Fe_4N 是否存在。基于这种分析考虑，利用 TEM 拍摄多套母相奥氏体的衍射花样 (包括 $[110]_{\gamma}$ 和 $[112]_{\gamma}$ 晶带)，检测发现在这些衍射花样中均没有观察到 γ'-Fe_4N 的衍射斑点 [6]。基于这种 TEM 检测结果，认为在此 N 浓度范围内合金中的 N 是以间隙固溶的形式存在，基体中没有析出 γ'-Fe_4N 中间相。下面利用 TEM 选区电子衍射成像技术进一步检测分析 γ'-Fe_4N 是否在 ε 马氏体和晶体缺陷 (如晶界或孪晶界、位错、层错) 中析出。基于母相 fcc 奥氏体和 hcp 马氏体变体的选区电子衍射花样，可得到它们之间的相变晶体学取向关系：$[011]_{\gamma}//[2\bar{1}\bar{1}0]_{\varepsilon}$,$\{111\}_{\gamma}//\{0001\}_{\varepsilon}$[6]。基于 $g_{0\bar{1}10}$ 操作反射获得的 ε 马氏体中心暗场像，从其衍射花样和暗场像中均没有观察到 γ'-Fe_4N 析出相的存在。比较薄片 ε 马氏体的明、暗场像，可直接证明

γ'-Fe_4N 没有在 ε 马氏体中析出。通过观测比较一个奥氏体晶粒内部不同方向的层错及奥氏体基体倾侧晶界的明场像，可判断在层错面和大角晶界上都没有 γ'-Fe_4N 析出相。TEM 观察发现，在 Fe-Mn-Si 基合金奥氏体基体中存在大量的母相孪晶，在其晶界和母相孪晶界上也没有观察到 γ'-Fe_4N 析出相。利用同样的方法可判断在层错面边界的不全位错上也无 γ'-Fe_4N 析出相。基于以上 TEM 实验观测结果，认为在目前的 N 浓度范围内，N 原子均以间隙固溶方式存在，在基体、马氏体、缺陷 (相界、晶界、层错、不全位错等) 等位置均没有 N 原子的析出相。

1.3.2 光学特性

Ni_2MnGa 合金具有良好的磁控形状记忆效应和超弹特性，具有丰富的结构相变。这种结构相变对合金电子输运和光学性能都有重要的影响。马氏体一级相变和铁磁性一级相变对光学和磁光性能有不同影响，薄膜材料和块体材料对其有不同的贡献。从根本上来说，材料的光学特性与电子结构有关，特别是电子自旋极化和自旋轨道耦合。下面我们将利用第一性原理计算马氏体和母相不同结构的电子特性及相关的光学特性，进一步研究材料形态与光学特性之间的内在关系 [11]。用于计算的马氏体和母相的点阵如图 1-6 所示。

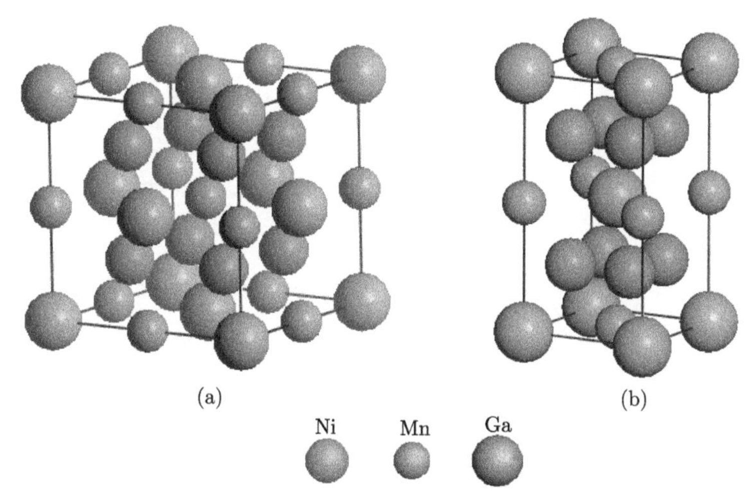

图 1-6 母相 (a) 和马氏体相 (b) 的晶体结构

图 1-7 显示了复折射率随光子能量变化的实部 (n) 和虚部 (k)。两种相的 k 在 1.5eV 时均达到最大值，而 $L2_1$ 结构中的 n 在 10eV 时达到最小值，在 4eV 左右的马氏体状态下达到最小值，表明母相和马氏体相具有不同的点群所决定的不同折射性能。马氏体和母相 Ni_2MnGa 合金的介电函数 (实部 Re，虚部 Im) 的对角分量可计算得到，如图 1-8 所示。众所周知，在金属中，低能区 Re 的负值是由自由电子的加速机制引起的，而对 Re 的正贡献通常与束缚电子的跨端跃迁有关。当

Re>0 时，如图 1-8 所示，Re 均随低能区光子能量的增加而减小。能量范围，由束缚电子对光吸收的重要贡献所引起。

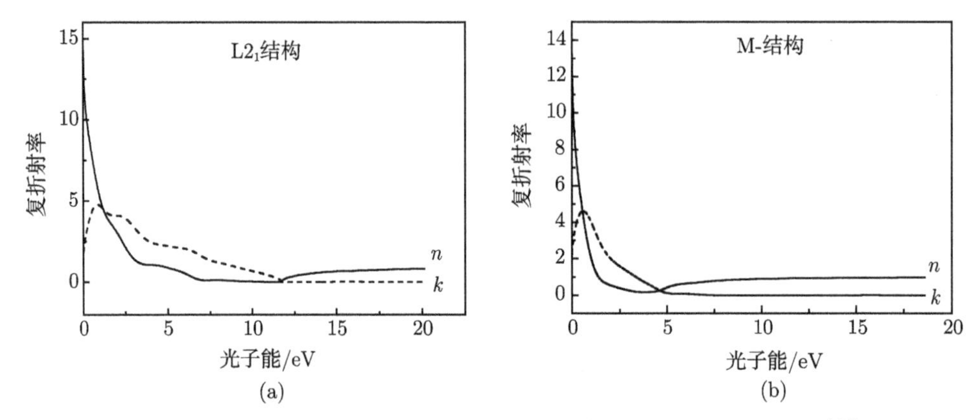

图 1-7 母相 (a) 和马氏体相 (b) 的复折射率与光子能的关系曲线 [11]

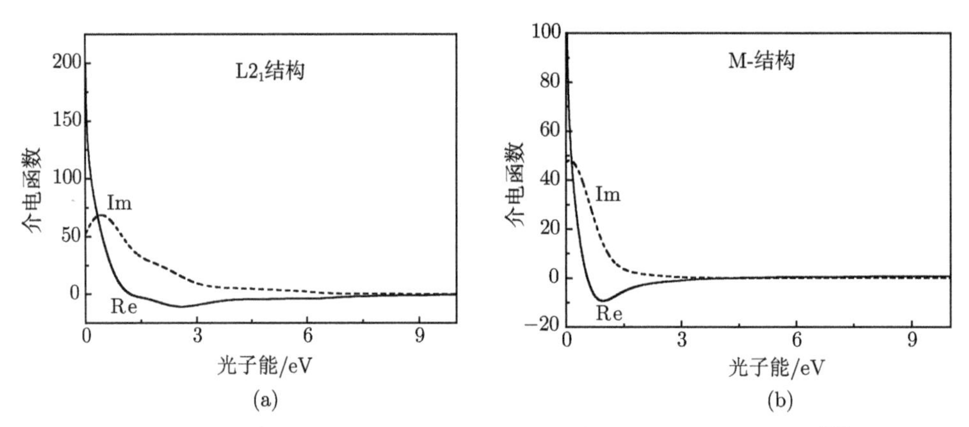

图 1-8 母相 (a) 和马氏体相 (b) 的介电函数与光子能的关系曲线 [11]

当 Re<0 时，两个 Re 谱的绝对值都有一个最大值，这似乎表明自由载流子对特殊光子有适当的吸收。这一规律可以通过对 0.5eV 和 4.0eV 范围内的光子进行光谱实验得到部分证实。显然，$L2_1$ 结构和马氏体相具有与不同频率光子对应的尖锐吸收峰 (图 1-9)。

图 1-10(a) 和 (b) 显示了马氏体和母相状态下 Ni_2MnGa 合金的光学导电率 (OC) 光谱。可以发现，这两种 OC 光谱都显示出相似的形状，并在约 2eV 处清晰地显示出吸收峰，这与其他 Heusler 合金的 OC 光谱具有相同的性质，并且在 1~4eV 能量范围内显示出一组带间吸收峰。n 出现在约 0.3eV 处，尖峰出现在 2.0eV 和 3.4eV 处，还要注意到约 5.0eV 和 7.2eV 处存在的宽峰。从图 1-10 可以看出，在

两种状态下，在约 6.5eV 的峰值都没有观察到，这需要进一步的实验。另一个特点是母相组织的 OC 大于马氏体相的 OC，这与实验结果一致。

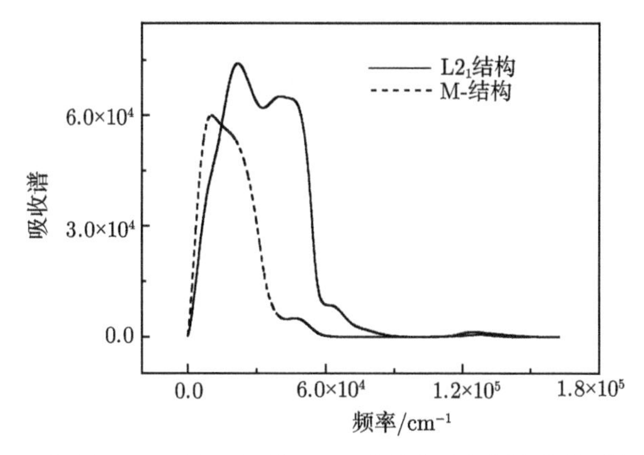

图 1-9 母相 ($L2_1$) 和马氏体相 (M) 的吸收谱与频率的关系曲线 [11]

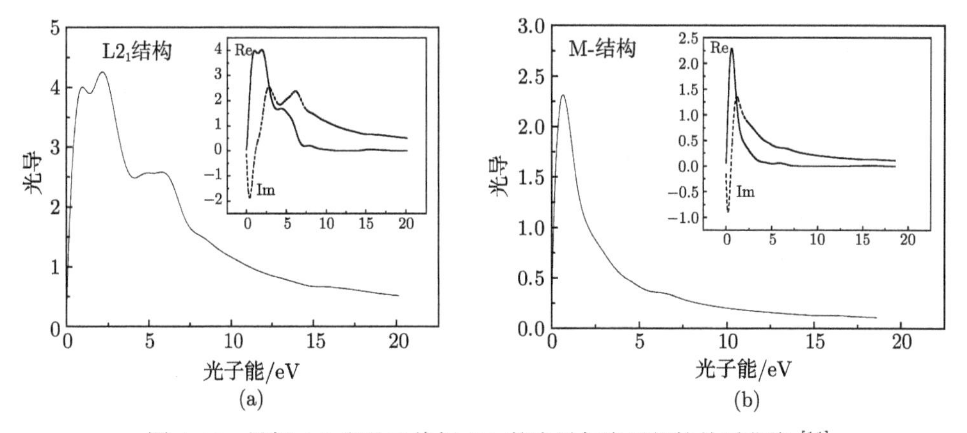

图 1-10 母相 (a) 和马氏体相 (b) 的光导与光子能的关系曲线 [11]

1.3.3 力学特性

Mn 基反铁磁合金具有温控、磁控形状记忆效应和阻尼性能，具有良好的应用前景。下面以 Mn-Fe-Cu 合金为研究对象，重点关注其高温力学性能与内部微观组织之间的关系。试样在不同温度进行拉伸，从其应力–应变曲线看 (图 1-11)，该合金不具有超弹特性，但合金曲线上具有明显的锯齿状结构，这可能与外应力下孪晶滑移有一定的关系。在 150℃以上，马氏体逆相变已完成，此时母相全部为奥氏体，在外应力下出现了母相中的孪生滑移，也可能是应力诱发马氏体孪晶出现导致的。考虑应力诱发马氏体相变，由于外应力诱发了马氏体相变引起了应力软化，对应相同的应变，所需要的外应力明显减小。从实验结果中看出虽然程度不一样，但都出现了这样的趋势，即某些区域应变变化不大，但应力出现明显下降。考虑这个原因还需要结合温度进行分析，总的而言，这种现象在 200℃或 300℃时都不如 150℃时明显，随温度升高，马氏体生成受到了抑制，因而应力软化都不如较低温度下规则和明显。这还需要进一步的研究和核实。

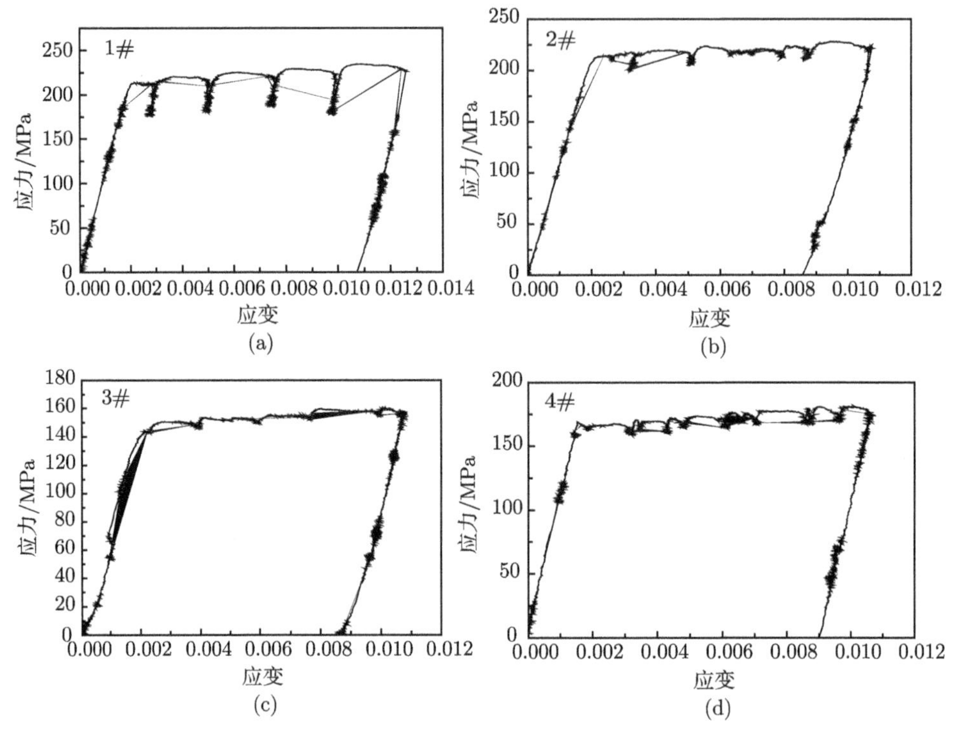

图 1-11　Mn-Fe-Cu 合金在不同温度下拉伸得到的应力–应变曲线

(a)T = 150℃; (b)T = 200℃; (c)T = 300℃; (d) T =350℃

根据以上实验结果，我们知道 A(Mn80) 和 D(Mn75) 试样中有马氏体相变，而 F(Mn60) 试样中不会发生马氏体相变，所以只有 A 和 D 试样会存在形状记忆效应，而 F 试样是不会产生记忆效应的。因此我们接下来探究的是 A 试样与 D 试样的形状记忆效应的好坏。我们做了连续 A 试样和 D 试样在有预应变的条件下的热循环实验，并得到热循环的实验图 (图 1-12)。

在通常的状态下，金属的热膨胀曲线是一条线性的直线，而在这条曲线上我们可以看到马氏体相变和反铁磁的转变使得这条曲线变为非线性的。这是由于反铁磁转变和马氏体相变等结构的变化使得 A 试样的应变随温度的改变发生了变化。而根据前面的经验我们知道 A 试样的合金的马氏体相变的温度 M_S 和反铁磁转变的温度 T_N 是一样的。故热循环曲线应该在马氏体相变的温度，或者说是反铁磁转变的温度有一个拐点。在 A 试样中取出一个试样做热循环实验。在热膨胀实验中我们可以看到，当温度较高时，曲线可以看作是一条线性的曲线，由上面的分析可以知道，当曲线出现拐点时即为相变的温度点。

对于 A 试样，预应变为 0 时，A_S=167.7℃，M_S=156.3℃

A1 ε=5.35%时，A_S=185.4℃, M_S=175.7℃,

A2 ε=0.53%时，A_S=180.6℃, M_S=169.5℃,

对于 D 试样，预应变为 0 时，A_S=174.4℃，M_S=161.6℃

D1 ε=1.07%时，A_S=180.7℃, M_S=173.1℃,

D2 ε=6.72%时，A_S=185.4℃, M_S=174.7℃

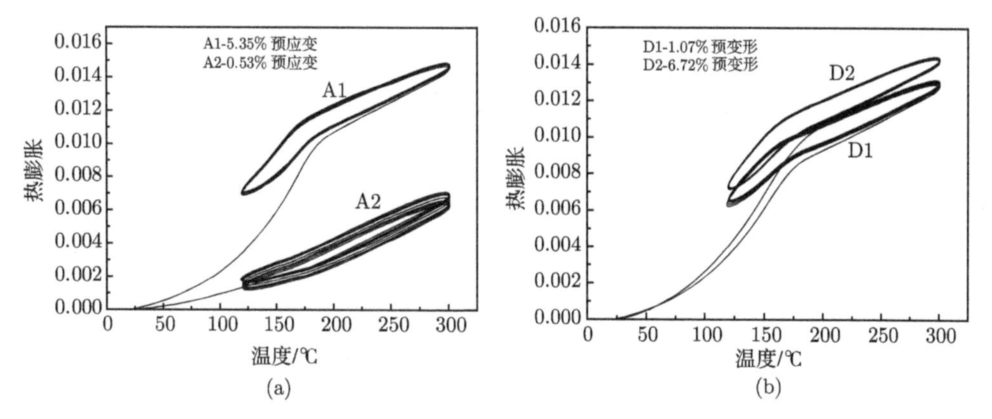

图 1-12 (a) A 试样预应变下的热循环曲线; (b) D 试样预应变下的热循环曲线

假设 η 为单程记忆效应的恢复率；分别计算出单程可恢复应变 ε_{re}、双程可恢复应变 ε_{tw}、单程恢复率 η_{re} 和双程恢复率 η_{tw}，如表 1-2 所示。

表 1-2 材料形状记忆特性

试样	预应变 ε	ε_{re}	ε_{tw}	η_{re}	η_{tw}
A1	5.35%	0.82%	0.44%	15.3%	91.8%
A2	0.53%	0.28%	0.22%	52.8%	58.5%
D1	1.07%	0.60%	0.29%	56.1%	72.9%
D2	6.72%	0.69%	0.36%	10.3%	94.6%

由此，我们可以知道在预应变比较大的时候，A 试样与 D 试样的双程记忆效应较好，即使热膨胀重复多次以后，我们可以看到每次形变相差不是很大，因此具有较好的形状记忆效应。但是当预应变比较小的时候，可以看到 A 试样的形状记忆效应不是很好，热膨胀循环重复多次以后，形变相差较大，因此当预应变较小时 A 试样不适合作为形状记忆材料。而相反的，当预应变较小时，D 试样的形变记忆效应较好，更适合作为形状记忆材料。反铁磁 Mn-Fe-Cu 形状记忆合金的热膨胀实验结果表明，当预应变较大的时候 A 试样和 D 试样都具有较好的双程记忆效应。

每次热膨胀实验产生的应变偏差都不大。但预应变太小时，A 试样的双程记忆效应就比较差，而 D 试样的双程记忆效应则相对较好。

1.3.4　阻尼特性

Mn 基合金是一种优秀的阻尼材料。对于其中的阻尼机制，主要是界面迁移导致的能量耗散。Mn 基合金在降温过程中会发生顺磁–反铁磁相变和 fcc-fct 马氏体相变，一般磁性相变对阻尼的贡献比较小，主要是马氏体相变导致的，涉及的界面包括马氏体/母相界面和马氏体孪晶界面。利用动态热机械分析仪 (DMA) 可测量 −150℃到 250℃间 $Mn_{79.5}Fe_{15.6}Cu_{4.9}$ 合金材料体系内耗和模量的变化，检测频率包括 1Hz、2Hz、4Hz，升降温速度为 3℃/min。测量结果如图 1-13 所示 [12]。根据图 1-13 弹性模量 (E) 与温度的关系曲线可看出，降温过程中 E 在 150℃左右达到最小值，升温过程中 E 在 170℃左右达到最小值。从图 1-13 的内耗与温度变化曲线可看出，与马氏体相变对应的内耗峰并不明显，而与马氏体孪晶对应的内耗峰则大很多。孪晶内耗峰的位置依赖于测量时的振动频率，随着振动频率的增加，马氏体孪晶内耗峰位置会向右侧偏移，这是区分马氏体相变内耗峰和马氏体孪晶内耗峰的重要判据。内耗变化对应的温度与最小模量对应的温度基本一致，由此判断前者与马氏体相变温度 (M_S) 对应，后者与马氏体逆相变温度 (A_S) 对应。对于其中的磁性二级相变，在降温过程中模量开始下降的温度应当对应于顺磁 → 反铁磁相变开始的温度，但没有观察到与磁性相变对应的内耗峰；与马氏体内耗相比，磁性相变的内耗应当非常小，在本次 DMA 试验中没有观察到。

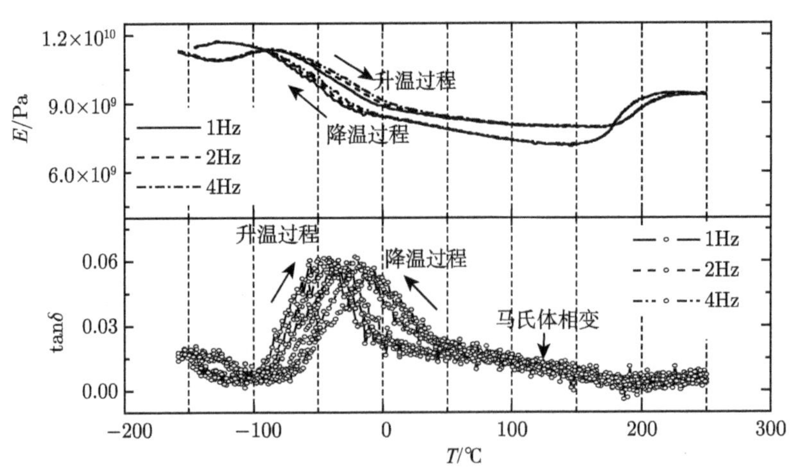

图 1-13　$Mn_{79.5}Fe_{15.6}Cu_{4.9}$ 合金弹性模量 (E) 和内耗 (tanδ) 随温度 (T) 变化曲线 [12]

参 考 文 献

[1] 徐祖耀. 相变研究的展望与发展《材料形态学》雏议 [J]. 热处理, 2009, 24(2):1-4.
[2] 徐祖耀, 李麟. 材料热力学 [M]. 北京: 科学出版社, 2005.
[3] Ginzburg V L, Landau L D. Phenomenological theory[J]. J. Exp. Theo. Phys. USSR, 1950, 20: 1064.
[4] 徐祖耀. 材料相变 [M]. 北京: 高等教育出版社, 2013.
[5] Wechsler M S, Lieberman D S, Read T A. On the theory of the formation of martensite[J]. Metallurgical and Materials Transactions A-Physical Metallurgy and Materials Science, 1953, 197: 1503-1515.
[6] 万见峰. FeMnSiCrN 形状记忆合金的马氏体相变 [D]. 上海: 上海交通大学, 2000.
[7] Wan J F, Huang X, Chen S P, et al. Effect of nitrogen addition on shape memory characteristics of Fe-Mn-Si-Cr alloy[J]. Materials Transactions, 2002, 43(5): 920-925.
[8] Wan J F, Chen S P. Martensitic transformation and shape memory effect in Fe–Mn–Si based alloys[J]. Current Opinion in Solid State & Materials Science, 2005, 9(6):303-312.
[9] Warren B E. X-ray studies of deformed metals. Progress in Metal Physics, 1959, 8: 147-202.
[10] 徐祖耀. 马氏体相变与马氏体 [M]. 北京: 科学出版社, 1999.
[11] Wan J F, Wang J N. Structure dependence of optical spectra of ferromagnetic Heusler alloy Ni-Mn-Ga[J]. Physica B, 2005, 355(1-4): 172-175.
[12] 元峰, 刘川, 耿正, 等. 锰基高温反铁磁形状记忆合金中马氏体逆相变的表面浮突研究 [J]. 物理学报, 2015, 64(1): 016801.

第 2 章　基于热力学的材料形态学

2.1　基于热力学的多步结构相变

2.1.1　多步结构相变

反铁磁 Mn-Ni 合金具有良好的温控及磁控形状记忆效应与高阻尼性能，虽然由于对其的相变机制研究尚且不够成熟以及价格因素使得其目前没有取得大规模的实际应用，但作为反铁磁形状记忆合金的一个主要代表，反铁磁 Mn-Ni 合金依然具有广阔的研究与应用前景。对 Mn-Ni 合金来讲，它的形状记忆效应来源于合金中所发生的热弹性马氏体相变，而高阻尼性能来自合金中马氏体孪晶或母相孪晶在外力作用下孪晶界面的往复运动所带来的能量耗散。由于热弹性马氏体相变以及弹性孪晶的形成都与 Mn-Ni 合金在从 γ 相进行冷却的过程中在磁结构与晶体结构上所发生的一系列变化有关，因此十分有必要对降温过程中的这些变化进行研究。γ 相的纯 Mn 只存在于 1000K 的温度以上。但加入了少量的 Ni、Cu 等元素之后，Mn 基合金可以在室温下形成亚稳态。与 Mn-Cu、Mn-Fe 等体系相同，Mn-Ni 合金由高温的 γ 相进行冷却的过程中先后经历顺磁–反铁磁的磁结构转变以及晶体结构的转变。不同的是，Mn-Ni 合金在降温过程中发生的晶体结构转变依合金成分不同而存在着几种不同的情况 [1]。当合金中的 Ni 含量占 12.8at%~15.699at%时，合金发生 fcc→fct_2(c/a <1)→fco 的多步相变；当 Ni 含量占 15.699at%~16.8255at%时，合金发生 fcc→fco 的单步相变；当 Ni 含量占 16.8255at%~18.1at%时，合金发生 fcc→fct_1(c/a >1)→fco 的多步相变。从成分范围上可见，fcc-fct-fco 多步相变是 Mn-Ni 合金中发生的主要相变，因此多步相变的研究对研究其性质有着最重要的作用。其他合金，如 Ni-Ti 合金、Cu-Zn-Al 合金、Ni-Mn-Ga 合金等，在降温过程中也都会发生多步马氏体相变，实验表明多步相变对这些合金的形状记忆效应、超弹性或伪弹性以及阻尼性能等都有着重要的影响。

先前关于 Mn-Ni 合金的研究大多数集中于对反铁磁 Mn-Ni 合金磁结构与晶体结构转变的温度测定、转变过程中一些物理量的反常变化以及从这两种转变的角度去研究 Mn-Ni 合金形状记忆效应以及高阻尼性能的微观机理。Honda 等利用实验的方法测量了在 −180~250°C的温度范围下不同成分的 Mn-Ni 合金的晶格常数、内耗及弹性模量随温度的变化关系，并给出了包含反铁磁转变温度在内的 Mn-Ni 体系的相图 [1]。Peng 等利用动力学分析方法，测量了 Mn-Ni 合金的 M_S

与 T_N 点并观察合金的微观组织，探讨了反铁磁转变与马氏体相变之间的耦合机制及其与合金高阻尼性质之间的关系 [2]。Hocke 等利用实验的方法研究了不同成分的 Mn-Ni 合金中磁致伸缩以及磁致伸缩产生的反铁磁孪磁畴与四方畸变之间的关系 [3]。在众多实验数据的基础上，Guo 等利用 CALPHAD 方法对 Mn-Ni 合金体系中的一些常见相的热力学常数进行了优化，得到了一套自洽的热力学参数 [4]。由于 Mn-Ni 合金体系 fct 相与 fco 相热力学常数的缺乏，很少有工作从热力学的角度对 γMn-Ni 反铁磁合金在降温过程中发生的多步相变进行探讨，为从热力学角度推动 Mn-Ni 合金的研究与应用带来了困难。

为了从热力学角度探讨 Mn-Ni 合金中所发生的多步马氏体相变，下面将依据亚规则溶液模型，求出 Mn-Ni 合金中 fct 以及 fco 相中未知的热力学参数，进而利用这些参数对 Mn-Ni 合金相变过程中涉及的一些热力学函数进行探讨，并与一些实际情况进行比较 [5]。这些工作一方面促进了对 Mn-Ni 反铁磁形状记忆合金的深入认识，同时为研究其他合金 (如 Ni-Ti、Cu-Zn-Al 和 Ni-Mn-Ga) 中的多步相变提供了有价值的研究方法。

2.1.2 模型和计算参数 [6,7]

2.1.2.1 模型

对于锰镍反铁磁合金，其 fct 相和 fco 相的热力学参数均是未知的，我们不能考虑包含相关驱动力的马氏体相变热力学。接下来，我们将提出一种基于热平衡条件的参数获取方法。Mn-Ni 体系中存在多步相变，可以分为两个单步相变：fcc-fct 和 fct-fco。这样就存在两种平衡热力学温度 (T_0) 与其对应，分别是：$T_0^{\text{fcc-fct}}$ 和 $T_0^{\text{fct-fco}}$。根据其相变顺序，可以认为：$T_0^{\text{fcc-fct}} > T_0^{\text{fct-fco}}$。在这两个平衡温度，新相与母相具有相同的化学自由能，满足以下关系：

$$G^{\text{fct}}\big|_{T_0^{\text{fcc-fct}}} = G^{\text{fcc}}\big|_{T_0^{\text{fcc-fct}}} \tag{2-1}$$

$$G^{\text{fco}}\big|_{T_0^{\text{fct-fco}}} = G^{\text{fct}}\big|_{T_0^{\text{fct-fco}}} \tag{2-2}$$

可以假定这两个平衡温度 ($T_0^{\text{fcc-fct}}$ 和 $T_0^{\text{fct-fco}}$) 是合金成分 (x_i) 的函数：

$$T_0^{\text{fcc-fct}} = T_0^{\text{fcc-fct}}(x_i) \tag{2-3}$$

$$T_0^{\text{fct-fco}} = T_0^{\text{fct-fco}}(x_i) \tag{2-4}$$

在 T_0-x_i 曲线上的任何一点 (x_i, T_0) 均满足如下关系：

$$G^{\text{fct}}\big|_{(x_i^j,\,{}^jT_0^{\text{fcc-fct}})} = G^{\text{fcc}}\big|_{(x_i^j,\,{}^jT_0^{\text{fcc-fct}})} \tag{2-5}$$

$$G^{\text{fco}}\big|_{(x_i^k,\,{}^kT_0^{\text{fct-fco}})} = G^{\text{fct}}\big|_{(x_i^k,\,{}^kT_0^{\text{fct-fco}})} \tag{2-6}$$

要根据以上方程获得各相的自由能，必须知道相应的热力学参数。根据亚规则溶液模型，φ 相的 Gibbs 自由能 $G^{\rm fcc}$ 可以表示为

$$G^{\varphi} = {}^{0}G^{\varphi} + {}^{\rm E}G^{\varphi} + {}^{\rm mag}G^{\varphi} \tag{2-7}$$

下面的计算中 $\varphi = $ fcc, fct 和fco。其中 ${}^{0}G^{\varphi},{}^{\rm E}G^{\varphi}$ 和 ${}^{\rm mag}G^{\varphi}$ 分别表示 φ 相中纯组元的化学自由能、超额自由能和磁性自由能。Mn-Ni 合金中这三项自由能可根据以下关系式进行计算：

$${}^{0}G^{\varphi} = {}^{0}G^{\varphi}_{\rm Mn}x_{\rm Mn} + {}^{0}G^{\varphi}_{\rm Ni}x_{\rm Ni} + RT(x_{\rm Mn}\ln x_{\rm Mn} + x_{\rm Ni}\ln x_{\rm Ni}) \tag{2-8}$$

$${}^{E}G^{\varphi} = L^{\varphi}_{\rm NiMn}x_{\rm Mn}x_{\rm Ni} \tag{2-9}$$

$${}^{\rm mag}G^{\varphi} = RT\ln(\beta+1)f(\tau) \tag{2-10}$$

其中 ${}^{0}G^{\varphi}_{\rm X}$ 是纯组元 X(X=Mn, Ni) 的自由能，$L^{\varphi}_{\rm NiMn}$ 是组元 Mn 和 Ni 的交互作用参数，β 是玻尔磁数，$f(\tau)$ 是 $\tau(=T/T_{\rm N})$ 的函数。$T_{\rm N}$ 是 Mn-Ni 合金的 Néel 温度，它可以表示为合金成分的函数：$T_{\rm N} = T_{\rm N}(x_i)$。任一组元的纯化学自由能 ${}^{0}G^{\varphi}_{\rm X}$ 是

$${}^{0}G^{\varphi}_{\rm X} = a^{\varphi}_{\rm X} + b^{\varphi}_{\rm X}T + c^{\varphi}_{\rm X}T\ln(T) + \sum d^{\varphi}_{\rm X}T^{n} \tag{2-11}$$

这里 $a^{\varphi}_{\rm X}, b^{\varphi}_{\rm X}, c^{\varphi}_{\rm X}, d^{\varphi}_{\rm X}$ 表示组元 X (X=Mn, Ni) 在 φ 相中的参数。相互作用参数 $L^{\varphi}_{\rm NiMn}$ 比较复杂，它是温度和成分的函数，若没有这类参数，相关的相变热力学就无法计算下去。$L^{\varphi}_{\rm NiMn}$ 通常可以表示为

$$L^{\varphi}_{\rm NiMn} = {}^{0}L^{\varphi}_{\rm NiMn} + {}^{1}L^{\varphi}_{\rm NiMn}(x^{\varphi}_{\rm Ni} - x^{\varphi}_{\rm Mn}) + {}^{2}L^{\varphi}_{\rm NiMn}(x^{\varphi}_{\rm Ni} - x^{\varphi}_{\rm Mn})^2 + \cdots \tag{2-12}$$

其中

$${}^{k}L^{\varphi}_{\rm NiMn} = p_{\varphi} + q_{\varphi}T + r_{\varphi}T\ln T \quad (k = 0, 1, 2, \cdots) \tag{2-13}$$

对于不同的相，${}^{k}L_{\rm NiMn}$ 或 $L_{\rm NiMn}$ 应当不同，这将由参数 p_{φ},q_{φ} 和 r_{φ} 来决定。

基于以上公式可以得到 Mn-Ni 合金体系的总自由能，如下所示：

$$\begin{aligned} G^{\varphi} = {}& {}^{0}G^{\varphi}_{\rm Mn}x_{\rm Mn} + {}^{0}G^{\varphi}_{\rm Ni}x_{\rm Ni} + RT(x_{\rm Mn}\ln x_{\rm Mn} + x_{\rm Ni}\ln x_{\rm Ni}) \\ & + L^{\varphi}_{\rm NiMn}x_{\rm Mn}x_{\rm Ni} + RT\ln(\beta+1)f(\tau) \end{aligned} \tag{2-14}$$

根据热力学平衡方程 (2-5) 和 (2-6)，在点 (x_i, T_0) 处 fcc-fct 和 fct-fco 两类相变满足：

$$\begin{aligned} & {}^{0}G^{\rm fct}_{\rm Mn}({}^{j}T_0^{\rm fcc\text{-}fct})x^{j}_{\rm Mn} + {}^{0}G^{\rm fct}_{\rm Ni}({}^{j}T_0^{\rm fcc\text{-}fct})x^{j}_{\rm Ni} + L^{\rm fct}_{\rm XMn}(x^{j}_{\rm Mn}, x^{j}_{\rm Ni}, {}^{j}T_0^{\rm fcc\text{-}fct})x^{j}_{\rm Mn}x^{j}_{\rm Ni} \\ = {}& G^{\rm fcc}(x^{j}_{\rm Mn}, x^{j}_{\rm Ni}, {}^{j}T_0^{\rm fcc\text{-}fct}) \end{aligned} \tag{2-15}$$

$$
{}^{0}G_{\mathrm{Mn}}^{\mathrm{fco}}({}^{j}T_{0}^{\mathrm{fct\text{-}fco}})x_{\mathrm{Mn}}^{j}+{}^{0}G_{\mathrm{Ni}}^{\mathrm{fco}}({}^{j}T_{0}^{\mathrm{fct\text{-}fco}})x_{\mathrm{Ni}}^{j}+L_{\mathrm{XMn}}^{\mathrm{fco}}(x_{\mathrm{Mn}}^{j},x_{\mathrm{Ni}}^{j},{}^{j}T_{0}^{\mathrm{fct\text{-}fco}})x_{\mathrm{Mn}}^{j}x_{\mathrm{Ni}}^{j}
$$
$$
=G^{\mathrm{fct}}(x_{\mathrm{Mn}}^{j},x_{\mathrm{Ni}}^{j},{}^{j}T_{0}^{\mathrm{fct\text{-}fco}}) \tag{2-16}
$$

对于 fcc 相，其热力学参数都是已知的，所以在一定的温度和成分下可以计算得到公式 (2-15) 中 G^{fcc} 的大小，然后可以通过线性分析的方法得到 fct 相的各热力学参数。将 fct 相的热力学参数代入到方程 (2-16) 中就可以得到 fco 相的热力学参数。对于一系列的点 $(x_{\mathrm{Mn}},x_{\mathrm{Ni}},T_0)$，根据方程 (2-15) 和 (2-16)，我们可以得到两套线性方程，如下所示：

$$
A^{\mathrm{fct}}\cdot P_1=B^{\mathrm{fcc}} \tag{2-17}
$$

$$
A^{\mathrm{fco}}\cdot P_2=B^{\mathrm{fct}} \tag{2-18}
$$

其中方程左边的 P_1 和 P_2 是 fct 和 fco 相的参数矩阵，而 A^{fct} 和 A^{fco} 是 fcc-fct 和 fct-fco 相变的常数矩阵。方程右边的 B^{fcc} 和 B^{fct} 是 fcc 相和 fct 相的常数矩阵。通常情况下，选择 N 个点 $(x_{\mathrm{Mn}}^{j},x_{x}^{j},T_0^{j})$ 可以得到 N 个线性方程，就可以确定出 fct 相或 fco 相的 N 个热力学参数。所以 P_1 和 P_2 分别是一个 $N\times1$ 矩阵，包含 fct 相和 fco 相的所有未知的热力学参数。A^{fct} 和 A^{fco} 分别是 $N\times N$ 系数矩阵，而 B^{fcc} 和 B^{fct} 是 $N\times1$ 矩阵。只要温度和成分确定了，根据线性矩阵就可以得到 A^{fct}, A^{fco}, B^{fcc} 和 B^{fct} 矩阵。理论上讲，根据方程 (2-17) 和 (2-18) 就可以得到 fct 和 fco 各相的热力学参数，但事实上在求解方程时却得不到相关的结果，这是一个病态线性方程。解决它的方法，就是增加 N 值，即扩大方程的数目 N'，并使 $N'\gg N$，这样就可以求解方程了 [6,7]。扩展后的方程组如下：

$$
\begin{cases}
\sum\limits_{i=1}^{N-1}A_{1,i}^{\mathrm{fct}}\xi_i^{\mathrm{fct}}+A_{1,N}^{\mathrm{fct}}L_{\mathrm{NiMn}}^{\mathrm{fct}}=B_1^{\mathrm{fcc}}\\
\sum\limits_{i=1}^{N-1}A_{2,i}^{\mathrm{fct}}\xi_i^{\mathrm{fct}}+A_{2,N}^{\mathrm{fct}}L_{\mathrm{NiMn}}^{\mathrm{fct}}=B_2^{\mathrm{fcc}}\\
\cdots\cdots\\
\sum\limits_{i=1}^{N-1}A_{N,i}^{\mathrm{fct}}\xi_i^{\mathrm{fct}}+A_{N,N}^{\mathrm{fct}}L_{\mathrm{NiMn}}^{\mathrm{fct}}=B_N^{\mathrm{fcc}}\\
\cdots\cdots\\
\sum\limits_{i=1}^{N'-1}A_{N',i}^{\mathrm{fct}}\xi_i^{\mathrm{fct}}+A_{N',N}^{\mathrm{fct}}L_{\mathrm{NiMn}}^{\mathrm{fct}}=B_{N'}^{\mathrm{fcc}}
\end{cases} \tag{2-19}
$$

其中 ξ_i^{fct} 是 fct 相中需要确定的热力学参数。相同的方法可以用于 fct-fco 相变，进而求解出 fco 相的各项热力学参数。这样方程 (2-17) 和 (2-18) 可以改写为

$$A'^{\text{fct}} \cdot P_1 = B'^{\text{fcc}} \tag{2-20}$$

$$A'^{\text{fco}} \cdot P_2 = B'^{\text{fct}} \tag{2-21}$$

这里 A'^{fct} 和 A'^{fco} 就是 $N' \times N$ 级矩阵，而矩阵 P_1 和 P_2 没有变化，矩阵 B'^{fcc} 和 B'^{fct} 变为 $N' \times 1$。利用伪逆方法和最小方差，就可以得到一个更可靠的数值解。

对于 Mn-Ni 合金中的相变顺序，降温过程中先发生 fcc-fct 相变，然后发生 fct-fco 相变。前者的马氏体相变温度为 M_{S_1}，后者为 M_{S_2}，则满足：$M_{\text{S}_1} > M_{\text{S}_2}$。在相变温度的化学驱动则被称为临界相变驱动力，两类相变的临界驱动力可以表示为

$$\Delta G^{\text{fcc}\to\text{fct}}|_{M_{\text{S}_1}} = G^{\text{fct}}|_{M_{\text{S}_1}} - G^{\text{fcc}}|_{M_{\text{S}_1}} \tag{2-22}$$

$$\Delta G^{\text{fct}\to\text{fco}}|_{M_{\text{S}_2}} = G^{\text{fco}}|_{M_{\text{S}_2}} - G^{\text{fct}}|_{M_{\text{S}_2}} \tag{2-23}$$

另外函数 $f(\tau)$ 可以表示为

$\tau \leqslant 1$，

$$f(\tau) = 1 - \left\{ \frac{79\tau^{-1}}{140p} + \frac{474}{497}\left[\frac{1}{p} - 1\right]\left[\frac{\tau^3}{6} + \frac{\tau^9}{135} + \frac{\tau^{15}}{600}\right] \right\} / D \tag{2-24}$$

$\tau > 1$，

$$f(\tau) = -\left[\frac{\tau^{-5}}{10} + \frac{\tau^{-15}}{315} + \frac{\tau^{-25}}{1500}\right] / D \tag{2-25}$$

对于 fcc 相，上式中的参数 $p = 0.28$, $D = 2.342456517$；涉及的 fcc 相的非磁性热力学参数均为已知。对于 fcc 相合金体系的反铁磁特性，理论计算中与总的磁性熵有关的 β 参数项和 T_{N} 项均为实际值的 (-3) 倍，因此在具体计算中若涉及相应的理论值，需对其除以 (-3)。根据 Mn-Ni 二元合金相图发现，这类合金中存在两类 fct 相：$\text{fct}_1(a = b < c)$ 和 $\text{fct}_2(a = b > c)$。以往的热力学计算中，认为 fct_1 相和 fct_2 相的热力学参数相同，相应的热力学特性也完全相同。这两种相的晶体结构尽管差异很小，但毕竟是不同的晶体结构，严格讲其热力学特性也不应当完全相同。但考虑到这两种晶体结构的对称性完全相同，所以等同考虑其热力学特性具有一定的合理性，我们在这里也将其等同处理。因此利用上述热力学平衡方程计算得到 fct 相的相关热力学参数后，结合已知的 fcc 相相关的热力学参数，就可以计算得到未知 fco 相的热力学参数。根据 Mn-Ni 合金相图，fct 相和 fco 相的形成是有条件的，与合金成分和温度有密切关系：当 $x_{\text{Ni}} \in [0.15699, 0.168255]$ 时，从顺磁 fcc 相通过降温可直接得到 fco 相；当 $x_{\text{Ni}} \in [0.128, 0.15699]$ 和 $x_{\text{Ni}} \in [0.168255, 0.181]$ 时，在降温

过程中 fcc 相先形成 fct 相 (fct_1 或 fct_2)，继续降温时则由 fct 相形成 fco 相，而不是由 fcc 相形成的，这两个过程均为马氏体相变。因此在不同的合金成分区间，fco 相与 fcc 相或 fct 相之间存在着不同的热力学平衡。在具体计算中 fct 相的热力学参数相对容易，但它是 fco 相的桥梁。在得到 fct 相的热力学参数后，为了使未知 fco 相所有热力学参数都满足 $x_{\mathrm{Ni}} \in [0.128, 0.181]$ 成分区间的三条 T_0-x_{Ni} 曲线，可将此区间进行 N' 等分，然后按照每一个成分对应的 T_0-x_{Ni} 曲线 (它们是 fco 相与 fcc 相或 fco 与 fct 相之间的平衡温度曲线) 列出对应的热力学平衡方程，最后对这 N' 个线性方程组进行求解，理论上可以得到所有未知的热力学参数。根据相变热力学稳定条件，基于这些热力学参数计算得到的 fco 相的化学自由能在较低温度下要小于 fct 相或 fcc 相的化学自由能，这样 fco 相在低温下才能稳定存在，因此通过尝试计算发现 N' 可取的最大值为 10。

2.1.2.2 计算参数

不同成分的 Mn-Ni 合金在降温过程中会形成不同的反磁结构相 (包括线性、非线性及三角形反铁磁结构相) 和不同的晶体结构相 (包括 fct_1、fct_2 和 fco 相)，但反铁磁结构比较复杂，在进行热力学计算时并不加以区别。在 Mn-Ni 二元合金相图中也无法判断反铁磁结构类型，但根据此相图可以确定顺磁–反铁磁相变和不同类型马氏体相变的临界温度与合金成分的关系 [1]，这对相变热力学计算已足够了。热力学计算得到的大多是平衡态相图，对应的是各相变的平衡温度。马氏体相变属于非平衡态相变，所以在平衡态相图中是没有马氏体相变温度曲线的。基于实验观测结果，文献 [1] 给出了低温下 Mn-Ni 合金的非平衡态相图，主要差别是马氏体相变温度 (M_{S}) 并不是两相平衡的温度 (T_0)，它们之间有个温度差，基于实验观测可假定 $T_0 - M_{\mathrm{S}} = 5$℃。由于马氏体相变需要一定的临界驱动力，这个温度差可以为马氏体相变提供一定的化学驱动力，来克服相变过程中的能量损耗，包括形成界面的能量、相变中弹性应变能及界面迁移时的内摩擦能等，多余的能量会以相变潜热的方式释放出来，这会导致材料局部温度的升高。根据这一非平衡态相图可进行多项式拟合得到 M_{S} 温度与合金成分之间的定量关系，再依据 T_0 与 M_{S} 之间的近似关系可得到 T_0 与合金成分之间的定量关系式；它们之间的关系曲线如图 2-1 所示。另外在图中还给出了顺磁–反铁磁转变温度 T_{N} 与合金成分之间的关系曲线，其磁性转变温度均来自实验数据。

在图 2-1 中，T_0^1-x_{Ni} 曲线、T_0^2-x_{Ni} 曲线与 T_0^3-x_{Ni} 曲线分别表示 fcc-fct(包括 fct_1 和 fct_2) 马氏体相变、fct_2-fco 马氏体相变、fct_1-fco 马氏体相变过程中所对应的两相平衡温度曲线。根据相图拟合得到的各温度 (包括 T_{N}、T_0^1、T_0^2 以及 T_0^3) 与合金成分 x_{Ni} 之间函数关系式如表 2-1 所示。

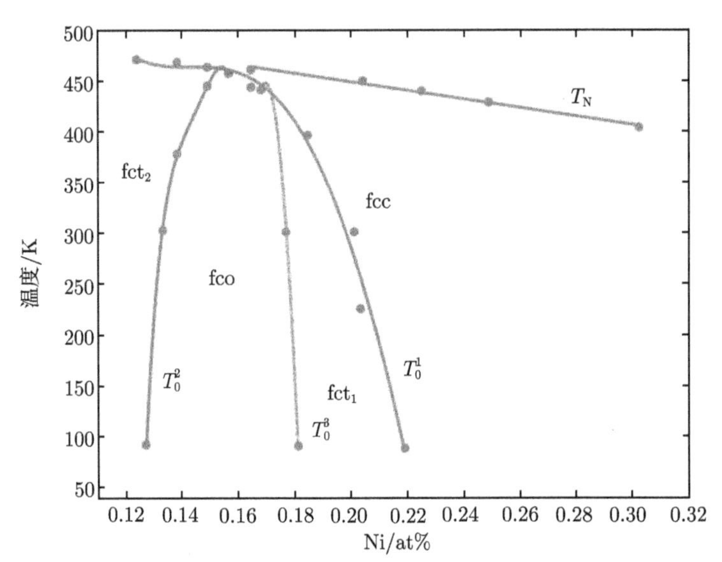

图 2-1　Mn-Ni 合金的 $T_{\rm N}$ 和 T_0 随成分的变化曲线 [7]

表 2-1　拟合得到的相变温度与成分的关系函数 [7]

相变温度	关系式
$T_{\rm N}$	$-420.5843990082181x_{\rm Ni}+533.1718863189215$
T_0^1	$4981437.485503689x_{\rm Mn}^4-4097365.672140079x_{\rm Mn}^3+1147140.707601879x_{\rm Mn}^2$ $-134980.835330649x_{\rm Mn}+6201.552567002+5$
T_0^2	$-2133617590.280952x_{\rm Mn}^4+1241921188.873380x_{\rm Mn}^3-271051388.035931x_{\rm Mn}^2$ $+26295072.383353x_{\rm Mn}-956501.955703+5$
T_0^3	$-2821913.336886561x_{\rm Mn}^2+958498.552238561x_{\rm Mn}-80948.575856994+5$

基于 Mn-Ni 合金的非平衡态相图数据拟合得到的 T_0^1-$x_{\rm Ni}$ 曲线与 T_0^2-$x_{\rm Ni}$ 曲线、T_0^3-$x_{\rm Ni}$ 曲线的交点横坐标对应的合金成分分别为：$x_{\rm Ni}=0.15699$ 和 $x_{\rm Ni}=0.168255$。根据以上提出的计算方法，首先是数据离散化，即均匀地在 T_0^1-$x_{\rm Ni}$ 曲线上取 1000 个点，但考虑到 $x_{\rm Ni}\in[0.15699,0.168255]$ 区间存在 fcc-fco 相变，应当去掉此区间上的所有点 (共 125 个)，然后对 T_0^1-$x_{\rm Ni}$ 曲线上剩余的 875 个点进行平衡热力学计算，即根据式 (2-1) 得到平衡温度下 fcc 相与 fct 相之间的化学自由能方程组，最后计算得到 fct 相中各个未知的热力学参数。在其基础上，利用式 (2-2) 可对 fco 相的未知热力学参数进行计算：对于合金成分在 $x_{\rm Ni}\in[0.128,0.181]$ 范围内可均匀取 10 个点，这 10 个点中有 5 个分布在曲线 T_0^2-$x_{\rm Ni}$ 上，有 2 个点分布在曲线 T_0^1-$x_{\rm Ni}$ 上，剩余 3 个点分布在曲线 T_0^3-$x_{\rm Ni}$ 上。其物理含义是每个数据点对应着一个 fco 相与 fct 相的热力学平衡方程，这 10 个方程构成一个线性方程组，对其求解可直接得到 fco 相中未知的热力学参数。表 2-2 中列出了通过数值计算得到的 Mn-Ni 合金中 fct 相和 fco 相所对应的各热力学参数，这些参数均是基于已知的

fcc 相及各相变温度并利用相平衡条件得到的，如果以后能从实验上加以核实和验证，这些数据的准确性及可靠性就更高了。

表 2-2 Mn-Ni 合金中 fcc,fct 和 fco 相的热力学参数

热力学参数	文献
fcc 相	[4]
${}^0G_{\mathrm{Mn}}^{\mathrm{fcc}} = -3439.3 + 131.884T - 24.5177T\ln(T) - 6\times10^{-3}T^2 + 69600T^{-1}$	
${}^0G_{\mathrm{Ni}}^{\mathrm{fcc}} = -5179.159 + 117.854T - 22.096T\ln(T) - 4.8407\times10^{-3}T^2$	
$T_{\mathrm{NMnNi}}^{\mathrm{fcc}} = -420.5843990082181x_{\mathrm{Ni}} + 533.1718863189215$	
$\beta_{\mathrm{MnNi}}^{\mathrm{fcc}} = [(0.52)x_{\mathrm{Ni}} + (-1.86)x_{\mathrm{Mn}} + x_{\mathrm{Mn}}x_{\mathrm{Ni}}(-1.3947 + 3.9050(x_{\mathrm{Mn}} - x_{\mathrm{Ni}}))]/(-3)$	
$L_{\mathrm{MnNi}}^{\mathrm{fcc}} = (-58173 + 10.5T) + (-6300)(x_{\mathrm{Ni}} - x_{\mathrm{Mn}})$	
fct 相	[5-7]
${}^0G_{\mathrm{Mn}}^{\mathrm{fct}} = -3947.66233105834 + 132.37812T - 24.5177T\ln(T) - 6\times10^{-3}T^2 + 69600T^{-1}$	
${}^0G_{\mathrm{Ni}}^{\mathrm{fct}} = 348080.3891293557 + 119.084096T - 22.096T\ln(T) - 4.8407\times10^{-3}T^2$	
$L_{\mathrm{MnNi}}^{\mathrm{fct}} = (-650715.0153413349 + 28.0192789629T) + (-248397.9781777574)(x_{\mathrm{Ni}} - x_{\mathrm{Mn}})$	
fco 相	[7]
${}^0G_{\mathrm{Mn}}^{\mathrm{fco}} = -6736.998689419124 + 131.90646T - 24.5177T\ln(T) - 6\times10^{-3}T^2 + 69600T^{-1}$	
${}^0G_{\mathrm{Ni}}^{\mathrm{fct}} = 1137354.008685350 + 117.879104T - 22.096T\ln(T) - 4.8407\times10^{-3}T^2$	
$L_{\mathrm{MnNi}}^{\mathrm{fco}} = (-1987211.287208557 + 18.9875568832885627T)$ $+(-856770.5254150033 - 21.528469371216488T)(x_{\mathrm{Ni}} - x_{\mathrm{Mn}})$	

2.1.3 fcc-fco 相变热力学

根据图 2-1 可知，fcc-fco 马氏体相变发生在 $x_{\mathrm{Ni}} \in [0.15699, 0.168255]$ 成分范围内，所以在具体计算时主要针对这一成分区间来进行，理论上可以得到各相吉布斯自由能与合金成分、温度之间的变化规律。利用表 2-2 中 fcc 相和 fco 相的热力学函数及各热力学参数就可以对 fcc-fco 马氏体相变热力学进行定量计算了。图 2-2 分别给出了 Mn-16.5at%Ni 合金中 fcc 相和 fco 相的纯组元吉布斯自由能 (${}^0G$)、超额自由能 (${}^{\mathrm{E}}G$) 以及磁序能 (${}^{\mathrm{mag}}G$) 与温度 (T) 之间的变化关系曲线。由于反铁磁相变和马氏体相变均发生在 500K 以下，所以我们主要计算了 (50~500K) 这个温度区间内各热力学函数的大小。从图 2-2 中可看出，在此温度区间 Mn-Ni 合金的 ${}^0G^{\mathrm{fcc}}$ 与 ${}^0G^{\mathrm{fco}}$ 均随 T 升高而降低，这与 fcc-Mn 单质相的纯组元自由能、Mn 基二元合金 (如 Mn-Cu 和 Mn-Fe) 的 fcc/fct 相的 ${}^0G$ 与 T 的变化规律相同 [5,6]，fcc-Ni 单质相的 ${}^0G$ 在 100~500K 温度区间也有相似的变化。与 ${}^0G$ 相反，计算得到的 ${}^{\mathrm{E}}G^{\mathrm{fcc}}$ 与 ${}^{\mathrm{E}}G^{\mathrm{fco}}$ 均随 T 升高而升高；事实上一些热力学模型的差异主要体现在超额自由能的计算方法上，就其表达形式上看有对称模型，也有非对称模型，这些差异在一定程

度上决定了计算结果的准确性和可靠性。计算得到的磁序能 ${}^{\text{mag}}G^{\text{fcc}} < 0$，并且其绝对值 ($|{}^{\text{mag}}G^{\text{fcc}}|$) 较 ${}^{0}G$ 和 ${}^{\text{E}}G$ 这两部分自由能的绝对值都要小很多；$|{}^{\text{mag}}G^{\text{fcc}}|$ 随 T 增加逐渐减小，并逐渐趋近于 0，其变化规律与其他 Mn 基合金 (如 Mn-Fe、Mn-Cu 合金) 在降温过程中发生 fcc-fct 马氏体相变时磁性自由能与温度 T 的变化规律相同。在具体计算中对于马氏体相的 ${}^{\text{mag}}G^{\text{fco}}$，我们将其视为 0，主要是因为马氏体相变发生在反铁磁转变之后，即马氏体相变是由反铁磁的 fcc 相转化为反铁磁的 fco 相，并不存在顺磁的 fco 相到反铁磁的 fco 相这个磁性转变过程。

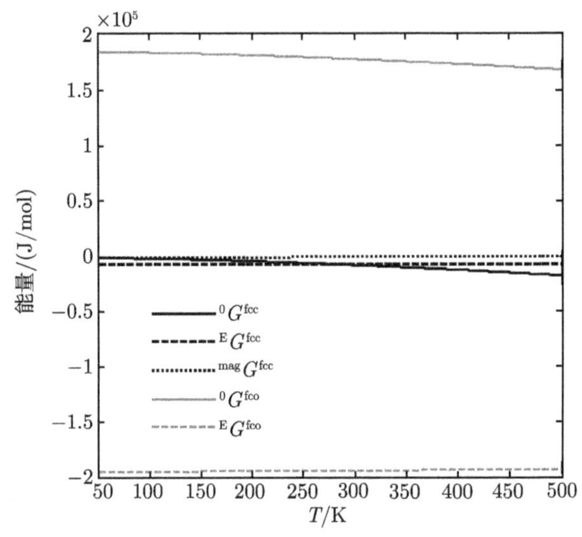

图 2-2 Mn-16.5at%Ni 合金中各相的 Gibbs 自由能与温度的关系曲线 [7]

计算得到了 Mn-16at% Ni 合金在 $T \in [50\text{K}, 500\text{K}]$ 温度区间 fcc 相与 fco 相的吉布斯自由能 (G^{fcc} 和 G^{fco}) 以及两相自由能之差 ($\Delta G^{\text{fcc}\to\text{fco}}$) 随温度 T 的变化关系曲线，如图 2-3 所示。从图 2-3 中可看出，当 $T > T_0$ 时，$G^{\text{fcc}} < G^{\text{fco}}$，表明在温度区间 fcc 相是稳定相，fco 是亚稳相；当 $T < T_0$ 时，$G^{\text{fco}} < G^{\text{fcc}}$，表明当温度降到两相平衡温度以下，fcc 相作为亚稳相要转化为 fco 稳定相，即降温过程中要发生马氏体相变。另外可看出 fcc 相和 fco 相的自由能曲线非常接近，表明在此温度区间这两相的能量差异很小。根据实验结果及前面的假定 ($M_{\text{S}} = T_0 - 5$℃)，可以计算得到 $T = M_{\text{S}}$ 处 fcc-fco 马氏体相变的临界驱动力；由于 fcc 相与 fco 相自由能相差很小，所以这个临界驱动力也会很小，如图 2-3 中的小方图所示。计算得到的 Mn-16at% Ni 合金中 fcc-fco 相变临界驱动力 (M_{S} =453K) 约为 -11.4212J/mol，这一数值与 Mn-Fe、Mn-Cu 合金中的 fcc-fct 马氏体相变临界驱动力以及 Co 基合金中的 fcc-hcp 马氏体相变临界驱动力相当，都属于相变驱动力非常小的一类智能合金。

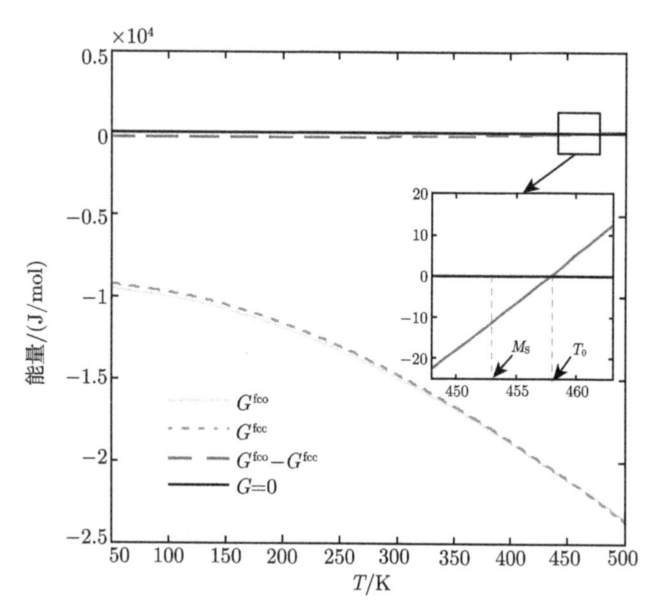

图 2-3 Mn-16.5at%Ni 合金中各相的总 Gibbs 自由能与温度的关系曲线 [7]

2.1.4 fcc-fct-fco 相变热力学

以上是考虑 Mn-Ni 合金中 fcc-fco 单步相变的热力学特性。当合金成分在 $x_{\mathrm{Ni}} \in [0.128, 0.15699]$ 或 $x_{\mathrm{Ni}} \in [0.168255, 0.181]$ 这两个区间时，降温过程中 Mn-Ni 合金将发生 fcc-fct-fco 多步相变；对于前一合金成分区间，顺磁–反铁磁相变与 fcc-fct 相变会耦合在一起同时发生，然后发生 fct-fco 马氏体相变；而后一成分区间，先发生顺磁–反铁磁相变，然后才发生反铁磁态下的 fcc-fct 和 fct-fct 马氏体相变。利用 fct 与 fco 相的热力学参数 (如表 2-2 所示)，可以对 Mn-Ni 合金中 fcc-fct-fco 多步相变的热力学特性进行计算和分析。为便于比较这两个成分区间下多步相变的热力学差异，分别取了两种合金成分的 Mn-Ni 合金进行了热力学计算：Mn-13at%Ni 合金和 Mn-17at%Ni 合金。图 2-4 是这两种合金中各部分自由能在 $T \in [50\mathrm{K}, 500\mathrm{K}]$ 温度区间内的变化关系曲线。从图中可看出：这两个成分区间里 fcc、fct 和 fco 相的纯组元自由能 (${}^{0}G^{\mathrm{fcc}}$、${}^{0}G^{\mathrm{fct}}$ 与 ${}^{0}G^{\mathrm{fco}}$) 均随着温度 (T) 的升高而有所降低，计算得到的超额自由能 (${}^{\mathrm{E}}G^{\mathrm{fcc}}$、${}^{\mathrm{E}}G^{\mathrm{fct}}$ 与 ${}^{\mathrm{E}}G^{\mathrm{fco}}$) 却随温度 ($T$) 的升高而升高，它们的变化规律均与单步 fcc-fco 马氏体相变中各项自由能与温度 (T) 的变化规律相似。对于 fcc-fct-fco 多步相变中磁性自由能的计算，均没有考虑在发生反铁磁转变之后才出现的反铁磁 fct 相和反铁磁 fco 相的磁序能部分，计算得到的 ${}^{\mathrm{mag}}G^{\mathrm{fcc}}$ 小于 0，其绝对值随温度增加而逐渐趋近于 0，${}^{\mathrm{mag}}G^{\mathrm{fcc}}$ 的变化规律与单步相变相同。图 2-5 是 Mn-14at% Ni 以及 Mn-17.8at% Ni 合金的总吉布斯自由能与温度之间的变化关系曲线，图中的小方图是 fct 相与 fcc 相、fco 相与 fct 相的自由能之差随温度的变化情况。从图 2-5 中可看出，fcc 相在高温段的自由能最低、最稳定，在中温段 fct 相自由能最低、最稳定，而在低温段 fco 相自由能最低也最稳定，这与 Mn-Ni 合金的实验相图所给出的相稳定性结果是一致的。图 2-4 中 Mn-13at%Ni 合金和 Mn-17at%Ni 合金 fct 相的纯组元自由能和超额自由能的绝对值均比 fcc 相有所增大，但前者是一个正值，后者小于 0，考虑到磁序能对体系总自由能的贡献很小，所以这三项之和的结果显示 fcc 相和 fct 相的总自由能非常接近，这与图 2-5 反映的 fcc 相与 fct 相的吉布斯自由能曲线规律一致。以上结果从侧面反映出 Mn-Ni 合金中 fcc-fct 马氏体相变的临界驱动力不可能很大。热力学计算表明，Mn-14at% Ni 合金在大约 463K(M_S) 处 fcc-fct 马氏体相变的临界驱动力约为 -9.4543J/mol，Mn-17.8at% Ni 合金在大约 409K(M_S) 处 fcc-fct 马氏体相变的临界驱动力约为 -10.0577J/mol。与其他合金体系 (如 Fe 基、Ni 基、Co 基、Ti 基等合金) 中的 fcc-bcc、fcc-hcp 等马氏体相变的临界驱动力相比，Mn-Ni 二元合金中 fcc-fct 马氏体相变的临界驱动力相对较小，如 Mn-15at%Cu 合金在 338K 处 fcc-fct 马氏体相变驱动力约为 -59.0178J/mol，Fe-Mn 合金在 M_S 温度处 fcc-hcp 相变驱动力可以表示为 $\Delta G_{\text{fcc}\to\text{hcp}}^{M_S} = 35.8 + 1830 \cdot x_{\text{Mn}}^2(\text{J/mol})$，高 Mn 钢中 $\gamma \to \varepsilon$，马氏体相变的临界驱动力 $\Delta G_{\gamma\to\varepsilon}^{M_S}$ 在 Mn 含量 20wt%时为 -75J/mol。Mn-Ni 合金中 fcc-fct 马氏体相变的临界驱动力小表明在发生相变时所需要克服的能垒比较小，这反映出 fcc/fct 异相共格界面能和相变应变能均小于其他体系。相比而言，相变应变能主要是由于马氏体新相形成导致的点阵畸变能，而 fcc 相转化为 fct 相时晶格畸变非常小，如

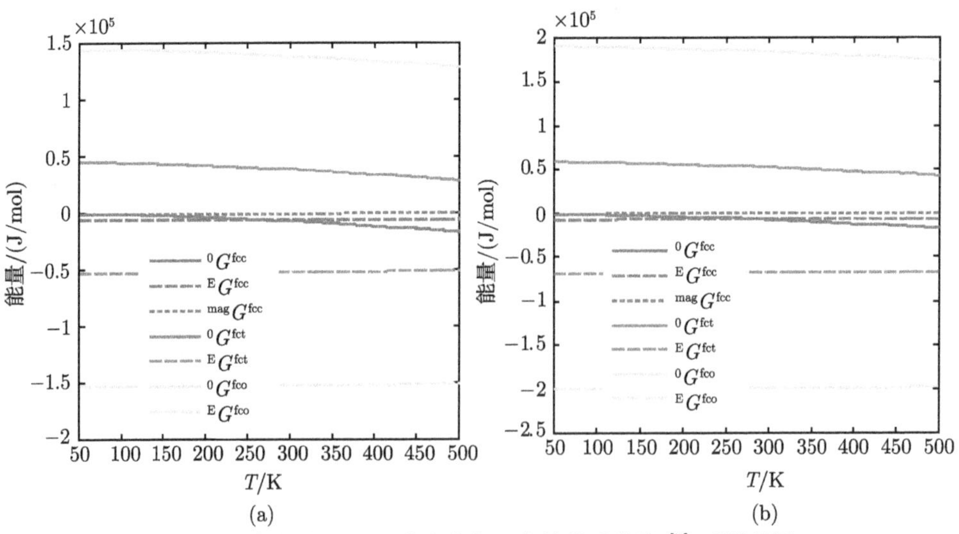

图 2-4　各部分 Gibbs 自由能与温度的关系曲线 [7](后附彩图)

(a) Mn-13at%Ni 合金；(b) Mn-17at%Ni 合金

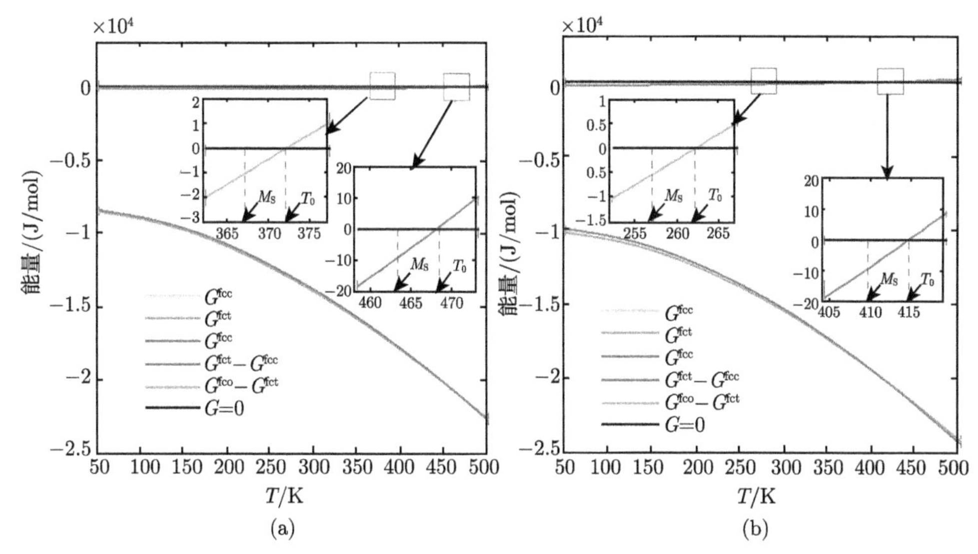

图 2-5 总的 Gibbs 自由能及其差值与温度的关系曲线 [7](后附彩图)

(a) Mn-14at%Ni 合金; (b) Mn-17.8at%Ni 合金

Mn-13.9at%Ni 合金在 M_S 温度处 fcc 相的晶格常数约为 $a_{fcc}=3.716\times10^{-10}$m，在低于 M_S 温度 20K 时 fcc 相晶格常数约为 $a_{fcc}=3.714\times10^{-10}$m，fct 相的晶格常数约为 $a_{fct}=3.722\times10^{-10}$m，$c_{fct}=3.696\times10^{-10}$m，比较其晶格常数的变化不难发现这类马氏体相变导致的晶格畸变很小，最终导致相变能垒和临界相变驱动力小于其他体系中的马氏体相变。

与 fct 相相比，Mn-Ni 合金中 fco 相的纯组元自由能和超额自由能的绝对值更大，但 fco 相与 fct 相的总吉布斯自由能之差却比 fcc 相与 fct 相的总吉布斯自由能之差更小，这表明 fct-fco 马氏体相变具有更小的相变驱动力。当 M_S=367K 时 fct-fco 马氏体相变的临界驱动力约为 −1.0176J/mol，当 M_S=257K 时 fct-fco 马氏体相变的临界驱动力约为 −0.5340J/mol，以上计算结果显示 fct-fco 马氏体相变的临界驱动力比 fcc-fct 相变的临界驱动力要小一半。另外从图 2-4 和图 2-5 中可看出 fco 相与 fcc 相比较而言二者的总吉布斯自由能存在较大的差异，说明从 fcc 相转化为 fco 相需要跨越的能垒较大，由此可解释当 Mn-Ni 合金体系中 fcc 相与 fct 相共存时，继续降温时 fco 相将由 fct 相转化得到而不是由 fcc 相转化得到。另外，从晶格畸变及相变阻力的角度也可对 fct-fco 相变具有极小临界驱动力进行合理的解释：在 M_S 温度处 fct 相晶格常数 $a_{fct}=3.729\times10^{-10}$m，$c_{fct}=3.663\times10^{-10}$m，而在低于 M_S 温度 37K 时 fco 相晶格常数 $a_{fco}=3.731\times10^{-10}$m，$b_{fco}=3.719\times10^{-10}$m 和 $c_{fco}=3.651\times10^{-10}$m，比较二者的晶格常数发现相变畸变很小，相变应变能作为相变阻力也会很小，所需要的相变驱动力自然就会降低。

2.1.5　多步相变熵、相变焓和相变比热

若已知合金结构相的吉布斯自由能与温度之间的定量关系，那就可以根据热力学函数之间的相互关系求出任一成分范围内合金相的其他热力学函数如熵 (S)、焓 (H) 和比热 (C_p) 随温度的变化规律。图 2-6 是 Mn-14.5at%Ni、Mn-16at%Ni 和 Mn-17.5at%Ni 三种合金在 $T \in [300\mathrm{K}, 490\mathrm{K}]$ 温度变化区间的热力学函数(S、H 和 C_p) 与温度之间的变化关系曲线，计算中所选取的三种合金成分分别属于 Mn-Ni 合金相图中发生不同类型相变的成分区间。

在恒压条件下，根据 $S = -\left(\dfrac{\partial G}{\partial T}\right)_p$ 可计算得到 Mn-Ni 合金体系的熵 (S) 与温度 (T) 之间的变化关系曲线，如图 2-6(a) 所示。对于以上三种 Mn-Ni 合金，其 S 均随温度的降低而降低，其变化率是合金总吉布斯自由能对温度的二阶导数，计算显示这个二阶导数小于 0，这与曲线反映的规律一致。三种 Mn-Ni 合金在降温过程中发生 fcc-fco 马氏体相变和 fcc-fct 马氏体相变时，体系的 S 在马氏体相变温度处均存在较大的突变，即在这些温度处 S 随着温度的降低而迅速降低一个台阶；从图 2-6(a) 中可看出 fcc-fco 相变所对应的 S 突变台阶略大于 fcc-fct 相变对应的突变台阶。对于 fcc-fct-fco 多步相变，在相变驱动力较小的 fct-fco 相变处 S 也有着较小的突变台阶，其大小比 fcc-fco 对应的 S 突变台阶要小一个数量级。除去温度降低对体系整体熵的降低效应外，在相变临界温度处相变 S 的突变说明对称性较低的相变产物的结构熵要总体小于对称性较高的母相，因此 fco 相、fct 相以及 fcc 相之间相互转化的相变熵会呈现出台阶状结构。同时从此图中可以发现，三种合金的相变 S 曲线在理论计算的温度范围内相对比较靠近，这与图 2-5 中 fcc 相、fct 相和 fco 相三者的总吉布斯自由能曲线在各温度处的斜率比较接近是一致的。

Mn-Ni 合金体系在恒温恒压的条件下的相变焓 H 可根据热力学关系式：$H = G + TS$ 得到，如图 2-6(b) 所示。对于以上三种 Mn-Ni 合金，与 S 的变化规律相同，相变 H 均随温度的降低而降低，这与相变 S 对温度的变化规律相同；另外相变 H 在临界相变驱动力较大的 fcc-fco 和 fcc-fct 马氏体相变温度处均有较大突变，在降温过程中其数值迅速降低，并且在相变驱动力较小的 fct-fco 马氏体相变温度处的相变 H 对应着数值降低的较小的突变，其突变程度比另外两种相变对应的突变程度小一个数量级。相变 H 在降温过程中特定温度处的突变说明 fcc-fct、fcc-fco 和 fct-fco 马氏体相变均为放热反应。不同于三种合金的相变 S 曲线相距很近，三种合金的相变 H 曲线之间存在较大的距离，区别起来相对明显容易。对于顺磁–反铁磁相变，Mn-Ni 合金的 S 以及 H 的曲线在 T_{N} 温度附近也存在类似的曲线斜率的突变，尽管在曲线上看不到此处的不连续性，但如果将 S 和 H 曲线在 T_{N} 温度处放大，可以看到曲线经过这一点时的确发生了微小的转折，其主要原因是合金磁

序能计算表达式中 $f(\tau)$ 项在 T_N 温度两侧表达式不同导致的。

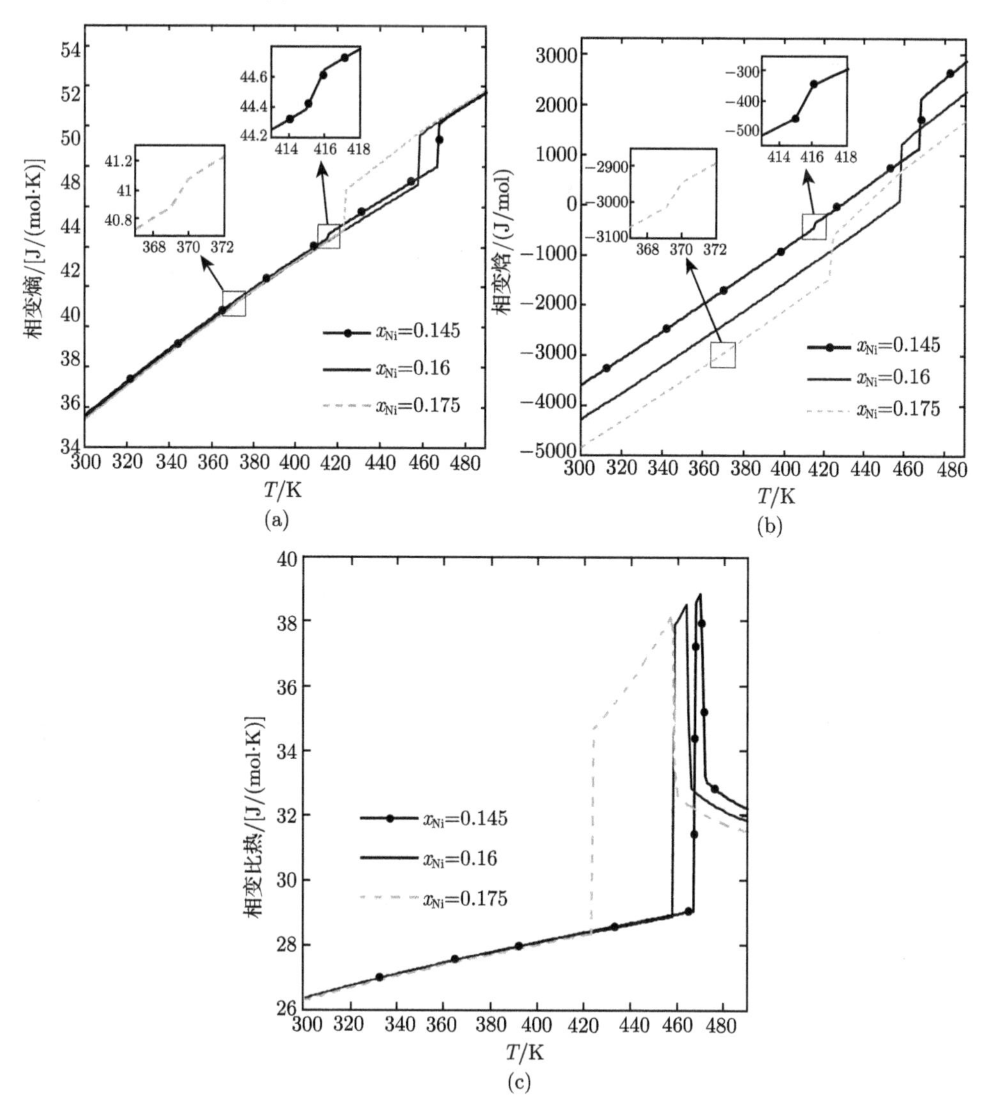

图 2-6 不同合金成分 Mn-Ni 合金的相变熵 (a)、相变焓 (b) 和相变比热 (c) 与温度的关系曲线 [7]

根据热力学关系式$C_p = \left(\frac{\mathrm{d}H}{\mathrm{d}T}\right)_p$ 可计算得到合金体系的相变比热 (C_p)，如图 2-6(c) 所示。从图中可看出，三种 Mn-Ni 合金的相变 C_p 的变化规律与相变 S 和相变 H 的变化规律明显不同。三种合金顺磁–反铁磁相变对应的 T_N 温度均随 Ni 浓度的增加而降低。三种合金在降温过程中的比热 C_p 在 T_N 温度之上均随温度的降低而缓慢升高，在 T_{N} 温度附近急剧升高，这里对应着一个突变，它主要是体现磁序能中的 $f(\tau)$ 项在 T_{N} 温度两侧表达式的不同造成的。突变之后 C_p 也随温度的降低而降低，而且在高温相对应的温度区间中 C_p 的降低速度较快，低温相所对应的温度区间中 C_p 降低速度较慢。相比磁性相变，在 fcc-fco 和 fcc-fct 晶体结构相变处，C_p 也存在较大的数值迅速减小的突变，但在 fct-fco 相变处 C_p 则没有明显的突变台阶。三种合金在反铁磁转变发生之前的 C_p 曲线存在较大的差异，相互之间有一个台阶，而在 fcc-fct 或 fct-fco 相变完成之后，三条曲线之间的差异变得很小，几乎重合，这与三条 H 曲线在不同温度范围内的斜率变化一致。

2.1.6　相变临界驱动力

马氏体相变热力学的两个重要任务：计算马氏体相变温度；计算相变的临界驱动力。下面主要考虑 Mn-Ni 合金在所有实验发现的成分范围内发生马氏体相变的临界驱动力的大小，如图 2-7 所示。具体计算时对合金成分进行细致的离散化，精确到 0.000001，所得到的临界驱动力与合金成分的关系曲线应当具有较高的精确度。从图 2-7 中可看出 Mn-Ni 合金的临界相变驱动力随 Ni 成分的变化会有较大的变化，即便在一个比较小的成分范围内也不是单调地增大或减小，存在一定的波动。这应当属于系统误差，因为利用前期所得到的各相热力学参数计算任意两相的平衡温度 T_0 时采用了依据 fcc 与 fct 两相总的吉布斯自由能之差的绝对值最小所对应的温度即为 T_0 而得到，事实上平衡温度精度无法取到足够小，尽管更小的平衡温度精度可以带来更小的波动，但同时也会导致计算量急剧增加。综合考虑，在计算中取温度的精度为 0.01K，计算得到两相自由能曲线交点所对应的相平衡温度记为 T_0^a，这与所求得的 T_0 温度之间存在 ±0.005K 的误差，而在计算 M_{S} 温度时利用了前面提出的假设：$T_0 - M_{\mathrm{S}} = 5\mathrm{K}$，因此 M_{S} 与精确的 T_0^a 温度之差是在 5 ± 0.005K 范围内波动变化，最终导致 Mn-Ni 合金相变的临界驱动力在合金成分变化范围内的微小波动。从图 2-7 可发现，在所研究的成分范围内，fcc-fco 马氏体相变的临界驱动力最大，随 Ni 含量的增加先增大后减小；fcc-fct 马氏体相变的临界驱动力其次，在低 Ni 侧随 Ni 含量增加而增大，在高 Ni 侧随 Ni 含量增加而逐渐减小；fct-fco 马氏体相变的临界驱动力最小，比 fcc-fco 相变的临界驱动力小了一个数量级，在高 Ni 侧和低 Ni 侧都随着 Ni 含量的增大而减小，如此小的临界驱动力与 fct-fco 相变过程中产生的微小晶格畸变有关。在图 2-7 中三个成分区间对应的两个临界点：$x_{\mathrm{Ni}} = 0.15699$ 和 $x_{\mathrm{Ni}} = 0.168255$ 处，fcc-fco 相变的临界驱动力约为 fcc-fct 相变与 fct-fco 相变的临界驱动力之和，即若将 $x_{\mathrm{Ni}} \in [0.128, 0.15699]$ 以及 $x_{\mathrm{Ni}} \in [0.168255, 0.181]$ 两个成分区间内多步相变中 fcc-fct 相变的临界驱动力曲线与 fct-fco 相变的临界驱动力曲线分别进行相加，所得到的两条新曲线在成分临界点处与单步 fcc-fco 相变对应的临界驱动力曲线近似连续。主要原因如下：这两个临界温度处，多步相变一侧的 fcc-fct 相变和 fct-fco 相变分别对应的临界驱动力曲线与单步 fcc-fco 相变一侧的临界驱动力曲线近似交于一点，说明在这个成分点三种相变的两相平衡温度近似相同，按照 $T_0 - M_S = 5\text{K}$ 的假设，发生马氏体相变的温度近似相同。例如其中一个临界成分 $x_{\text{Ni}} = 0.15699$ 处，三条平衡温度曲线交于点 $(x_{\text{Ni}}^{\text{c}}, T_0^{\text{c}})$，则这一成分对应的 fcc-fco 单步相变的临界驱动力可表示为

$$\Delta G_{\text{fcc}\to\text{fco}}^{\text{c}} = G^{\text{fco}}(x_{\text{Ni}}^{\text{c}}, T_0^{\text{c}} - 5\text{K}) - G^{\text{fcc}}(x_{\text{Ni}}^{\text{c}}, T_0^{\text{c}} - 5\text{K})$$

fcc-fct 相变的临界驱动力可表示为

$$\Delta G_{\text{fcc}\to\text{fct}}^{\text{c}} = G^{\text{fct}}(x_{\text{Ni}}^{\text{c}}, T_0^{\text{c}} - 5\text{K}) - G^{\text{fcc}}(x_{\text{Ni}}^{\text{c}}, T_0^{\text{c}} - 5\text{K})$$

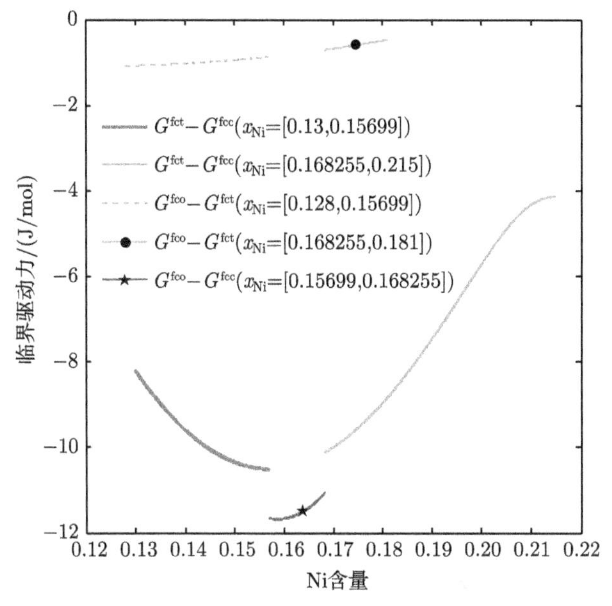

图 2-7 合金临界相变驱动力与合金成分的关系曲线 [7]

fct-fco 相变的临界驱动力可表示为

$$\Delta G_{\text{fct}\to\text{fco}}^{\text{c}} = G^{\text{fco}}(x_{\text{Ni}}^{\text{c}}, T_0^{\text{c}} - 5\text{K}) - G^{\text{fct}}(x_{\text{Ni}}^{\text{c}}, T_0^{\text{c}} - 5\text{K})$$

以上三者之间满足如下关系：$\Delta G_{\text{fcc}\to\text{fco}}^{\text{c}} = \Delta G_{\text{fcc}\to\text{fct}}^{\text{c}} + \Delta G_{\text{fct}\to\text{fco}}^{\text{c}}$。这表明固态相变的吉布斯自由能也属于状态函数，从函数性质的角度定性地证明了上述热力学计算的合理性。事实上对于任意一个临界温度点，三条平衡温度曲线并不严格交于此，计算中还会涉及各种误差，因此在临界温度处单步马氏体相变的临界驱动力并不精确地等于此温度下多步相变的临界驱动力之和。

2.1.7 合金成分对相变热力学函数的影响

以上分析了合金成分对多步相变临界驱动力的影响，下面重点分析合金成分对多步相变其他热力学函数如相变 S、相变 H 以及相变 C_p 的影响规律。图 2-8、图 2-9 和图 2-10 分别给出了 S、H 以及 C_p 随温度的变化关系曲线，具体计算中在每一个成分区间上各取 3 个不同的成分点，这样在每个图中会有三条热力学函数曲线，便于比较合金成分对其影响的规律。概括起来分析发现，每一个成分区间内三种合金成分下 Mn-Ni 合金的 S 和 C_p，除突变台阶对应的温度有所差异

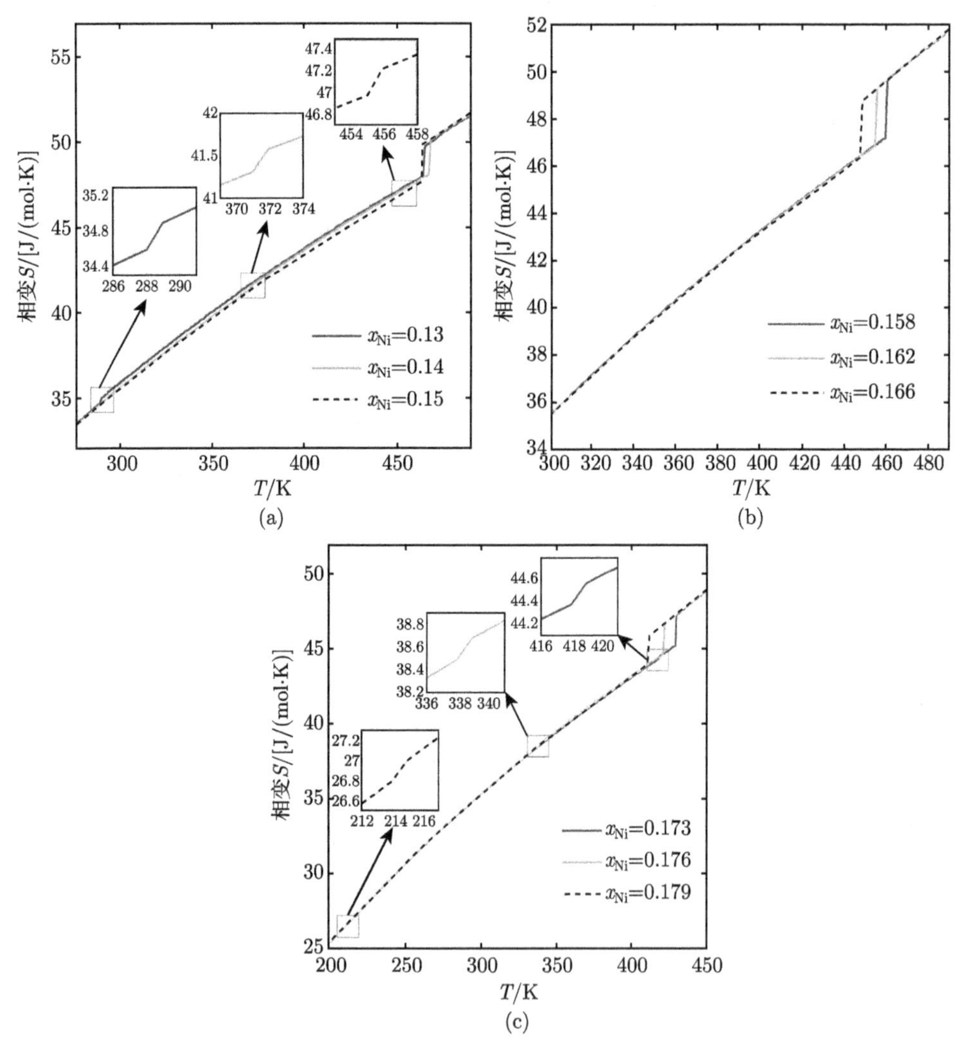

图 2-8 三种合金的相变 S 与温度的关系曲线 [7]

(a) $x_{\mathrm{Ni}} \in [0.128, 0.15699]$; (b) $x_{\mathrm{Ni}} \in [0.15699, 0.168255]$; (c) $x_{\mathrm{Ni}} \in [0.168255, 0.181]$

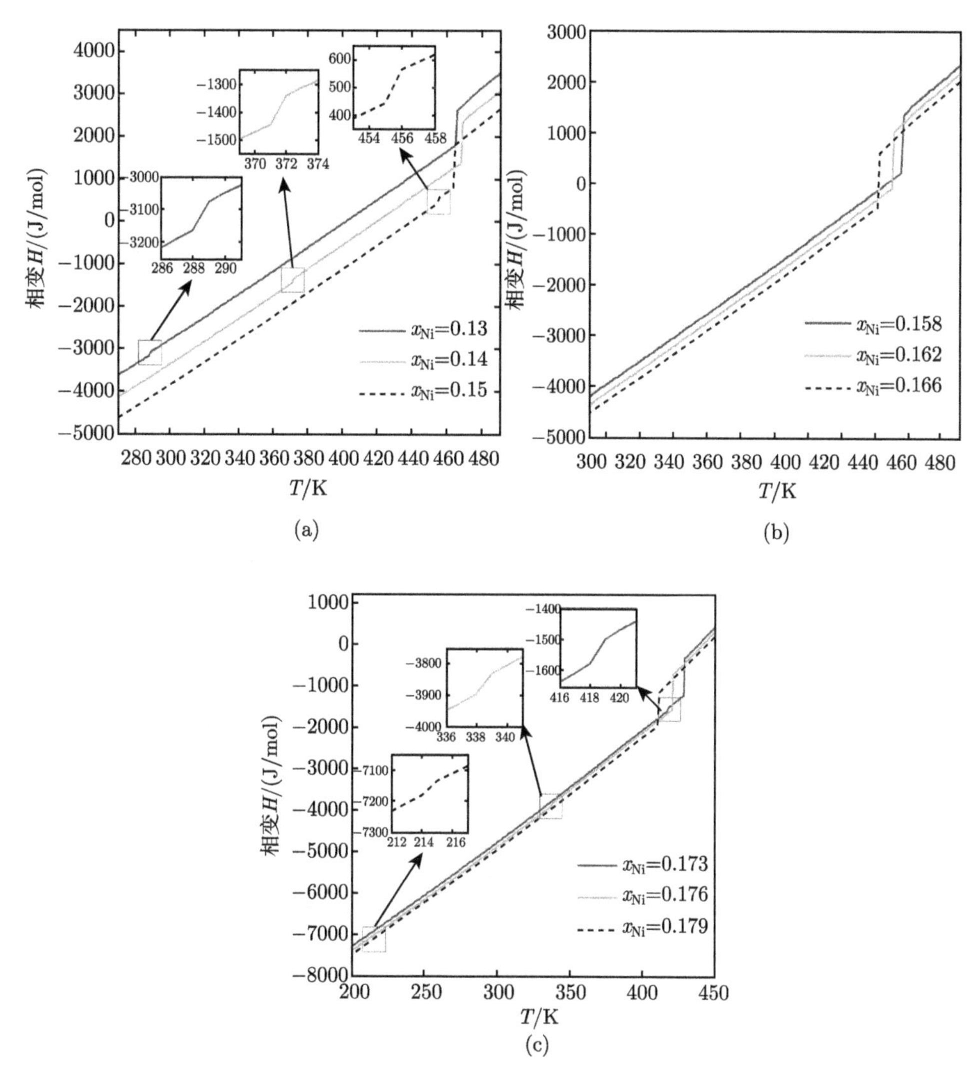

图 2-9 三种合金的相变 H 与温度的关系曲线 [7]

(a) $x_{\mathrm{Ni}} \in [0.128, 0.15699]$; (b) $x_{\mathrm{Ni}} \in [0.15699, 0.168255]$; (c) $x_{\mathrm{Ni}} \in [0.168255, 0.181]$

外，其数值大小差别较小；比较发现不同成分合金之间的热力学函数 H 有较大的不同，Ni 成分越少，计算得到合金的 H 反而越大。在 $x_{\mathrm{Ni}} \in [0.128, 0.15699]$ 这一成分区间，fcc-fct 相变的 S、H 和 C_p 突变台阶对应的温度基本相同，这是由于不同成分下两相平衡温度基本上没有太大的变化。利用四次函数拟合得到的平衡温度函数曲线并不随温度单调变化，因此这三种热力学函数曲线的突变台阶所对应的临界温度也并不随成分的升高而呈现单调变化的趋势。同时发现 fcc-fct 相变对应的这些热力学函数曲线中突变台阶的大小基本相同。然而对于同一成分区间内 fct-fco 相变的热力学函数曲线的突变台阶所对应的温度存在很大的差异，这与 fct 和 fco 的平衡温度曲线随成分变化的曲线斜率较大是一致的。随着 Mn-Ni 合金中 Ni 成分的增加，三种热力学函数的突变台阶所对应的温度也逐步上升，但突变台阶大小基本相同。在 $x_{\mathrm{Ni}} \in [0.15699, 0.168255]$ 成分区间由于 fcc-fco 相变平衡温度随合金中 Ni 成分的增加而单调降低，因此该相变对应的热力学函数 S、H 以及 C_p 曲线上的突变台阶对应的温度随着合金中 Ni 成分的增加而降低。根据

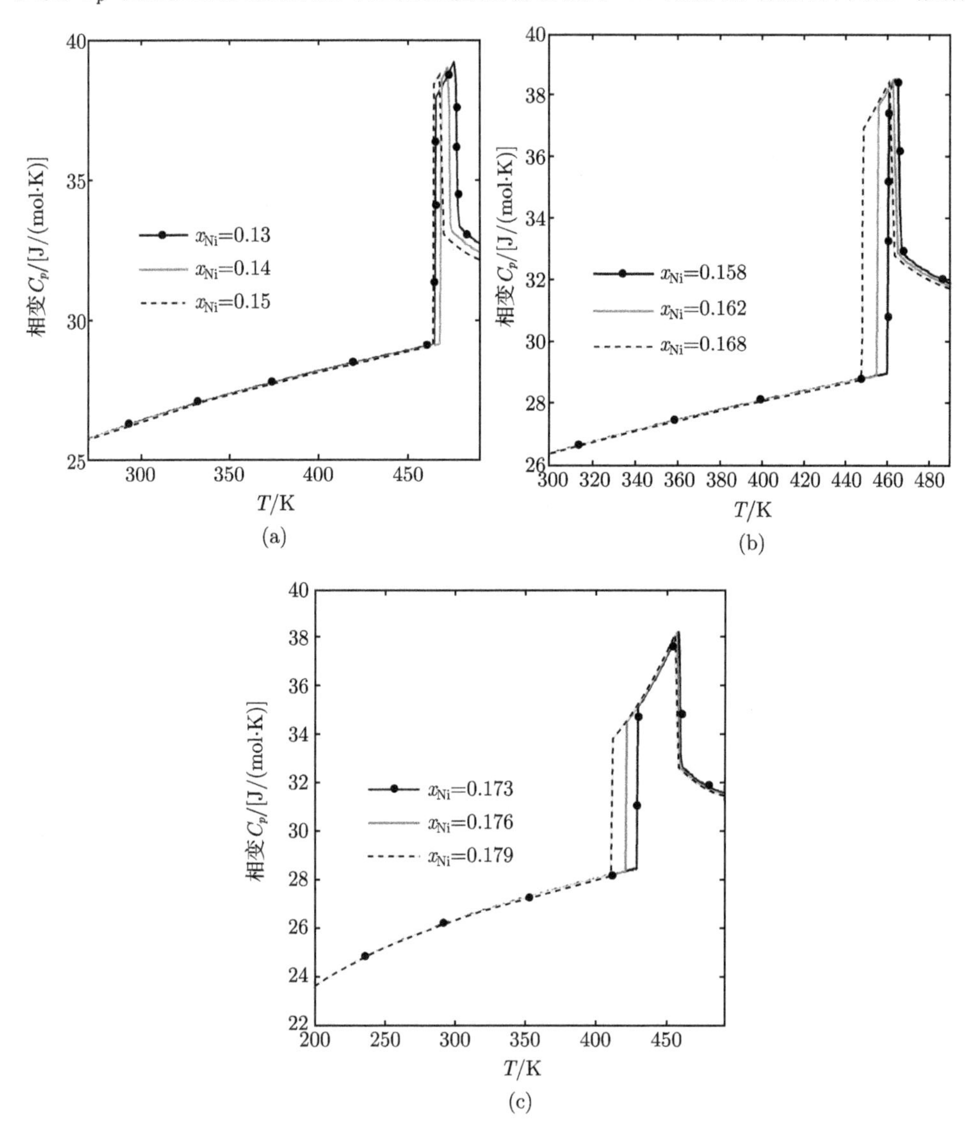

图 2-10 三种合金的相变 C_p 与温度的关系曲线 [7]

(a) $x_{\mathrm{Ni}} \in [0.128, 0.15699]$; (b) $x_{\mathrm{Ni}} \in [0.15699, 0.168255]$; (c) $x_{\mathrm{Ni}} \in [0.168255, 0.181]$

图 2-1，在这一成分区间内 T_N 曲线斜率的绝对值小于 T_0 曲线斜率的绝对值，因此随着 Mn-Ni 合金中 Ni 成分的增加，C_p 曲线上两个突变台阶之间对应的温度差会变大。在 $x_{Ni} \in [0.168255, 0.181]$ 成分区间 fcc-fct 相变和 fct-fco 相变的平衡温度–成分曲线均具有比较大的斜率，因此突变台阶所对应的温度在这一成分区间内随着 Ni 成分的增加而有所降低。相比而言，fct-fco 相变平衡温度曲线的斜率更大，因此它的曲线上突变台阶对应的温度之间会产生更大的差异。另外各热力学函数曲线上的突变台阶大小基本相同，合金成分对其影响不大。

2.1.8 多步相变的级别

根据 2.1.2 节的热力学模型可以计算得到 Mn-Ni 合金的热力学函数 (包括 G、S、H 和 C_p) 随温度的变化曲线，依据这些曲线变化规律及高级相变定义，能够判断 Mn-Ni 合金在降温过程中所发生的一系列相变的级别，这对于深入认识多步相变本质具有积极意义。多步相变中包含 fcc-fct 相变和 fct-fco 相变，它们与 fcc-fco 单步相变相同，在相变温度处热力学函数 S 和 H 对温度的关系曲线均会有突变，根据相变原理，可以确定这些结构相变均属于一级相变。比较图 2-8 和图 2-9 发现，fcc-fco 相变对应的 S 和 H 曲线突变台阶最大，fcc-fct 相变比 fcc-fco 相变所对应的突变台阶略小但数量相同，fct-fco 相变对应的曲线突变台阶最小，比前面两种相变的突变台阶小了一个数量级。总体而言，Mn-Ni 合金中多步相变对应的热力学函数 S、H 的突变台阶比单步相变中的突变台阶都要小；fcc-fco、fcc-fct 和 fct-fco 这三种相变呈现出从一级相变到弱一级相变过渡的趋势。对比图 2-7 发现，这种突变台阶的大小与这三种相变的临界驱动力具有一定的内在联系，临界驱动力大，这个突变台阶就大。其基本原因是：根据相变热力学，相变的临界驱动力是在比两相吉布斯自由能曲线的交点对应的温度低 5K 处两相的吉布斯自由能之差，这一定程度上表明了两相自由能曲线斜率上的差异，从而可以解释 S 在平衡温度处突变台阶与临界驱动力大小关系的一致性。热力学函数 H 在临界温度处的突变与 S 突变成正比，这是因为在 T_0 温度处两相的吉布斯自由能相等，根据 H 的表达式，H 的突变大小等于 T_0 与 S 突变的乘积。降温过程中对于 Mn-Ni 合金中的顺磁–反铁磁转变，计算结果表明在转变温度处 S 和 H 不存在突变，而 C_p 存在明显的突变，根据相变原理及计算结果，可判断 Mn-Ni 合金中的反铁磁转变属于二级相变，这与实际情况相符。

以上从热力学角度出发，主要研究了磁性 Mn-Ni 合金中的多步相变热力学特性，得到如下结果：根据 Mn-Ni 合金在降温过程中依次发生的磁性相变和多步结构相变的临界温度与合金成分的关系，基于相变热力学平衡条件，联立能量线性方程组，通过解超定方程组，计算得到了 Mn-Ni 体系 fct 以及 fco 相未知的热力学参数，这是一种新的计算思路；利用计算获得的各相热力学参数，定量分析了 Mn-Ni

合金中 fcc 相、fct 相和 fco 相总的吉布斯自由能中纯组元自由能、超额自由能以及磁序能的热力学性质，比较了不同相之间热力学特性的差异，并与其他合金体系进行了比较；计算得到了 Mn-Ni 合金不同相、不同成分的吉布斯自由能随温度的变化曲线，进而得到 fcc-fco 单步相变和 fcc-fct-fco 多步相变的化学驱动力随温度的变化曲线，并探讨了这几类相变的临界驱动力与合金成分之间的变化规律；根据热力学函数之间的定量关系，计算得到了 Mn-Ni 合金中热力学函数 S、H 以及 C_p 随温度变化的关系曲线，探讨了不同成分区间内这些热力学函数与合金成分之间的变化规律；根据计算结果和相变原理从热力学角度对 Mn-Ni 二元合金中发生的磁性相变和多步相变的级别进行了分析讨论，认为多步相变在降温过程中会从一级相变转化为弱一级相变，而顺磁–反铁磁相变则是一个二级相变。

2.2　基于热力学的纳米材料结构转化

2.2.1　碳纳米管

碳纳米管和金刚石作为碳材料，均处于动力学稳定而热力学不稳定的亚稳定状态。单层碳纳米管可近似看成是由一片长方形石墨烯沿一定方向卷起直至另两个边完全对接构成。单层或双层石墨烯片在其边缘由于存在大量的悬空键，能量较高而不稳定。将单层石墨烯卷成管形可消除两边不稳定的悬键，系统总能量也相应降低。另外将石墨烯卷起来形成碳纳米管将改变石墨烯上 C—C 键角从而增加了应变能，其应变能的大小将随管径减小而呈指数增加。Tibbetts[8] 用连续理论分析了石墨烯片层弯曲产生应变能和形成结构的关系，得到如下的表达式：

$$\sigma = \frac{\pi E L a^3}{12R} \tag{2-26}$$

式中，σ 和 E 分别是应变能和弹性模量，R、L、a 分别是曲率半径、柱体长度和石墨层间距。从式 (2-26) 可以看出管径越大，应变能越小，所以小直径的单壁碳纳米管的应变能要大于大直径的碳纳米管。将上式改写为单个 C 原子因弯曲而增加的应变能，其能量为

$$E_{\mathrm{c}} = \frac{\sigma}{N} = \frac{E_a^3}{24} \cdot \frac{\varOmega}{R^2} \tag{2-27}$$

式中，N 表示单位体积内的总 C 原子数，$\varOmega$ 为 C 原子的面积。

图 2-11 显示较大直径的单壁碳纳米管会发生结构塌陷 [9]。对于单壁碳纳米管，从能量出发发现存在两个临界直径 R_1 和 R_2：当直径小于 R_1 时，保持圆形截面结构的单壁碳纳米管比较稳定；当直径大于 R_2 时，塌陷结构的单壁碳纳米管更稳定。这个变化规律还与纳米管的类型相关，金属型与半导体型的变化规律也不完全相同，如 (n, n) 型碳纳米管的 R_1：[1.077nm (16, 16), 1.144nm (17, 17)],

R_2: [2.962nm (45, 45), 3.030nm (46, 46)]；(n, 0) 型碳纳米管的 R_1：[1.049nm (27, 0), 1.088nm (28, 0)]，R_2: [2.993nm (77, 0), 3.032nm (78, 0)][9]。

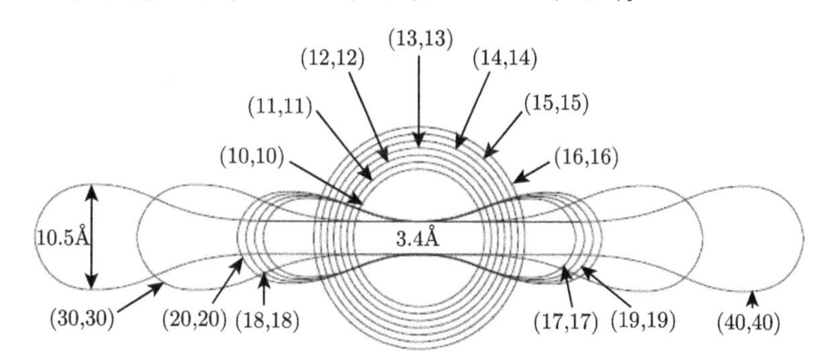

图 2-11 碳纳米管稳定结构示意图 [9]

碳纳米管从 1991 年被发现开始迅速成为国际研究的热点。单壁碳纳米管是碳管的极限形式，具有独特的结构特征，因此性能优异，潜在应用领域广泛。碳纳米管结构控制、结构稳定性以及其结构变化的研究，对于认识和掌握碳纳米管的性能和实际应用有着非常重要的意义。下面主要从能量的角度研究碳纳米管的结构稳定性，包括以下几个方面 [10]：建立单壁碳纳米管的能量计算模型，重点分析其能量与温度、管径间的关系；建立多壁碳纳米管的能量计算模型，重点分析其能量与温度的关系；建立单壁碳纳米管管束向多壁碳纳米管结构转变的能量模型。

2.2.2 单壁碳纳米管的热力学

2.2.2.1 理论模型

单位长度单壁碳纳米管的能量可由下式表示：

$$G_{\text{swcnt}} = E_{\text{sur}} + E_{\text{str}} - E_{\text{Bond}} \tag{2-28}$$

式中 E_{sur} 为单位长度石墨片层的表面能，E_{str} 为单位长度单壁碳纳米管的应变能，E_{Bond} 为单位长度石墨片层卷曲形成碳纳米管时，连接部分的成键能。分别可由如下算式得到

$$E_{\text{sur}} = \frac{(H - T\Delta S) \cdot \pi d L_{\text{swcnt}}}{L_{\text{swcnt}}} = (H - T\Delta S) \cdot \pi d \tag{2-29}$$

式中 L_{swcnt} 为单壁碳纳米管的管长，d 为其管径，$d = d_0 \cdot (1 - 0.05 \times 10^{-5} T)$[11]，是温度的函数; H 和 S[12] 则如下：

$$H = (0.155 \sim 0.18)\text{J/m}^2; \quad S = (0.062 \sim 0.064)\text{mJ/(m}^2 \cdot \text{K)}$$

在这里我们取 $H = 0.155\ \text{J/m}^2$，$S = 0.062\ \text{mJ/(m}^2 \cdot \text{K)}$ 以简化计算。

根据连续介质理论，将石墨烯片层弯曲导致的应变能表示为纳米管结构 (R) 的函数关系如下：

$$E_{\mathrm{str}}=\frac{\dfrac{\pi E\cdot b^3\cdot L_{\mathrm{swcnt}}}{12R}}{L_{\mathrm{swcnt}}}=\frac{\pi E\cdot b^3}{12R} \tag{2-30}$$

式中 E 为碳纳米管的弹性模量，理论计算的杨氏模量和碳纳米管直径有以下关系：

$$E=\frac{4296(\mathrm{Pa}\cdot\text{Å})}{d(\text{Å})}+8.24(\mathrm{GPa}) \tag{2-31}$$

b 为单层石墨片层的厚度，这里取 $b=0.07\mathrm{nm}$，R 为碳纳米管的半径，即 $0.5d$。

对于 E_{Bond} 有以下关系：

$$E_{\mathrm{Bond}}=\frac{\dfrac{(H-T\Delta S)\cdot\pi dL_{\mathrm{swcnt}}\cdot n_{\mathrm{Bond}}}{\dfrac{3S}{2S_1}}}{L_{\mathrm{swcnt}}}=\frac{(H-T\Delta S)\cdot\pi d\cdot n_{\mathrm{Bond}}\cdot 2S_1}{3S} \tag{2-32}$$

式中 S 代表整个石墨片层的面积，$S=\pi d\cdot L_{\mathrm{swcnt}}$；$S_1$ 代表单个 C 原子所占的面积，$S_1=\dfrac{\sqrt{3}}{4}\cdot(\sqrt{3}a)^2=\dfrac{3\sqrt{3}}{4}a^2$，$a$ 为石墨片层中 C 原子之间的间距，取 $a=0.142\cdot(1+0.5\times10^5T)\mathrm{nm}$[11]。石墨片层的表面能由 C—C 键产生，$\dfrac{S}{S_1}$ 可以得到片层中 C 原子的总数，每个 C 原子又与相邻的 3 个 C 原子成键，因此总的键数为 $\dfrac{3S}{2S_1}$，每个 C—C 键的键能为 $E_{\mathrm{sur}}\cdot L_{\mathrm{swcnt}}/\dfrac{3S}{2S_1}$。石墨片层卷曲形成碳纳米管时，连接部分的成键数 n_{Bond} 与单壁碳纳米管的结构有关，为计算简便，下面仅讨论 (n, 0) 型碳纳米管，以及 (n, n) 型碳纳米管。其中 (n, 0) 型碳纳米管的成键数为 $\dfrac{2L_{\mathrm{swcnt}}}{3a}$；(n, n) 型碳纳米管的成键数为 $\dfrac{L_{\mathrm{swcnt}}}{\sqrt{3}a}$。

将以上各式及相关参数代入式 (2-28)，得

$$G_{\mathrm{swcnt}}=(H-T\Delta S)\cdot\pi d+\frac{\pi E\cdot b^3}{6d}-\frac{(H-T\Delta S)\cdot\pi d\cdot n_{\mathrm{Bond}}\cdot 2S_1}{3S} \tag{2-33}$$

由式 (2-33) 可以得出，单位长度单壁碳纳米管的能量 G_{swcnt} 仅是管径 d 和温度 T 的函数。

2.2.2.2　单壁碳纳米管能量与温度的关系

1) (n, 0) 型碳纳米管

当碳纳米管结构为 (n, 0) 型时，式 (2-33) 可以化简为

$$G_{\mathrm{swcnt}}=(H-T\Delta S)\left(\pi d-\frac{\sqrt{3}}{3}a\right)+\frac{\pi E\cdot b^3}{6d} \tag{2-34}$$

当取 d_0= 1.5nm, 2nm, 3nm 时，可得到单位长度 (n, 0) 型单壁碳纳米管的能量 G_{swcnt} 与温度 T 的关系，如图 2-12 所示。

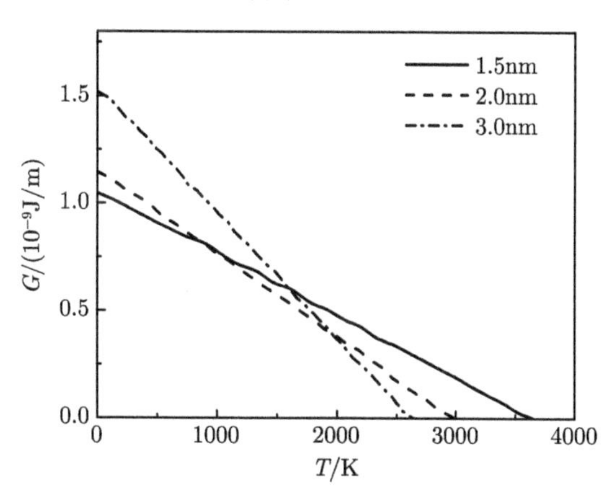

图 2-12 不同直径的 (n,0) 型单壁碳纳米管的能量与温度的关系

上图中，3 条直线截距从大到小依次为 3nm, 2nm, 1.5nm 结构为 (n, 0) 型单位长度单壁碳纳米管的能量 G_{swcnt} 与温度 T 的关系。由图可见，单位长度单壁碳纳米管的体系自由能随温度的升高而降低。d_0= 1.5nm, 2nm, 3nm 的碳纳米管自由能范围在 0∼ 1.6×10^{-9}J，在 3700K 以上自由能为负值，因而在 3700K 以上的温度下 d_0= 1.5nm, 2nm, 3nm 的碳纳米管无法存在。图中截距最小的直线为 d_0= 1.5nm 的直线，表明在温度较低的情况下，小管径的碳纳米管较为稳定。d_0= 1.5nm 的直线与 d_0= 2nm 的直线相交于 1000K 左右，d_0= 2nm 的直线与 d_0= 3nm 的直线相交于 2000K 左右，表明：温度在 1000K 到 2000K 的范围内 d_0= 2nm 的碳纳米管最稳定，而在 1000K 以下，d_0= 1.5nm 的碳纳米管最稳定，温度在 2000K 以上的时候 d_0= 3nm 的碳纳米管最稳定。可见，低温区管径较小的碳纳米管较稳定，而高温区则是管径较大的管稳定性好，因而我们可以得出这样的结论，随温度升高，碳纳米管管径有扩张的趋势。

2) (n, n) 型碳纳米管

当碳纳米管结构为 (n, n) 型时，式 (2-33) 可以化简为

$$G_{\mathrm{swcnt}} = (H - T\Delta S)\left(\pi d - \frac{a}{2}\right) + \frac{\pi E \cdot b^3}{6d} \tag{2-35}$$

当取 d_0= 1.5nm, 2nm, 3nm 时，可得到单位长度 (n, n) 型单壁碳纳米管的能量 G_{swcnt} 与温度 T 的关系，如图 2-13 所示。结构为 (n, 0) 型和结构为 (n, n) 型单位长度单壁碳纳米管的能量 G_{swcnt} 与温度 T 的关系从图中可以看出是非常接近的，因而可以认为不同结构的单壁碳纳米管其能量差异很小，均可用图 2-12 和图 2-13 来描述。

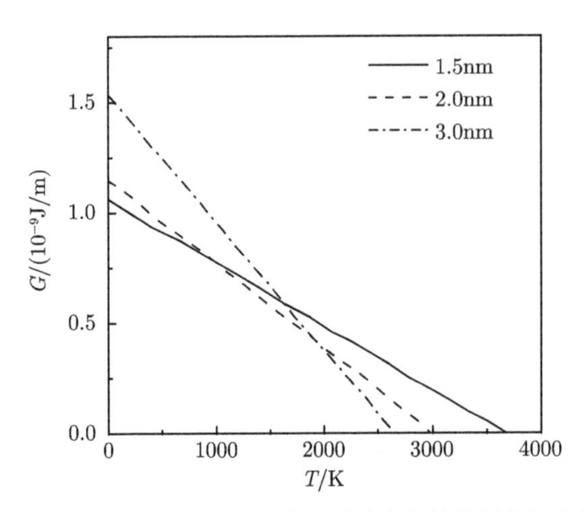

图 2-13　不同直径的 (n, n) 型单壁碳纳米管的能量与温度的关系

2.2.2.3　单壁碳纳米管能量与直径的关系

1) (n, 0) 型碳纳米管

当碳纳米管结构为 (n, 0) 型时，式 (2-33) 可以化简为

$$G_{\mathrm{swcnt}} = (H - T\Delta S)\left(\pi d - \frac{\sqrt{3}}{3}a\right) + \frac{\pi E \cdot b^3}{6d} \tag{2-36}$$

当取 T = 500K, 1000K, 2000K, 3000K 时，可得到单位长度单壁碳纳米管的能量 G_{swcnt} 与管径 d 的关系，如图 2-14 所示。图 2-14 中，4 条曲线由上至下依次为 500K,1000K,2000K,3000K 时，结构为 (n, 0) 型单位长度单壁碳纳米管的能量 G_{swcnt} 与管径 d 的关系。由图可见，不同温度时候的曲线形态是不同的，曲线的最小值点也就是碳纳米管体系自由能最低的位置，此位置对应该温度下的单壁碳纳米管最稳定的管径 d。T = 500K 时，碳纳米管体系自由能最低的位置大约在 0.9×10^{-9}J，T = 1000K 时，碳纳米管体系自由能最低的位置大约在 0.8×10^{-9}J，T = 2000K 时，碳纳米管体系自由能最低的位置大约在 0.4×10^{-9}J，T = 3000K 时，则不存在体系自由能最低的位置。温度在 500K 的时候最稳定的管径 d 约为 1.6nm，1000K 的时候约为 2nm，2000K 的时候约为 3nm，而在 3000K 的时候由于碳纳米管本身的结构就不稳定，因而从曲线上看出不存在稳定的管径 d。可见，低温区的碳纳米管稳定管径较小，而高温区则稳定的管径较大，因而我们可以得出这样的结论，随温度升高，碳纳米管管径有扩张的趋势。

2) (n, n) 型碳纳米管

当碳纳米管结构为 (n, n) 型时，式 (2-33) 可以化简为

$$G_{\mathrm{swcnt}} = (H - T\Delta S)\left(\pi d - \frac{a}{2}\right) + \frac{\pi E \cdot b^3}{6d} \tag{2-37}$$

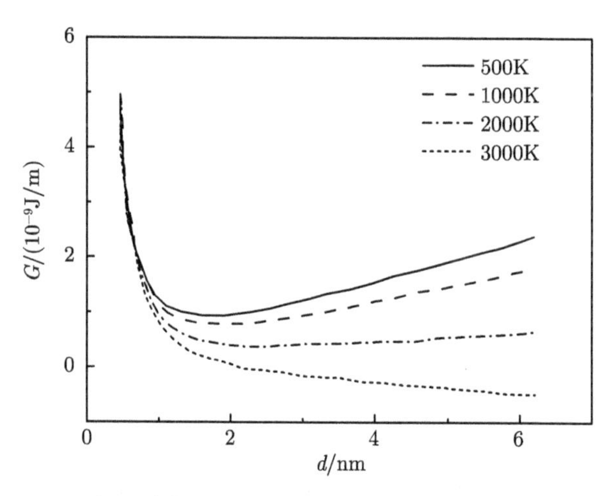

图 2-14　不同温度的 (n, 0) 型单壁碳纳米管的能量与管径的关系

当取 $T = 500$K, 1000K, 2000K, 3000K 时，可得到单位长度单壁碳纳米管的能量 G_{swcnt} 与管径 d 的关系，如图 2-15 所示。结构为 (n, 0) 型和结构为 (n, n) 型单位长度单壁碳纳米管的能量 G_{swcnt} 与管径 d 的关系从图中可以看出是非常接近的，因而可以认为不同结构的单壁碳纳米管其能量差异很小，均可用上述两图来描述。

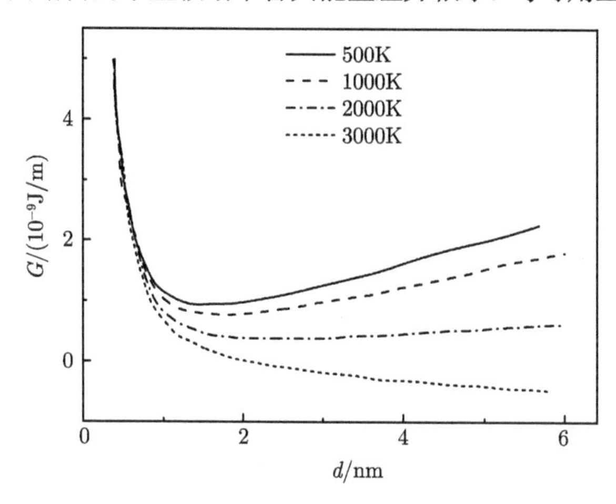

图 2-15　不同温度的 (n, n) 型单壁碳纳米管的能量与管径的关系

2.2.3　多壁碳纳米管的热力学

2.2.3.1　理论模型

多壁碳纳米管中的层结构究竟是同心圆柱、同心多边形或者是蛋卷状，还是多种状态的混合体至今仍然没有直接的实验证明。但从高分辨率电子显微镜观察，可

以发现多壁碳纳米管的层间距基本相同，因此一般认为其为同心圆柱结构。

以多壁碳纳米管为同心圆柱结构建立其能量的理论模型，单位长度多壁碳纳米管的能量可由下式表示：

$$G_{\mathrm{mwcnt}}^{m}=\sum_{i=1}^{m}G_{\mathrm{swcnt}}^{m}+\sum_{i=1}^{m(m-1)/2}G_{\mathrm{int}}^{m} \tag{2-38}$$

式中 m 表示多壁碳纳米管的管壁层数，$\sum\limits_{i=1}^{m}G_{\mathrm{swcnt}}^{m}$ 表示各个管壁独立的能量，$\sum\limits_{i=1}^{m(m-1)/2}G_{\mathrm{int}}^{m}$ 表示各个管壁相互之间的作用能。

多壁碳纳米管的每一层管壁属于同轴情况，其能量为：$E_{\mathrm{int2}}=0.0156\mathrm{eV/atm}$ $(1\mathrm{atm}=101325\mathrm{Pa})$[13]，将此单位转换成国际单位制，则有单位长度多壁碳纳米管管壁相互之间的作用能为

$$\sum_{i=1}^{m(m-1)/2}G_{\mathrm{int}}^{m}=\frac{E_{\mathrm{int2}}}{L_{\mathrm{mwcnt}}}=\frac{0.0156\times1.602\times10^{-19}\pi\left(d+d_1+d_2+\cdots+d_{m-1}\right)}{2\times\dfrac{3\sqrt{3}}{4}a^2} \tag{2-39}$$

在上式中假定多壁碳纳米管最内层的管径与单壁碳纳米管的管径相同。而多壁碳纳米管层间距离为 0.34nm，即 $d_a+0.68\mathrm{nm}=d_{a+1}$。纳米管所包含的原子数可由 $x=\dfrac{\pi d\cdot L}{\dfrac{3\sqrt{3}}{4}a^2}$ 确定。

2.2.3.2　多壁碳纳米管能量与温度的关系

对 (n，0) 管，因其重复单元为 0.246nm，从而完全由 (n，0) 管形成多壁管是不大可能的，但 (n，n) 管的重复单元长度为 $\sqrt{2}a=0.426\mathrm{nm}\approx2.1/5\mathrm{nm}$，从而可完全由 (n，n) 管形成多壁管。由式 (2-28) 可得

$$G_{\mathrm{swcnt}}^{m}=(H-T\Delta S)\left(\pi d_m-\frac{a}{2}\right)+\frac{\pi E\cdot b^3}{6d_m} \tag{2-40}$$

1) 相同内径不同管壁层数的多壁碳纳米管 (6、7、8 层)

这里，我们取多壁碳纳米管最内层的管径 $d=3\mathrm{nm}$ 来计算管壁层数为 6、7、8 层的多壁碳纳米管的能量：

$$G_{\mathrm{mwcnt}}^{6}=\sum_{i=1}^{6}G_{\mathrm{swcnt}}^{6}+\sum_{i=1}^{6(6-1)/2}G_{\mathrm{int}}^{6}=\sum_{i=1}^{6}G_{\mathrm{swcnt}}^{6}$$

$$+\frac{0.0156\times1.602\times10^{-19}\pi\left(d+d_1+d_2+d_3+d_4+d_5\right)}{2\times\dfrac{3\sqrt{3}}{4}a^2} \tag{2-41}$$

$\sum_{i=1}^{6}G_{\text{swcnt}}^{6}$ 可由式 (2-37) 得到,

$$G_{\text{mwcnt}}^{7}=\sum_{i=1}^{7}G_{\text{swcnt}}^{7}+\sum_{i=1}^{7(7-1)/2}G_{\text{int}}^{7}=\sum_{i=1}^{7}G_{\text{swcnt}}^{7}+\frac{0.0156\times1.602\times10^{-19}\pi\left(d+d_1+d_2+d_3+d_4+d_5+d_6\right)}{2\times\dfrac{3\sqrt{3}}{4}a^2} \tag{2-42}$$

$\sum_{i=1}^{7}G_{\text{swcnt}}^{7}$ 可由式 (2-37) 得到,

$$G_{\text{mwcnt}}^{8}=\sum_{i=1}^{8}G_{\text{swcnt}}^{7}+\sum_{i=1}^{8(8-1)/2}G_{\text{int}}^{8}=\sum_{i=1}^{8}G_{\text{swcnt}}^{8}+\frac{0.0156\times1.602\times10^{-19}\pi\left(d+d_1+d_2+d_3+d_4+d_5+d_6+d_7\right)}{2\times\dfrac{3\sqrt{3}}{4}a^2} \tag{2-43}$$

$\sum_{i=1}^{8}G_{\text{swcnt}}^{8}$ 可由式 (2-37) 得到。

可知 G_{mwcnt}^{6}、G_{mwcnt}^{7}、G_{mwcnt}^{8} 是关于温度 T 的函数，其图像如图 2-16 所示。图中 3 条直线由上至下依次是单位长度管壁层数为 8 层、7 层、6 层，内径为 3nm 的多壁碳纳米管的能量 G_{mwcnt} 与温度 T 的关系。由图可见，内径为 3nm 的单位长度多壁碳纳米管的体系自由能随着温度的上升而降低，内径为 3nm 的多壁碳纳米管自由能范围在 0~ 3×10^{-8}J，在 3300K 以上自由能为负值，因而在 3300K 以上的温度下多壁碳纳米管由于结构不稳定而无法存在。图中截距最小的直线为管壁层数为 6 层的多壁碳纳米管，而 3 根直线几乎相交于同一点，在保持结构稳定的极限温度左右，这表明在内径一定的情况下管壁层数较少的多壁碳纳米管较为稳定。

2) 相同管壁层数不同内径的多壁碳纳米管 (6 层, d =3nm, 5nm, 7nm)

这里，我们取管壁层数为 6 层来计算不同内径 d= 3nm, 5nm, 7nm 的多壁碳纳米管的能量：

$$G_{\mathrm{mwcnt}}^6=\sum_{i=1}^{6} G_{\mathrm{swcnt}}^6+\sum_{i=1}^{6(6-1)/2} G_{\mathrm{int}}^6$$
$$=\sum_{i=1}^{6} G_{\mathrm{swcnt}}^6+\frac{0.0156\times 1.602\times 10^{-19}\pi\left(d+d_1+d_2+d_3+d_4+d_5\right)}{2\times \dfrac{3\sqrt{3}}{4}a^2} \tag{2-44}$$

$\sum_{i=1}^{6} G_{\mathrm{swcnt}}^6$ 可由式 (2-37) 得到，d= 3nm, 5nm, 7nm，其图像如图 2-17 所示。图中 3

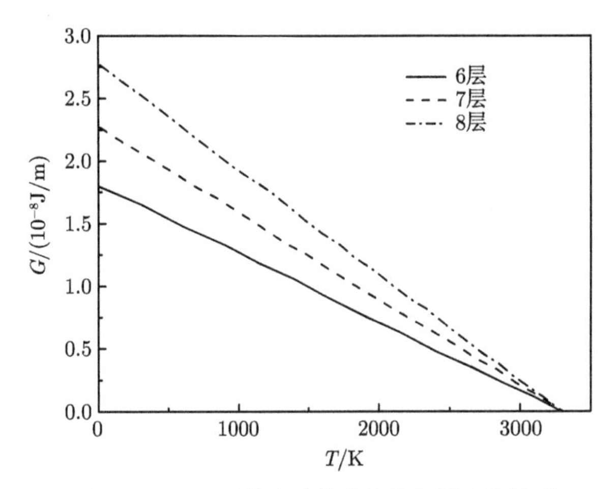

图 2-16　不同层数多壁管的能量与温度的关系

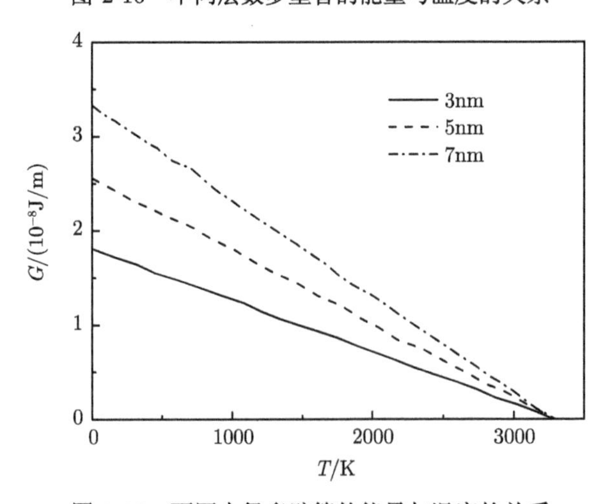

图 2-17　不同内径多壁管的能量与温度的关系

条直线由上至下依次是单位长度管径为 7nm、5nm、3nm 管壁层数为 6 层的多壁碳纳米管的能量 G_{swcnt} 与温度 T 的关系。由图可见，管壁层数为 6 层的单位长度多壁碳纳米管的体系自由能随着温度的上升而降低，管壁层数为 6 层的多壁碳纳米管自由能范围在 0~ 3.4×10^{-8}J，在 3300K 以上自由能为负值，因而在 3300K 以上的温度下多壁碳纳米管由于结构不稳定而无法存在。图中截距最小的直线为内径是 3nm 的多壁碳纳米管，而 3 根直线几乎相交于同一点，在保持结构稳定的极限温度左右，这表明在管壁层数一定的情况下内径较小的多壁碳纳米管较为稳定。

2.2.4 单壁碳纳米管束向多壁碳纳米管转化的热力学

假定有 n 根单壁碳纳米管向多壁碳纳米管转化，则其转化过程中的能量变化可由下式描述：

$$\begin{cases} G_{\mathrm{swcnt}} = E_{\mathrm{sur}} + E_{\mathrm{str}} - E_{\mathrm{Bond}} \\ G_{S-A} = nG_{\mathrm{swcnt}} + \displaystyle\sum_{i=1}^{n(n-1)/2} G_{\mathrm{int}}^{n} \\ G_{\mathrm{mwcnt}}^{m} = \displaystyle\sum_{i=1}^{m} G_{\mathrm{swcnt}}^{m} + \sum_{i=1}^{m(m-1)/2} G_{\mathrm{int}}^{m} \\ G_{\mathrm{tran}} = \dfrac{G_{\mathrm{mwcnt}}^{m}\cdot L_{\mathrm{mwcnt}}}{L_{\mathrm{swcnt}}} - G_{S-A} \end{cases} \tag{2-45}$$

其中，G_{S-A} 表示 n 根单壁碳纳米管的总能量，考虑到碳纳米管在整个转化过程中保持质量守恒：

$$\begin{aligned} M_{S-A} &= n\cdot M_{\mathrm{swcnt}} = n\rho_0\cdot\pi d\cdot L_{\mathrm{swcnt}} = M_{M-A} \\ &= \rho_0\pi\left(d+d_1+d_2+\cdots+d_{m-1}\right)\cdot L_{\mathrm{mwcnt}} \end{aligned} \tag{2-46}$$

式中 M_{S-A} 代表转变前 n 根单壁碳纳米管的总质量，M_{M-A} 代表转变后的 m 层多壁碳纳米管的总质量，ρ_0 为质量面密度，其单位为 $\mathrm{kg/m^2}$，由此质量守恒原理可以得到变化前后单壁碳纳米管和多壁碳纳米管长度之间的比例关系：

$$\frac{L_{\mathrm{mwcnt}}}{L_{\mathrm{swcnt}}} = \frac{n\cdot d}{(d+d_1+d_2+\cdots+d_m)} \tag{2-47}$$

因而转换前后的单壁碳纳米管长度 L_{swcnt} 和多壁碳纳米管长度 L_{mwcnt} 是不同的，式 (2-46) 最后一个等式中则考虑了这一情况，使得其能量转变可以通过前后能量之差来计算。

式 (2-45) 中，$\displaystyle\sum_{i=1}^{n(n-1)/2} G_{\mathrm{int}}^{n}$ 表示各个管相互之间的作用能。单壁碳纳米管的每

一层管壁属于并排情况，其能量为：$E_{\text{int1}} = 0.0087\text{eV/atm}$[14]，将此单位转换成国际单位制，则有单位长度单壁碳纳米管管壁相互之间的作用能为

$$\sum_{i=1}^{n(n-1)/2} G_{\text{int}}^{n} = \frac{c \cdot E_{\text{int1}}}{L_{\text{swcnt}}} = \frac{c \cdot 0.0087 \cdot 1.602 \times 10^{-19} \pi d}{\dfrac{3\sqrt{3}}{4} a^2} \tag{2-48}$$

式中 c 代表 n 根单壁碳纳米管相互之间作用的数量。

下面以 7 根 $d = 3\text{nm}$ 的单壁碳纳米管转变为例 (如图 2-18 所示结构)，计算其转变为 6、7、8 层多壁碳纳米管时的能量变化 (此时 $c = 12$)。

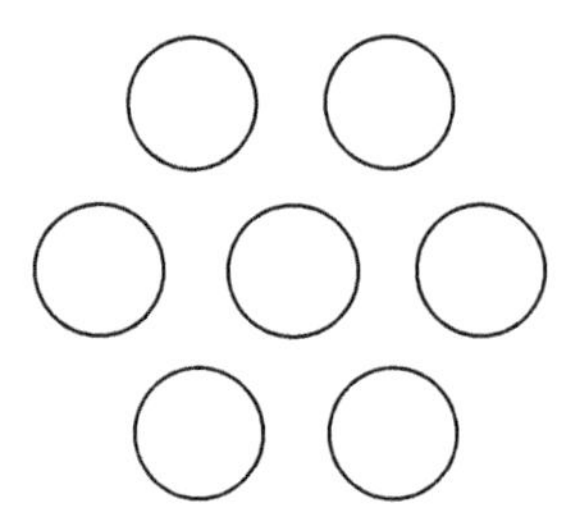

图 2-18　单壁碳纳米管束的结构示意图

1) 管壁层数为 4 的多壁碳纳米管 (内径为 3nm、5nm、7nm)

$$\begin{aligned} G_{\text{mwcnt}}^{4} &= \sum_{i=1}^{4} G_{\text{swcnt}}^{4} + \sum_{i=1}^{4(4-1)/2} G_{\text{int}}^{5} \\ &= \sum_{i=1}^{4} G_{\text{swcnt}}^{4} + \frac{9.62 \times 10^{-22} \pi (d + d_1 + d_2 + d_3)}{a^2} \end{aligned} \tag{2-49}$$

$\sum\limits_{i=1}^{4} G_{\text{swcnt}}^{4}$ 可由式 (2-37) 得到，

$$\begin{aligned} G_{\text{tran}}^{4} &= \frac{G_{\text{mwcnt}}^{4} \cdot L_{\text{mwcnt}}}{L_{\text{swcnt}}} - G_{S-A} \\ &= \frac{\sum\limits_{i=1}^{4} G_{\text{swcnt}}^{4} + \dfrac{9.62 \times 10^{-22} \pi (d + d_1 + d_2 + d_3)}{a^2}}{\dfrac{(d + d_1 + d_2 + d_3)}{7d}} - 7G_{\text{swcnt}} - \frac{8.1 \times 10^{-20} \pi d}{a^2} \end{aligned} \tag{2-50}$$

可知 G_{tran}^{4} 是关于温度 T 的函数，G_{tran}^{4} 的图像如图 2-19 所示。

图 2-19 中，3 条直线由上至下依次是单位长度单壁碳纳米管转变为管径为 7nm、5nm、3nm 管壁层数为 4 层的多壁碳纳米管的能量变化值 G_{tran}^{4} 与温度 T 的

关系。由图可见，单位长度单壁碳纳米管转变为管壁层数为 4 层的单位长度多壁碳纳米管的体系自由能变化随着温度的上升而降低。G_{tran}^{4} 大于零的时候变化不能自发进行，所以 G_{tran}^{4} 直线与 x 轴交点位置即为转变温度。内径为 3nm 的多壁管与 x 轴在合理的范围内没有交点，因此，认为其转变是不可能发生的，虽然其能量较低但并不能在这一范围内发生转变，较为合适的转变温度在 2500K 以上。由该图可以看出形成内径为 7nm 的多壁碳纳米管最为合理。转变温度在 2650K 左右。

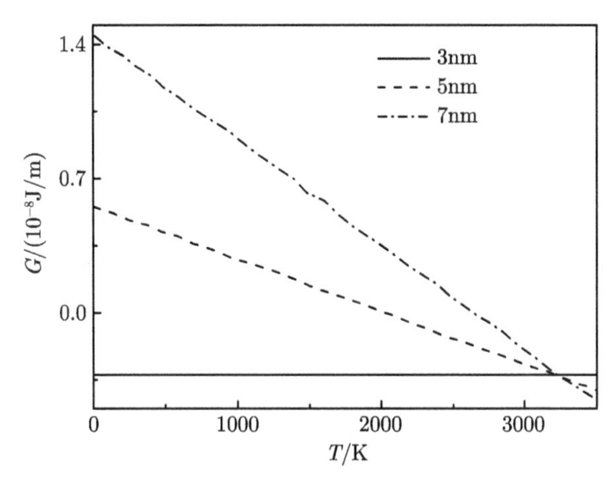

图 2-19 单壁碳纳米管向 4 层不同内径多壁管转变的能量与温度关系

2) 管壁层数为 5 的多壁碳纳米管 (内径为 3nm、5nm、7nm)

$$
\begin{aligned}
G_{\text{mwcnt}}^{5} &= \sum_{i=1}^{5} G_{\text{swcnt}}^{5} + \sum_{i=1}^{5(5-1)/2} G_{\text{int}}^{5} \\
&= \sum_{i=1}^{5} G_{\text{swcnt}}^{5} + \frac{9.62\times10^{-22}\pi\,(d+d_1+d_2+d_3+d_4)}{a^2}
\end{aligned} \tag{2-51}
$$

$\sum_{i=1}^{5} G_{\text{swcnt}}^{5}$ 可由式 (2-37) 得到，

$$
\begin{aligned}
G_{\text{tran}}^{5} &= \frac{G_{\text{mwcnt}}^{5}\cdot L_{\text{mwcnt}}}{L_{\text{swcnt}}} - G_{S-A} \\
&= \frac{\sum_{i=1}^{5} G_{\text{swcnt}}^{5} + \frac{9.62\times10^{-22}\pi\,(d+d_1+d_2+d_3+d_4)}{a^2}}{\frac{(d+d_1+d_2+d_3+d_4)}{7d}} \\
&\quad - 7G_{\text{swcnt}} - \frac{8.1\times10^{-19}\pi d}{a^2}
\end{aligned} \tag{2-52}
$$

可知 G_{tran}^{5} 是关于温度 T 的函数，G_{tran}^{5} 的图像如图 2-20 所示。

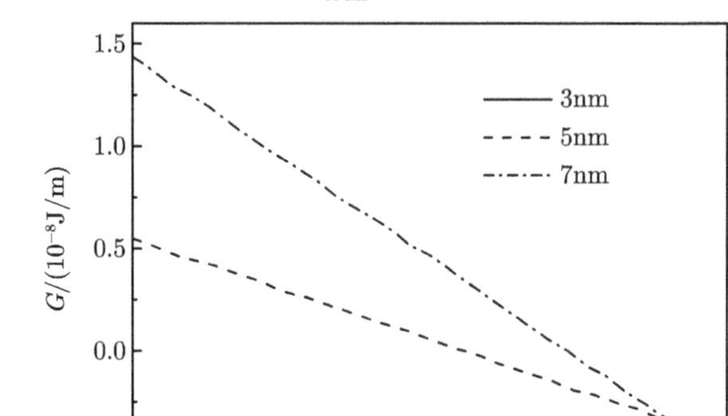

图 2-20　单壁碳纳米管向 5 层不同内径多壁管转变的能量与温度关系

图 2-20 中，3 条直线由上至下依次是单位长度单壁碳纳米管转变为管径为 7nm、5nm、3nm 管壁层数为 5 层的多壁碳纳米管的能量变化值 G_{tran}^{5} 与温度 T 的关系。由图可见，单位长度单壁碳纳米管转变为管壁层数为 5 层的单位长度多壁碳纳米管的体系自由能变化随着温度的上升而降低。G_{tran}^{5} 大于零的时候变化不能自发进行，所以 G_{tran}^{5} 直线与 x 轴交点位置即为转变温度。内径为 3nm 的多壁管与 x 轴在合理的范围内没有交点，因此，认为其转变是不可能发生的，虽然其能量较低但并不能在这一范围内发生转变，较为合适的转变温度在 2500K 以上。由该图可以看出形成内径为 7nm 的多壁碳纳米管最为合理。转变温度在 2640K 左右。

3) 管壁层数为 6 的多壁碳纳米管 (内径为 3nm、5nm、7nm)

$$
\begin{aligned}
G_{\text{mwcnt}}^{6} &= \sum_{i=1}^{6} G_{\text{swcnt}}^{6} + \sum_{i=1}^{6(6-1)/2} G_{\text{int}}^{6} \\
&= \sum_{i=1}^{6} G_{\text{swcnt}}^{6} + \frac{9.62\times 10^{-22}\pi\,(d+d_1+d_2+d_3+d_4+d_5)}{a^2}
\end{aligned}
\tag{2-53}
$$

$\sum_{i=1}^{6} G_{\text{swcnt}}^{6}$ 可由式 (2-37) 得到，

$$
\begin{aligned}
G_{\text{tran}}^{6} &= \frac{G_{\text{mwcnt}}^{6}\cdot L_{\text{mwcnt}}}{L_{\text{swcnt}}} - G_{S-A} \\
&= \frac{\displaystyle\sum_{i=1}^{6} G_{\text{swcnt}}^{6} + \frac{9.62\times 10^{-22}\pi\,(d+d_1+d_2+d_3+d_4+d_5)}{a^2}}{\dfrac{(d+d_1+d_2+d_3+d_4+d_5)}{7d}}
\end{aligned}
$$

$$-7G_{\mathrm{swcnt}}-\frac{8.1\times 10^{-19}\pi d}{a^2} \tag{2-54}$$

可知 G^6_{tran} 是关于温度 T 的函数，G^6_{tran} 的图像如图 2-21 所示。

图 2-21 中，3 条直线由上至下依次是单位长度单壁碳纳米管转变为管径为 7nm、5nm、3nm 管壁层数为 6 层的多壁碳纳米管的能量变化值 G^6_{tran} 与温度 T 的关系。由图可见，单位长度单壁碳纳米管转变为管壁层数为 6 层的单位长度多壁碳纳米管的体系自由能变化随着温度的上升而降低。G^6_{tran} 大于零的时候变化不能自发进行，所以 G^6_{tran} 直线与 x 轴交点位置即为转变温度。内径为 3nm 的多壁管与 x 轴在合理的范围内没有交点，因此，认为其转变是不可能发生的，虽然其能量较低但并不能在这一范围内发生转变，较为合适的转变温度在 2500K 以上。由该图可以看出形成内径为 7nm 的多壁碳纳米管最为合理。转变温度在 2630K 左右。

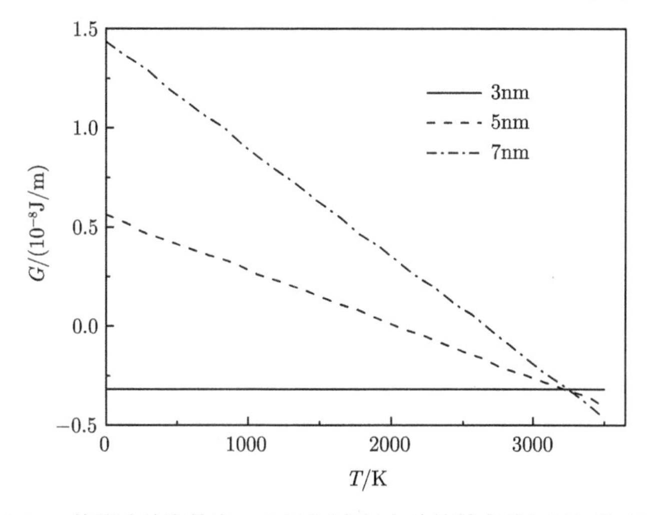

图 2-21 单壁碳纳米管向 6 层不同内径多壁管转变的能量与温度关系

单位长度单壁碳纳米管转变为单位长度多壁碳纳米管的过程中，我们可以看出，不同管壁层数所造成的能量影响是非常小的，转变温度差在十几度的范围内，几乎是相同的。合适的转变温度在 2500K 以上，因而 7 条单位长度单壁碳纳米管 (图 2-18) 转变产生的单位长度多壁碳纳米管的内径在 7nm 左右。

基于以上分析，建立了碳纳米管结构及转变的理论模型。从碳纳米管如何产生、形成能量的角度，研究碳纳米管的结构稳定性，分析了碳纳米管能量与其管径以及温度之间的关系，以及碳纳米管发生结构转变时的能量变化。得出如下结论：(1) 单壁碳纳米管能量与温度的关系：当管径一定时，单位长度单壁碳纳米管的体系自由能随温度的升高而降低。高温下 (3700K 以上) 碳纳米管结构不稳定而无法存在。低温区管径较小的碳纳米管较稳定，而高温区则是管径较大的管稳定性好，因而，随温度升高，单壁碳纳米管管径有扩张的趋势。(2) 单壁碳纳米管能量与直径的关系：一定的温度下存在体系自由能最低的位置，这就是最稳定的碳纳米管的管径，温度较低时候最稳定的管径较小，也符合上面的结论。温度较高时候 (3000K) 则不存在最稳定的碳纳米管。(3) 多壁碳纳米管能量与温度的关系：内径一定的多壁纳米管层数越少其结构越稳定；层数一定的多壁纳米管内径越小结构越稳定。(4) 单壁管束向多壁管转变的能量：转变依据一些实验，将在 2500K 以上发生，根据计算，在这样的转变温度将产生内径为 7nm 左右的多壁碳纳米管。(5) 碳纳米管的结构差异问题：不同结构管 (手性) 在其结构及变化的自由能问题上，差异不大，在计算中可以忽略其影响。

2.3　层错缺陷热力学

2.3.1　层错能

材料的层错能作为一个重要物理参数，对材料力学性能、材料中的位错运动、固态相变及结构稳定性等具有重要的影响。fcc↔hcp 结构相变的形核机制主要是层错形核，其相变的驱动力可表示为层错能函数 [15]。与 Ni-Ti 基合金和 Cu 基合金等合金相比，Co 基合金和 Fe-Mn-Si 基合金中的层错能均非常小 ($<100\mathrm{mJ/m^2}$)，其中的不全位错非常容易扩展，所以难以像 Ni-Ti 基和 Cu 基合金那样用 TEM 节点法来直接测量其层错能的大小。考虑到层错能与层错概率在一定的条件下具有反比的关系，所以实验中往往采用测层错概率的方法来间接研究此类合金的层错能。利用 XRD 来定量测量和分析合金的层错概率，已是非常成熟的技术。利用层错概率可以定性研究合金元素和热处理工艺等对层错能的影响规律，但是要定量研究层错能的数值及合金元素对其影响的大小差异，可能还要借助热力学等方法来完成。这里重点考虑间隙原子氮 (N) 对 Fe-Mn-Si 基合金层错能的影响规律，其工程应用背景是通过 N 合金化后，经过较少的训练次数即可获得较好的形状记忆效应，其内在的机制需要弄清楚，便于后期开发出更好的含氮的 Fe- 基形状记忆合金。不同于间隙原子 C，N 降低不锈钢的层错能，但在 Fe-Mn 合金中，计算表明 N 却是先增加层错能，超过一定浓度后 N 会降低合金层错能 [16]。间隙原子在面心立方结构中存在两种间隙位置：八面体间隙位和六面体间隙位。N 或 C 处于不同位置，可能会对层错能有不同的影响，文献 [16] 中只考虑了八面体间隙位置。在 Fe-30Mn 合金中加入 6at%Si 后，合金的记忆效应得到了有效改善，成为一种非常有潜力的 Fe- 基形状记忆合金。下面将从热力学的角度对 Fe-30Mn-6Si-xN(wt%) 合金的层错能进行理论分析，主要考虑不同 N 含量对其影响规律 [17]。

2.3.2 热力学计算模型

根据文献 [16]，可将层错能 (γ_{SF}) 表示为

$$\gamma_{\mathrm{SF}} = \gamma_b + \gamma_s + \gamma_m \tag{2-55}$$

考虑到层错改变了 fcc 相原子密排面的排列顺序，从而形成了 hcp 结构，所以可将 γ_b 表示为单位面积的 fcc 相和 hcp 相之间的化学自由能之差，这里两相浓度是一样的；γ_s 是合金元素在层错区的偏聚能 (合金元素在层错区和正常区的浓度会存在差异)；γ_m 是磁性对 γ_{SF} 的贡献。具体计算中可进一步将层错能 (γ_{SF}) 表示为

$$\gamma_{\mathrm{SF}}=\frac{1}{8.4V^{2/3}}(\Delta G_b^{\gamma\to\varepsilon} + \Delta G_s^{\gamma\to\varepsilon} + \Delta G_m^{\gamma\to\varepsilon}) \tag{2-56}$$

上式中 $\Delta G_b^{\gamma\to\varepsilon}$ 与 $\Delta G_s^{\gamma\to\varepsilon}$ 的差异主要是层错区合金元素的浓度与基体不同导致的。

2.3.3 结果与讨论

根据公式 (2-56) 可以计算得到不同温度下 Fe-30Mn-6Si-xN(wt%) 合金的层错能，图 2-22 给出了室温 (298K) 下该合金层错能与 N 浓度的关系曲线 [17]。在具体计算中，由于没有考虑 N 对磁性的贡献，所以图 2-22 中没有给出 γ_m 与 N 浓度之间的关系，因为它是一条水平线。首先计算得到 Fe-30Mn-6Si 合金 (不含 N) 的层错能为 6.72mJ/m^2。加入 N 后，Fe-30Mn-6Si-xN 合金的层错能与 N 浓度的关系曲线如图 2-22(a) 和 (b) 所示，表明 N 合金化先增加合金的层错能，到特定浓度后又降低层错能，与文献 [16] 反映的规律一致。N 对合金层错能的贡献主要原因有两个方面：(1) N 作为间隙原子和合金中其他所有置换型原子之间存在相互作用 (包括形成共价键等)，这部分的贡献会增加合金的层错能，并随 N 浓度增加而增加，如图 2-22 中的 $\gamma_{\mathrm{SF}}(\mathrm{b})_{\mathrm{N}}$ 曲线所示。(2)N 在层错处的偏聚对层错能是负作用，会降低层错能，并随 N 浓度的增加，偏聚效应会增强，如图 2-22 中的 $\gamma_{\mathrm{SF}}(\mathrm{s})_{\mathrm{N}}$ 曲线所示。二者之间存在一定的竞争，当 N 浓度较低时，N 和置换原子间的相互作用占主导作用，超过了 N 的偏聚效应，此时合金的层错能仍能随 N 浓度的增加而增加；由于 Fe-Mn-Si 合金的层错能在 10mJ/m^2 左右，所以 Fe-30Mn-6Si-xN 的层错能随 N 浓度增加而增加的速度是非常缓慢的。对比无 N 和浓度为 0.05wt%N 的 Fe-Mn-Si 基合金的层错概率 (P_{SF}) 分别为 1.8×10^{-3} 和 1.6×10^{-3}；根据 $\gamma_{\mathrm{SF}} \propto 1/P_{\mathrm{SF}}$，表明低浓度的 N 会增加 Fe-Mn-Si 基合金的层错能，实验结果与层错能的热力学计算结果反映的趋势比较符合。从图 2-22 可看出，当 N 浓度继续增加超过一定值后，Fe-30Mn-6Si-xN 合金的层错能开始降低，这是由于随 N 浓度的增加，N 的偏聚效应也增强了，当偏聚作用超过了 N 和近邻原子间的相互作用时，层错能就会随 N 浓度

的增加而降低[17]。我们考虑了 N 处于两种间隙位置的不同，由于位于八面体间隙位置的 N 同近邻原子的相互作用要强于位于四面体间隙位置的相互作用，这会导致层错能由增加转为降低的临界浓度 ($\omega_{\rm p}$) 不同，前者的临界 N 浓度约为 0.35wt%，比后者临界值 0.15wt%要大一倍多，如图 2-22(a) 和 (b) 所示[17]。实验上还难以准确确定 N 在面心立方合金中的具体位置，在层错能的热力学计算中有必要同时考虑这两种可能性，并给出相应的变化规律。基于此，可认为对于 Fe-30Mn-6Si-xN 合金的层错能变化规律出现转折的临界 N 浓度在 (0.15wt%, 0.35wt%) 范围内。对于 N 在层错区的偏聚，除了从能量上反映出来之外，还可以直接得到 N 在层错区的浓度变化，如图 2-23 所示。从图中可看出，N 原子在层错区的偏聚要远高于合

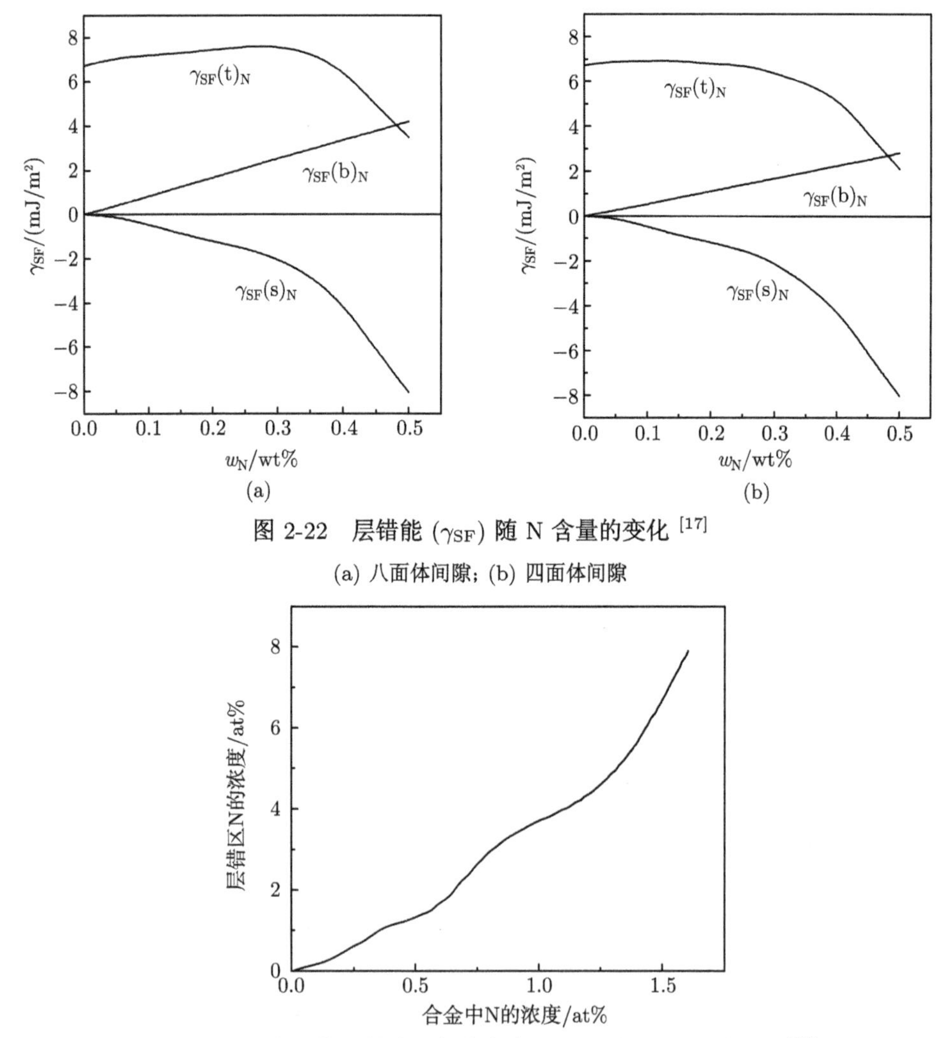

图 2-22　层错能 ($\gamma_{\rm SF}$) 随 N 含量的变化[17]

(a) 八面体间隙; (b) 四面体间隙

图 2-23　N 在层错区的偏聚与合金中 N 浓度之间的关系曲线[17]

金中的 N 浓度。计算结果显示 N 在层错区的浓度最高可达到 9at%(~2wt%)，这说明当 N 浓度增加到一定值后，N 的偏聚效应会导致层错区 N 浓度大幅提高，偏聚作用直接超过 N 同近邻原子间的交互作用导致合金层错能随 N 浓度增加而降低。

以上是利用包含置换原子和间隙原子的层错能热力学模型计算了不同 N 浓度下 Fe-30Mn-6Si-xN(wt%) 形状记忆合金的层错能。计算结果表明 [17]，N 对合金层错能的作用是先增加后降低 (存在一个转折点 p, 对应临界氮浓度为 ω_p)：当少量的 N 固溶在合金中 ($\omega_N < \omega_p$) 时，由于 N 和近邻原子间的交互作用，合金的层错能有所增加；在 N 浓度比较高时 ($\omega_N > \omega_p$)，N 在层错区的偏聚对层错能的降低起重要作用。N 在合金中不同的间隙占位，将直接影响 ω_p 值：N 位于八面体间隙位置时，ω_p 约 0.35wt%；若 N 位于四面体间隙位置，ω_p 仅为 0.15wt%。

参 考 文 献

[1] Honda N, Tanji Y, Nakagawa Y. Lattice distortion and elastic properties of antiferromagnetic γ Mn-Ni alloys[J]. Journal of the Physical Society of Japan, 1976, 41(6): 1931-1937.

[2] Peng W Y, Deng H M, Zhang J H. Antiferromagnetic transition and martensite transformation in Mn-Ni alloys[J]. Acta Metallurgica Sinica-Chinese Edition, 2003, 39(11): 1153-1156.

[3] Hocke U, Warlimont H. Structural changes associated with antiferromagnetic ordering in Mn-rich Mn-Ni alloys[J]. Journal of Physics F: Metal Physics, 1977, 7(7):1145-1155.

[4] Guo C, Du Z. Thermodynamic optimization of the Mn-Ni system. Intermetallics, 2005, 13(5): 525-534.

[5] 史诗. 锰基二元反铁磁形状记忆合金的热力学研究 [D]. 上海：上海交通大学，2017.

[6] Shi S, Liu C, Wan J F, et al. Thermodynamics of fcc-fct martensitic transformation in Mn-X(X=Cu,Fe) alloys[J]. Materials and Design, 2016, 92: 960-970.

[7] Shi S, Liu C, Wan J F, et al. Thermodynamic study of fcc-fct-fco multi-step structural transformation in Mn-Ni antiferromagnetic shape memory alloys[J]. Journal of Alloys and Compounds, 2018, 747:934-945.

[8] Tibbetts G G. Why are carbon filaments tubular?[J]. Journal of Crystal Growth, 1984, 66(3):632-638.

[9] Gao G H, Cagin T, Goddard W A. Energetics, structure, mechanical and vibrational properties of single-walled carbon nanotubes[J]. Nanotechnology, 1998, 9(3):184-191.

[10] 张际舟. 碳纳米管的结构变化研究 [D]. 上海：上海交通大学, 2006.

[11] Maniwa Y, Fujiwara R, Kira H, et al. Thermal expansion of single-walled carbon nanotube (SWNT) bundles: X-ray diffraction studies[J]. Physical Review B, 2001, 64(24):241402.

[12] Abrahamson J. The surface energies of graphite[J]. Carbon, 1973, 11(4):337-362.

[13] Girifalco L A, Hodak M, Lee R S. Carbon nanotubes, buckyballs, ropes, and a universal graphitic potential[J]. Physical Review B, 2000, 62(19): 13104-13110.

[14] Girifalco L A, Hodak M. Van der Waals binding energies in graphitic structures[J]. Physical Review B, 2002, 65(12): 125404.

[15] 徐祖耀. fcc(γ) →hcp(ε) 马氏体相变 [J]. 中国科学 E 辑: 技术科学, 1997(4):289-293.

[16] Ariapour A, Yakubtsov I, Perovic D D. Effect of nitrogen on shape memory effect of a Fe-Mn-based alloy[J]. Materials Science & Engineering A, 1999, 262(1-2):39-49.

[17] 万见峰，陈世朴，徐祖耀. Fe-30Mn-6Si-xN 形状记忆合金层错能的热力学计算 [J]. 金属学报，2000, 36(7): 679-683.

第 3 章　基于晶体学的材料形态学

3.1　缺陷晶体学

3.1.1　层错及层群

铁锰硅基形状记忆合金中的 $\gamma \to \varepsilon$ 马氏体相变与堆垛层错有密切关系，而层错四面体在层错化起始过程中起着重要作用。目前大多工作是利用热力学计算层错能、利用 X 射线衍射测量层错概率、利用 HRTEM 观测层错和层错四面体。对层错对称性的研究可以帮助我们认识层错化和长周期结构形成的内在机理 [1]。热机械训练作为改善形状记忆效应 (SME) 的有效方法，可能导致长周期结构或过渡相的形成，其中一些过渡相已经在 Fe-26.4Mn-6.0Si-5.2Cr 合金和 Fe-30Mn-6Si 合金中观察到了。层错作为一种平面缺陷，不是一个简单的平面，而是一个具有二维周期的三维结构平面。在铁锰硅基合金中具有极低的层错能 SFE(几个毫焦/平方米)，因而其中的层错具有良好的扩展性，层错面属于一种特定的平面。对称群中的层群可以很好地用于研究这类堆垛层错的对称性特征。下面将从群论的角度对层错和层错四面体的对称性进行分析，预测铁锰硅基合金中可能存在的过渡相，并根据热力学考虑评价其稳定性。

晶体对称群包括点群、平面群、层群、色群和空间群。其中，层群描述了具有双层结构的两个平面物体的对称群，这与二维平面群不同。在二维情况下，通过旋转变换 (除五重轴外的一重至六重轴)、反射面 (m) 和平移等运算，可以推导出 17 种平面群。当一个平面变为双平面时，一个反演中心 (I) 和一个旋转反演作为新的反演操作，将导致 80 种基于平面群的空间群的定义。所有这些属于四种晶体体系 (长方、菱形、四方和六角形) 的层群都可以表征一系列具有层状结构的晶体，如石墨烯、辉石岩、蜂窝状结构和生物薄膜。

fcc 晶体结构中的{111}平面具有点群 $6mm$ 和空间群 P_{6mm}。如果两层{111}平面按照 AB 顺序进行堆垛，此结构具有一个反演中心，其空间群则是一类具有特殊结构的 $P_{\overline{3}m1}$ (图 3-1)。如果两层{111}平面按照 AA 顺序进行堆垛，则会引入一个反射平面 (m)，并构成一个反转畴，其层群是 $P_{\overline{6}m2}$ (图 3-2)。因此对于层错按 AA 和 AB 堆垛得到的结构，就可以利用层群来进行分析和比较。

图 3-1　AB 结构的层群 $P_{\bar{3}m1}$

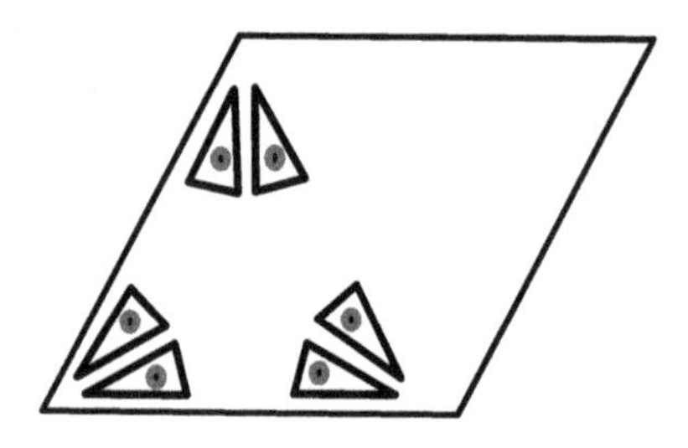

图 3-2　AA 结构的层群 $P_{\bar{6}m2}$

3.1.2　平面层错的对称性 [1]

面心立方晶体作为一种密排结构，可以通过按 ABCABC··· 的顺序堆叠 (111) 平面来构造，该结构中的堆垛层错始终位于 (111) 平面上。有两种经典的层错类型：(1) 内禀层错，等于从平面中按正常顺序抽出一个密堆积平面；(2) 外禀层错，等同于插入一个密堆积平面或串联两个内禀层错。fcc 晶体结构中的层错可以看作是一种密排六边形结构的薄片。因此，可以合理地将内禀层错 (或外禀层错) 的对称性与单个 hcp 结构 ABA(或双 hcp 结构 ABACA) 的对称性联系起来进行分析。为了将层群应用于具有三层或五层结构的堆垛层错，可以对这些特殊的层错进行等价处理。

在相同的对称条件下，内禀层错 ABA 是由 AB 和 BA 面堆垛构成的，可以表示为

$$\mathrm{ABA}=\mathrm{AB}+\mathrm{BA}$$

这样 AB 或者 BA 结构可以看成是一个特殊单层，具有点群 $3m$ 和平面群 P_{31m}，它们明显不同于简单的 A 或 B 单层。当结构 AB 和 BA 联合起来后，将会引入一个新的对称操作 —— 反映平面 (m)。因此，ABA 结构的层群就是 $P_{\bar{6}2m}$(如图 3-3 所示)。可以利用相同的方法来处理外禀层错结构 (ABACA)，其结构特性可以表示为

$$\mathrm{ABACA}=(\mathrm{ABA})+(\mathrm{ACA})=(\mathrm{AB}+\mathrm{BA})+(\mathrm{AC}+\mathrm{CA})$$

ABA 和 ACA 均作为一层结构，其平面群是 P_{31m}。

对于外禀层错中的 ABC 层，B 平面关于 A 和 C 平面是反演对称的，同时 A 平面也是 ABA 和 ACA 结构的反演中心，因此外禀层错的对称特性属于层群 P_{321}，如图 3-4 所示。参考外禀层错，孪晶结构 ABCBA 可以分解为 ABC 和 CBA 的叠加，它们具有相同的平面群 P_3，并关于 C 平面对称。基于这些特征，孪晶结构的层群应当是 $P_{\bar{6}2m}$，与 ABA 或 ACA 的层群相同。

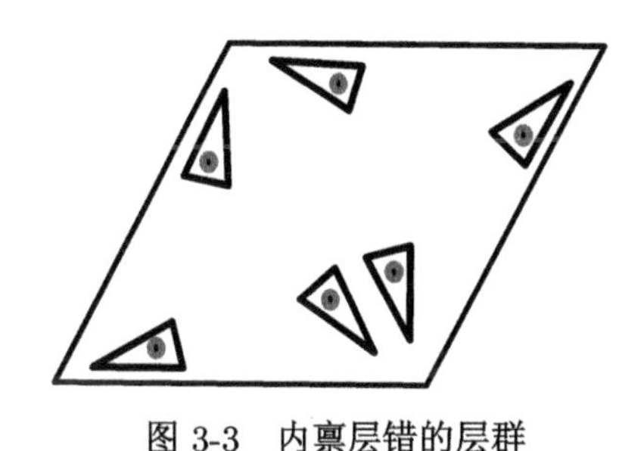

图 3-3 内禀层错的层群

图 3-4 外禀层错的层群

3.1.3 层错四面体的对称性

铁基合金和钴镍合金具有较低的低层错能，分别约为 32 mJ/m^2 和 16mJ/m^2，两类合金中均观察到堆垛缺陷四面体。在铁锰硅合金中，当层错能小于 10mJ/m^2 时，试样在室温下淬火过程中，过饱和空位会坍塌形成层错四面体。此四面体的四个 (111) 平面之间夹角具有相同的角度，是一个具有空位盘底部和三个具有相同边的扩展层错面构成的正四面体。如果底部也被视为一个扩展层错平面，则四面体由四个平面组成。这种四面体具有的对称操作包括一个三次轴 (C_3)，它与底平面垂直，还包括三个对称面。当四面体由 4 个等同的面构成时，它有 4 个三次轴，6 个对称面 (m)；每一个对称面，又含有一个三次轴和 3 个二次轴。很明显，前一四面体的对称性要低于后者。

3.1.4 长周期结构预测

Fe-Mn-Si 合金中具有 hcp 结构的马氏体可以是热诱发的或应力诱发的，但对于低锰含量的合金中或在 hcp 马氏体的交叉处会出现 α 结构的马氏体。铁锰硅基合金中还可能存在其他类型的马氏体或过渡相，特别是在经过热机训练后，如可能会形成 4H,6H,8H 等长周期结构。因此，有必要考虑这些可能存在的马氏体长周期结构的变化及其对称性特征。这些结构的成核也一定是通过层错化机制形成的；在该机制中，层错是在母相中每隔一个 (111) 平面上堆垛形核，但沿层错化方向的重复周期却不同。这里假定 n 是特定周期结构中的重复层数。

当 $n=2$ 时，结构是严格的 hcp 马氏体，其密排面按照 ABAB$\cdots$ 顺序排列，具有空间群 $P_{6_3/mmc}$。2H 马氏体是 Fe-Mn-Si 基合金中马氏体的主要类型，其形核主要通过肖克莱不全位错在 (111) 平面隔层滑移来完成的。当 $n=3$ 时，对应的结构是 fcc 相，具有空间群 $Fm3m$。当 $n=4$ 时，重复的结构单元是 ABCB 和 ABAC，二者具有相同的空间群 $P_{6/mmc}$。这两种 4H 结构的差异主要是最上面一层原子面与最下面一层原子面的关系不同。ABCB 具有 hchc 的图像，而 ABAC 的图像是 chch，其中 h 表示 hcp 结构相，c 表示 fcc 结构相。它们的形核均通过第三原子密排面的滑移堆垛来完成的。当 $n=5$ 时，5H 马氏体具有 ABCAB 重复结构单元，其图像是 hccch 类型；它可以近似看成是 fcc 和 hcp(ABC+AB) 两个单元相连构成的，即在 hcp 马氏体中存在一片 fcc 相，其形核是通过每四个原子密排面有一个不全位错滑移来完成。在 Fe-Mn-Si 基合金中 5H 马氏体还没有观察到，在相变过程中其切变角很小，几乎为零 (图 3-5)，这样相变应变应当很小，相变所受到的阻力也很小。

当 $n = 6$ 时，可能的重复单元是 ABCACB (hccch)，其空间群是 $P_{6_3/mmc}$，重复单元也可能是 ABABAC (hhhch)，具有空间群 P_{6m2}。具有重复单元 ABCACB 的 6H 马氏体在 Fe-Mn-Si 基合金中是存在的，已被实验观察到，但后者还需要进一步的实验检测。当 n 大于 6 时，形成这种长周期结构的重复单元类型就有很多种，对其进行分析要相对复杂很多，其中 8H 马氏体，18R(15R) 马氏体，18R(42)3 马氏体均在 Fe-Mn 基合金中被观察到。

ABCABABCABABCABABCABA⋯　5H 结构

↑↑↑↑↑↓↓↓↓↓

图 3-5　5H 马氏体的切变过程示意图 [1]

3.1.5　过渡相的结构稳定性

相结构的能量通常用来判断结构的稳定性，并与其他体系比较，可以用来判断结构演化的方向。现有的热力学模型方法可用于计算 fcc、bcc、hcp 等相的化学自由能，并判断它们的稳定性顺序。对于以上多种长周期结构相，可以采用以下近似的方法来判断哪一种马氏体结构最稳定。以具有重复结构 ABC(B)ABC(B) 的 4H 马氏体为例，可能是在 fcc 结构中通过规则插入 B 平面或引入堆垛层错形成的。为了计算其能量，提出了其他假设：

(1) 重复结构单元由 fcc 结构加上一个层错构成：ABC+B；

(2) 对母相 fcc 的附加能量是由加入的层错造成的，主要通过它们之间的相互作用 (ΔI) 来进行修正。

这样 4H 马氏体的化学自由能可以表示为

$$\Delta G^{4\mathrm{H}} = \frac{1}{2}\Delta G^{\mathrm{fcc}} + \gamma_0 + \Delta I^{4\mathrm{H}} \tag{3-1}$$

考虑到两个层错被一个 fcc 单元隔开，层错间的交互作用可以表示一个层错能 (γ_0) 的 1/50，如下所示 [2]：

$$\Delta I = \frac{1}{50}\gamma_0 \tag{3-2}$$

利用相同方法来处理 5H 马氏体。此类马氏体可以通过串联一个 fcc 单元和 hcp 单元来构成，这里也需要引入相互作用能 $\Delta I^{5\mathrm{H}}$。5H 马氏体的总体能量可通过以下公式进行计算：

$$\Delta G^{5\mathrm{H}} = \frac{1}{2}(\Delta G^{\mathrm{fcc}} + \Delta G^{2\mathrm{H}}) + \Delta I^{5\mathrm{H}} \tag{3-3}$$

事实上要准确计算 $\Delta I^{5\mathrm{H}}$ 是非常困难的。参考马氏体/母相共格界面能的大小，可将相互作用能的大小与其等同考虑 [3]，即满足

$$\Delta I^{5\mathrm{H}} = \Delta G_{(C-\mathrm{int})} \tag{3-4}$$

对于 6H 马氏体，其重复结构单元 ABABAC 可由 hcp 和 fcc 构成，外加在 fcc 结构中插入一个层错：AB+AB(A)C。这样 6H 马氏体的化学自由能可以表示为

$$\Delta G^{6\mathrm{H}} = \frac{1}{2}(\Delta G^{\mathrm{fcc}} + \Delta G^{2\mathrm{H}} + \gamma_0) + \Delta I^{6\mathrm{H}} + \Delta G_{(C-\mathrm{int})} \tag{3-5}$$

重复单元之间层错的相互作用能由于相距比较远，可以忽略不计。由此我们可以得到各马氏体过渡相 ($n \leqslant 8$) 在室温下的稳定性排序，如下所示：

$$\Delta G^{2\mathrm{H}} < \Delta G^{4\mathrm{H}} < \Delta G^{5\mathrm{H}} < \Delta G^{6\mathrm{H}} < \Delta G^{8\mathrm{H}} \tag{3-6}$$

这种结构稳定性排序可以是热诱发马氏体，也可能是外界应力 (如训练导致) 条件下获得的马氏体形态。更加准确的计算和分析比较可以参阅文献 [4]，其中利用热力学模型进行计算，可以得到各过渡相化学自由能与温度的关系，由此判断不同温度下哪种过渡相更稳定，这将更加科学和合理。

3.2 结构相变晶体学

作为马氏体相变晶体学基本理论的 W-L-R 理论和 B-M 理论，其主要数学基础是有限元形变近似 (finite-deformation, FD)，但缺乏具有简单形式的解析解。针对这一缺陷，在 FD 表象晶体学理论的基础上有研究者提出了微元形变近似 (infinitesimal-deformation, ID) 的分析方法 [5]，它的最大优点就在于给出了形式简单的解析解，且在晶格点阵畸变度较小或相变应变较小时，ID 方法具有较高的数值准确度。我们已利用 ID 分析方法计算了 Mn-Fe-Cu 合金体系中以孪晶切变作为不变平面应变的 fcc-fct 马氏体相变晶体学的解，并比较了与 FD 分析方法计算的结果 [6]。研究发现与经典 FD 理论方法相比，利用 ID 分析方法研究 fcc-fct 马氏体相变晶体学，能够写出形式简单的解析解；ID 分析方法作为 FD 理论的近似在点阵畸变度较小的情况下，具有结果相对精确的优点。Mn-Fe-Cu 合金体系的点阵畸变度较小，利用 ID 分析方法能够更快捷、有效地获得 fcc-fct 马氏体相变晶体学的主要特征，包括相变切变角和相变浮凸角。以下是相关计算过程及计算结果。

3.2.1 模型和计算方法

有多种模型方法可用来计算马氏体相变浮凸角或切变角 [7-9]，大多是基于 FD 近似提出的。先由 Yang 等 [7] 提出，Bergeon 等 [8] 对这一模型进行了改进，后来 Chen 等 [9] 完善了该模型和相关计算方法。现在该模型方法在计算 Mn 基合金中的 fcc-fct 马氏体相变浮凸角/切变角等方面已相对非常精确。

图 3-6 是马氏体相变切变角的示意图，给出了沿惯习面的简单切变和垂直于惯习面的形变，后者可以保证马氏体相变前后晶胞体积不变。图中的 θ 是马氏体相变的切变角，相应的切变矢量为图中的 $\boldsymbol{g}$。

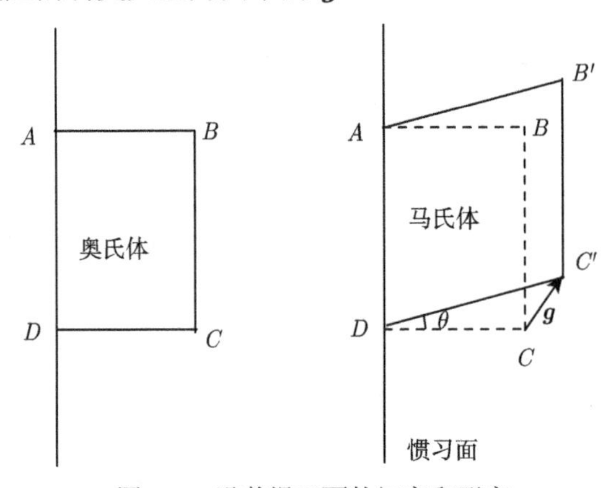

图 3-6　沿着惯习面的切变和形变

图 3-7 是切变角 (θ) 和表面浮凸角 (α) 在最理想状态下的相互关系，其中 θ 可通过 W-L-R 表象晶体学理论计算获得，α 可通过 AFM 实验直接测出。基于此模型，利用 AFM 可以对结构相变晶体学方面进行定量研究。此模型是在最理想状态下建立的，是因为此模型中假定惯习面 (或马氏体/母相界面) 和切变方向均垂直于样品表面 (或相变切变矢量 $\boldsymbol{g}$ 沿着切变量 τ 的方向)。实际上试样表面方向是随机的，惯习面大多情况下并不垂直于表面，而且 $\boldsymbol{g}$ 与 τ 的方向之间也存在一定的夹角，夹角越大，$\boldsymbol{g}$ 与 τ 的方向偏差越大，利用 Yang 模型计算得到的相变切变角误差也越大。在研究 fcc-hcp 马氏体相变的切变角时，Bergeon 对 Yang 的模型进行了改进，如图 3-8 所示 [8]。图中 S 表示样品表面，P 是$\{111\}_{\mathrm{F}}$ 惯习面，d 是马氏体片厚度，$\boldsymbol{g}$ 是马氏体相变的切变矢量，T_p 是平面 P 和平面 S 的交线，β 是平面 P 和平面 S 的夹角，γ 是 T_p 和 $\boldsymbol{g}$ 的夹角，ε 是浮凸角。fcc-hcp 马氏体相变形核依赖于层错化，即 fcc 结构中的$\{111\}_{\mathrm{F}}$ 密排面上的肖克莱不全位错沿 $\langle 11\bar{2}\rangle_{\mathrm{F}}$ 方向扩展并隔层堆垛形成 hcp 马氏体，所以其 $\boldsymbol{g}$ 沿 $\langle 11\bar{2}\rangle_{\mathrm{F}}$ 方向，大小等于 $d\tan\theta$，其中 θ 为 fcc-hcp 马氏体相变的切变角。发生马氏体相变后原平面 $ABCD$ 转变为 ABE 平面，如图 3-8 所示。

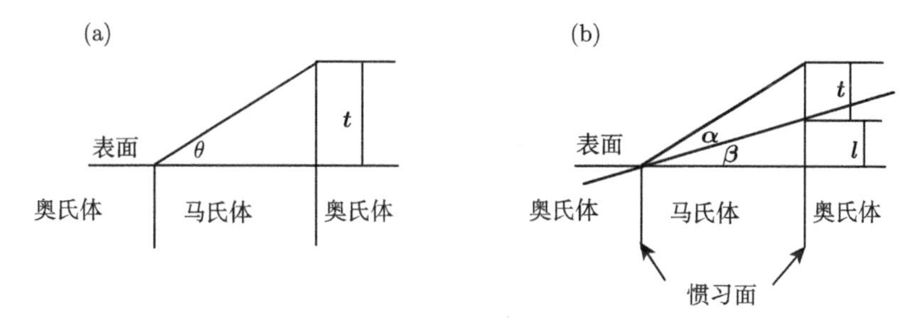

图 3-7 Yang 氏模型中切变角 θ 与表面浮凸角 α 的关系 [7]

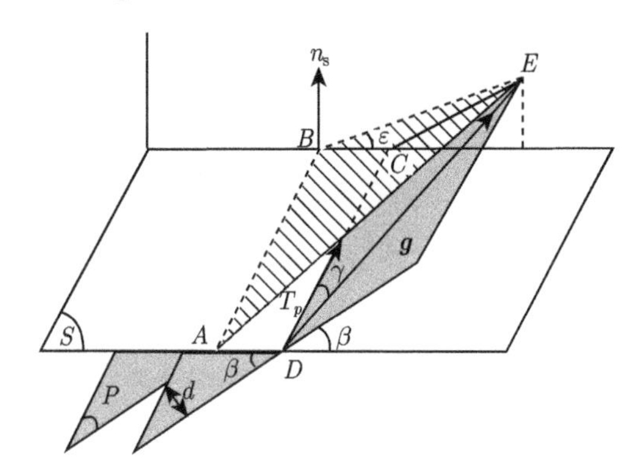

图 3-8 Bergeon 基于 fcc-hcp 马氏体相变提出的修正模型 [8]

因此，fcc-hcp 马氏体相变的浮凸角 ε 可表示为

$$\tan\varepsilon = \frac{EF}{BF} = \frac{CE\sin\beta}{BC+CF} = \frac{g\sin\gamma\sin\beta}{d/\sin\beta + g\sin\gamma\cos\beta} = \frac{\tan\theta\sin\gamma\sin^2\beta}{1+\tan\theta\sin\gamma\cos\beta\sin\beta} \tag{3-7}$$

进一步可将上式表示为切变角的计算关系式：

$$\tan\theta = \frac{\tan\varepsilon}{\sin\gamma\sin^2\beta - \tan\varepsilon\sin\gamma\cos\beta\sin\beta} \tag{3-8}$$

其中 ε 可利用 AFM 精确测量到，γ 和 β 的大小则需要通过样品表面、马氏体片方向以及切变矢量 $\boldsymbol{g}$ 的方向计算得出，相应的示意图如图 3-9 所示。图 3-9 中 S 为样品表面，$\boldsymbol{N}$ 为样品表面方向矢量，$\boldsymbol{P}_1/\boldsymbol{P}_2/\boldsymbol{P}_3$ 为三个不同位向的马氏体变体的方向矢量，$AB/CD/EF$ 是不同马氏体变体与样品表面的交线，这里表示需要 3 种变体。

Mn 基合金主要发生 fcc-fct 马氏体相变，其惯习面为$\{011\}_{\text{fcc}}$，所以图 3-9 中每个马氏体片的方向具有 12 种可能性。另外，交线方向与马氏体片、样品表面方向三者之间的关系满足如下描述：

$$\begin{aligned}\boldsymbol{P}_1 \times \boldsymbol{N} // AB \\ \boldsymbol{P}_2 \times \boldsymbol{N} // CD \\ \boldsymbol{P}_3 \times \boldsymbol{N} // EF\end{aligned} \tag{3-9}$$

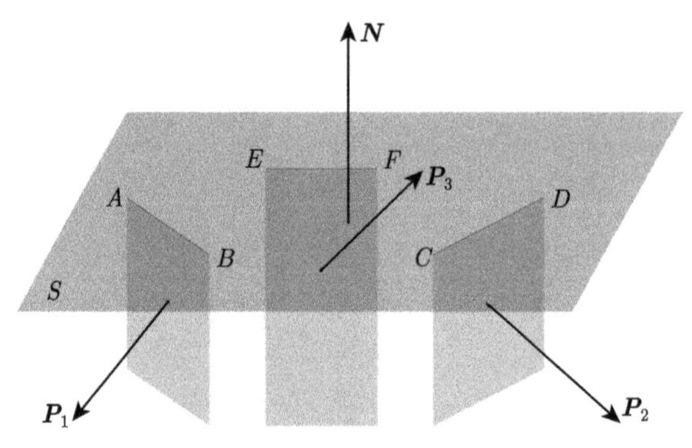

图 3-9　样品表面、马氏体片和交线方向示意图

具体的计算方法如下：(1) 通过 AFM 可以精确测量 AB、CD、EF 之间的夹角；(2) 先假设 $\boldsymbol{P}_1$、$\boldsymbol{P}_2$、$\boldsymbol{P}_3$ 方向，不断尝试不同的 $\boldsymbol{N}$ 值，可以通过方程 (3-9) 计算得到不同的 AB、CD、EF 的方向，并计算出它们之间的夹角；(3) 比较理论计算值与实验测量值，若二者相同，则认为 N 的尝试值即为样品表面的方向，这一步需要编制程序遍历球坐标系中所有角度求解。经过以上 3 个步骤，就可以得到公式 (3-7) 中的 3 个未知参量 θ、γ 和 β，然后利用公式 (3-7) 即可计算得到合金中表面观察到的浮凸角。

3.2.2　切变角的计算结果

高 Mn 合金 (Mn 含量大于 75wt%) 中常发生 fcc(α)-fct(γ) 马氏体相变，其惯习面为 $\{110\}_\alpha$，对应的切变方向为 $\langle\bar{1}10\rangle_\alpha$。我们已根据 ID 方法计算获得了 Mn 基合金马氏体相变过程中相关的晶体学参数 [6,10]。通过求解 S-I，可计算得到 Mn 合金的惯习面指数 $\boldsymbol{p} = [0.7161, 0.6980, 0]$，切变方向 $\boldsymbol{g} = [-0.7161, 0.6980, 0]$，切变量 τ=0.0210，fcc 母相的点阵常数为 $a_\alpha = 0.3712\ \text{nm}$。根据相变切变角的计算式：

$$\tan\theta = \frac{\tau a_\alpha}{d_{(110)}} = \frac{\tau a_\alpha}{a_\alpha/\sqrt{2}} = \sqrt{2}\tau \tag{3-10}$$

代入数值计算得到相变切变角的理论值为：$\theta_{\text{th}} = 1.7011°$。在 Fe-25Mn-6Si-5Cr(wt%) 合金中其 fcc-hcp 相变切变角理论值为 19.5°[9]，在 Fe-23Ni-0.55C(wt%) 合金中 fcc-bcc 相变切变角理论值为 12.91°[11]，相比而言，Mn 基合金体系中 fcc-fct 相变切变角要小一个数量级，这与其较小的点阵畸变度 (~2%) 有关。

3.2.3 表面浮凸角的计算结果

利用 AFM 扫描得到的 Mn 基合金二维表面浮凸形貌图如图 3-10 所示。图中已标出 3 条相界面与表面的交线 AB、CD 和 EF，与模型中的 $\boldsymbol{T}_p$ 相对应。

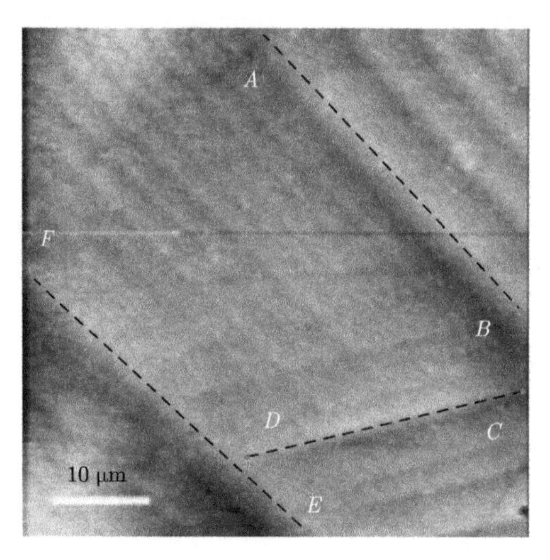

图 3-10 试样 A 的表面浮凸的 AFM 二维扫描图

AB、CD 和 EF 的浮凸角通过 AFM 测量分别为：0.9766°，1.4637° 和 0.4721°，另外交线 AB 与 CD 夹角为 61.1°，交线 CD 与 EF 夹角为 56.3°。考虑到 Mn 基合金中惯习面 $\boldsymbol{p}$ 共有 12 种可能的取向，其中任意两种取向之间的夹角只可能有三种：60°、90° 和 120°。所以图 3-10 中，AB 与 CD 的夹角测量值为 61.1°，CD 与 EF 夹角测量值为 56.3°，这两个角度以 60° 为界，根据二面角最小角定理，可以有目的地选择相应的惯习面指数作为试探值以减少计算量。根据以上计算方法，角度差精度控制在 0.02rad 范围内，最终通过程序计算得到样品表面的方向向量 $\boldsymbol{N}$ 为

$$\boldsymbol{N} = [0.5177, -0.3090, 0.8090] \tag{3-11}$$

然后就可以得到 AB、CD、EF 这三条交线对应的马氏体变体的惯习面指数 $\boldsymbol{p}$。根据公式 (3-11)，还可计算得到三条交线的方向 $\boldsymbol{T}_p$。表 3-1 给出了 Mn 合金相应的计算结果。

表 3-1 马氏体片交线、惯习面和切变方向的计算结果 [10]

	交线方向 $\boldsymbol{T}_p$	惯习面方向 $\boldsymbol{p}$	切变方向 $\boldsymbol{g}$
AB	$[-0.0175, -0.0175, 0.9727]$	$[1, -1, 0]$	$[1, 1, 0]$
CD	$[0.0175, -0.0175, -1.0269]$	$[1, 1, 0]$	$[-1, 1, 0]$
EF	$[0.0271, 0.9824, -0.0271]$	$[1, 0, 1]$	$[1, 0, -1]$

为了核实计算的准确度，表 3-2 给出了 3 条交线之间夹角的理论计算值和实验测量值的比较，发现两者误差完全控制在程序设置的精度范围内 (<0.02rad)。

表 3-2　交线夹角的测量值与计算值 [10]

夹角	测量值	计算值
AB 和 CD	61.1°	60.8750°
CD 和 EF	56.3°	56.8806°

根据浮凸角的计算模型，可计算出 3 条交线 AB、CD 和 EF 对应的浮凸角理论值，结果见表 3-3，同时列入浮凸角的实验测量值。比较理论值和实验值，发现二者的绝对误差很小 ($\sim 0.3°$)，相对误差偏大，但理论值和实验值的变化趋势是一致的。对于理论值与实验值的偏差可能存在以下两个方面的原因：(1) Mn-Fe-Cu 合金体系 fcc-fct 相变的点阵畸变度很小，相应的表面浮凸角、相变切变角远小于其他合金 (其他相变类型) 的值，测量误差会增大，点阵常数、表面浮凸数据等都会产生较大的偏差；(2) Mn 基合金属于高温合金，其表面浮凸是去孪晶切变产生的逆马氏体相变浮凸，不是常规的单变体热诱发马氏体相变浮凸，在基本模型上可能还存在一定的差异，需要优化改善。

表 3-3　浮凸角的理论计算值与测量值 [10]

	$\beta(\boldsymbol{p}\wedge\boldsymbol{N})$	$\gamma(\boldsymbol{T}_p\wedge\boldsymbol{N})$	$\varepsilon_{理论}$	$\varepsilon_{实验}$
AB	54.5930°	37.0751°	0.6757°	0.9766°
CD	81.5895°	141.9649°	1.0232°	1.4637°
EF	21.5965°	108.2996°	0.2168°	0.4721°

基于以上分析，我们计算浮凸角时，使用了一种新方法计算样品指数 $\boldsymbol{N}$，即先设定角度差的精度，然后使用程序遍历求解合适的 $\boldsymbol{N}$，使计算结果控制在精度范围内 [6]。这样就可以避免使用 Thompson 四面体模型，该模型需要已知交线的长度和角度，而本方法只需要交线的角度就可以确定表面指数 $\boldsymbol{N}$。浮凸角的理论计算值和实验值相比，绝对误差很小，相对误差偏大，整体趋势保持一致。误差的产生与 Mn-Fe-Cu 合金体系 fcc-fct 马氏体相变具有较小的点阵畸变度有关，同时 Bergeon 氏模型自身存在一定局限性，基于此模型，有望发展成一种较为优化的模型来计算多种晶体结构的马氏体相变及其逆相变。

3.3　多步相变晶体学

γMn 基合金具有高阻尼、形状记忆效应、磁致应变效应等优异性能。这些性能都基于材料内部的孪晶马氏体微观组织，而孪晶马氏体是 fcc-fct(面心立方–面心四方) 马氏体相变的相变产物。在某些 γMn 基合金中，如 Mn-Ni 和 Mn-Ge 合金，除了 fcc 和 fct 结构，还可能出现 fco(面心正交) 晶体结构。关于 γMn 基合金的性能和微观组织，已存在大量的实验研究，也有一些相场模拟研究，然而对于 γMn 基合金的晶体学研究工作还需要加强。下面利用唯象晶体学理论，对 Mn-Ni 合金中的多步马氏体相变进行晶体学计算。

20 世纪 50 年代，Wechsler 等、Bowles 和 Mackenzie 分别独立地建立了马氏体相变晶体学唯象理论 (PTMC); PTMC 的重要前提假设是，在相变过程中马氏体–母相相界面不发生畸变和旋转，即总相变应变属于不变平面应变 (IPS)[12]。如果知道马氏体和母相的晶体结构和点阵常数，根据 PTMC，可得到的结果包括惯习面和取向关系等。

在 Mn-Ni 合金中，晶体结构包括 fcc，fct 和 fco，而马氏体相变有 fcc-fct，fct-fco 和 fcc-fco 三种相变 [13]，如图 3-11 所示。由于 γMn 基合金中马氏体相变的点阵畸变在 0.01 量级，通过实验手段，难以得到 fct 相和 fco 相的晶体学特征。另外，在文献中很少看到相关的晶体学计算工作。在下面的研究中，我们利用 PTMC，研究了不同成分的 Mn-Ni 合金中马氏体相变 (fcc-fct，fct-fco 和 fcc-fco) 的晶体学特征和相变顺序。

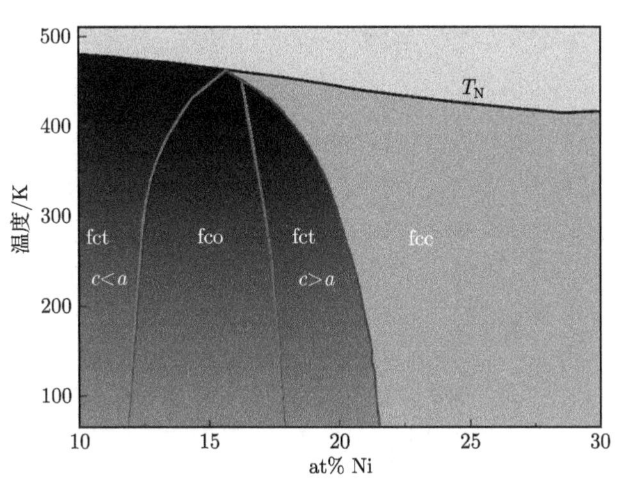

图 3-11 Mn-Ni 合金结构相图

3.3.1 晶体学方法

这里用的晶体学计算方法基于 Liberman 等 [14] 提出的方法，即 WLR 理论。对于 Mn-Ni 合金中的 fcc-fct 相变，实现点阵不变切变 (LIS) 的方法是形成孪晶马氏体，而不是塑性滑移。图 3-12 是孪生变形的示意图，其中 ε_1 和 ε_2 是马氏体相对于母相的点阵畸变，可由马氏体和母相的点阵常数求出。坐标系平行于 fcc 晶胞的主轴方向。由图 3-12 可知，分别经过点阵畸变矩阵 $\boldsymbol{B}_1$ 和 $\boldsymbol{B}_2$ 后的两个变体之间的界面发生了分离。为了保证存在完全共格的孪晶面，两个变体之间还应该存在相对旋转。基于简单的几何相关性，可求解出变体 1 的旋转矩阵 $\boldsymbol{R}_1$。

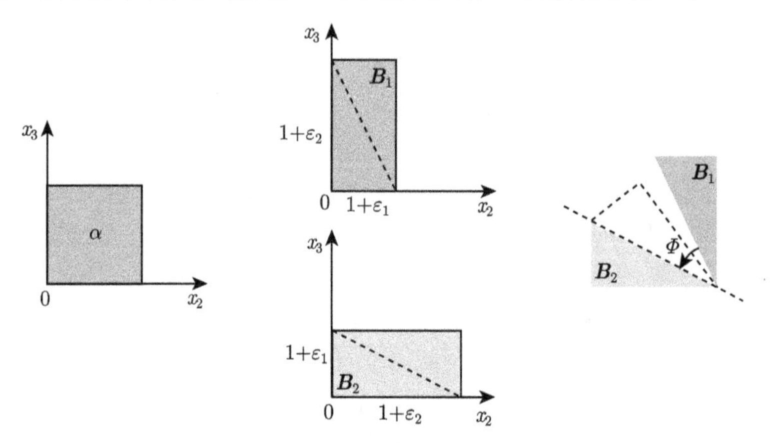

图 3-12　孪生变形的示意图

总的相变应变可表示为

$$\boldsymbol{E} = f\boldsymbol{M}_1 + (1-f)\boldsymbol{M}_2 \tag{3-12}$$

$$\boldsymbol{E} = f\boldsymbol{R}_1\boldsymbol{B}_1 + (1-f)\boldsymbol{R}_2\boldsymbol{B}_2 \tag{3-13}$$

$$\boldsymbol{E} = \boldsymbol{R}_1\boldsymbol{F} = \boldsymbol{R}_1(f\boldsymbol{B}_1 + (1-f)\boldsymbol{R}\boldsymbol{B}_2) \tag{3-14}$$

其中，孪晶马氏体包含两种 Bain 变体 (V1 和 V2)。f 是 V1 的体积分数，$\boldsymbol{M}_1$ 和 $\boldsymbol{M}_2$ 分别是 V1 和 V2 的畸变矩阵，B 代表相变的 Bain 畸变，$\boldsymbol{R}$ 代表刚体旋转矩阵，$\boldsymbol{R}$ 则是 V1 和 V2 之间的相对旋转矩阵。计算的过程如下：

(1) 根据马氏体和母相的点阵常数，得到 Bain 应变矩阵 $\boldsymbol{B}_1$ 和 $\boldsymbol{B}_2$。

(2) 先确定孪晶面对应的相变前母相的晶面。因为孪生是完全共格，所以在孪晶面上的向量 ($\boldsymbol{v}$) 一定满足 $\boldsymbol{B}_1\boldsymbol{v}$ 等于 $\boldsymbol{R}\boldsymbol{B}_2\boldsymbol{v}$，从而得到相对旋转矩阵 $\boldsymbol{R}$。

(3) 总相变应变矩阵的中间特征值等于 1，是存在不变平面应变的充分必要条件。基于此条件，可推导出等式 $\det(\boldsymbol{F}\boldsymbol{F}^{\mathrm{T}} - \boldsymbol{I}) = 0$，其中 det 表示矩阵的行列式，$\boldsymbol{F}^{\mathrm{T}}$ 是 $\boldsymbol{F}$ 的转置矩阵。此等式可用于计算体积分数 f，那么就可得到变形矩阵 $\boldsymbol{F}$。

(4) 知道 $\boldsymbol{F}$ 之后，就可以计算出惯习面，即变形为 0 的晶面。在惯习面上，向量在相变前后不发生旋转，由此可计算出旋转矩阵 $\boldsymbol{R}_1$。

至此，式 (3-12)~ 式 (3-14) 中的各项都成为已知量，由此可进一步推导出相变的晶体学特征，如取向关系和切变角等。关于 fct-fco 相变和 fcc-fco 相变的晶体学计算过程与 fcc-fct 相变是类似的。下节将给出具体的分析过程。

3.3.2 fcc-fct 相变晶体学

本小节研究 Mn-13.9at%Ni 合金的晶体学结果。根据 XRD 实验分析的结果 [13]，在 142℃时的 fct 晶体结构的点阵常数为 $a=3.7265Å$，$c=3.6770Å$。由于在相变过程中晶胞的体积几乎不发生改变 [13]，因此可以合理假设体积改变为 0，那么就可以得到 fcc 晶体结构的点阵常数 $a_0=(aac)^{1/3}$。在计算时，选取的坐标系的坐标轴 $(\boldsymbol{i},\boldsymbol{j},\boldsymbol{k})$ 对应着立方晶胞的 3 边。对于 fcc-fct 相变，fct 马氏体存在 3 个 Bain 变体，相应的 Bain 变形矩阵为

$$\boldsymbol{B}=\begin{bmatrix} a/a_0 & 0 & 0 \\ 0 & a/a_0 & 0 \\ 0 & 0 & c/a_0 \end{bmatrix},\begin{bmatrix} a/a_0 & 0 & 0 \\ 0 & c/a_0 & 0 \\ 0 & 0 & a/a_0 \end{bmatrix},\begin{bmatrix} c/a_0 & 0 & 0 \\ 0 & a/a_0 & 0 \\ 0 & 0 & a/a_0 \end{bmatrix} \tag{3-15}$$

将式 (3-15) 中的前两个矩阵分别取为 V1 和 V2 的 Bain 变形矩阵，即

$$\boldsymbol{B}_1=\begin{bmatrix} 1.0045 & 0 & 0 \\ 0 & 1.0045 & 0 \\ 0 & 0 & 0.9911 \end{bmatrix} \tag{3-16}$$

$$\boldsymbol{B}_2=\begin{bmatrix} 1.0045 & 0 & 0 \\ 0 & 0.9911 & 0 \\ 0 & 0 & 1.0045 \end{bmatrix} \tag{3-17}$$

γMn 基合金的实验结果表明 [15]，孪晶面的类型是 $\{1\ 0\ 1\}$型。因此，V1 和 V2 之间的孪生面在相变前对应的晶面是 $(0\ 1\ 1)$ 面或者 $(0\ 1\ \bar{1})$ 面。这里选取 $(0\ 1\ \bar{1})$ 面。因为 V1 和 V2 在 $\boldsymbol{i}$ 轴方向上的变形量相同，所以两个变体之间的相对旋转轴是 $\boldsymbol{i}$ 轴。那么，旋转矩阵 $\boldsymbol{R}$ 有如下形式：

$$\boldsymbol{R}=\begin{bmatrix} 1 & 0 & 0 \\ 0 & \cos\alpha & -\sin\alpha \\ 0 & \sin\alpha & \cos\alpha \end{bmatrix} \tag{3-18}$$

对于孪晶面上的向量 $\boldsymbol{v}=[0\ 1\ 1]$，可以建立等式 $\boldsymbol{B}_1\boldsymbol{v}=\boldsymbol{R}\boldsymbol{B}_2\boldsymbol{v}$，分别将式 (3-16) 至式 (3-18) 代入等式，可求出旋转矩阵 $\boldsymbol{R}$:

$$\boldsymbol{R}=\begin{bmatrix} 1 & 0 & 0 \\ 0 & 0.9999 & 0.0134 \\ 0 & -0.0134 & 0.9999 \end{bmatrix} \tag{3-19}$$

将式 (3-16)，式 (3-17) 和式 (3-19) 代入式 (3-14) 中，此时变形矩阵 $\boldsymbol{F}$ 中只含一个未知量 f。如前所述，由于存在不变形平面，可得到关系式 $\det(\boldsymbol{F}\boldsymbol{F}^{\mathrm{T}}\text{-}\boldsymbol{I})=0$。计算得到方程的解为 $f=0.3334$ 和 $f=0.6666$。此处选取较大的解。

将变形矩阵 F 进行分解，分解为旋转矩阵$\boldsymbol{\Psi}$和对称矩阵 $\boldsymbol{F}_{\mathrm{s}}$ 的乘积，即 $\boldsymbol{F}=\boldsymbol{\Psi}\boldsymbol{F}_{\mathrm{s}}$。再将对称矩阵对角化，即 $\boldsymbol{F}_{\mathrm{s}}=\boldsymbol{\Gamma}\boldsymbol{F}_{\mathrm{d}}\boldsymbol{\Gamma}^{*}$。由于之前已经求解得到矩阵 $\boldsymbol{F}$，因此也可以求出矩阵$\boldsymbol{\Gamma}$和 $\boldsymbol{F}_{\mathrm{d}}$：

$$\boldsymbol{F}=\begin{bmatrix}1.0045 & 0 & 0\\ 0 & 1.0000 & 0.0045\\ 0 & -0.0044 & 0.9955\end{bmatrix}\tag{3-20}$$

$$\boldsymbol{F}_{\mathrm{d}}=\begin{bmatrix}1.0045 & 0 & 0\\ 0 & 1.0000 & 0\\ 0 & 0 & 0.9956\end{bmatrix}\tag{3-21}$$

$$\boldsymbol{\Gamma}=\begin{bmatrix}1.0000 & 0 & 0\\ 0 & 1.0000 & -0.0089\\ 0 & 0.0089 & 1.0000\end{bmatrix}\tag{3-22}$$

在 $\boldsymbol{F}_{\mathrm{d}}$ 矩阵对应的坐标系 ($\boldsymbol{i}_{\mathrm{d}}$, $\boldsymbol{j}_{\mathrm{d}}$, $\boldsymbol{k}_{\mathrm{d}}$) 中，$\boldsymbol{F}_{\mathrm{d}}$ 变形矩阵对应的无变形平面上的向量 (x_{d}, y_{d}, z_{d}) 满足 $x_{\mathrm{d}}=\pm0.9956z_{\mathrm{d}}$。此处选取正值，可求得此坐标系下对应的惯习面为

$$\boldsymbol{n}_{\mathrm{d}}=(0.7087,0,-0.7055)^{\mathrm{T}}\tag{3-23}$$

回到之前的坐标系，对应的惯习面为

$$\boldsymbol{n}=\boldsymbol{\Gamma}\boldsymbol{n}_{\mathrm{d}}=(0.7087,0.0063,-0.7055)^{\mathrm{T}}\tag{3-24}$$

基于惯习面上的向量在相变后不发生变形和旋转，旋转矩阵 $\boldsymbol{R}_1$ 的旋转轴和角度大小可由如下方程求解 [14]：

$$\frac{(\boldsymbol{q}_1-\boldsymbol{q}_2)\times(\boldsymbol{p}_1-\boldsymbol{p}_2)}{(\boldsymbol{q}_1-\boldsymbol{q}_2)\cdot(\boldsymbol{p}_1+\boldsymbol{p}_2)}=\tan\left(\frac{\varphi_1}{2}\right)\boldsymbol{u}_0\tag{3-25}$$

其中，$\boldsymbol{p}_1$ 和 $\boldsymbol{q}_1$ 是惯习面上的相交向量，$\boldsymbol{p}_2$ 和 $\boldsymbol{q}_2$ 是经过 $\boldsymbol{F}$ 变形后的向量。φ_1 是旋转角度，$\boldsymbol{u}_0$ 是旋转轴对应的单位矢量，两者由式 (3-25) 求得。最终可以得到

$$\boldsymbol{R}_1=\begin{bmatrix}1.0000 & 0.0000 & -0.0045\\ -0.0000 & 1.0000 & -0.0045\\ 0.0045 & 0.0045 & 1.0000\end{bmatrix}\tag{3-26}$$

$$\boldsymbol{E}=\begin{bmatrix}1.0045 & 0.0000 & -0.0044\\ -0.0000 & 1.0000 & 0.0000\\ 0.0045 & 0.0000 & 0.9955\end{bmatrix} \tag{3-27}$$

和惯习面法线方向平行的向量，在相变后将发生偏转，偏转的角度即为切变角 θ：

$$\boldsymbol{n}''=\boldsymbol{En}/|\boldsymbol{En}|=(0.7149,0.0062,-0.6992)^{\mathrm{T}} \tag{3-28}$$

$$\theta=\arccos(\boldsymbol{n}\cdot\boldsymbol{n}')=0.5107^\circ \tag{3-29}$$

由此可见，Mn-Ni 合金中 fcc-fct 马氏体相变的切变角远小于 Fe-Mn-Si 合金中的 19.7° 切变角 [16]，和 Mn-Fe-Cu 合金中的切变角 [17] 在相同数量级。选取两个孪晶面上的相交向量，在相变前 $\boldsymbol{v}_1=[1,0,0]^{\mathrm{T}}$ 和 $\boldsymbol{v}_2=\left[0,1/\sqrt{2},1/\sqrt{2}\right]^{\mathrm{T}}$，相变后有 $\boldsymbol{v}_1'=\boldsymbol{Ev}_1$ 和 $\boldsymbol{v}_2'=\boldsymbol{Ev}_2$。那么，相变后的孪晶面为

$$\boldsymbol{t}=\boldsymbol{v}_1'\times\boldsymbol{v}_2'=(-0.0032,-0.7055,0.7087)^{\mathrm{T}} \tag{3-30}$$

关于马氏体和新相之间的取向关系，可计算晶胞中的晶向在相变前后的变化，可得如下结果：

$[1\ 0\ 0]_{\mathrm{C}}$ 0.2553° 从 $[1\ 0\ 0]_{\mathrm{V1}}$, $[1\ 0\ 0]_{\mathrm{C}}$ 0.2553° 从 $[1\ 0\ 0]_{\mathrm{V2}}$;

$[0\ 1\ 0]_{\mathrm{C}}$ 0.2554° 从 $[0\ 1\ 0]_{\mathrm{V1}}$，$[0\ 1\ 0]_{\mathrm{C}}$ 0.5107° 从$[0\ 1\ 0]_{\mathrm{V2}}$;

$[0\ 0\ 1]_{\mathrm{C}}$ 0.3611° 从 $[0\ 0\ 1]_{\mathrm{V1}}$, $[0\ 0\ 1]_{\mathrm{C}}$ 0.5709° 从$[0\ 0\ 1]_{\mathrm{V2}}$。

3.3.3 fct-fco 相变晶体学

本小节研究的 fco 相在 19℃时的点阵常数为 $a=3.73483\text{Å}$, $b=3.71318\text{Å}$, $c=3.64428\text{Å}$[13]。实验结果表明，在发生 fct-fco 相变时 c 轴基本不发生畸变，而且晶胞的体积也几乎不发生改变。据此，可得到 fco 相对应的 fct 相的点阵常数，即 $a_0=(ab)^{1/2}$ 和 $c_0=c$。对于某个 fct 变体，相应的 fco 相的 Bain 变体只有两个。选取 c_0 对应的轴为 k 坐标轴，那么 Bain 变形矩阵为

$$\boldsymbol{B}=\begin{bmatrix}a/a_0 & 0 & 0\\ 0 & b/a_0 & 0\\ 0 & 0 & c/c_0\end{bmatrix},\begin{bmatrix}b/a_0 & 0 & 0\\ 0 & a/a_0 & 0\\ 0 & 0 & c/c_0\end{bmatrix} \tag{3-31}$$

$$\boldsymbol{B}_1=\begin{bmatrix}1.0029 & 0 & 0\\ 0 & 0.9971 & 0\\ 0 & 0 & 1\end{bmatrix} \tag{3-32}$$

$$\boldsymbol{B}_2 = \begin{bmatrix} 0.9971 & 0 & 0 \\ 0 & 1.0029 & 0 \\ 0 & 0 & 1 \end{bmatrix} \tag{3-33}$$

可以发现，式 (3-32) 和式 (3-33) 中变形矩阵的中间本征值为 1。此时，LIS 已不再需要，即单个 Bain 变形加上旋转操作就可以形成 IPS。在计算过程中，$\boldsymbol{B}_1$ 类似于上面的 $\boldsymbol{F}$ 变形矩阵，因此晶体学计算过程是类似的。得到的结果有

惯习面：

$$\boldsymbol{n} = (0.7081, -0.7061, 0)^{\mathrm{T}} \tag{3-34}$$

旋转矩阵：

$$\boldsymbol{R} = \begin{bmatrix} 1.0000 & -0.0029 & 0 \\ 0.0029 & 1.0000 & 0 \\ 0 & 0 & 1.0000 \end{bmatrix} \tag{3-35}$$

总变形矩阵：

$$\boldsymbol{E} = \begin{bmatrix} 1.0029 & -0.0029 & 0 \\ 0.0029 & 0.9971 & 0 \\ 0 & 0 & 1.0000 \end{bmatrix} \tag{3-36}$$

计算得到的切变角 $\theta = 0.3331°$，小于 fcc-fct 相变的切变角。马氏体和新相的取向关系有：$[1\ 0\ 0]_{\mathrm{T}}$ 0.1665° 从 $[1\ 0\ 0]_{\mathrm{O}}$, $[0\ 1\ 0]_{\mathrm{T}}$ 0.1665° 从 $[0\ 1\ 0]_{\mathrm{O}}$, $[0\ 0\ 1]_{\mathrm{T}}$ 0° 从 $[0\ 0\ 1]_{\mathrm{O}}$。对比 fcc-fct 相变和 fct-fco 相变的取向关系，发现 fct 结构和 fco 结构之间的差异小于和 fcc 结构之间的差异。但是热力学结果表明前者的临界驱动力更大 [18]，因此 fcc-fct 相变先于 fct-fco 相变发生。

3.3.4 fcc-fco 相变晶体学

本小节分析 Mn-15.0at%Ni 合金中 fcc-fco 相变的晶体学 [19]。在 23℃时，fco 相的点阵常数为 $a = 3.73704$Å, $b = 3.68605$Å, $c = 3.67403$Å[13]。因为在相变过程中几乎不发生体积改变，那么相应的 fcc 结构的点阵常数为 $a_0 = (abc)^{1/3}$。此时，存在 6 个 Bain 变体，在选择孪晶马氏体的 2 个变体时有 6 种组合 [14]。本小节选取如下组合：

$$\boldsymbol{B}_1 = \begin{bmatrix} a/a_0 & 0 & 0 \\ 0 & b/b_0 & 0 \\ 0 & 0 & c/c_0 \end{bmatrix} = \begin{bmatrix} 1.0103 & 0 & 0 \\ 0 & 0.9965 & 0 \\ 0 & 0 & 0.9933 \end{bmatrix} \tag{3-37}$$

$$\boldsymbol{B}_2 = \begin{bmatrix} c/a_0 & 0 & 0 \\ 0 & b/b_0 & 0 \\ 0 & 0 & a/c_0 \end{bmatrix} = \begin{bmatrix} 0.9933 & 0 & 0 \\ 0 & 0.9965 & 0 \\ 0 & 0 & 1.0103 \end{bmatrix} \tag{3-38}$$

此时发现，本节的 Bain 变形矩阵和 fcc-fct 马氏体相变的情形是类似的，因此具有十分类似的计算过程。得到的结果有
惯习面：

$$\boldsymbol{n} = (0.7082, -0.7059, -0.0141)^{\mathrm{T}} \tag{3-39}$$

$\boldsymbol{B}_1$ 对应变体的体积分数：$f = 0.6026$
孪晶面：

$$\boldsymbol{t} = (0.7059, 0.0024, 0.7083)^{\mathrm{T}} \tag{3-40}$$

总变形矩阵：

$$\boldsymbol{E} = \begin{bmatrix} 1.0035 & -0.0035 & -0.0001 \\ 0.0035 & 0.9965 & -0.0001 \\ -0.0001 & 0.0001 & 1.0000 \end{bmatrix} \tag{3-41}$$

计算得到的切变角 $\theta = 0.4000°$，大于上述 fct-fco 相变的切变角，但小于 fcc-fct 相变的切变角。实际上，切变角受到点阵常数的影响，因此也和温度有关。从计算的结果可见，Mn 基合金中马氏体相变的切变角都显著小于其他形状记忆合金中的切变角，如 Fe-Mn-Si 合金、Ni-Mn-Ga 合金和 Ni-Ti 合金等。fcc-fco 相变的取向关系有

$$[1\ 0\ 0]_{\mathrm{C}}\ 0.4358°\ \text{从}\ [1\ 0\ 0]_{\mathrm{V1}}, [1\ 0\ 0]_{\mathrm{C}}\ 0.6202°\ \text{从}\ [1\ 0\ 0]_{\mathrm{V2}};$$
$$[0\ 1\ 0]_{\mathrm{C}}\ 0.2000°\ \text{从}\ [0\ 1\ 0]_{\mathrm{V1}},\ [0\ 1\ 0]_{\mathrm{C}}\ 0.2000°\ \text{从}\ [0\ 1\ 0]_{\mathrm{V2}};$$
$$[0\ 0\ 1]_{\mathrm{C}}\ 0.3872°\ \text{从}\ [0\ 0\ 1]_{\mathrm{V1}},\ [0\ 0\ 1]_{\mathrm{C}}\ 0.5871°\ \text{从}\ [0\ 0\ 1]_{\mathrm{V2}}.$$

3.3.5 合金成分对相变晶体学的影响

在上面的分析中，都只考虑到一种解。实际上，满足 IPS 的情形有多种。对于 fcc-fct 相变，在计算过程中，孪晶面可选取 $(1\ 0\ \bar{1})$ 或者 $(1\ 0\ 1)$，V1 的体积分数有 2 个选择，惯习面也有 2 个。另外，孪晶中 Bain 变体的组合有 3 种。因此，一共有 24 个解存在。相似的道理，对于 fcc-fco 相变，共有 48 种情形满足 IPS 条件。不同解之间的差异方面有 Bain 变体不同，或者变体的体积分数、惯习面，或者孪晶面。如果在单个原始母相晶粒中，所有解对应的孪晶马氏体都存在，相变后相应的 $(0\ 0\ 1)$ 极射投影图如图 3-13 所示。从图中可以发现，马氏体变体与其对应的 Bain 变体之间的旋转角很小。图 3-13(b) 中的结果和 Mn-Cu 合金的 EBSD 实验结果 [20] 是吻合的。

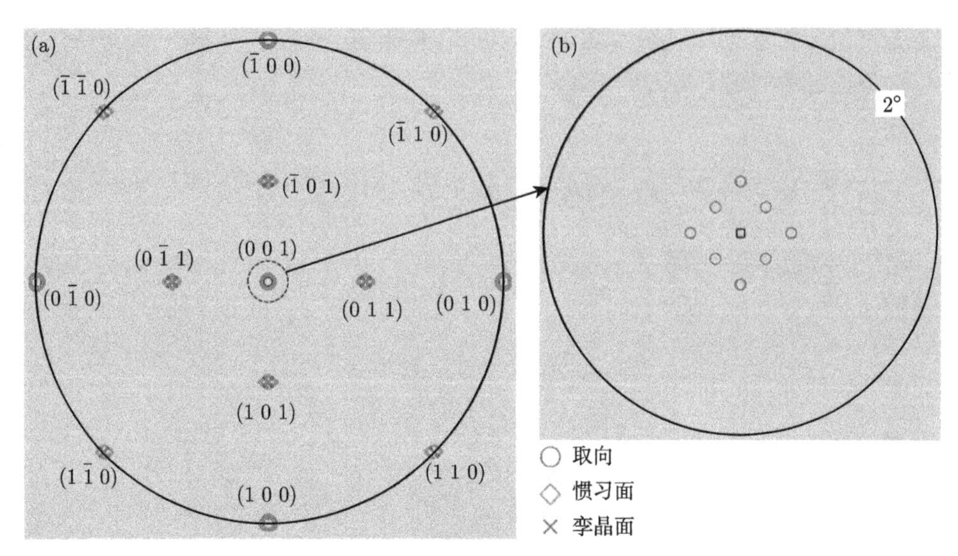

图 3-13　fcc-fct 相变后，(0 0 1) 型晶面、惯习面和孪晶面在 (0 0 1) 极射投影图的结果，(b) 是 (a) 的中心区域放大的结果 [19]

上述晶体学分析表明，由于 Mn-Ni 合金中相变的点阵畸变程度较低，导致相变的切变角较小 ($<1°$)，并且惯习面和孪晶面偏离于 {1 0 1}型晶面也非常小 (图 3-13)。这些相变特征表明，从晶体学的角度来看马氏体组织的形成较为容易，马氏体畴之间的点阵兼容性好。文献中的实验结果也证实了这些推论。Yin 等 [20] 利用 SEM 和 TEM 对 Mn-Cu 合金的表征结果表明，晶粒内充满着孪晶带，相邻孪晶之间的界面也是平直的。Wang 等 [17] 通过 AFM 测得 Mn-Fe-Cu 合金的表面浮凸角约为 1°，与这里得到的约为 1° 切变角的实验结果相符。Mn-Ni 合金中复杂的相图与磁弹耦合效应有关，并非由晶体学上对相变的阻碍导致，因为这里的结果表明晶体学方面的阻碍作用很小。在 Ni-Ti 合金中发现，如果孪晶切变角较小，相界面的移动能力将较强，从而出现高阻尼性能 [21]。对于 γMn 基合金，切变角很小 (约 1°)，因此相界面附近的缺陷较少，缺陷对界面的钉扎作用较弱，在外加应力下 Mn-Ni 合金中的相界面将很容易滑动。因此，含有孪晶马氏体组织的 γMn 基合金通常都呈现优异的阻尼性能。另一方面，由于相变应变小，γMn 基合金中形状记忆效应的可恢复应变小于其他形状记忆合金，从而限制了 γMn 基合金的实际应用。

图 3-11 表明，多步相变是否发生和化学成分密切相关。为了弄清楚 Mn-Ni 合金中马氏体相变顺序的内在本质，有必要计算不同相变对应的相变应变和切变角。计算已经得到总相变矩阵 ($\boldsymbol{E}$) 可以表示为

$$\boldsymbol{E}=\boldsymbol{I}+m\boldsymbol{d}\boldsymbol{p}' \tag{3-42}$$

其中，$\boldsymbol{d}$ 是变形方向的单位矢量，$\boldsymbol{p}'$ 是惯习面法线方向的单位矢量，m 是 IPS 对应的相变应变大小。在求得相变的总相变矩阵之后，就可根据式 (3-42) 求出相变应变 m 的值，如图 3-14(a) 所示。图 3-14(b) 则给出了切变角 (式 (3-29)) 的结果。

在图 3-14(a) 中，圆圈标记的点是对应着实验中测得的相变 [13]，而未标记的点是假设的相变。例如，对于 Mn-12.6at%Ni 合金，在冷却过程中只发生 fcc-fct 相变，那么 fct-fco 和 fcc-fco 相变的计算结果是由假定的 fco 结果算出。对于 fcc-fco 相变，同一组 Bain 变体组成的孪晶，变体体积分数的选择有 2 种，将产生 2 个不同的相变应变，如图 3-14 中的 $(\text{fcc-fco})_1$ 和 $(\text{fcc-fco})_2$。由图 3-14 可知，相变应变随成分的变化关系与切变角的变化是基本同步的。对于图 3-11 中的相图，可以将成分范围分为 3 个区域 (图 3-14)：A 表示 fcc-fct ($c/a < 1$) 相变区，B 表示 fcc-fct-fco 相变区，C 表示 fcc-fct ($c/a > 1$) 相变区。在 A 和 C 区，只出现单步 fcc-fct 相变。在 B 区，将出现 fcc-fct 和 fct-fco 多步相变。在 Ni-Ti 合金中，R 相虽然是亚稳相，但仍然在多步相变中作为中间相出现，因为其对应的相变应变较小，相变引起的弹性应变能较小。在 Mn-Ni 合金中，也可以发现多步 fcc-fct-fco 相变对应的相变应变小于单步 fcc-fco 相变的应变。然而，如果考虑到单步相变的应变仅略大于多步相变，可推测 Mn-Ni 合金出现多步相变的原因不同于 Ni-Ti 合金。出现 fcc-fct-fco 多步相变的原因可从相变热力学的角度进行解释 [18]，与复杂的反铁磁结构变化密切相关。

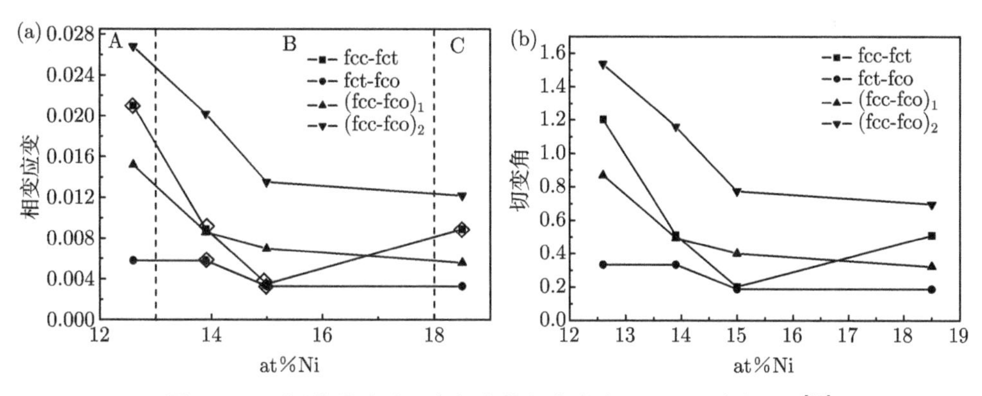

图 3-14　不同化学成分下各相变的相变应变 (a) 和切变角 (b)[19]

以上利用马氏体相变晶体学表象理论，研究了 Mn-Ni 合金中 fcc-fct-fco 多步马氏体相变的晶体学。基于马氏体和母相的点阵常数和孪晶类型，计算出了一系列晶体学结果。可得到下列关于 Mn-Ni 合金的结论：(1)Mn-Ni 合金中 fcc-fct，fct-fco 和 fcc-fco 相变的惯习面都略微偏离于 $\{1\ 1\ 0\}$型有理晶面。(2) 由于 Mn-Ni 合金中相变的畸变程度在 0.01 数量级，马氏体晶胞主轴和母相主轴之间的角度差小于 1°，相变的切变角也小于 1°。(3) fct-fco 相变时可形成单变体马氏体，因为单个变体已经满足不变平面应变的要求。(4) γMn 基合金相变畸变程度较小，从而保证了相界面高的移动能力和高阻尼特性，但也导致了形状记忆效应的可恢复应变小。(5) 考虑到相变应变和切变角都较小，出现多步 fcc-fct-fco 相变主要取决于相变热力学，而非弹性应变能的阻碍。

3.4 透镜状马氏体的发展长大模式

3.4.1 透镜状马氏体相变晶体学

钢中马氏体形态与合金成分有密切关系，相对于板条位错型马氏体，高碳钢或高 Ni 钢中多得到透镜状孪晶型马氏体。对于透镜状马氏体，利用马氏体表象理论来处理其晶体学特征还存在一定的问题，如位向关系偏差较大等。利用切–转晶体学理论 [22] 可以得到与实验较为符合的结果，如表 3-4 所示。这里的透镜状马氏体晶体学理论的关键是引入了马氏体内协调切变，它的引入是建立在实验观察的基础之上的，它不同于以往的双切变理论，而是马氏体亚片发展长大中存在近邻基体的协调。这个协调切变的引入也不影响点阵平面不变应变。

表 3-4 Fe-28Ni-0.2C 合金{259}马氏体相变晶体学的理论计算与实验比较 [23]

性质	实验结果	理论计算结果	偏差
惯习面	(0.19579,0.84805,0.49242)	(0.19481,0.84383,0.50001)	0.48°
形状变形			
大小 $m1$	0.2353	0.240148	2.02%
方向 $d1$	[−0.0460,0.6675,−0.7432]	[−0.08071,0.71026,−0.6993]	4.02°
取向关系			
$(111)_f \sim (011)_b$	0.45° ~ 0°	0.3°	
$[\bar{1}01]_f \sim [\bar{1}\bar{1}1]_b$	2.2° ~ 3°	2.03°	
点阵不变切变			
切变面	$(101)_f/(112)_b$	$(101)_f/(112)_b$	
方向	$[\bar{1}01]_f/[\bar{1}\bar{1}1]_b$	$[\bar{1}01]_f/[\bar{1}\bar{1}1]_b$	
大小	—	0.2616	
M 内协调切变			
切变面	$(011)_f/(\bar{1}12)_b$	$(011)_f/(\bar{1}12)_b$	
方向	$[011]_f/[\bar{1}1\bar{1}]_b$	$[011]_f/[\bar{1}1\bar{1}]_b$	
大小	—	0.2	

3.4.2 透镜状马氏体的长大过程

透镜状马氏体的转变是爆发型转变，转变时间短，不易控制，所以很难原位观察到其发展长大过程。但马氏体形成有先后，先形成的马氏体横穿整个晶粒，体积也大，而后形成的马氏体尺寸较小，常终止于上一片马氏体。冷处理时就可能保留不同时期形成的马氏体，由此可间接观察到透镜马氏体的形成过程。根据实验观察，可将完整马氏体的发展长大分为三个阶段：

(1) 蝶状小片定向群的形成。在相转变初期，先观察到多个小的蝶状马氏体，每个小蝶状马氏体群具有相同的两个翼，根据形态及其应变场，一个翼比另外一个要发达，发达翼称为定向群的主体翼。在定向蝶群初期，群体区域存在较大的应力场。对定向蝶群的晶体学分析发现，对于 (295) 透镜状马氏体，其蝶的主翼相界接近 $(121)_f$ 或 $(252)_f$，而次翼相界接近 $(112)_f$ 或 $(225)_f$。这两翼组成的独立蝶状马氏体的形状变形方向与 (295) 马氏体的相似，都接近 $[011]_f$。

(2) 定向蝶状群中次翼受到总体群形状应变的制约，应变诱发为主翼，使蝶群主翼发展为基元块堆垛。对基元块进行晶体学分析发现，基元块的两边相界分别为 $(111)_f$ 和 $(121)_f$。

(3) 亚基元块沿 $(111)_f$ 面合并长大，最终形成完整的透镜状马氏体，$(111)_f$ 合并面最终形成 $(011)_b$ 面缺陷。在完整的马氏体片内还有一些迹线，对应于马氏体内另外一个孪晶切变面。

3.4.3 透镜状马氏体的中脊

对透镜马氏体中脊的形成的认识一直存在分歧。从上面的发展长大的观测分析中可看出，其中脊是在透镜蝶群次翼消失，而主体翼发展长大为基元块堆砌的阶段后形成的。由于基体和基元块之间多重应变协调作用，基元块的一侧最终协调到一个很薄的平面区域，形成了中脊面。在中脊面两侧存在很大的应力，促使孪晶亚结构的形成，而离中脊较远的区域，应力集中相对较小，主要是以位错亚结构的形式存在。所以透镜马氏体的中脊并非最先形成，而是生长过程中由于应变协调作用共同形成的。透镜马氏体的径向长大借助于马氏体基元块的堆砌，而基元块的伸长使透镜马氏体厚度方向增加，即透镜马氏体的径向伸长和惯习面垂直方向的增厚是相互协作发展的两个动力学过程。

3.4.4 透镜状马氏体的发展长大模式

透镜马氏体形成过程中，先形成的蝶状马氏体相互堆砌，并具有一定的方向性。在基本的应力应变场作用下，对一个蝶来讲，其中一翼被另外一翼以孪晶方式切变过来。在切变的同时，未被切变的蝶翼会增厚。切变的结果是形成了马氏体基元块，并沿$\{111\}_f$ 相互堆砌。基于实验观察，基元块的上下两个面并不平行，基元块之间存在间隙，空间上是一个晶体结构不同于基元块和基体的过渡区，此时基元块并未真正合并成一片完整的马氏体。在基体与基元块、基元块与基元块等之间的多重应力场协调作用下，基元块才最终合并，形成了完整的透镜状马氏体，其发展模式如图 3-15 所示。

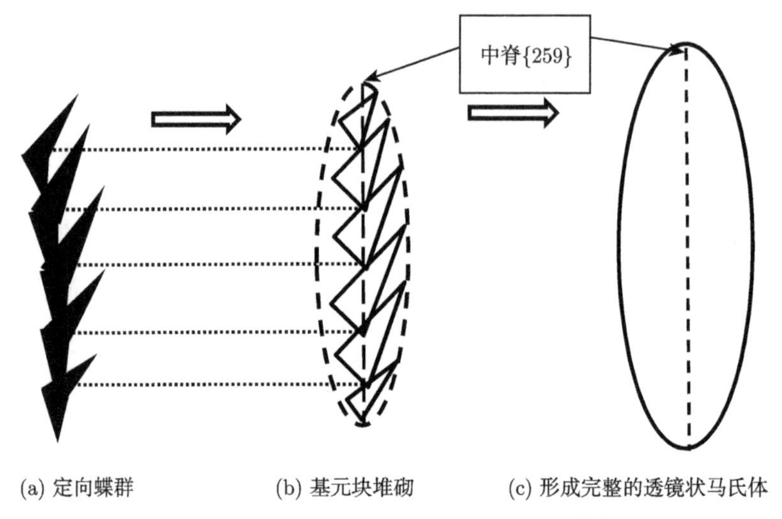

(a) 定向蝶群 (b) 基元块堆砌 (c) 形成完整的透镜状马氏体

图 3-15 透镜马氏体的发展长大模式 [23]

参考文献

[1] Wan J F, Chen S P, Hsu T Y. Group theory analyses of transition structures related to the $\gamma \rightarrow \varepsilon$ transformation in Fe-Mn-Si based alloys[J]. Materials Chemistry & Physics, 2001, 71(1):90-93.

[2] Attree R W, Plaskett J S. XCI. The self-energy and interaction energy of stacking faults in metals[J]. Philosophical Magazine, 1956, 1(10):885-911.

[3] Olson G B, Cohen M. A general mechanism of martensitic nucleation: Part I. General concepts and the FCC-HCP transformation[J]. Metallurgical Transactions A, 1976, 7(12):1897-1904.

[4] Wan J F, Chen S P, Hsu T Y. The stability of transition phases in Fe-Mn-Si based alloys[J]. CALPHAD: Computer Coupling of Phase Diagrams and Thermochemistry, 2001, 25(3):355-362.

[5] Kelly P M. Martensite crystallography—the apparent controversy between the infinitesimal deformation approach and the phenomenological theory of martensitic transformations[J]. Metallurgical and Materials Transactions A, 2003, 34 (9): 1783-1786.

[6] 王林，崔严光，万见峰，戎咏华. Mn-Fe-Cu 反铁磁形状记忆合金中 FCC-FCT 马氏体相变晶体学研究 [J]. 中国有色金属学报, 2015, 25(3):720-726.

[7] Yang Z G, Fang H S, Wang J J, et al. Surface relief accompanying martensitic transitions in an Fe-Ni-C alloy by atomic-force microscopy and phenomenological theory of martensitic crystallography[J]. Physical Review B, 1995, 52 (11): 7879-7882.

[8] Bergeon N, Kajiwara S, Kikuchi T. Atomic force microscope study of stress-induced

martensite formation and its reverse transformation in a thermomechanically treated Fe-Mn-Si-Cr-Ni alloy[J]. Acta Materialia, 2000, 48 (16): 4053-4064.

[9] Chen Z, Zheng H, Rong Y, et al. On the determination of shear angle in martensitic transformations[J]. Materials Science and Engineering: A, 2007, 457 (1-2): 380-384.

[10] 王林. Mn-Fe-Cu 合金中马氏体相变的原位表征和特征 [D]. 上海：上海交通大学，2014.

[11] Huang B X,Wang X D, Rong Y H. A method of discrimination between stress-assisted and strain-induced martensitic transformation using atomic force microscopy[J]. Scripta Materialia, 2007, 57 (6): 501-504.

[12] Zhang M X, Kelly P M. Crystallographic features of phase transformations in solids[J]. Progress in Materials Science, 2009, 54(8):1101-1170.

[13] Honda N, Tanji Y, Nakagawa Y. Lattice distortion and elastic properties of antiferromagnetic γ Mn-Ni alloys[J]. Journal of the Physical Society of Japan, 1976, 41(6):1931-1937.

[14] Lieberman D S, Wechsler M S, Read T A. Cubic to orthorhombic diffusionless phase change- experimental and theoretical studies of Au-Cd[J]. Journal of Applied Physics, 1955, 26(4):473-484.

[15] Wang X Y, Peng W Y, Zhang J H. Martensitic twins and antiferromagnetic domains in γ-MnFe(Cu) alloy[J]. Materials Science & Engineering A, 2006, 438-440(none):194-197.

[16] Liu D Z, Kajiwara S, Kikuchi T, et al. Atomic force microscopy study on microstructural changes by "training" in Fe-Mn-Si-based shape memory alloys[J]. Philosophical Magazine, 2003, 83(25):2875-2897.

[17] Wang L, Cui Y G , Wan J F , et al. In situ atomic force microscope study of high-temperature untwinning surface relief in Mn-Fe-Cu antiferromagnetic shape memory alloy[J]. Applied Physics Letters, 2013, 102(18):1966.

[18] Shi S, Liu C, Wan J F, et al. Thermodynamic study of fcc-fct-fco multi-step structural transformation in Mn-Ni antiferromagnetic shape memory alloys[J]. Journal of Alloys and Compounds, 2018, 747: 934-945.

[19] Cui S S, Wan J F, Zhang J H, et al. Crystallography and consequence of the cubic-tetragonal-orthorhombic multi-step martensitic transformations in Mn-Ni alloys[J]. Materials Research Express, 2018, 5(11):116519.

[20] Yin F, Sakaguchi T, Zhong Y, et al. EBSD characterization of the twinning microstructure in a high-damping Mn-Cu alloy[J]. Materials Transactions, 2007,48(8):2049-2055.

[21] Fan G, Zhou Y, Otsuka K, Ren X. Ultrahigh damping in R-phase state of Ti-Ni-Fe alloy[J]. Applied Physics Letters, 2006, 89(16) :161902-161902-3.

[22] 王世道. 马氏体相变切–转晶体学理论及其应用 [J]. 自然科学进展：国家重点实验室通讯，1995, (3):343-353.

[23] 万见峰. 透镜状马氏体的晶体学和发展长大模式 [D]. 甘肃：兰州铁道学院，1998.

第4章 基于动力学的材料形态学

动力学决定了材料微观组织形态演化的路径。当组织演化速度比较慢时，可以利用原位金相、原位电镜等观察微观组织的动态演化过程；当组织转变速度很快时，实验观察将变得非常困难，数值模拟 (包括分子动力学模拟和相场模拟) 可以对演化动力学过程中相关细节进行追踪，如组织演化、能量变化、应力场分布演化等。数值模拟可以实现温度场–组织场–应力场的耦合模拟，同时给出温度、组织、应力等的对应关系，便于分析组织演化的内在机理，这对于实验研究是一个很好的补充和验证。晶界作为一种面缺陷，对组织演化有重要的影响，并直接影响到材料内部的应力场分布。基于 Wang 和 Khachaturyan 提出的马氏体相变相场动力学模型 [1]，涌现出大量关于不同晶体结构相变的多变体马氏体形态的研究。将马氏体变体用一个序参量进行表示，基于此序参量的动力学演化方程，就可以再现微观组织在各种外场下的动态变化。相场动力学方程描述序参量随时间的演化。马氏体序参量属于非保守场变量，动力学方程通常采用 Allen-Cahn 方程，即时间相关的 Ginzburg-Landau 方程，其形式为

$$\frac{\partial \eta_{\mathrm{p}}(\boldsymbol{r},t)}{\partial t}=-\sum_{q=1}^{n}L_{\mathrm{pq}}\frac{\delta G}{\delta \eta_{\mathrm{q}}(\boldsymbol{r},t)}+\xi_{\mathrm{p}}(\boldsymbol{r},t) \tag{4-1}$$

其中，L_{pq} 是动力学系数张量，G 是体系自由能泛函，$\xi_{\mathrm{p}}(\boldsymbol{r},t)$ 是 angevin 噪声项。n 是变量数，此处为 3，p 分别取 1, 2, $\cdots$, n。下面将重点比较分析 Mn 基单晶/多晶合金中热诱发马氏体相变与应力诱发马氏体相变中微观组织形态及相关力学行为的差异及相关内在机理。

4.1 单晶中的微观组织演化

马氏体相变有热弹性、半热弹性和非热弹性之分。对于钢中的马氏体相变，由于其不具有晶体学可逆性、逆相变过程中存在马氏体分解及正逆相变存在扩散等与正相变不同之处，因此属于非弹性马氏体相变；钢尽管具有马氏体相变，但主要还是作为结构材料而不是功能材料。有些合金，如 Fe-Mn-Si 基合金的 fcc-hcp 马氏体相变正逆相变存在较大的相变热滞 (>50K)，被称作半热弹性合金，其中的相变属于半热弹性马氏体相变。热弹性合金是指具有良好正逆马氏体相变可逆性、相变热滞较小 (<50K) 及相界面具有良好迁移性的形状记忆合金，如 Ni 基合金、Ti 基

合金、Co 基合金、Mn 基合金等。半热弹和热弹性合金可利用马氏体相变晶体学的可逆性作为功能材料或智能材料来进行使用，其中热弹性合金的工业应用前景更好。外场 (温度、应力/应变、电场、磁场等) 都会对这几类合金中的结构相变产生影响，特别是其中的微观组织演化及形态与外场类型和大小密切相关，进而会影响到材料的性能，如强韧性、形状记忆效应、超弹性、弹热效应等。下面主要针对 Mn 基合金中的 fcc-fct 热弹性马氏体相变进行相关的数值模拟，重点比较分析热诱发与应力诱发相变中微观组织形态演化动力学及相关力学行为的差异。

4.1.1 热诱发结构相变

在热诱发马氏体相变过程中伴随着材料的宏观变形，采用周期性边界条件进行计算会导致一些宏观特性的缺失，所以在模拟中将有限元与相场模拟结合起来，这样可以考虑非周期性边界条件下内部微观组织的变化，并将其内部组织与相关力学性能结合起来。模拟中主要采用二维晶格，但基本的相变特性及组织演化仍会保留并得到体现；模拟中采用随机分布序参量代替热噪声作为初始马氏体形核的基本条件。图 4-1 是 Mn 基合金热诱发相变过程中微观组织演化到 432K 时的模拟结果 [2]。从图 4-1 可看出，当体系演化到平衡状态时形成了 3 个马氏体孪晶带，其中两个孪晶带相互平行并与另外一个孪晶带成一定的角度。每个孪晶带内部主要通过两种马氏体变体交替出现的形式实现长大，这种生长方式符合总体内应力最小的原则；结合图 4-1(b) 可看出，马氏体长大过程中相界面附近存在界面应力起伏或界面应力集中现象，从而在马氏体变体一侧会出现应力诱发不同变体片的形成，在微观组织上形成马氏体孪晶，在内应力分布上会通过应力诱发马氏体相变完成内应力的释放或弛豫。理想状态下二维体系中 3 个孪晶带的孪晶面分别是 (1 1) 面和 $(\bar{1}\ 1)$ 面，即马氏体/奥氏体的惯习面 (或相界面)。从图 4-1(a)~(c) 中还发现：模拟中采用的是约束边界，这些位置母相没有发生马氏体相变；在不同孪晶带交叉位置，母相也未转变为马氏体组织，主要是这些位置存在较大的内应力 (图 4-1(d))，严重阻碍了相界面在这些位置的迁移运动并最终停止下来。孪晶组织的自协调会导致马氏体相变应变的自协调及最小化，体系总体的宏观相变应变会变得很小，所以体系中不会出现较大的宏观应力。从图 4-1(e) 中可看到，不同孪晶带的孪晶界面上存在较大的应力扰动，这主要是因为马氏体孪晶界面尽管属于共格界面，但实际上依然存在界面共格位错，HREM 实验也证实这一点，在这些非常微观的区域其内应力会出现异常变化；我们的模拟中没有考虑界面位错的影响，但模拟的结果预示着这一效应会存在。

为了探究马氏体相变过程中表面的形态特征，在模拟时可将上边界设置为自由边界而其他三面设置为约束边界，对于这一自由表面的模拟结果如图 4-2 所示。从图 4-2(a) 中可看出，相变过程中会出现表面浮凸，并一一与马氏体孪晶相对应；

所形成的 "N" 形表面浮凸与利用 AFM 观察到的 Mn 基合金中的实验结果类似 [3]。表面浮凸角的大小取决于马氏体相变的切变方向和切变角大小，结合相变初期的切变角和切变特征，可认为 fcc-fct 马氏体相变具有切变的特征；而后期的浮凸特征则主要体现了马氏体长大过程也是一个切变过程，即相界面的迁移包括马氏体/母相界面及马氏体孪晶界面的迁移均是一个切变的过程。这一切变特征可以从马氏体相变的形变梯度矩阵中得到证实。fcc-fct 马氏体相变形变梯度矩阵包含 Bain 畸变，也包含切变旋转等特征。形变梯度矩阵和位移的关系为

$$\boldsymbol{F}=\begin{bmatrix}1+\dfrac{\partial u}{\partial x} & \dfrac{\partial u}{\partial y} & \dfrac{\partial u}{\partial z}\\ \dfrac{\partial v}{\partial x} & 1+\dfrac{\partial v}{\partial y} & \dfrac{\partial v}{\partial z}\\ \dfrac{\partial w}{\partial x} & \dfrac{\partial w}{\partial y} & 1+\dfrac{\partial w}{\partial z}\end{bmatrix} \tag{4-2}$$

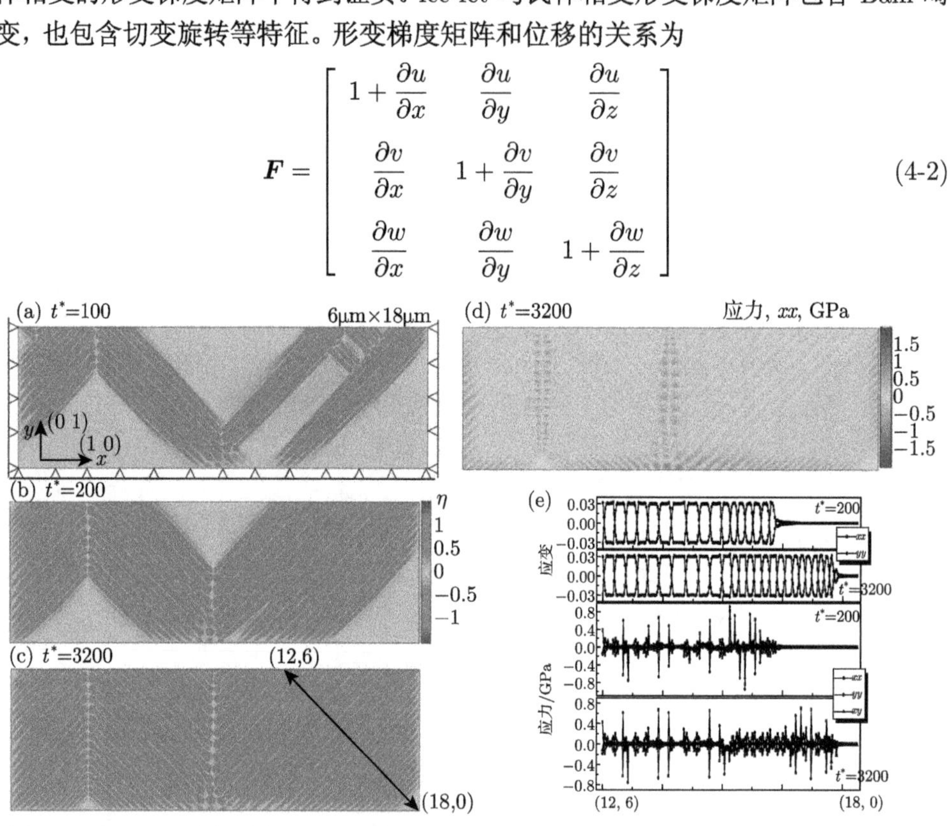

图 4-1　在 432K 下热诱发马氏体相变的组织演化 ((a), (b) 和 (c)), 内应力分布 (d), 沿着 $[1\ \bar{1}]$ 上相变应变和弹性应力的分布 (e)[2]

图 4-2(b) 给出了形变梯度矩阵中 xy 项的分布，由此可看出这一相变的确具有切变特征。而且还发现，当相变应变为 $[-0.03, 0; 0, 0.03]$ 时，形变梯度为 [0.97, 0.03; −0.03, 1.03] 或者 [0.97, −0.03; 0.03, 1.03]，因此若以形变梯度作为变体的变形特征来区分不同变体，二维体系可包含 4 种变体，这 4 种变体对应的形状改变如图 4-2(c) 所示。从图 4-2(c) 中可看出，在这种分类原则下 4 种变体不同于 Bain 变体，它更能从本质上体现出不同变体间经过旋转操作后具有明显的切变特征。在模拟过程中所考虑的马氏体相变晶体学表象理论中将马氏体相变的形状改变分为 Bain

应变和晶体旋转两部分；根据晶格点阵常数直接得到 Bain 畸变矩阵，而晶体旋转部分则是在求解力学平衡方程后得到，模拟的孪晶面上变体存在错配，这与前面的孪晶界面上存在应力波动是一致的，可能与相变位错或界面位错有密切关系。

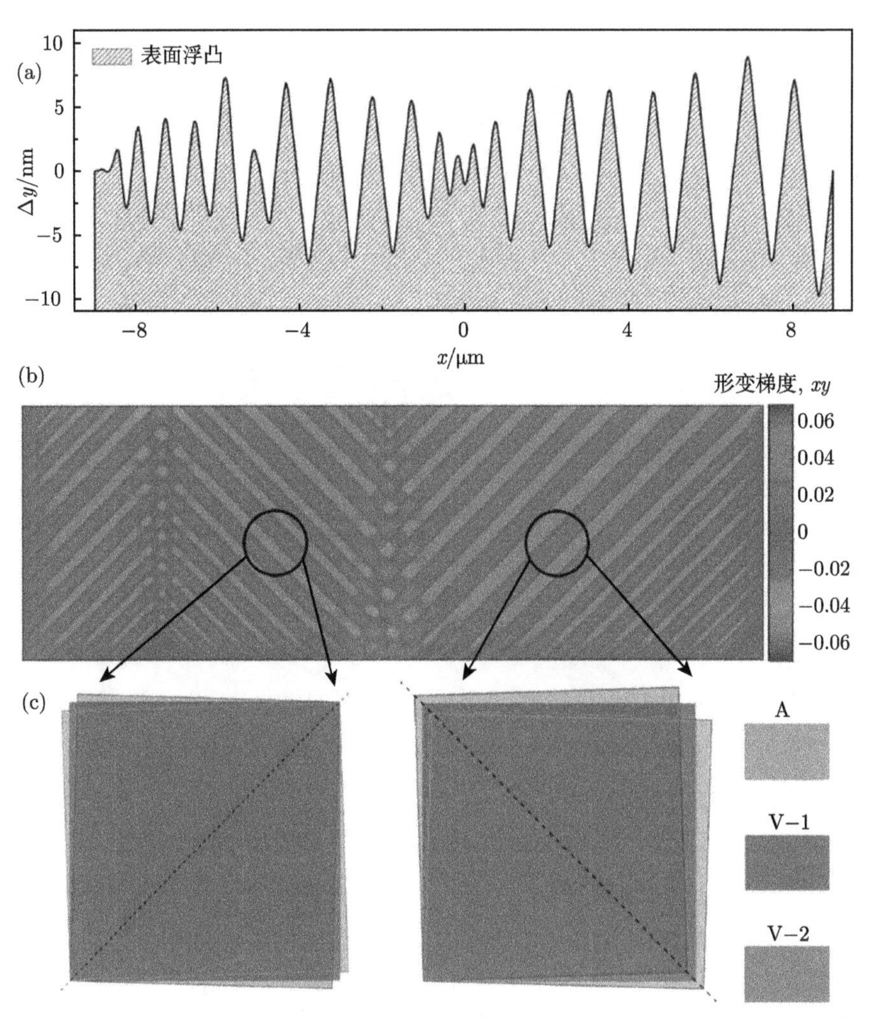

图 4-2 上边界的表面浮凸 (a)，形变梯度张量 xy 项的分布 (b)，马氏体变体的形状变化的示意图 (c) [2]

4.1.2 应力诱发结构相变

当温度降到平衡温度以下，马氏体相的化学自由能就比母相的自由能要低，从热力学上看马氏体组织要比母相稳定，在这个温度区间施加应力作用，不能体现出应力诱发相变的特征，只是应力协助诱发马氏体相变。因此，要真正研究应力诱发的马氏体相变，必须是在平衡温度以上施加应力，这个时候发生的相变才是应力诱发的马氏体相变。基于以上考虑，下面数值模拟的温度环境是 484K，采用位移控制的单轴拉伸循环，所得到的应力应变曲线和组织演化如图 4-3 所示。有研究表明，在利用相场模拟位错形核过程可采用等效应力/应变场；借鉴这种思想，考虑到在应力施加过程中会产生位错，而相场模型中又没有考虑位错等缺陷的作用，所以在模拟形核过程中在体系内部添加了随机分布的本征应变场。从图 4-3 中看出：当施加的应变量达到 0.7% 时，模拟体系中观察到一条带状马氏体变体 V2，其惯习面为 (1 1) 面，这一点与热诱发相变相同，但只有变体 V2 没有变体 V1，这又与热诱发相变明显不同，这是因为外应变作用下另外一个变体的形核和长大被抑制了。随着施加应变的累积增加，马氏体变体体积逐渐增加并向母相扩展，最终母相全部转变为类似于单晶的马氏体变体 (V2)。

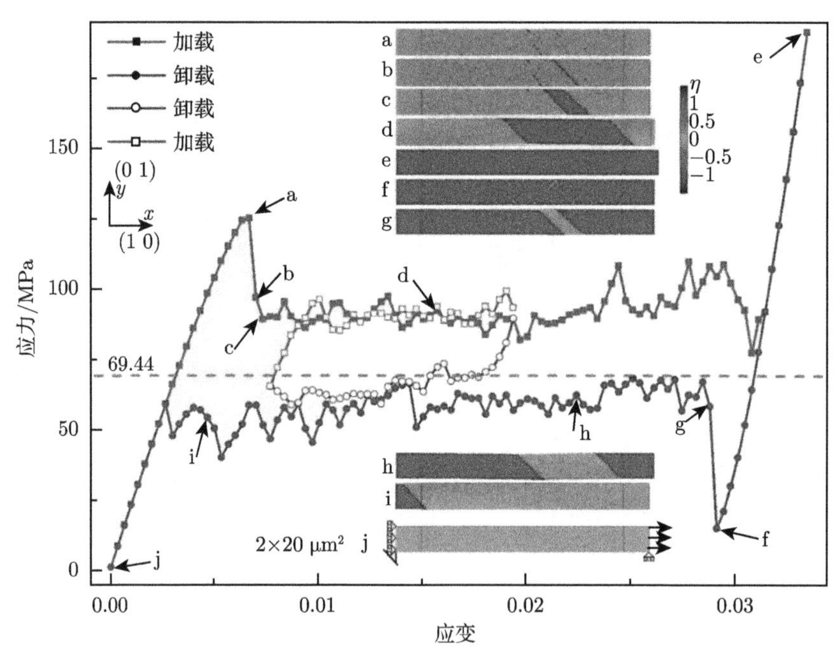

图 4-3 在 484K 下位移控制的加载和卸载过程中的应力应变曲线，及相应的组织演化 (名义应变速率为 1.3×10^{-6}/s)。在 1.9% 至 0.8% 应变之间的卸载和随后的加载得到的应力应变曲线用空心符号表示 [2]

在卸载过程中，则是通过母相组织的形核和长大来逐步进行马氏体逆相变。微观组织的转变过程与体系的应力-应变曲线的变化是一一对应的：在加载过程中，存在明显的由于结构相变导致的相变塑性及应变软化现象——拉应力降低至应力平台，这其中较小的应力波动则与马氏体的长大过程相对应；当全部转变为马氏体单晶后继续施加应变，则是马氏体的弹性变形阶段，即在应力平台之后是一条线性增加的曲线。在卸载过程中，当拉应力降低至约 20MPa 时母相开始形核，卸载对应的平台应力 (约 69MPa) 高于形核应力，但明显低于加载时的平台应力 (约 90MPa)。同时还模拟了一个小区间 ([0.8%, 1.9%]) 的应变循环，如图 4-3 中间的小图所示 (应力–应变曲线用空心符号表示)；从图中可看出小循环的上下平台应力与大循环的上下平台应力基本相同，在模拟体系内部没有观察到回复和屈服等力学行为。

宏观塑性变形的方式除了拉伸/压缩之外，还有弯曲变形；对于形状记忆合金，弯曲变形也会导致体系内部的微观组织发生变化。用作驱动器的形状记忆合金弹簧则是发生了周期性的弯曲变形，为了简化模型构造的难度，下面的模拟采用对条状试样施加弯曲变形，侧重研究其弯曲伪弹性/超弹性，并与拉伸变形的情况进行比较。图 4-4 是弯曲变形下试样的载荷–位移曲线及其内部的微观组织形态的演化过程。模拟时可不用添加随机分布的序参量和本征应变就可以发生应力诱发的马氏体相变。在图 4-4 中还给出了线弹性阶段试样条的内应力分布：试样条右边处于拉应力状态，左边处于压应力状态；这种内应力分布在试样条右边和左边分别形成了三角状的变体 V2 和变体 V1；随着弯曲变形的增加，在试样条左右两边有更多的三角状马氏体变体形成，这里可能存在一个厚度效应，即厚度方向上马氏体变体不会随着弯曲变形的增加而长大，而且厚度方向的中间区域存在薄片状的母相区域，这个区域是应力从拉应力向压应力的转变过渡区，其特殊的应力转变特征最终阻碍了两侧马氏体的长大。进一步弯曲，试样条其他区域继续发生马氏体相变，并形成条状的马氏体孪晶，明显不同于中间部位的三角状马氏体形态。由此可见弯曲变形试样内部的微观组织演化及内应力分布要比拉伸试样复杂很多。在卸载过程中伴随着马氏体逆相变，弯曲试样逐渐回复到初始的平直形状，具有较好的超弹性。

从图 4-4 中应力–应变曲线特征可以看出，弯曲变形初期没有发生马氏体相变，试样呈现线弹性行为。发生三角形马氏体相变之后，随着试样中马氏体数量的增加呈现锯齿状力学行为，类似于孪晶塑性变形的方式，尽管在试样左右两侧分别形成的三角形马氏体没有构成孪晶，但这种特殊的形态却与孪晶塑性变形相似；同时外加应力没有明显的升高，类似于单轴拉伸时的应力平台曲线。进一步增加弯曲变形后会形成孪晶马氏体，对应的曲线斜率已经大于线弹性阶段的斜率，但没有出现锯齿状力学特征，这表明马氏体孪晶变形与母相孪晶变形是不同的。比较图 4-3 和图 4-4 发现，在加载和卸载之间两种试样条均存在应力滞后现象，但滞后特征并不相同；不同的超弹性变形方式会导致试样条内部微观组织和力学行为有明显的差异，其中内应力分布不同是导致内部马氏体组织形态差异的根本原因。

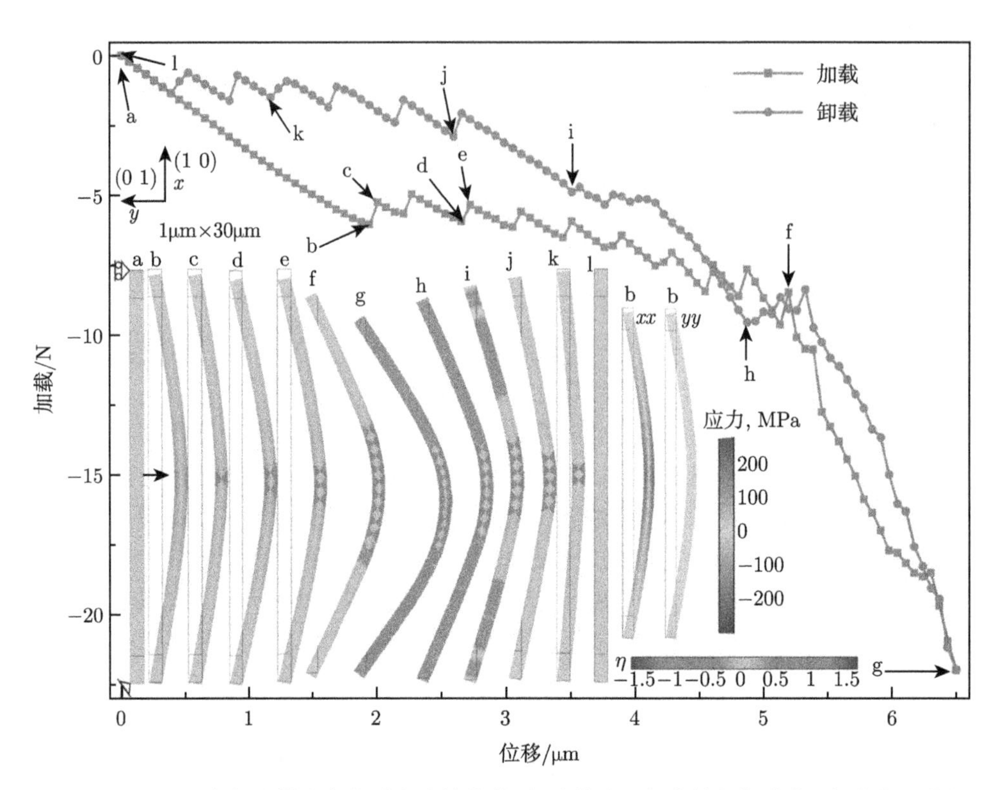

图 4-4 484K 下条状试样在弯曲过程中的载荷–位移曲线和相应的组织演化 (加载位置的位移速率为 3.25×10^{-10}m/s)，以及微观组织对应的应力分布结果 [2]

4.1.3 单晶力学行为

超弹性、形状记忆效应等都属于材料的力学行为。形状记忆效应作为一种非常重要的功能特性，包括单程、双程形状记忆效应和磁控形状记忆效应。最基本的单程形状记忆效应主要通过应力诱发马氏体相变使材料发生宏观变形，然后升温，借助其逆马氏体相变回复到原始形状；回复过程有自由回复和约束回复，下面可以分别对这两种情形进行数值模拟并加以对比。

图 4-5 是无约束条件下条状试样在弯曲变形过程中形状记忆效应及相关微观组织、内应力变化的模拟结果。在模拟中弯曲变形是通过一个半圆形物体从中间位置顶住条状试样向上运动来实现的，为了模拟方便将其弹性常数设置成与试样的弹性常数一致，但与条状试样接触过程中其内部微观组织没有任何变化。其他模拟参数及模拟条件与前面的模拟相同，不预先设置热噪声或随机变量来形成马氏体核胚。在弯曲变形初期先在试样中间位置形成一个三角形的马氏体变体 V2，如图 4-5(a) 所示；进一步弯曲后，该马氏体借助马氏体/母相界面迅速向试样两端

生长，并在两端形成其他三角形马氏体变体，如图 4-5(b) 所示；继续弯曲会导致试样内部应力增加，这种不断增加的内应力直接诱发了马氏体的变体重排, 如图 4-5(c)~(e) 所示；从试样的内应力分布看，在试样上端是拉应力，在底部是压应力 (图 4-5(k)~(l))，这种应力特征是内部组织演化的直接原因。变形后就可以卸载了，卸载过程中试样内部的弹性变形要释放，所以试样的宏观变形会有少许变化，但里面的微观组织基本保持不变。从以上分析可看出，试样卸载后保留的弯曲塑性变形主要是通过马氏体相变及变体重排来完成的，而不是借助于常规的塑性变形 (如位错滑移、母相孪晶变形等)，可称之为伪塑性行为。要恢复到试样变形前的平直状态，需要将试样加热到一定温度 (一般要大于马氏体逆相变结束温度，A_{f})，让材料内部的马氏体组织转变为母相组织 (图 4-5(g)~(j))：从 432K 升温到 469K 时，内部组织没有变化；继续升温到 471K 后，大部分马氏体组织转变为母相组织，仍存在少许马氏体组织没有转变完全；最后升温到 484K 时，试样中的马氏体全部转化为母相组织；在升温过程中可清晰看到试样的弯曲变形在逐步减小，最终达到平直状态，完成了一个周期内的形状记忆效应模拟。上面提到的伪塑性与前面条状试样纵向拉伸时的伪弹性不同，这可以从图 4-6 中试样的弹性应变能密度–弯曲位移变化曲线看出：在伪塑性变形阶段的弹性密度随弯曲程度增加而升高，最终可达到 2×10^{-13}，半圆形物体的弹性密度变化曲线和试样类似，最终达到 1×10^{-17}；超弹性变形时三角形马氏体形成阶段试样的弹性密度升高比较缓慢，随后快速升高，最终达 2.4×10^{-12}，在加卸载过程中存在明显的滞后现象；超弹性弯曲变形时材料中存在母相组织，伴随着储存高弹性密度。数值模拟显示不同温度下试样发生相同的弯曲变形时所得到的马氏体组织形态会有差异，这个差异对应着不同温度下应力–应变曲线 (包括实验及数值模拟得到的曲线) 的差异。

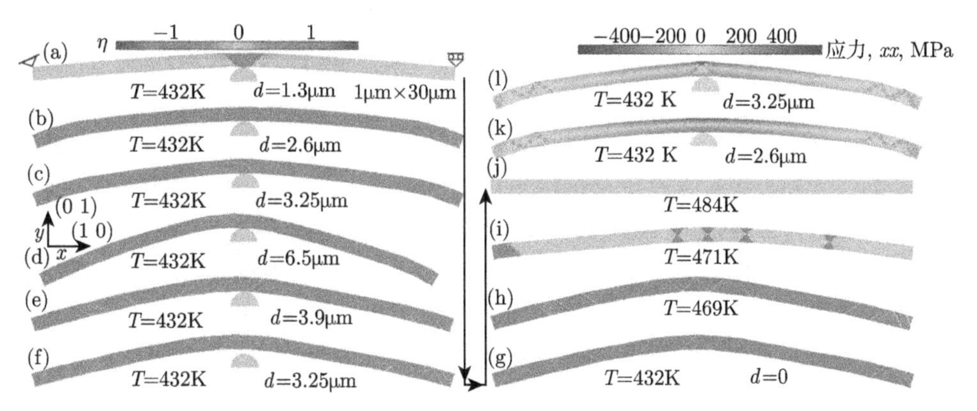

图 4-5 在模拟条状试样的形状记忆效应过程中的组织演化和形状改变 (a~j)。(k) 和 (l) 分别对应 (b) 和 (c) 的应力分布。加载：(b), (c), (d), (l), (k)；卸载：(e), (f), (g)。d 是半圆形物体在 y 方向的位移 [2]

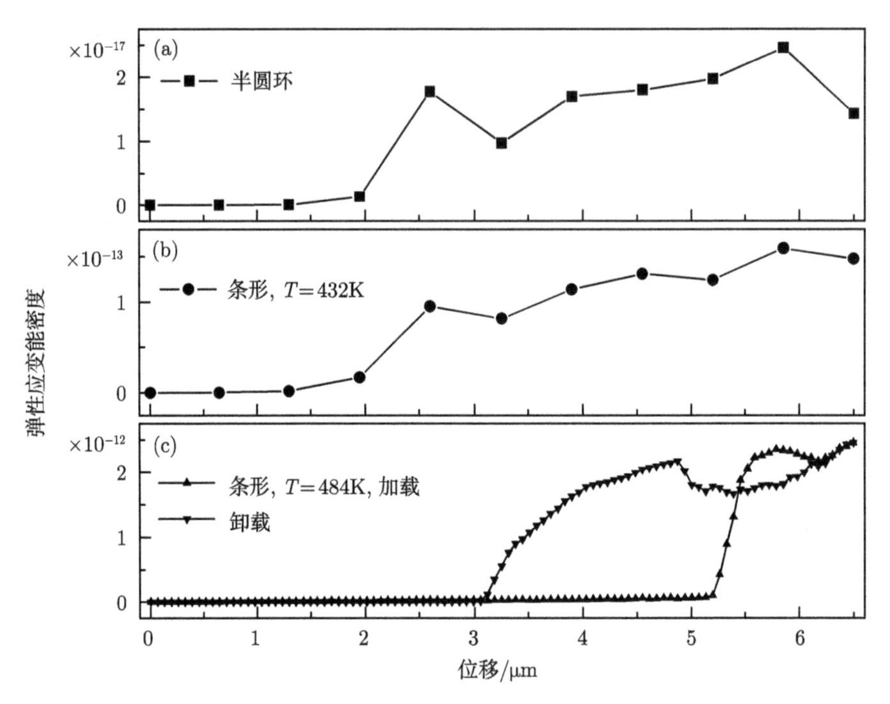

图 4-6　对应于图 4-5 在加载过程中半圆形物体 (a) 和条状试样 (b) 内弹性密度随半圆形物体的位移的变化曲线，(c) 对应于图 4-4 的形变过程中的弹性密度随位移的变化曲线 [2]

作为对比，形状记忆合金管接头在使用过程中体现了约束回复的相关特性，包括微观组织及形状的变化过程，相关模拟结果如图 4-7 所示。在有限元数值模拟中首先要构造这个管接头的结构体系：管结构由两个环紧密套接在一起构成，外环代表形状记忆合金管接头，内环代表管道；假定内环具有与外环相同的弹性常数，内环始终没有微观组织的变化；外环在降温时发生热诱发马氏体相变，二维模拟条件下外环内部马氏体孪晶面为 (1 1) 面。相场–有限元耦合模拟时通过改变膨胀量 (D) 来实现内环半径大小及内部微观组织的调控：增大内环的 D 值，可导致外环发生挤压变形，外环在这个接触压力作用下内部会出现马氏体变体重排，如图 4-7(b) 所示；当 D 增大至 0.04 时，外环的左右两边形成变体 V1(沿 y 方向伸长)，上下两边形成变体 V2(沿 x 方向伸长)，这种变体分布形态特征实现了外环半径的宏观增大；当在同一温度减小 D 时，外环的内部马氏体组织相对稳定。这种设计下的数值模拟会导致内外环之间存在明显的间隙，此刻的管接头会松开；为了让管接头更牢固，需要借助其形状记忆效应特性：保持内环直径不变，将体系温度升高到马氏体逆相变温度以上，让外环发生马氏体逆相变从而缩小外环的内径，这样可让内外环紧密套在一起。具体模拟过程中保持内环 D 不变 ($= 0.016$)，将体系温度升高到 469K 时外环内部未发生逆相变；当升温到 471K 时大部分马氏体转变为母相组织；继续升温到 484K，仍存在一定量的分马氏体，但此时内外环已紧密套在一起了，实现了管接头的紧密连接功能；升温过程中的微观组织演化及宏观变形如图 4-7(e)~(g) 所示。

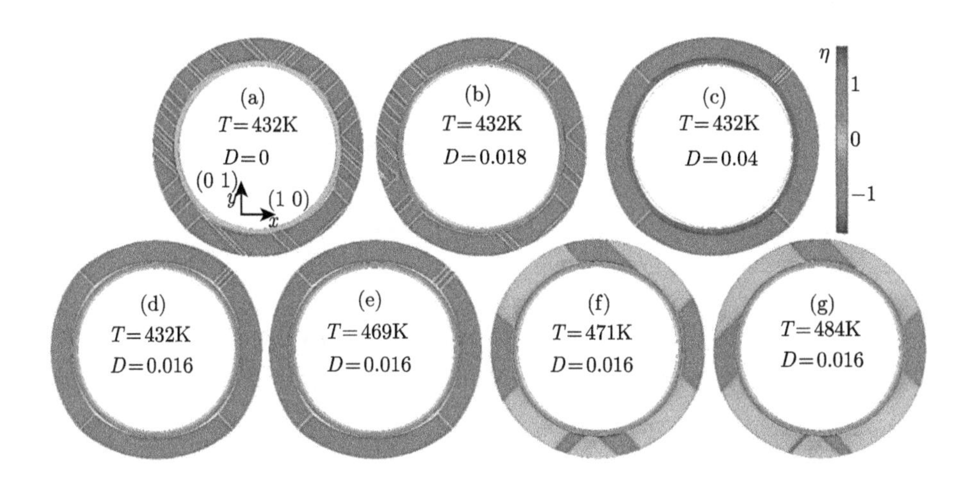

图 4-7 形状记忆合金管接头在模拟应用流程时的组织演化。初始时，内环和外环的内外半径分别为 7.5μm, 7.99μm, 8μm 和 10μm。D 是内环的膨胀系数，用来控制内环的形状改变 [2]

相比无约束下的热诱发结构相变，约束条件下相变特征温度会发生改变，因为约束应力会提供正相变驱动力或阻碍逆相变的进行。将图 4-7(g) 与图 4-5(j) 相比发现：约束回复条件下马氏体逆相变结束温度明显高于自由回复条件下的逆相变结束温度，因为外环在逆相变过程中直径要减小，这样就会遇到内环的阻碍作用，从而在接触面产生挤压力，这个力对外环内部微观组织的影响就是阻止马氏体逆相变进行完全。这里可以重点分析一下图 4-7 升温过程中内环弹性密度与温度的变化关系以及升温结束后外环的内应力分布，如图 4-8 所示。从图 4-8 中的应力分布看，外环受到拉伸应力高于 200MPa，而且 x 和 y 方向的拉伸应力会分别阻碍变体 V2 和变体 V1 的逆相变。从图 4-8 中的能量密度曲线可看出：在 470K 以下由于没有发生逆相变所以内环的弹性应变能密度保持不变；升温到 471K 时，逆相变开始进行，外环要产生变形，内环的弹性应变能密度升高到 8×10^{-14}；继续升温内环的弹性密度随温度升高而增大，到 484K 时达到 2×10^{-13}。从以上分析可看出，内外环之间的挤压应力来自外环中的马氏体逆相变，反过来这个应力又会对马氏体逆相变产生抑制作用，所以这是一个相互影响的过程，且与温度有直接关系。大多数形状记忆合金管接头的实际应用效果随着时间的推移及环境温度的变化会存在应力松弛的现象，这与其内部的微观组织及内应力变化密切相关。

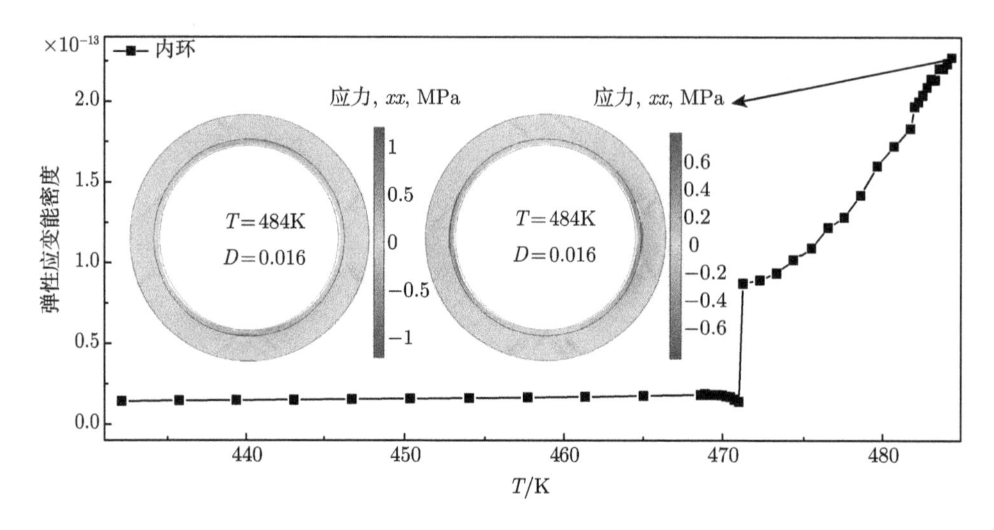

图 4-8　对应于图 4-7 的加热阶段，内环的弹性密度随温度变化的曲线，以及在 484K 时内外环的应力分布 [2]

形状记忆合金在受约束情况下随温度变化会产生宏观应变，并对外做功，同时产生较大的回复应力，利用这一特性可将其用作微型机器人中的驱动器：通电时温度升高，断电时温度降低，通过这种方式实现器件的升降温，进而控制机器人四肢的运动；相变热滞越小，相变应变响应也越快，结果是机器人运动速度增加；相变的回复应力越大，微型机器人的负载就越大。图 4-9 给出了恒定载荷下条状试样的宏观应变及内部微观组织形态随温度升降过程的变化情况。模拟材料形核时随机加入了本征应变场。从图 4-9 中可看出：升降温过程中，伴随着正逆相变的发生会出现宏观应变突变；马氏体相变开始温度在 445K 附近 ($<$ 两相平衡温度 465K)，这个过冷度能够保证正相变具有足够的临界化学驱动力来克服相变形核能垒；逆相变开始温度高于两相平衡温度，逆相变结束温度随外加应力增大而升高，导致逆相变的温度区间大于正相变；逆相变结束之后试样形状能够回复到初始形状，体现出形状记忆效应。

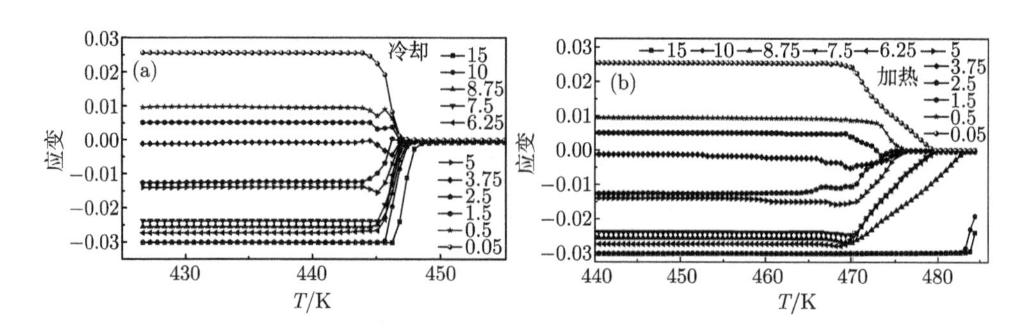

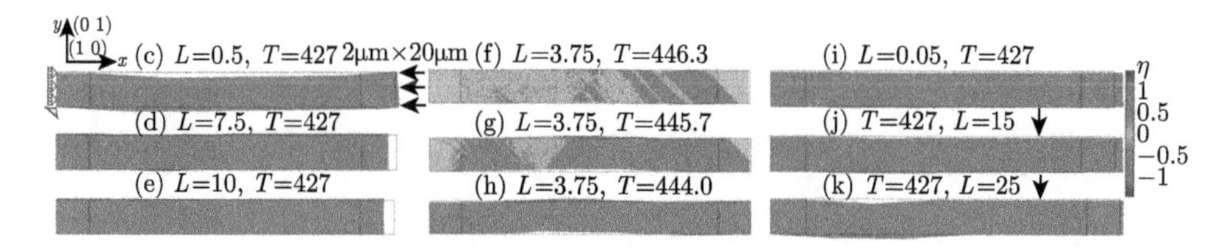

图 4-9 不同恒定外加压应力下，冷却 (a) 和升温 (b) 过程中的 x 方向应变–温度曲线 (484K→427K→484K，变温速率为 2.85×10^{-3}K/s)；不同载荷下在 427K 时的微观组织 (c~e)。3.75MPa 压应力时不同温度时的组织 (f~h)；0.05MPa 外加载荷下降温后的组织，及其模拟外加载荷下的变体重排的组织 (i~k)[2]

结合图 4-9 可看出：较小的载荷已能促使变体 V2 快速形核并快速长大，最终大部分母相组织转变成变体 V2；尽管晶体学上 V1 和 V2 等价，热力学能量上 V1 和 V2 完全相同，但一定方向上的载荷对两种变体的影响并不完全相同；单变体大块马氏体组织在自由边界条件下将宏观应变都自由输出了，材料体系在失去外界强烈约束后相变过程中就不会形成多变体自协调组织，即无需通过变体应变自协调方式来降低相变过程中可能产生的局部应力集中。当压应力为 3.75MPa 时，从能量学 (包括化学自由能和应变能等) 角度看变体 V1 比变体 V2 更加稳定，但由于外应力还不够大，依旧会存在少量的变体 V2，这与实验结果相符合。当压应力达到 10MPa 时，降温过程中得到了单变体 V1，宏观应变达到 −0.03。由此可看到只有当外界约束应力足够大 (> 临界压应力) 时才能在体系中得到单变体马氏体组织，这里的临界压应力可能还与温度、热加工工艺有关。

对于临界压应力与热加工工艺的关系， 可以从以下模拟中得到验证。 将 0.05MPa 压应力下模拟得到的平衡微观组织作为初始态，保持 427K 温度不变并增大外界压应力，体系内部将发生变体重排 (V2→V1)：当压应力为 15MPa 时，只有很少一部分变体 V2 转变为变体 V1；当压应力达到 25MPa 时，变体 V1 借助孪晶界面迁移而长大成条状单变体，变体 V2 已消失。由此可见：利用外界约束获得单变体马氏体组织形态，采用变体重排方式所需的临界应力 (> 25MPa) 要高于约束载荷下连续冷却方式所需的临界应力 (< 10MPa)。这一模拟结果与相关实验结果一致，例如 NiTiPd-15Hf 合金在 200MPa 外加应力约束下连续降温可获得约 3% 的宏观应变，但压应力还太小，无法诱导内部马氏体变体的重排。从图 4-9 中还发现，三角形马氏体单变体组织形态会由于其内部及周围特殊的应力分布阻碍变体重排，这与 Ni-Mn-Ga 磁性单晶合金中的实验结果相符。

相比磁致应变 (约 10^{-6}) 和电致应变 (约 10^{-3})，形状记忆合金借助于马氏体相变及变体转换可获得较大的宏观应变 (约 10^{-2}) 输出。外场下马氏体变体间的相互转化机制可从能量学或体系自由能的角度进行分析。变体转换的条件包括温度和应力，所以体系自由能中需要同时考虑这两个因素。基于 Landau 自由能模型，可得到与温度和应力关联的体系自由能与序参量之间的相互关系曲线，如图 4-10 所示。温度和应力这两个物理场的内在含义：温度场决定了母相组织和马氏体组织之间的相对稳定性；应力场有利于马氏体组织的形成，能调节 V1 和 V2 之间的相对稳定性，对马氏体变体间的转化调控具有决定性作用。图 4-10(a) 是温度为 484K 时不同应力状态下体系自由能的变化曲线。所采用的 484K 这一温度要高于马氏体相变温度，同时也高于马氏体与母相的平衡温度，因此要使体系发生马氏体相变必须施加应力的作用。从图 4-10 中可看出，当外应力场为 0 时母相组织比马氏体组织要稳定，根据自由能曲线最小值对应顺序可确定各相组织的稳定性顺序为：母相组织 > 变体 V2> 变体 V1，应力场下变体 V1 要转化为变体 V2 或由母相组织直接形成变体 V2；当沿 x 方向对体系施加 90MPa 拉应力后，各相组织的稳定性顺序则变为：变体 V2> 母相组织 > 变体 V1，应力场下变体 V1 也要转化为变体 V2 或由母相组织直接形成变体 V2。从图中还发现，由于马氏体变体与母相之间存在明显的能垒，所以多物理场 (温度场 + 应力场) 下马氏体相变属于一级相变形式发生，不属于类二级连续相变。在应力卸载阶段随着体系 Landau 自由能中附加应变能的降低，母相逐渐成为稳定相，体系将发生马氏体逆相变，并借助界面两侧能量差异推动界面运动完成马氏体组织向母相组织的转化。当温度降低到 432K (< 马氏体相变开始温度) 时，马氏体是稳定相，无论是否有外加应力场，体系均将发生热诱发马氏体相变，如图 4-10(b) 所示。从图中可看出，在 x 方向施加 50MPa 的压应力时，各相稳定性顺序为：变体 V1> 变体 V2> 母相组织，所以外加应力会导致变体 V2 转换到变体 V1；当温度升高 471K(> 两相平衡温度) 时，母相将成为稳定相，体系将发生马氏体逆相变；当加热温度到 484K 并施加 70MPa 的压应力时，各相稳定性顺序为：母相组织 > 变体 V1> 变体 V2，所以此刻即便温度很高，但在

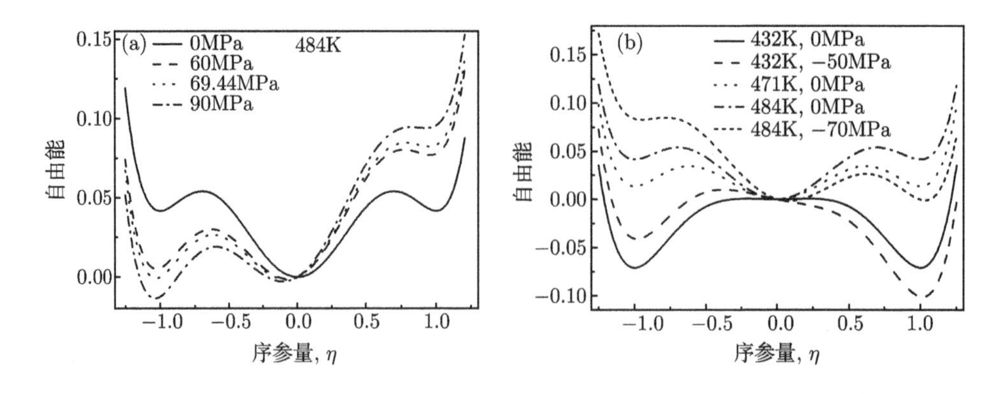

图 4-10 超弹性 (a) 和形状记忆 (b) 过程中不同温度和外加应力下的自由能–序参量曲线。外加应力沿 [1 0] 晶体取向 [2]

外应力约束下依旧没有发生马氏体逆相变。因此，形状记忆合金的热机械行为 (如超弹性、形状记忆效应等) 是在温度和应力共同作用下通过改变不同相组织结构的自由能大小来调控微观组织的稳定性顺序，并最终通过多物理场下不同结构之间的相互转变来实现的。

4.2 多晶中的微观组织演化

4.2.1 多晶模型

前面的数值模拟主要是在单晶中进行，单晶模型也相对简单，而多晶模型需要考虑晶粒分布和晶粒取向，另外晶界对每个晶粒也是一个约束作用。数值模拟中构造多晶通常采用 Voronoi 方法 [4]：在材料模型盒子内随机放置一定数目的晶粒种子，任一空间点所属晶粒为相距最近种子代表的那个晶粒，最后形成的晶粒形状为多面体；随机选取并标定各晶粒的晶体取向。各晶粒中的相变应变在统一坐标系下随晶粒取向而变化，并满足如下关系：

$$\varepsilon_{ij}^{00}(p) = Q_{im}(p) Q_{jn}(p) \varepsilon_{ij}^{00}(0) \tag{4-3}$$

其中 $Q_{im}(p)$、$Q_{jn}(p)$ 是晶粒旋转矩阵，$\varepsilon_{ij}^{00}(0)$ 是取向角为 0 时对应的相变应变矩阵。除了相变应变之外，各晶粒中的序参量也与晶粒取向有关，检索文献发现有以下几种处理方式：(a) 模型 I[4] 中对各晶粒采用相同的序参量，多晶与单晶的差异主要是不同取向晶粒中的相变应变不同，此方法的优点是简单高效，其缺点是模拟中发现马氏体能穿过晶界，这与实验观察不符合，主要原因是忽略了晶界的作用，属于模型不够精细完善导致的。(b) 模型 II[5] 中将每个不同取向的晶粒中的序参量进行了区分，整个体系的序参量随晶粒数目线性增加，这种考虑比模型 I 要精确，得到的微观组织与实验非常吻合，不足是计算量随晶粒数增加而明显增加。(c) 模型 III[6] 中考虑晶界的影响，在体系自由能中添加晶界能项 (与序参量二次方成正比)，当相变经过晶界时此项能量会升高，从而达到抑制晶界相变的目的，这种假设具有一定的科学性，从模拟结果可以发现晶界上的确没有马氏体穿过，但仍然可以看到相邻晶粒中的马氏体属于同一片马氏体，只不过是被晶界给隔断了。

参考以上模型，下面的数值模拟将采用一个相对简单的方法：将晶粒取向角从 0° 到 45° 划分为 10 类，晶粒数不限制，对相同取向的晶粒用相同的序参量来进行描述，因此这种多晶模型最后只有 10 个序参量；该方法的最大优点就是总体序参量数不随模拟体系晶粒数增加而增多，本质上与模型 II 完全相同；晶粒取向角变化范围要考虑到不同晶粒中相变应变矩阵的对称性变换的最小范围。按照这种简单方法构建的多晶模型如图 4-11 所示。利用此多晶模型，以下分别研究了多晶体系中的热诱发/应力诱发结构相变及多晶力学行为。

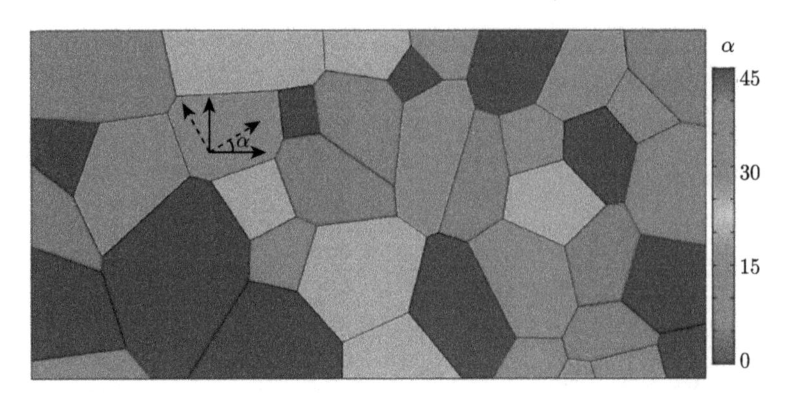

图 4-11　多晶模型 (200μm×100μm) 中晶体取向的分布情况

4.2.2　热诱发结构相变

首先模拟研究多晶合金中的热诱发马氏体相变。有限元数值模拟中采用如下假设：(1) 对二维长方形模型四周采用完全约束边界条件；(2) 采用随机分布的序参量作为初始条件以便于触发马氏体形核；(3) 在形核阶段不考虑相变塑性变形。图 4-12 给出了多晶体系在 450K 时热诱发马氏体相变的微观组织演化及应力、应变分布的模拟结果。从图中可看出：在不同晶粒内部的马氏体形核及长大过程中，两种变体交替在相界面形核并长大；由于马氏体长大过程中母相/马氏体界面端部或孪晶界面端部都存在较大应力，当马氏体长大到晶界附近时，这种动态应力会直接穿过晶界传递到相邻晶粒内部，从而应力诱发马氏体形核和长大，并使得马氏体相变在不同晶粒内部传播，可认为是晶粒间的自促发形核；整个相变过程是先发生热诱发相变、后面会出现应力诱发相变并共同完成多晶中的结构相变；根据前面的假设——统一坐标系下相变应变随晶粒取向角的变化而变化，可观察到各取向晶粒具有不同的惯习面和孪晶面，如图 4-12(a) 和 (b) 所示。实验观察到多晶合金中并非所有晶粒都发生马氏体相变，这与模拟的结果一致：当演化简约时间 t^* 大于 3000 时马氏体相变基本结束，在图 4-12(b) 中存在几个没有发生相变的晶粒，所以马氏体孪晶组织在整个模拟体系中分布并不均匀，这是因为较小的内应力不足以促发马氏体的形核和长大。

马氏体变体的应变自协调可以有效降低体系总体应变能，并出现马氏体孪晶自协调组织，同时会降低材料体系的宏观形变，但这并不意味着自协调效应不会导致模拟体系内部产生内应力。从图 4-12(c) 中可以看出，在发生马氏体相变的晶粒内部存在应力分布不均匀现象，特别是在界面附近及界面端部都存在较大的内应力。对于多晶体系中的塑性变形，理论上当模型中格点应力状态满足屈服条件时就会产生塑性应变，如图 4-12(d) 和 (e) 所示。从图中可看出，热诱发马氏体相变后多晶中大部分相变区域的残余塑性应变较小 ($< 0.8\%$)，而晶界和孪晶带接触区则存在相对较大的塑性应变 ($> 1.5\%$)，这主要还是由于马氏体与母相晶体结构差异导致的相变应力集中和相变塑性变形 (这里不考虑相变位错导致的塑性应变)。需要注意的是以上分析的主要是局域相变塑性变形，而体系总体上并不表现出宏观塑性变形，因为当 $t^* = 3000$ 时体系宏观塑性应变 $\varepsilon_{\mathrm{pl}}(xx)$ 的平均值小于 2×10^{-5}，非常小。

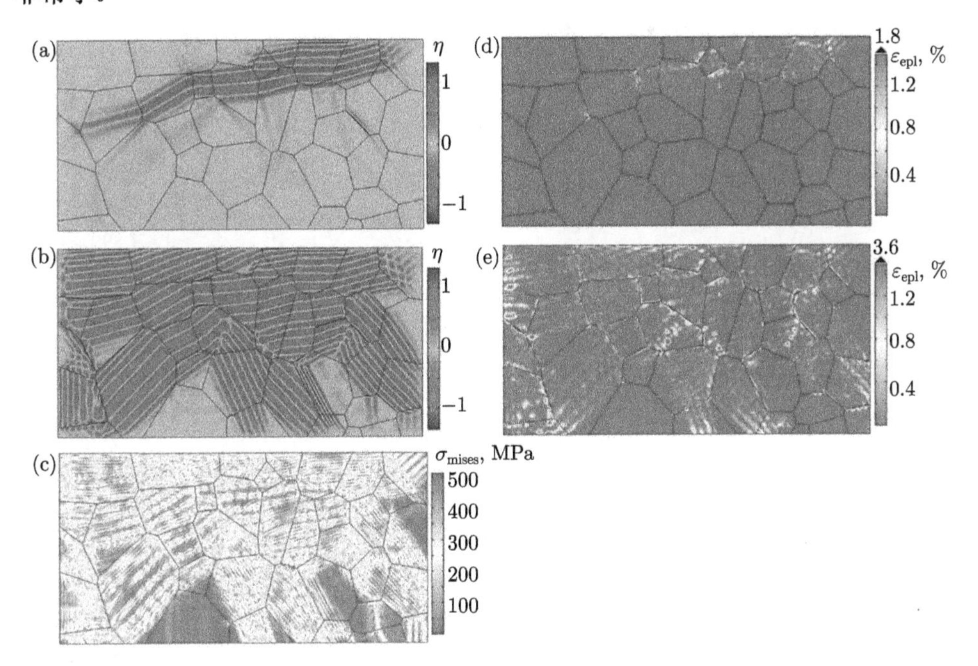

图 4-12 热诱发相变过程中，$t^* = 500$ (a) 和 3000 (b) 时的组织场，$t^* = 3000$ 时的 Von Mises 应力分布 (c)，$t^* = 500$ (d) 和 3000 (e) 时有效塑性应变的分布 [7]

4.2.3 应力诱发结构相变

在母相和马氏体相平衡温度以下施加应力后发生的结构相变属于应力协助的热诱发相变，在平衡温度以上施加应力后发生的相变才是真正的应力诱发结构相变。基于此，在温度为 484K(> 两相平衡温度) 时通过位移控制实现应力诱发马氏体相变，相关模拟结果如图 4-13 所示。多晶体系的超弹性应变可通过计算统一坐标系下不同取向晶粒的相变应变矩阵得到，超弹性应变越大，应力诱发相变的临界应力越小。初步模拟结果显示，随着晶粒取向从 0° 到 45°，通过单轴拉伸获得的多晶超弹性应变从 0.03 变到 0，因此在加载过程中取向角小的晶粒先发生应力诱发结构相变，而在取向角大于 40° 的晶粒中几乎不发生应力诱发结构相变。基于 DIC 技术的实验结果 [8] 表明：宏观超弹性行为主要来自微观马氏体变形带的形成和扩展，而且此微观马氏体变形带可以扩展并穿过晶界进入到另外一个晶粒中，这一穿越过程会导致变形带内部呈现非均匀的应变分布，测量发现晶粒内部应变变化范围 (1%~20%)，这与数值模拟反映的规律一致。

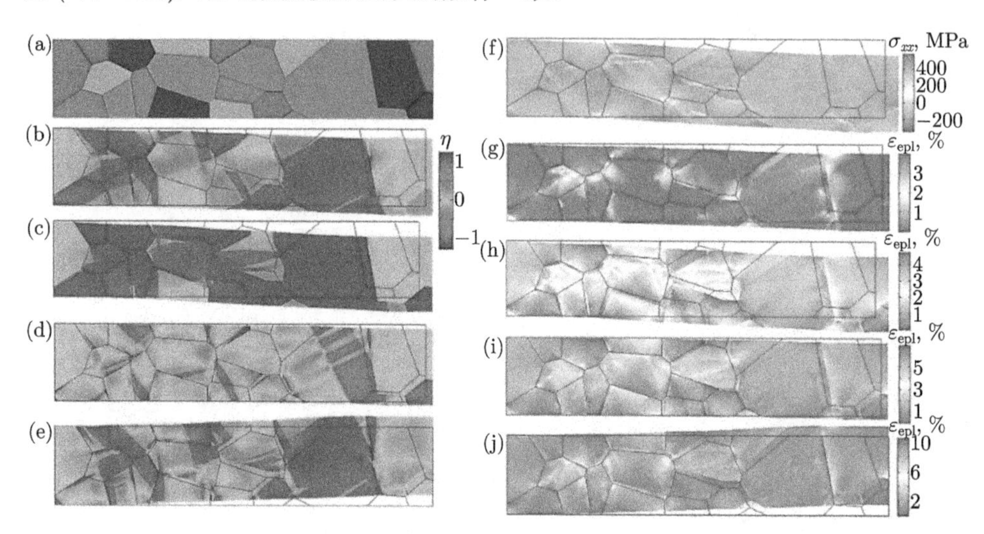

图 4-13　多晶模型 (100μm×20μm) 中晶粒取向角的分布 (a)，位移控制加载 (b, c) 和卸载 (d, e) 过程中的组织演化；对应 (c) 中组织的 σ_{xx} 应力分布 (f)，对应 (b)~(e) 微观组织的塑性应变分布 (g~j)[7]

从图 4-13 中可看出多晶中的塑性应变会伴随着马氏体相变的进行而产生，首先出现在晶界和相界面附近，这符合透射电镜的观察结果 [9]，同时与 4.2.2 节中热诱发马氏体相变的模拟结果类似。模拟结果显示，当位移变化到最大时，多晶体系中大部分区域的应力状态已超过初始屈服应力，这些区域均将产生塑性应变。在对卸载过程中多晶体系的模拟中发现，一些地方的塑性应变会降低，还有一些地方积累的塑性应变反而会明显增加，这主要是因为卸载过程中发生的逆相变又会导致局部区域出现新的应力集中，从而产生新的局部塑性应变，如图 4-13 右边的塑性应变分布图所示。

4.2.4　多晶力学行为

图 4-14 是多晶体系在 450K 时通过位移控制变形模拟得到的变体重排及塑性应变分布图。模拟中长方形模型左端为固定边界，上下表面设置为自由边界。模拟结果显示，在加载过程中形成了较大的单变体马氏体，而不是以孪晶马氏体的形式在多晶中传递。相应地，在晶界附近出现了塑性应变，并随着位移量增大会发生马氏体变体重排，而且晶界附近的塑性应变也会升高并穿过晶界扩展到邻近的晶粒内部。这些模拟结果与文献 [9] 中的实验观察一致。从图 4-14 中还可看到，在位移

量减小的卸载过程中多晶体系恢复到多变体状态，相应的塑性应变继续增大，这种现象与实验 [10] 观察到的热循环过程中位错密度持续升高类似。

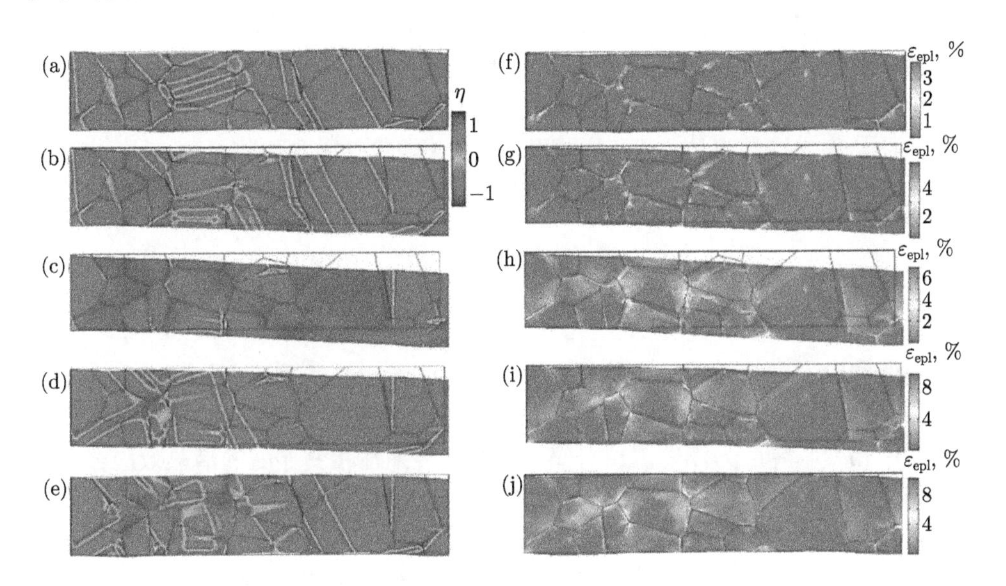

图 4-14 450K 时变形前的微观组织 (a)，位移控制加载 (b, c) 和卸载 (d, e) 过程中的组织演化，和微观组织 (a∼e) 对应的有效塑性应变的分布 (f∼j)[7]

基于以上多晶体系伪弹性 (图 4-13) 和伪塑性 (图 4-14) 模拟，可得到多晶体系在变形过程中相对应的应力–应变曲线和宏观塑性应变–应变曲线，模拟计算结果如图 4-15 所示。从图 4-15 中可看出不同温度下的应力–应变曲线均存在明显的

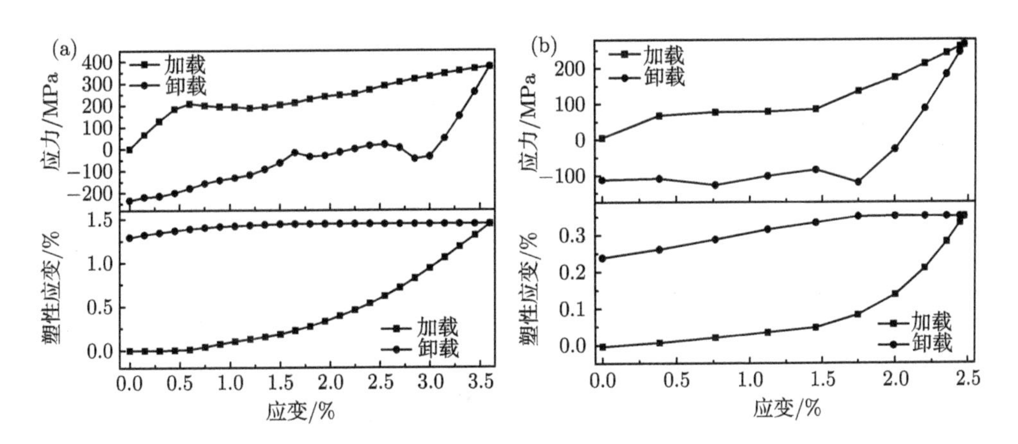

图 4-15 在伪弹性 (a) 和伪塑性 (b) 变形过程中，试样 σ_{xx} 应力平均值和 $\varepsilon_{\text{pl}(xx)}$ 平均值随 ε_{xx} 应变的变化曲线 [7]

应力滞后现象，其主要原因是在多物理场下马氏体与母相之间、马氏体不同变体之间存在较大的 Landau 自由能能垒 (图 4-10)，加载和卸载过程中内部的微观组织及应力/应变状态并不完全可逆，比如当外加应力低于初始屈服应力时，多晶体系内部已经出现宏观塑性应变，并随外界施加的总应变增加而增大，然而在卸载过程中某些区域的局部塑性应变反而会升高，总体的宏观塑性应变却稍微有所降低，这表明即便是热弹性马氏体，其正逆相变演化过程 (包括微观组织及内应力/应变分布等) 并非完全可逆。

4.3　温度场及应力场下的微观组织演化

温度和应力对热弹性马氏体相变有直接的影响：热诱发马氏体相变中内应力场导致马氏体/母相相界面和马氏体孪晶界面处于热弹性平衡状态；应力诱发马氏体相变中相变临界应力随着温度升高而升高。热弹性相变伴随的潜热效应会直接影响热诱发和应力诱发相变过程，这种效应可用于制造新型的弹热制冷冰箱。当前相场模型大多研究某一温度下热诱发/应力诱发相变及微观组织演化，不涉及体系温度的演化及分布，无法研究这种弹热效应及高于平衡温度时的应力诱发相变。因此需要建立非等温相场模型来研究所有涉及温度梯度的问题。关于另外一个影响因素——应力，基于微弹性理论的马氏体相变相场模型可计算内部应力场的分布，可将外应力场对相变的贡献考虑到马氏体演化方程中。因此基于新的相场模型是能够用来研究温度场和应力场对相变的影响规律。

4.3.1　模型方法

体系的能量变化决定了微观组织演化的方向和路径。对于椭球形马氏体，其形核和长大过程中体系的总能量变化包括化学自由能、弹性应变能和异相界面能 [11]。根据文献 [11] 中的相变能量公式，在马氏体长大增厚过程中，体系的弹性能升高系数等于体系的化学能降低系数的一半时，马氏体/母相界面停止迁移。马氏体相变属于非平衡态相变，正逆相变过程中存在相变热滞现象，这是因为界面迁移时存在界面摩擦和能量耗散；为了考虑这一效应，需要在能量表达式中加入切应力下界面摩擦导致的耗散功。热诱发马氏体相变属于一级相变，应力诱发马氏体相变也是一级相变。Kato 等给出了含应力项的相变自由能表达式 [12]：

$$\Delta G = \Delta H - T\Delta S - \sigma\varepsilon_{\mathrm{t}} \tag{4-4}$$

其中 ΔG、ΔH 和 ΔS 分别是新相与母相之间的 Gibbs 自由能差、焓差和熵差。σ 是应力张量，ε_{t} 是相变应变。根据式 (4-4)，可求得 $\Delta G = 0$ 时应力和温度之间的

平衡方程——Clausius-Clapeyron 方程：

$$\frac{\mathrm{d}\sigma}{\mathrm{d}T}=-\frac{\Delta S}{\varepsilon_{\mathrm{t}}}=-\frac{\Delta H}{T_0\varepsilon_{\mathrm{t}}} \tag{4-5}$$

在非等温相场模型中可利用 Fourier 热传导方程来描述和计算体系温度场的变化和分布：

$$\frac{\partial T}{\partial t}=\frac{\lambda}{\rho c}\left(\frac{\partial^2 T}{\partial x^2}+\frac{\partial^2 T}{\partial y^2}+\frac{\partial^2 T}{\partial z^2}\right)+\frac{\dot{q}}{\rho c} \tag{4-6}$$

其中，T 是温度场，系数 ρ、c 和 λ 分别是密度、比热和热传导系数，$\dot{q}$ 是热源变化率，在这里是相变潜热变化率，可通过以下关系式进行计算：

$$\dot{q}=Q(\dot{\eta}_1+\dot{\eta}_2+\dot{\eta}_3) \tag{4-7}$$

其中 Q 是相变潜热。模拟时采用绝热周期性边界条件，在 Fourier 空间求解式 (4-6)，可得到体系温度场的变化。

下面的模拟将采用完全约束边界条件和应力控制边界条件，对应的均匀应变表达式为

$$\bar{\varepsilon}_{ij}=\begin{cases}\bar{\varepsilon}_{ij}^{\mathrm{appl}} & (\text{应变控制边界条件})\\ S_{ijkl}\sigma_{kl}^{\mathrm{appl}}+\bar{\varepsilon}_{ij}^{0} & (\text{应力控制边界条件})\end{cases} \tag{4-8}$$

其中，$\bar{\varepsilon}_{ij}^{\mathrm{appl}}$ 为施加的应变控制边界条件，$\sigma_{kl}^{\mathrm{appl}}$ 为施加的应力控制边界条件，S_{ijkl} 为材料的柔度常数张量。总应变的表达式为

$$\varepsilon_{ij}=\bar{\varepsilon}_{ij}+\frac{1}{(2\pi)^3}\int_k\frac{1}{2}\left[e_i\Omega_{mj}(\boldsymbol{e})+e_{\mathrm{j}}\Omega_{mi}(\boldsymbol{e})\right]\hat{\sigma}_{mn}^{0}(\boldsymbol{k})\,e_{\mathrm{n}}\exp(\mathrm{i}\boldsymbol{k}\cdot\boldsymbol{r})\,\mathrm{d}k \tag{4-9}$$

模拟中假定表面附近的 3 层网格不发生相变。模型参数采用 Mn-22at%Cu 合金的物理参数，其中与温度无关的参数如表 4-1 所示。化学驱动力以及能垒随温度变化关系取为

$$\Delta G_m=Q(T-T_0)/T_0 \tag{4-10}$$

$$\Delta G^*=\begin{cases}0.3Q/32 & (T\leqslant T_0)\\ \left[0.8+0.06\,(T-T_0)\right]Q/32 & (T>T_0)\end{cases} \tag{4-11}$$

通过在常规相场模型中引入热传导方程，可建立三维马氏体相变的非等温相场模型。下面将利用此模型来研究 Mn-Cu 合金的热弹性马氏体相变及其潜热效应，主要包括热诱发孪晶马氏体的热弹性特征、拉压载荷下应力诱发马氏体相变和伴随着相变过程的潜热效应等。

表 4-1 温度无关的模型参数 [13]

模型参数	符号	数值	单位
两相平衡温度	T_0	245	K
相变潜热	Q	4.84×10^7	J/m^3
晶格应变	ε_3, ε_1	−0.02, 0.01	—
弹性模量	E	0.72×10^{11}	Pa
泊松比	ν	0.16	—
梯度能系数	β	2.5×10^{-9}	J/m
密度	ρ	7500	kg/m^3
比热	c	352	J/(kg·K)
热传导系数	λ	40	J/(m·s·K)
动力学系数	L_0	50	$m^3/(s\cdot J)$
网格尺寸	l_0	32	nm

4.3.2 相变潜热效应

Mn-Cu 合金降温时发生热诱发 fcc-fct 马氏体相变，表面金相、EBSD 和 TEM 实验均直接观察到马氏体孪晶是这类合金基本的微观组织。在下面模拟中采用的假设及条件：为了更直接地研究孪晶马氏体，可设置变体 V1 序参量为 0，从而可以只模拟研究变体 V2 和变体 V3 之间的演化规律；变体 V2 和变体 V3 的序参量被限制在 0 和 1 之间；在模型中间放置一小片孪晶马氏体作为初始条件；采用完全约束边界条件；当温度小于等于 222K 时马氏体核胚才长大，可将 M_S 温度初步确定为 222K；设置模拟的时间步长为 0.01；考虑到相变潜热的释放会导致材料温度升高，而且材料局部温度并不完全相同，因此模拟时采用阶跃式变温，即在每个温度绝热相变 0.336μs 后，将模型的温度整体设置为下一个温度。

基于上述条件与假设，模拟降温和随后升温过程中 Mn 基合金中的相变行为，相关模拟结果如图 4-16 所示。从图中可看出：降温到 222K 时，预置的小块核胚已长大，并由多片 V2 和 V3 变体交替构成 (图 4-16(a))；随着温度降低马氏体继续以这种相互堆垛的方式交替生长；降温到 187K 时母相几乎全部转变为孪晶马氏体 (图 4-16(c))。同时发现：加热过程中升温到 212K ($< M_S$ 温度) 时已开始逆相变，继续升温到 222K 时靠近边界的一部分马氏体已转变为母相组织 (图 4-16(e))；当温度升高到 232K 时，模型内只剩下一小片马氏体孪晶 (图 4-16(f))，其孪晶面为 (0 1 1) 面，而孪晶马氏体的宏观惯习面为 $(\bar{1}\ 1\ 0)$ 面，二者物理含义也并不完全相同，这与微弹性理论预测的弹性应变能最小化对应的孪晶马氏体吻合，同时也与文献 [1] 中的模拟结果一致。对比升、降温一个热循环下的微观组织演化发现，正、逆相变过程中微观组织演化路径并不完全重合：对于降温过程中的正相变，变体片的尺寸和数量同时增加；而逆相变过程中孪晶马氏体主要是沿 $[\bar{1}\ 1\ 0]$ 方向收缩变小，两类变体片总数大致保持恒定，这与原位光镜观察结果一致 [14]。

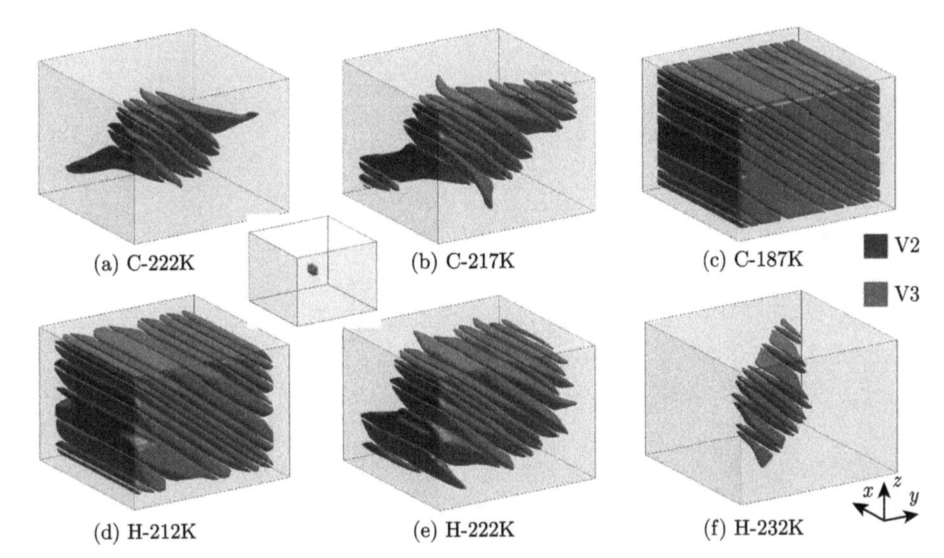

图 4-16 降温相变和随后的升温逆相变过程中各温度对应的微观组织 (a~f)。图中小插图是初始时设置的马氏体核胚 [15]

图 4-17 给出了模拟过程中体系的序参量平均值 $(\bar{\eta}_1+\bar{\eta}_2+\bar{\eta}_3)$ 随时间的变化关系曲线。这一平均值可用来表示三种马氏体变体在体系中的总含量。从图 4-17(a) 中可看出：降温到 222K 时，演化 0.336μs 后马氏体含量几乎保持不变，表明相界面在此温度下已处于热弹性平衡状态；继续降温到 187K，体系的平均序参量约为 0.9，表明大部分母相已转变为马氏体组织，残余母相约占 10%，这是因为体系模拟时采用了完全约束边界条件，相变应变的非协调部分将导致材料内部出现明显的内应力并在材料内部存储了大量的弹性应变能，最终会阻碍序参量的继续演化。将图 4-17(a) 与图 4-17(b) 对比发现，升温过程中在不同温度也会出现热弹性平衡状态；在升、降温过程中经过同一温度时体系的平均序参量并不相同，这表明正相变和逆相变之间存在相变滞后。根据当前的模拟结果可得相变的 4 个特征温度，M_S = 222K, M_f = 202K, A_s = 217K, A_f = 237K。其中 M_S 温度低于实验结果 20K 左右，主要是由于选取的 T_0 温度和实际情况 T_0 存在差异导致的。另外，相变温度范围要小于 Mn-Ni 多晶合金的范围。通常认为相变滞后或热滞主要是由于界面迁移所需的耗散功或界面摩擦导致的，然而根据当前的模拟结果，在模型没有考虑界面损耗的情况下依然存在热滞现象，表明正、逆相变过程中马氏体组织演化路径的不对称对相变滞后也有贡献，其中逆相变时马氏体孪晶组织会沿着更加优化的路径演化，从而在相同的温度与正相变相比可以保留更多的马氏体，这一点可通过对比图 4-17(a) 与图 4-17(b) 中 192K, 197K, 202K, 207K, 212K, 217K, 222K 等温度的序参量平均值大小来得到验证。

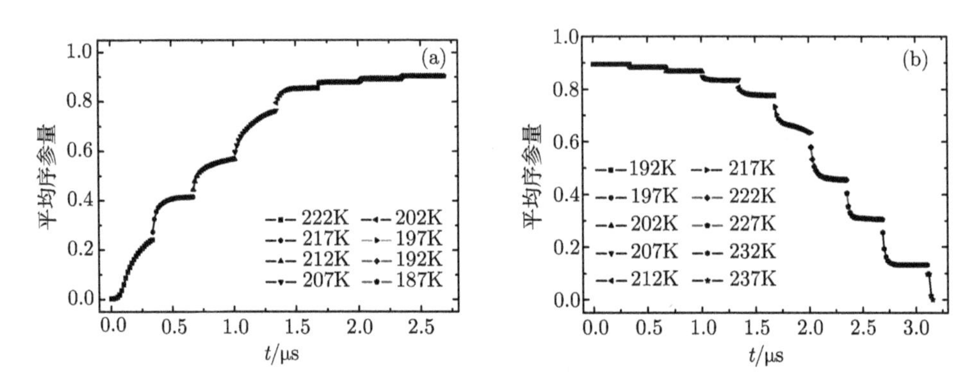

图 4-17　降温 (a) 和升温 (b) 时模型中序参量平均值随模拟时间的变化曲线 [15]

前面所建立的非等温相场模型能够用于模拟非均匀温度场下的马氏体相变，包括模拟变温过程中涉及相变的传热现象以及相变潜热效应。图 4-18 给出了相变过程中温度及热流变化。从图 4-18(a) 中可看出，逆相变过程中随平均序参量 (等价于马氏体含量) 降低体系局部最高温度和最低温度均降低，特别是逆相变初期这三个变量变化比较快，最终体系温度从 232K 降到了 229.6K。对于正、逆相变潜热的模拟结果如图 4-18(b) 所示，模拟计算得到的热流是绝热等温相变时的总热流；从图中可看出，降温过程伴随着放热现象，升温过程伴随着吸热，这与 DSC 实验结果反映的规律一致，同时根据曲线可判断相变热滞的存在，这与图 4-17 的模拟结果基本吻合。

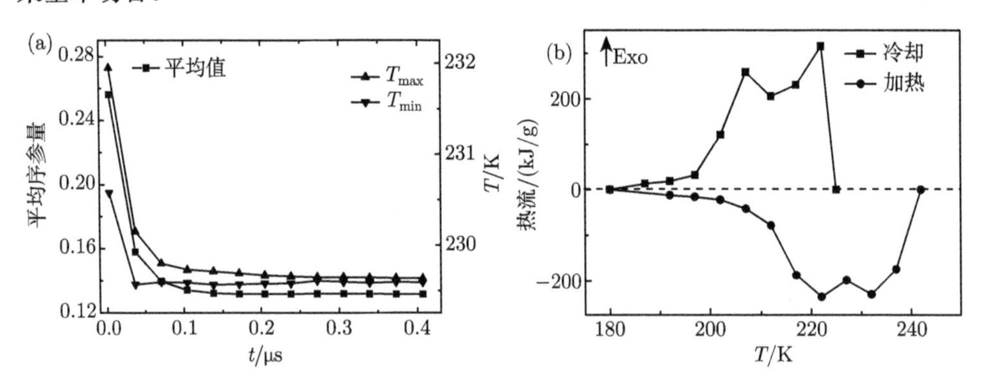

图 4-18　232K 绝热逆相变过程中，序参量平均值、体系最高和最低温度随模拟时间的变化 (a)；模拟过程中热流随温度的变化曲线 (b)[15]

图 4-19 给出了绝热相变过程中不同演化时间的组织场及对应的温度场。从图中可看出，温度最高点出现在相界面上 (图 4-19(e))，能量的释放主要通过界面完成，两相结构的转换也是在相界面处完成，释放的潜热逐渐传导至周围。随着相变趋近于平衡状态，体系的温度场逐渐变得均匀，如图 4-19(g) 所示。利用相变潜热还可

以计算得到界面迁移的速率 [16]，升温 70K 时对应的界面迁移速率为 1.1×10^3m/s。利用此方法，将马氏体相变简化为增厚过程，图 4-19(e) 对应的相界面迁移速率大约为 1.7×10^{-1}m/s，远小于文献 [16] 的数值，主要原因是 fcc-fct 相变潜热本身就很小，相变时只存在较小的温差，导致潜热释放速率较小；另外一个可能原因是相场模拟中动力学系数的选取直接影响相变速率。总体比较而言，钢中透镜状马氏体属于爆发型相变，界面迁移速率接近声速，所以无法通过电镜或金相来原位观察界面迁移过程。形状记忆合金中的马氏体相变属于热弹性相变，界面迁移速率要慢很多 (约 1m/s)，所以可以通过电镜及金相来动态观察相界面的迁移过程。

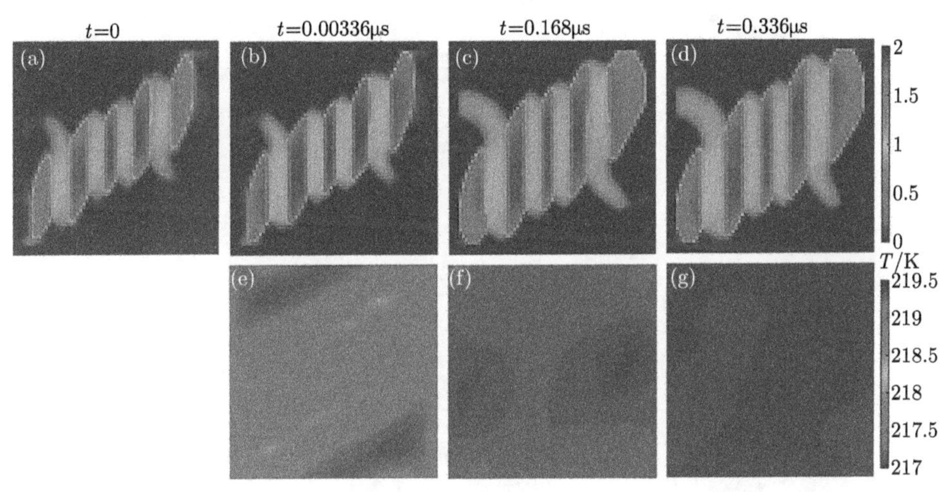

图 4-19 在 217K 开始的绝热相变过程中的组织演化 (a~d)，及其对应的温度场 (e~g)[15]

在马氏体正相变过程中弹性应变能是作为相变能垒的一部分或相变阻力项而存在的，当升温发生逆相变时所储存的这部分应变能可作为驱动力推动相界面完成马氏体到母相的转变，界面应力等局部应力可导致 A_s 温度低于平衡温度 T_0。图 4-20 给出了正、逆相变过程中热弹性平衡状态下 (0 1 0) 截面上的微观组织、弹性能密度及内应力场分布。从图 4-20(a) 中可看出：对于降温过程中的正相变，伴随着马氏体孪晶的形成在体系内部产生了明显的内应力；相变后两种变体的晶格都沿 x 方向伸长，导致 x 方向不会出现变体自协调和应变自协调，所以在马氏体和母相组织中会产生大于 200MPa 的压应力；在 (0 1 0) 横截面上母相组织内 σ_{22} 应力不明显，σ_{33} 应力较为明显，而在马氏体孪晶内部的应力分布较为均匀，不随变体类型变化而改变；存在明显不均匀的相界面应力，而且母相/马氏体相界面应力与马氏体孪晶界面应力不完全相同；根据图 4-20(a) 中的弹性驱动力分布可看出，负的应力状态不利于相变进行，可见在正相变过程中产生的内应力场同时阻碍了变体 V2 和变体 V3 的长大，最终导致相界面达到热弹性平衡态和相变终止。作为

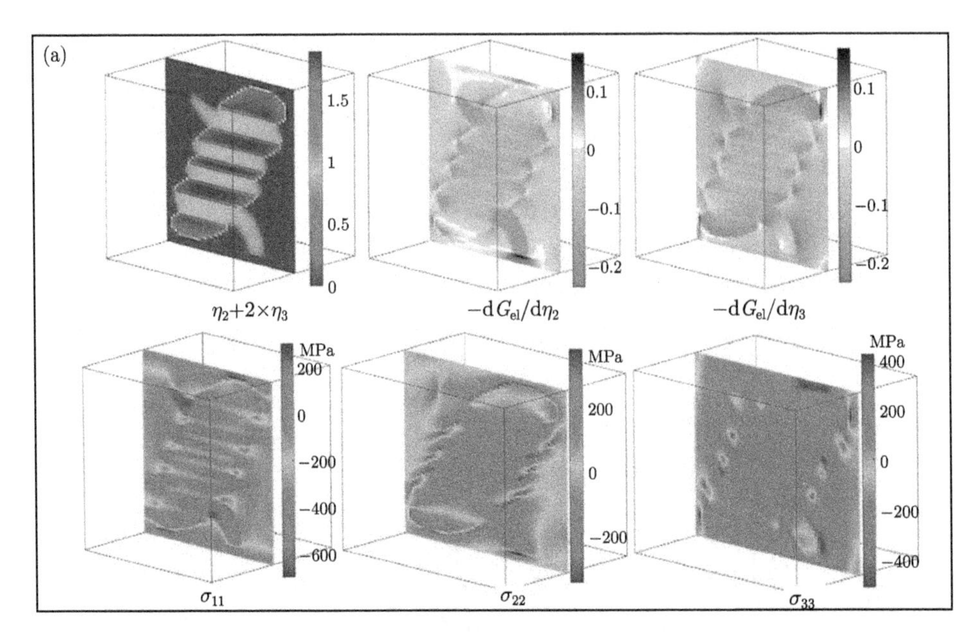

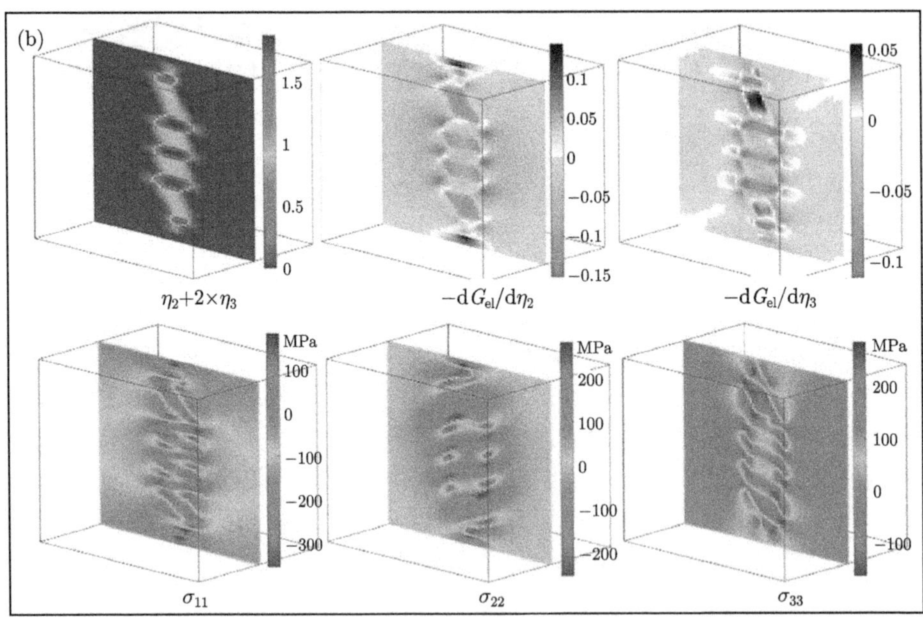

图 4-20　正相变 219.4K (a) 和逆相变 229.6K (b) 时，处于热弹性平衡状态的微观组织、弹性驱动力和内应力场 [15]

对比，图 4-20(b) 给出了升温过程中逆相变的相关模拟结果。从此图中可看出，当升温到 229.6K 时，体系中片状马氏体孪晶内部两个变体的含量并不相等，这与理论分析的结果 [17] 一致；残余马氏体孪晶依然会导致体系存在明显的 σ_{11} 应力，并随着孪晶马氏体片厚度的减小，孪晶内部的应力场将更加不均匀，并与变体类型相关。理论上通常将相界面/惯习面看成一个平面，HRTEM 实验观察发现在孪晶界面上存在锯齿形或台阶，在其他共格异相界面上也观察到台阶位错的存在，这些特殊的界面组态会导致界面上局部区域存在较大的应力，从而使得整个界面应力并不均匀，因此在逆相变时并非所有的界面同时开始运动，它们的先后顺序由其应力状态来决定。另外逆相变时负的弹性驱动力将有利于逆相变的发生，可以使得逆相变开始温度小于两相平衡温度 T_0，化学驱动力在逆相变过程中反而是阻碍逆相变的发生，二者综合效果是升温过程中在一定的温度下马氏体孪晶片也可以处于热弹性平衡状态。

4.3.3 相变弹热效应

弹热效应是合金在循环载荷下借助于马氏体相变正逆过程所出现的放热–吸热现象，这种内热会导致试样局部温度出现较大的变化，而且其熵变大小与形变量有密切关系。下面利用非等温相场模型来研究弹热效应，模拟条件如下：体系采用绝热边界条件；确立高于 T_0 温度的 Landau 自由能系数后，采用应力控制边界条件，实现对应力诱发相变的模拟；对不施加外加应力的方向，采用自由边界条件，即外加应力为 0；模拟不同温度下沿 [1 0 0] 方向单轴拉伸和 [0 0 1] 方向单轴压缩的应力诱发相变，预置的核胚与图 4-16 中的相同；当外加应力足够大时，核胚才能长大，据此模拟得到相变开始时的应力为相变临界应力；模型中不考虑塑性变形的影响。

图 4-21 给出了不同条件下模拟得到的应力–应变曲线和序参量平均值–应力关系曲线。从图 4-21(a) 中可看出：对体系实施加载–卸载循环应力结束后残余应变为 0，这表明在这些温度 (255K, 265K 和 275K) 下材料均具有超弹性；在加载–卸载过程中曲线上均出现了应力平台，但卸载时的应力平台值要小于加载时的应力平台值；平台应力大小随环境温度升高而增大；加载方式为压缩时得到平台应力约为相同温度拉伸的平台应力大小的一半，而平台对应的应变则约为拉伸时的两倍，这符合 Clausius-Claperon 公式的预测，因为拉伸和压缩对应的相变应变分别为 0.01 和 −0.02。由此可见，图 4-21 中给出的平台应力的模拟结果和理论预测较为相符，偏差不大。图 4-21(b) 是体系平均序参量随加载–卸载应力变化的关系曲线，从此图中可看出：应力平台对应着马氏体长大，可认为此平台应力就是应力诱发相变的临界应力，如在 265K 时单轴压缩的临界应力约为 580MPa(> 实际材料的屈服强度)，目前实验上还没有得到 Mn 基合金的超弹性，主要原因是相变应变较小导致

所需的临界应力较大。对比考虑相变与不考虑相变影响的变形曲线，发现前者具有较低的弹性模量，可近似认为是模量软化现象，这是应力诱发相变过程中出现的模量软化，与热诱发相变中的模量软化并不相同。模拟中，当外加应力小于临界应力时，预置的核胚会逐渐消失，相变无法被触发，体系的序参量从 0 变为大于 0 的常数 (不属于马氏体，但可能属于过渡相)。从图 4-21(b) 的序参量平均值–应力曲线中可看到，曲线突变之前的序参量值即为此常数，而且这一常数会随应力升高而增大。这种现象可认为是在马氏体相变温度附近时施加应力导致的连续结构转变，即在马氏体相变发生之前可形成过渡相。

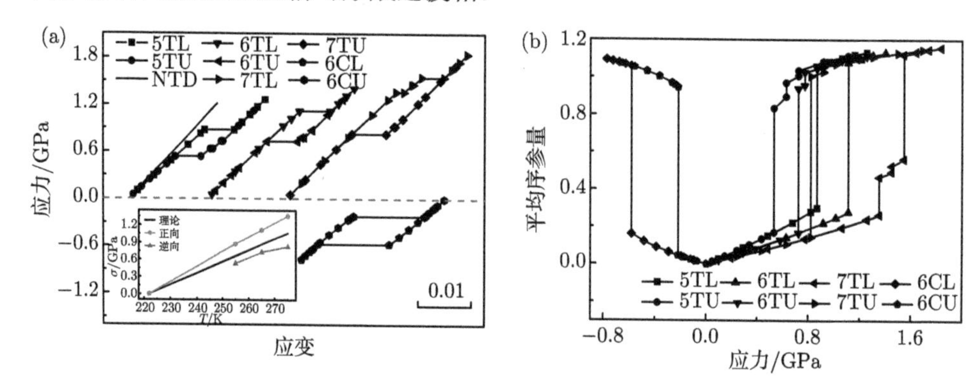

图 4-21　不同温度下单轴拉伸和单轴压缩时的应力–应变曲线 (a) 和序参量平均值–应力曲线 (b)。(a) 中的小图为正逆相变临界应力随温度的变化，以及理论值；5、6 和 7 表示模拟开始时温度分别为 255K、265K 和 275K；T、C、L 和 U 分别表示拉伸、压缩、加载和卸载；NTD 表示不考虑相变的变形 [15]

不同条件下应力诱发马氏体相变的微观组织演化如图 4-22 所示。从此图中可看出：沿 [1 0 0] 方向单轴拉伸可诱发产生两种变体：变体 V2 和变体 V3，而沿 [0 0 1] 方向单轴压缩只能诱发单变体 V3，这是因为一定方向上外力提供的能量对马氏体变体的产生具有选择性，其他合金如 Fe-Mn-Al-Ni 形状记忆合金中也发现拉应力和压应力诱发马氏体变体的种类和数目存在差异，这是由施加应力的方式或方向决定的 [18]，反映的变化规律与以上模拟结果基本一致。与热诱发相变一样，应力诱发相变也属于一级相变，均具有形核–长大的过程。正相变时形成的马氏体孪晶面为 (0 1 1) 面，相变中孪晶面横向快速变宽扩展至边界，而增厚方向 (惯习面垂直方向) 界面迁移运动速度相对小了很多，最终形成了与热诱发马氏体类似的立方型马氏体孪晶。在相界面迁移过程中，由于界面应力的协调作用会导致两个变体交替出现从而形成孪晶，这种自协调生长方式可有效降低界面应力集中和体系总的应变能。对于相应的逆相变过程，片状马氏体变体的宽度和数量会以一种特殊方式同时降低，如在温度为 265K 时单轴拉伸，体系中最终只形成了 4 片变体，其中两片源自预置核胚，另两片来自边界的形核长大，考虑到加载平面与孪晶面垂直，所以相变过程中样品表面形貌不均匀，形成了由多个孪晶变体导致的表面浮凸。而压缩时诱发形成的立方型孪晶马氏体则由中心位置的预置核胚和在边界形成的新核胚 (由应力集中导致的) 这两类核胚长大获得的，根据组织分布特征可认为加载表面上的形貌相对均匀。

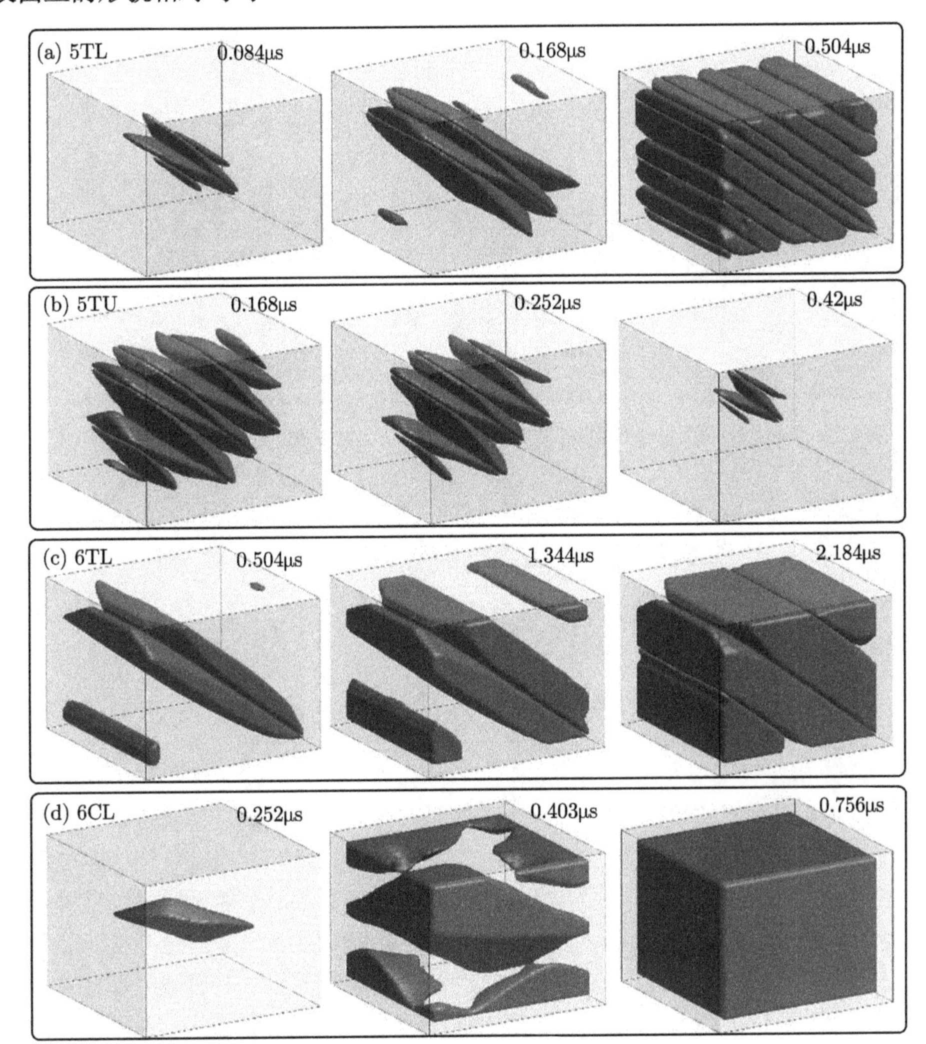

图 4-22　不同条件下应力诱发马氏体过程中的组织演化：255K 拉伸加载 (a)；255K 拉伸卸载 (b)；265K 拉伸加载 (c)；265K 压缩加载 (d)[15]

在绝热条件下加载–卸载会应力诱发马氏体正、逆相变，伴随着相变潜热的释放和吸收。由于热量的释放与吸收主要是在马氏体相变区域产生的，所以在这些局部区域会出现温度不均匀现象或者温度梯度。多次循环应力后，体系整体的温度会发生改变。利用非等温相场模型可以模拟这一过程中局部温度的变化，特别是在微观组织周围的温度场分布，如图 4-23 所示。从图中可看出：应力诱发正相变过程会放热，释放的热量首先使马氏体孪晶组织的温度升高，一次应力循环可导致局部 0.5K 左右的温差；相变速率较大时，模型内的温差将增大，类似于实验得到的结果 [19]，多次应力循环也会导致体系局部温差增大；2.0μs 后模型内温度已相当均匀，这是合金热传导的结果。图 4-23(a) 左图对应的界面迁移速率约为 8×10^{-2}m/s，小于热诱发相变的速率 (约 10^{-1}m/s)，因此体系内的温差会更小 (<0.5K)。

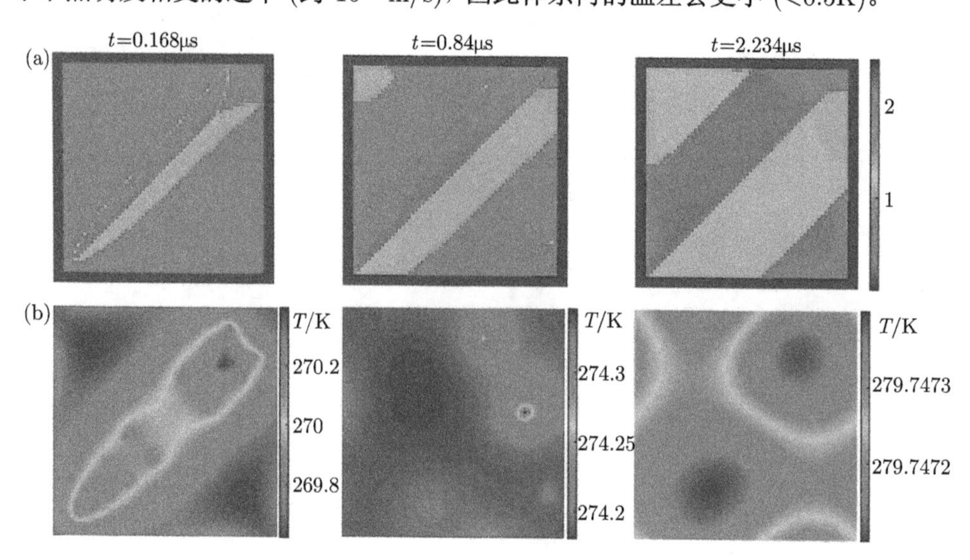

图 4-23　开始温度为 265K，应力诱发相变时组织 (a) 和温度 (b) 场分布 [15]

马氏体相变属于非平衡态相变，作为一级相变，必须经过形核和长大这两个过程。马氏体形成后能够以两相共存方式在体系中存在，而二级相变或高级相变是不可能出现两相共存的状态，也无需经过形核这个过程来进行相变。马氏体相变的另一个特征是要形成稳定的相界面，这是两相共存的一个条件。界面的稳定性和迁移性与合金成分、温度、应力状态等都有关，热诱发相变需要一定的过冷度来提供化学自由能，以克服形核能垒，这个能垒中就包含形成新界面的界面能。即便在模拟中预置了核胚，依旧需要一定的过冷度才能保证这个核胚能够长大，否则预置的核胚会失稳。形成相界面后，在界面迁移和马氏体长大过程中还需要克服相变应力对界面运动的阻碍作用。这一特性在相场模拟中表现为：表征马氏体的长程序参量的动力学演化需要克服 Landau 自由能中的能垒，可以从相界面迁移时自由能和序参量的关系曲线中得到合理解释，如图 4-24 所示。从图 4-24 可看出：当温度为 222K 时，马氏体对应的化学自由能明显低于母相组织，两相之间的能垒非常小，可发生热诱发相变；发生应力诱发相变时，马氏体–母相之间的自由能差更大，但是能垒比较大；前人的模拟 [20] 也显示能垒影响相变是否发生，当能垒从 0.0081 降低至 0.0078 时，原本不稳定的预置核胚将长大，因此自由能曲线中的能垒较小是马氏体核胚长大的必要条件。逆相变时，马氏体和母相的自由能差很小，存在较大的能垒，但界面应力及储存的弹性应变能对逆相变起到积极的促进作用，相界面将向马氏体迁移从而实现逆相变。

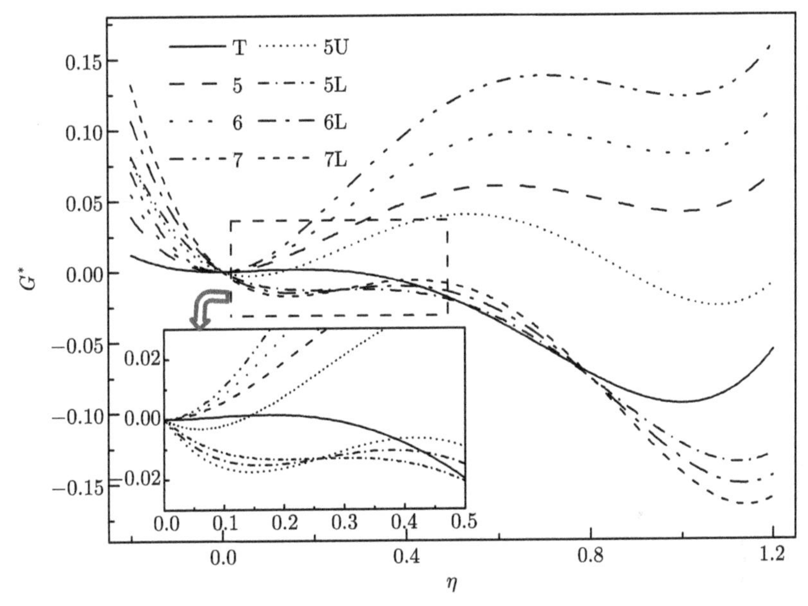

图 4-24　不同温度和外加应力下对应的自由能–序参量曲线

4.4　晶格动力学

在 Mn-Cu 合金中其结构转变与磁弹耦合有密切的关系，中子非弹性散射实验结果显示，在 fcc-fct 相变温度处软化的不是 [110]TA 切变声子模，而是 [100]LA 声子，所以对其结构相变有重要贡献的是磁弹耦合力 [21]。参照我们以前的工作 [22,23]，系统的总 Hamiltonian 可表示为

$$\begin{aligned} H &= H_{\mathrm{M}} + H_{\mathrm{ph}} + H_{\mathrm{M-ph}} \\ &= E_0 + \sum_q \hbar\omega_q^{\mathrm{ph}} \left(a_q^+ a_q + \frac{1}{2}\right) + \sum_q \hbar\omega_q^{\mathrm{M}} b_q^+ b_q + \sum_q M_q (a_q^+ b_q + b_q^+ a_q) \end{aligned} \tag{4-12}$$

其中 H_{M}、H_{ph} 和 $H_{\mathrm{M-ph}}$ 分别是反铁磁系统、声子系统和磁声相互作用的哈密顿量，E_0 是系统的零点能，$a_q^+(a_q)$ 表示声子的产生和湮灭算符，$b_q^+(b_q)$ 表示磁子的产

生和湮灭算符，ω_q^{ph} 是 [100]LA 声子频率，M_q 是磁声耦合矩阵。以上公式中，$H_{\mathrm{M-ph}}$ 将对 Mn-Cu 合金的 fcc-fct 相变起到积极作用。考虑到这类合金中的临界相变驱动力非常小 (<100J/mol)，所以磁弹耦合的能量估计不会太大 (<0.1eV/原子)。

然而在 In 基合金 (如 In-Tl、In-Cd、In-Pb) 中，尽管也会发生 fcc-fct 相变，却存在两个声子软化：[110]TA 和 [101]TA。基于此，认为其相变可能是由双切变 ((101)[$\bar{1}$01] 和 (011)[0$\bar{1}$1]) 来进行的 [21]。此类合金不是反铁磁合金，主要考虑其电子与 TA 声子的相互作用，相比 Ni-Mn-Ga 合金，体系中多了一个电声相互作用项。而对于电子与 TA 声子的作用项，我们曾提出一个计算方法 [22]。利用此方法，对于双切变体系的总 Hamiltonian，可表示为

$$H = H_e + H_{\mathrm{ph}_1} + H_{\mathrm{ph}_2} + H_{\mathrm{el-ph}_1} + H_{\mathrm{el-ph}_2} \tag{4-13}$$

其中电子与 TA 声子的 $H_{\mathrm{el-ph}}$：

$$H_{\mathrm{el-ph}} = \sum_{q,l} M_{q+K_n} \exp[\mathrm{i}(\boldsymbol{q} + \boldsymbol{K_n}) \cdot \boldsymbol{R}_{\mathrm{l}}](a_q + a_{-q}^{+})c_l^{+} c_l \tag{4-14}$$

$$M_{q+K_n} = -\mathrm{i}\sqrt{\frac{N\hbar}{2\omega_{\mathrm{TA}} M_0}} V_{q+K_n}(\boldsymbol{e}_q \cdot \boldsymbol{K}_n) \tag{4-15}$$

M_0 是单胞中离子的质，$\boldsymbol{e}_q$ 和 $\boldsymbol{K}_n$ 分别是声子极化矢量和倒易点阵矢，V_{q+K_n} 是一个电子与离子中心相互作用的有效势，V_{q+K_n} 可以表示为 Coulomb 势：$V_{q+K_n} = \dfrac{4\pi e^2}{|\boldsymbol{q} + \boldsymbol{K}_n|^2}$。这样对电子的自能修正就来自两部分，分别对应 [110]TA 和 [101]TA 声子。

参 考 文 献

[1] Wang Y, Khachaturyan A. Three-dimensional field model and computer modeling of martensitic transformations [J]. Acta Materialia, 1997, 45(2): 759-773.

[2] Cui S S, Wan J F, Rong Y H, et al. Phase-field simulations of thermomechanical behavior of Mn-Ni shape memory alloys using finite element method[J]. Computational Materials Science. 2017, 139: 285-294.

[3] Wang L, Cui Y G, Wan J F, et al. In situ atomic force microscope study of high-temperature untwinning surface relief in Mn-Fe-Cu antiferromagnetic shape memory alloy[J]. Applied Physics Letters, 2013, 102(18): 1966.

[4] Jin Y M, Artemev A, Khachaturyan A G. Three-dimensional phase field model of low-symmetry martensitic transformation in polycrystal: simulation of $\zeta'2$ martensite in Au-Cd alloys[J]. Acta Materialia, 2001, 49(12): 2309-2320.

[5] Heo T W, Chen L-Q. Phase-field modeling of displacive phase transformations in elastically anisotropic and inhomogeneous polycrystals[J]. Acta Materialia, 2014, 76: 68-81.
[6] Sun Y, Luo J, Zhu J. Phase field study of the microstructure evolution and thermomechanical properties of polycrystalline shape memory alloys: Grain size effect and rate effect[J]. Computational Materials Science, 2018, 145: 252-262.
[7] Cui S S, Wan J F, Zhang J H, et al. Phase-field study of microstructure and plasticity in polycrystalline Mn-Ni shape memory alloys[J]. Metallurgical and Materials Transactions A, 2018, 49(12): 5936-5941.
[8] Kimiecik M, Jones J W, Daly S. Quantitative studies of microstructural phase transformation in Nickel-Titanium[J]. Materials Letters, 2013, 95: 25-29.
[9] Delville R, Malard B, Pilch J, et al. Transmission electron microscopy investigation of dislocation slip during superelastic cycling of Ni-Ti wires[J]. International Journal of Plasticity, 2011, 27(2): 282-297.
[10] Pelton A R, Huang G H, Moine P, et al. Effects of thermal cycling on microstructure and properties in Nitinol[J]. Materials Science and Engineering: A, 2012, 532: 130-138.
[11] Olson G B, Cohen M. Thermoelastic behavior in martensitic transformations[J]. Scripta Metallurgica, 1975, 9(11): 1247-1254.
[12] Kato M, Pak H R. Thermodynamics of stress-induced first-order phase transformations in solids[J]. Physica Status Solidi, 1984, 123(2): 415-424.
[13] 崔书山. γMn 基合金热弹性马氏体相变的 Fourier 谱方法和有限元法相场模拟研究 [D]. 上海: 上海交通大学, 2019.
[14] Shimizu K, Okumura Y, Kubo H. Crystallographic and morphological studies on the FCC to FCT transformation in Mn-Cu alloys[J]. Transactions of the Japan Institute of Metals, 1982, 23(2): 53-59.
[15] Cui S S, Wan J F, Zuo X W, et al. Three-dimensional, non-isothermal phase-field modeling of thermally and stress-induced martensitic transformations in shape memory alloys[J]. International Journal of Solids and Structures, 2017, 109: 1-11.
[16] Shibata A, Morito S, Furuhara T, et al. Substructures of lenticular martensites with different martensite start temperatures in ferrous alloys[J]. Acta Materialia, 2009, 57(2): 483–492.
[17] Navruz N, Durlu T N. Crystallographic analysis of the fcc-to-fct martensitic transformation in an In-22.73at.%Tl alloy [J]. Philosophical Magazine Letters, 2001, 81(11): 751-756.
[18] Tseng L W, Ma J, Wang S J, et al. Superelastic response of a single crystalline Fe-Mn-Al-Ni shape memory alloy under tension and compression[J]. Acta Materialia, 2015, 89: 374-383.
[19] Ahadi A, Sun Q. Effects of grain size on the rate-dependent thermomechanical responses of nanostructured superelastic Ni-Ti[J]. Acta Materialia, 2014, 76: 186-197.

[20] Zhang W, Jin Y M, Khachaturyan A G. Modelling of dislocation-induced martensitic transformation in anisotropic crystals[J]. Philosophical Magazine, 2007, 87(10): 1545-1563.

[21] 徐祖耀. 相变原理 [M]. 北京：科学出版社, 2000.

[22] Wan J F, Lei X L, Chen S P, et al. Electron–transverse acoustic phonon interaction in martensitic alloys[J]. Physical Review B, 2004, 70(1): 014303.

[23] Wan J F, Lei X L, Chen S P, et al. Electron-phonon coupling mechanism of premartensitic transformation in Ni_2MnGa alloy[J]. Scripta Materialia, 2005, 52(2): 123-127.

第 5 章　基于力学的材料形态学

5.1　结构相变的细观力学

弹塑性应变能作为阻力项会阻碍马氏体相变的形核和长大。伪弹性或超弹性是 Ni-Ti、Fe-Cu-Ni-Ti 等形状记忆合金的重要力学性能，相变塑性也是 TRIP 和 TWIP 高强钢重要特征之一。马氏体变体间的应变自协调有弹性部分，也有塑性部分，但在能量计算中往往只考虑弹性应变能，同时只有弹性应变能才可能与相变的临界驱动力处于一个数量级。在相变形核阶段，弹性是主要的，弹塑性主要体现在马氏体长大过程中，并有可能决定马氏体的最终形态。在相变晶体学中，只讲相变应变，而不讲是弹性应变还是塑性应变或弹塑性应变。具有低层错能的合金，其 fcc →hcp 马氏体相变的临界驱动力可表示为 $\Delta G_{\mathrm{Ch}} = A \cdot \gamma + B$，其中 B 参数与应变能相当 [1]。这里的应变能是涉及相变应变的应变能，但不管它是弹性的或塑性的。下面的应变能计算也不再关注它是哪一类变形。Fe-Mn-Si 基合金属于低层错能合金，下面将利用细观力学对其相变应变能进行估算。自协调在热诱发相变过程中对形成马氏体带具有积极作用 [2]，可以总体上有效降低各变体共同相变时的相变应变，进而降低马氏体相变所遇到的阻力；自协调效应涉及层错与层错、马氏体与马氏体之间的交互作用，以往仅仅停留在定性的解释上，最好能有一个定量的计算或测量结果。层错在这类合金中普遍存在，常作为 fcc-hcp 马氏体相变的核胚；层错能量除了化学自由能部分 [3,4]，也包含应变能 [5]。如果合金中层错能数值比较大，应变能在其中所占比例比较低，那么忽略应变能部分不会对层错能的计算带来太大的误差。对于 Fe-Cr-Ni 合金的层错能，根据两个不全位错的相互作用，计算得到层错的应变能为 $4\mathrm{mJ/m^2}$ (约 53J/mol), 它在层错能中所占比例最高可达到 40%[5]。下面从细观力学的角度对相变应变能及缺陷应变能做一个理论分析，这非常有利于深入认识 fcc → hcp 马氏体相变过程。在其基础上，结合 Fe-Mn-Si-Cr-N 合金，重点分析间隙原子 N 对马氏体相变和层错的影响规律。

5.1.1　Eshelby 的弹性理论 [6-8]

根据 Eshelby 弹性夹杂理论，将固体中的相变产物 (包括马氏体等) 假定为非均质夹杂，它与母相完全共格。为了有效分析此夹杂导致的应力–应变分布，设定一个如下变形过程：(1) 从无限大母相连续介质中分割出一块区域，让它在自由边界条件下进行马氏体相变，将无约束下的相变应变 (即局域应变) 定义为本征应变

(ε_{ij}^*)；(2) 在马氏体的自由表面上施加一个外力，使马氏体弹性地回复到原来的形状和尺寸，并放回原处；(3) 再施加一个反向于上述外力的表面力，促使马氏体和周围的基体共同协调变形，获得相应的应力–应变场。Eshelby 基于力学推导认为：在无限大的固体中置入一个椭球形的均匀夹杂物 (Ω)，当 ε_{ij}^* 在椭球内部均匀分布时，则应力 (σ_{ij}) 和应变 (ε_{ij}) 在其内部同样保持均匀分布：

$$\varepsilon_{ij} = S_{ijkl}\varepsilon_{kl}^* \tag{5-1}$$

$$\sigma_{ij} = L_{ijkl}(S_{klmn} - I_{klmn})\varepsilon_{mn}^* \tag{5-2}$$

其中 L_{ijkl} 和 I_{klmn} 分别是材料的弹性模量张量和单位张量。单位张量 $I_{klmn} = \dfrac{1}{2}(\delta_{km}\delta_{\ln} + \delta_{kn}\delta_{lm})$。$S_{klmn}$ 作为 Eshelby 张量依赖于椭球的形状，其大小可表示为

$$S_{klmn} = \frac{1}{16\pi(1-\upsilon)}\int_{\Sigma}\frac{(\lambda_k g_{lmn} + \lambda_l g_{kmn})}{\alpha}\mathrm{d}\omega \tag{5-3}$$

其中，

$$g_{lmn} = (1-2\upsilon)(\delta_{lm}p_n + \delta_{\ln}p_m - \delta_{mn}p_l) + 3p_l p_m p_n \tag{5-4}$$

上式中的 p 是单位矢量。一般弹性介质的本构关系采用以下关系式来描述：

$$\sigma = L:\varepsilon, \quad \varepsilon = M:\sigma \tag{5-5}$$

上式中的 L 和 M 分别是弹性模量张量和弹性柔度张量。因此，单位体积的结构单元的弹性应变能可用以下关系式进行计算：

$$W_e = -\frac{1}{2}\int\sigma_{ij}\varepsilon_{ij}\mathrm{d}V/V = -\frac{1}{2}\varepsilon^* : L:(S-I):\varepsilon^* \tag{5-6}$$

根据相变晶体学理论，材料体系中的马氏体存在多种变体 (多达 24 种)。假定每种马氏体变体 (i) 的体积百分数为 f_i，所以没有相互作用的 n 个变体的总弹性应变能可简单表示为

$$W_{ne} = \sum_{i=1}^{n} f_i W_{ei} \tag{5-7}$$

马氏体片之间的弹性相互作用比较复杂，包括同类型变体之间以及不同类型变体之间的相互作用，并与马氏体片的尺寸、马氏体片间距及位向关系等密切相关。下面根据马氏体片间不同的位置关系，重点分析两片马氏体的弹性相互作用。

5.1.2　平行马氏体片间的弹性相互作用

同类型 (具有相同的惯习面) 的两片马氏体 (标记为 M_1 和 M_2) 相互平行，其相对位置关系有两种：共轴型和非共轴型。马氏体片的中心连线垂直于惯习面为共

轴型，反之为非共轴型。图 5-1 给出了共轴的两片马氏体的位置关系：$CD//EF$, A, B 分别是 M_1 和 M_2 的中心，AB 是 M_1 和 M_2 的间距 (等于 h)。设马氏体 M_i 在 M_j 处产生的应力场为 ${}^{ij}\sigma$，M_j 在 M_i 处产生的应力场为 ${}^{ji}\sigma(i,j=1,2$, 且 $i\neq j)$，则共轴型马氏体片之间的弹性交互作用能 (W_{int}) 可表示为

$$W_{\text{int}}=-\frac{1}{4}({}^{i}\varepsilon^{*}:{}^{ji}\sigma+{}^{j}\varepsilon^{*}:{}^{ij}\sigma) \tag{5-8}$$

以一片马氏体的中心 B 为原点建立坐标系，其惯习面为 X-Y 平面，惯习面的法向为 Z 轴，所以中心 A 和 B 的坐标满足如下关系：

$$x_A=x_B+\Delta x,\quad y_A=y_B+\Delta y,\quad z_A=z_B+\Delta z \tag{5-9}$$

通过 $\Delta x,\Delta y,\Delta z(\geqslant 0)$ 可以确定马氏体片 M_1 和 M_2 的相对位置，基于马氏体的本征应变就可以获得相应的外应力场。

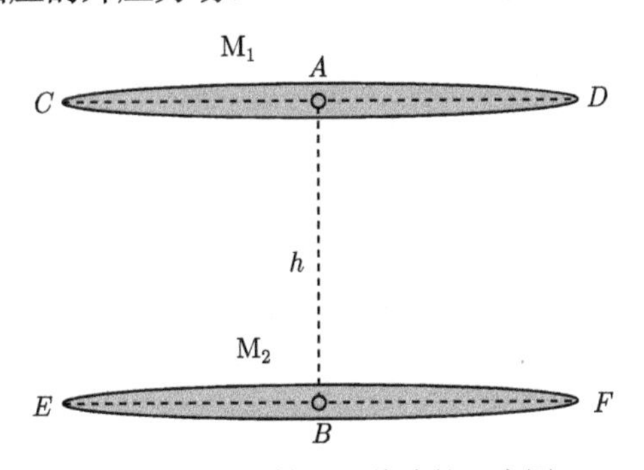

图 5-1 两共轴马氏体片的示意图

5.1.3 非平行马氏体片间的弹性相互作用

5.1.3.1 两片马氏体间没有交截

当两片马氏体不相互平行，且没有交叉，如图 5-2 所示，O 是关系面的交线 (在二维示意图中为交点)。只要知道了马氏体变体的惯习面，则两变体间的夹角 $(\angle BOD)$ 就可以通过下式计算得到

$$\cos\angle BOD=\frac{h_1h_2+k_1k_2+l_1l_2}{\sqrt{h_1^2+k_1^2+l_1^2}\cdot\sqrt{h_2^2+k_2^2+l_2^2}} \tag{5-10}$$

其中 (h_i,k_i,l_i) 是马氏体变体的惯习面指数 $(i=1,2)$。为了得到马氏体变体各质心在对方质心处的应力场，可将一片马氏体的本征应变旋转一个角度 $(=\angle BOD)$，即将其转化到另外一片马氏体的坐标体系中。若转动矩阵为 R，则变体间的弹性相互作用能可表示为

$$W_{\text{int}}=-\frac{1}{4}[(R\cdot{}^{i}\varepsilon^{*}\cdot R^{-1}):{}^{ji}\sigma+(R^{-1}\cdot{}^{j}\varepsilon^{*}\cdot R):{}^{ij}\sigma)] \tag{5-11}$$

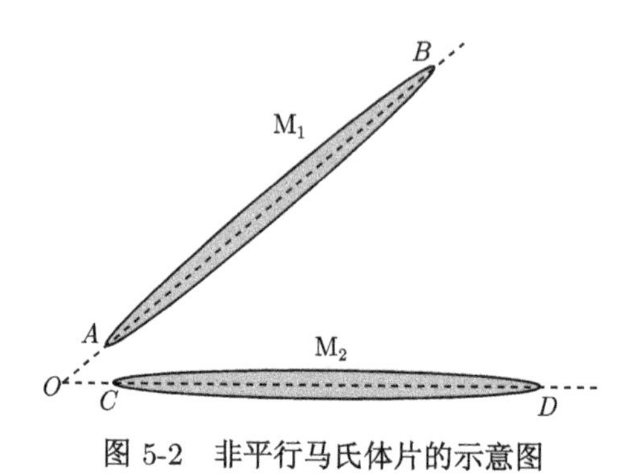

图 5-2　非平行马氏体片的示意图

5.1.3.2　两片马氏体间存在交截

当马氏体片间存在交截时，情况比较复杂 (图 5-3)，特别是交叉区域 $EFGH$ 类似于双切变，其晶体结构往往不同于已形成的马氏体结构，有实验显示，在 Fe-Mn-Si 合金中，交叉处马氏体的晶体结构为 bcc 结构，而不是 hcp 结构，因为交叉处马氏体的形成经过多次切变 (至少是二次切变)，所以交叉区域的本征应变与两片马氏体不完全相同，所产生的应变能要大，需要更大的能量才能促使一片马氏体穿过另外一片马氏体，所以大多数情况下是一片马氏体终止于另外一片马氏体的界面。为了协调这种变体间的弹性冲突导致的应力集中，在其相界面会通过应力协调形成第三片马氏体，依旧不会穿过其他的马氏体。

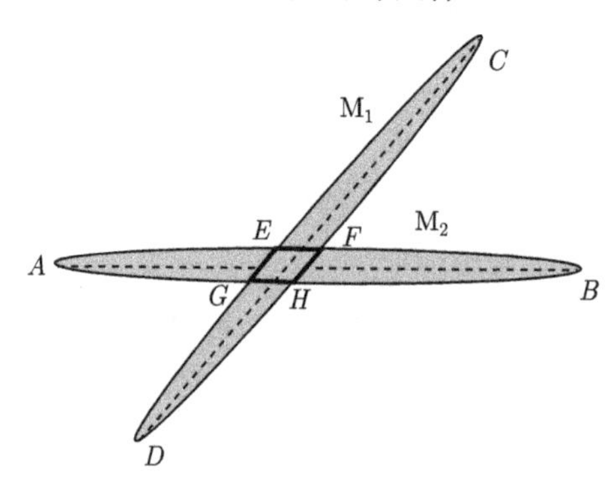

图 5-3　相互交截马氏体片的示意图

为了计算分析方便，将不同取向马氏体片的交截过程分为两步：(1) 先简单地交叉叠放，马氏体片 M_1 和 M_2 内部的本征应变没有改变，周围的应力场分布会有所改变；(2) 马氏体片简单交截，此时本征应变改变的仅仅是重叠部分区域的马氏体。因此马氏体变体间的弹性相互作用能 (W_{int}) 包括两部分：(1) 非接触交互作用能，其计算方法和方程 (5-11) 相同；(2) 交截作用能。尽管马氏体变体 M_1 和 M_2 的交截部分 ($EFGH$) 具有一定的形状，不同于大片的马氏体，但也可看成一个椭球体，不同的是其 Eshelby 张量不同于大片的马氏体变体。根据交截部分的马氏体相变晶体学特征 (多次切变)，可确定其内部的本征应变。所以交截马氏体片的总弹性交互作用能可表示为

$$
\begin{aligned}
W_{\text{int}} = &-\frac{1}{2}f_c\Big\{{}^c\varepsilon^* : L : ({}^cS - I) : {}^c\varepsilon^* - \frac{1}{2}[{}^i\varepsilon^* : L : (S - I) : {}^j\varepsilon^* \\
&+ {}^j\varepsilon^* : L : (S - I) : {}^i\varepsilon^*]\Big\} - \frac{1}{4}[(R \cdot {}^i\varepsilon^* \cdot R^{-1}) : {}^{ji}\sigma \\
&+ (R^{-1} \cdot {}^j\varepsilon^* \cdot R) : {}^{ij}\sigma)]
\end{aligned} \tag{5-12}
$$

式中的 f_c，${}^c\varepsilon^*$ 和 ${}^cS$ 分别是马氏体片交截部分的体积百分数，本征应变和 Eshelby 张量。

基于以上本构关系和弹性相互作用能，根据相变晶体学 [9,10] 可获得各马氏体变体的本征应变 (ε^*)，就可以定量计算马氏体相变所引起的弹性应变能了。

5.1.4 相变应变

热诱发 fcc(γ) →hcp(ε) 马氏体相变相对比较简单，通过原子密排面 $(111)_{\text{fcc}}$ 上的层错扩展及层错的有序化堆垛可形成 hcp 结构的马氏体及其他长周期结构 (过渡相)。在这类材料的相变晶体学 [11] 中，通过引入切变概率来解释多变体组成的马氏体带及其自协调效应。不同于层错概率，要实验上定量地确定这个切变概率还非常困难。另外，热诱发可形成马氏体单变体，表明 3 个 <112> 方向上的切变概率并不严格相等。对于 Fe-Mn-Si 基合金，其 Bain 畸变矩阵中的三个轴向应变值均小于 1，表明马氏体椭球内含于母相圆球中，因此 Olson 和 Cohen 认为 [12] fcc(γ) →hcp(ε) 马氏体相变晶体学中的旋转操作没有必要存在 (即 $R = I$)。目前还没有获得这种合金中马氏体相变 (包括热诱发和应力诱发) 的不变平面的形状应变大小的实验值，这为理论计算和实验验证造成了困难。下面将讨论 Fe-Mn-Si-Cr-N 合金中的单变体和自协调多变体的晶体学和力学特性。

5.1.4.1 单变体

依据相变晶体学，计算了两种 Fe-Mn-Si 基合金 (1 号和 2 号) 中单变体的点阵变形矩阵分别为

$$
D_1 = \begin{bmatrix} 0.99749 & 0 & 0 \\ 0 & 0.99749 & 0.35361 \\ 0 & 0 & 0.99221 \end{bmatrix}, \quad D_2 = \begin{bmatrix} 0.99705 & 0 & 0 \\ 0 & 0.99705 & 0.35361 \\ 0 & 0 & 0.99360 \end{bmatrix} \tag{5-13}
$$

D_1 和 D_2 分别是 1 号和 2 号合金的 IPS 矩阵。根据相变晶体学可得到二者的本征应变：

$$\varepsilon_1^*=\begin{bmatrix}-0.00251 & 0 & 0\\ 0 & -0.00251 & 0.17681\\ 0 & 0.17681 & -0.00779\end{bmatrix},\quad \varepsilon_2^*=\begin{bmatrix}-0.00295 & 0 & 0\\ 0 & -0.00295 & 0.17681\\ 0 & 0.17681 & -0.00640\end{bmatrix} \tag{5-14}$$

通过 XRD 分析可得到合金的点阵常数，表 5-1 给出了两种合金的晶体学参数。

表 5-1　Fe-Mn-Si-Cr 基合金 fcc(γ)→ hcp(ε) 马氏体相变晶体学参数

合金	a_γ/nm	a_ε/nm	c_ε/nm	η_1	η_2	η_3
No.1 $Fe_{25}Mn_6Si_5Cr_{0.083}N$	0.359374	0.253516	0.411747	0.99749	0.99749	0.99221
No.2 $Fe_{25}Mn_6Si_5Cr_{0.14}N$	0.360731	0.254362	0.413883	0.99705	0.99705	0.99360

5.1.4.2　自协调多变体

母相 (111) 原子密排面上存在 3 个等价的切变方向，所以具有相同惯习面的马氏体带中可能存在 3 个变体，两种合金最终的变形矩阵可表示为

$$D_1=\begin{bmatrix}0.99749 & 0 & 0\\ 0 & 0.99749 & 0.17681\cdot p\\ 0 & 0.17681\cdot p & 0.99221\end{bmatrix},$$

$$D_2=\begin{bmatrix}0.99705 & 0 & 0\\ 0 & 0.99705 & 0.17681\cdot p\\ 0 & 0.17681\cdot p & 0.99360\end{bmatrix} \tag{5-15}$$

相应的本征应变分别为

$$\varepsilon_1^*=\begin{bmatrix}-0.00251 & 0 & 0\\ 0 & -0.00251 & 0.17681\cdot p\\ 0 & 0.17681\cdot p & -0.00779\end{bmatrix},$$

$$\varepsilon_2^*=\begin{bmatrix}-0.00295 & 0 & 0\\ 0 & -0.00295 & 0.17681\cdot p\\ 0 & 0.17681\cdot p & -0.00640\end{bmatrix} \tag{5-16}$$

式中的 p 是相变后形成马氏体带总的切变概率。

5.1.4.3 外部应力场的估计

基于弹性材料本构关系，椭球夹杂体外的应力场可通过相应的本征应变计算得到。以马氏体单变体的质心为原点建立坐标系，假定坐标系中的任意点为 $P(\Delta x \Delta y \Delta z)$。相对 P 点的马氏体的本征应变为

$$\varepsilon_o^* = \begin{bmatrix} \dfrac{\dfrac{\sqrt{2}}{2}a_\gamma - a_\varepsilon}{\dfrac{\sqrt{2}}{2}a_\gamma + \Delta x} & 0 & 0 \\ 0 & \dfrac{\dfrac{\sqrt{2}}{2}a_\gamma - a_\varepsilon}{\dfrac{\sqrt{2}}{2}a_\gamma + \Delta y} & \dfrac{\dfrac{\sqrt{6}}{6}a_\gamma}{\dfrac{4\sqrt{3}}{3}a_\gamma + \Delta z} \\ 0 & \dfrac{\dfrac{\sqrt{6}}{6}a_\gamma}{\dfrac{4\sqrt{3}}{3}a_\gamma + \Delta z} & \dfrac{d_{0002}}{d_{111} + \Delta z} \end{bmatrix} \tag{5-17}$$

马氏体片在 P 点的应力场就可以表示为

$$\sigma_P = L : (S - I) : \varepsilon_o^* \tag{5-18}$$

利用以上力学分析，可对相变应变能进行细致地分析，以下是相关计算结果与讨论。

5.1.5 热诱发马氏体的弹性应变能

热诱发马氏体相变易形成多变体，其中变体间的自协调可有效降低变体群的总相变应变，进而降低总的相变应变能，通过降低相变阻力来促使相变沿着更有利的路径进行。将 (5-16) 式中的本征应变分别代入 (5-6) 式可得到合金的弹性应变能与各参数间的变化规律。

在 Eshelby 理论中，形状因子 ξ 是一个重要的形状结构参数：当 $\xi = 0$，表示夹杂物是一个没有厚度的平椭球；当 $\xi = 1$，表示夹杂物是一个圆球。不同形状的夹杂物，其弹性应变能会出现较大的差异。反之，夹杂物的形态特征大多是由相变应变能决定的，特别是在相场、有限元等数值模拟中可以看到这一因果关系。由于马氏体均具有一定厚度，所以其 $\xi \neq 0$。图 5-4(a) 给出了 Fe-Mn-Si-Cr-N 合金的弹性应变能随形状因子 ξ 的变化情况，这里取切变概率为 0.05。从图 5-4(a) 中可看出，单位体积的马氏体相变应变能随 ξ 的增加而单调增加，尽管结果非常简单，但它直接将微观组织形态与能量学联系了起来。计算结果表明马氏体变体最容易以板状或片状的形式出现，因为形成片状马氏体所消耗的阻力项之一——相变应变能能

量相对要小。这一结论与实验结果也是一致的：Fe-1.8C 合金形成透镜状马氏体所需的化学驱动力在 1000J/mol 左右，而 Fe-Mn-Si 基、Co-Ni 基合金所形成的片状马氏体的驱动力则在 (100~200)J/mol 的范围内，显然比前者要小许多 [14]；在形状因子 ξ 大小方面，显然满足 $\xi_{透镜} > \xi_{薄片}$。切变概率是另外一个参数，目前还没有相关的实验方法可用来测量这一参数。图 5-4(b) 考虑了切变概率对马氏体弹性应变能的影响，计算中切变概率的变化范围是 [0.01, 0.1]。实际计算的是单变体的弹性应变能，所以切变概率增加，意味着更倾向形成这一变体，但受到的阻力–弹性应变能也会随之增加。合金 2 中 N 浓度要大于合金 1，基体强度增加了，相变切变遇到的阻力也会增加，导致相变温度会降低。比较计算结果 (图 5.4(b)) 发现合金 2 的弹性应变能比合金 1 的大，很好地验证了这一点：间隙原子 N 具有良好的强化结果 [13]。N 合金化后，Fe-Mn-Si-Cr 基合金中母相奥氏体的点阵常数由 0.359374nm 增加到 0.360731nm，相应马氏体的点阵常数也有所增大 (如表 5-1 所示)，最终导致马氏体的本征应变矩阵中的主应变增加。另外 N 的强化作用是显著的，可提高合金的弹性模量，也会直接影响弹性应变能的计算值，而且是线性增加的。

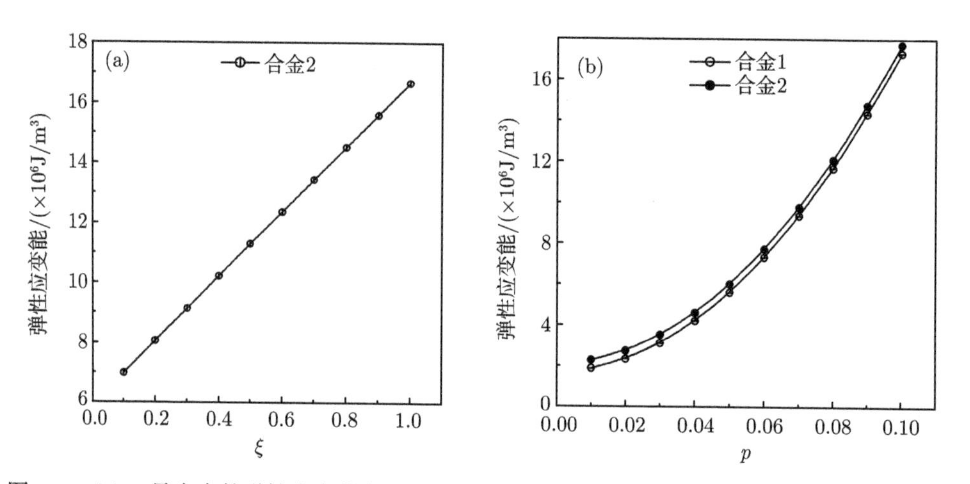

图 5-4　(a) 2 号合金的弹性应变能与形状因子 ξ 的关系；(b) 1 号、2 号合金的弹性应变能与切变概率 p 的关系

5.1.6　应力诱发马氏体的弹性应变能

5.1.6.1　单变体

通过 AFM(atomic force microscopy) 实验 [15] 观察表面浮凸特征可证明应力诱发所形成的马氏体多为单变体，马氏体变体会沿着外场方向优先形核并长大，甚至其他方向上的马氏体变体会转变到与外场方向一致。图 5-5 给出了两种合金的马

氏体单变体的弹性应变能与形状因子 (ξ) 的关系曲线。从图中可看出 1 号合金单变体的弹性应变能要小于 2 号合金，表明 N 合金化使形成马氏体单变体所需的能量增加了。在相同的应变条件下，通过外力对试样做功来诱发材料内部发生结构相变，那么理论上讲 2 号合金所需的应力应当比 1 号合金大。拉伸实验结果 [13] 显示：两种合金中发生应力诱发 fcc-hcp 马氏体相变的临界应力分别为 170MPa(1 号合金), 205MPa(2 号合金)，这说明通过 0.14wt%N 合金化工艺使诱发马氏体相变的临界应力提高了 35MPa。宏观的外加应力的增加从侧面反映了 N 原子对单变体应变能的大小的影响。单变体的弹性应变能比自协调马氏体的弹性应变能 (图 5-4) 大很多，所以热诱发大多形成马氏体带而很少能观察到单变体。Fe-Mn-Si 基合金发生 fcc-hcp 马氏体相变的化学驱动力很小 (<200J/mol)，而单变体的弹性应变能比较大，所以必须借助外力才能形成单变体。

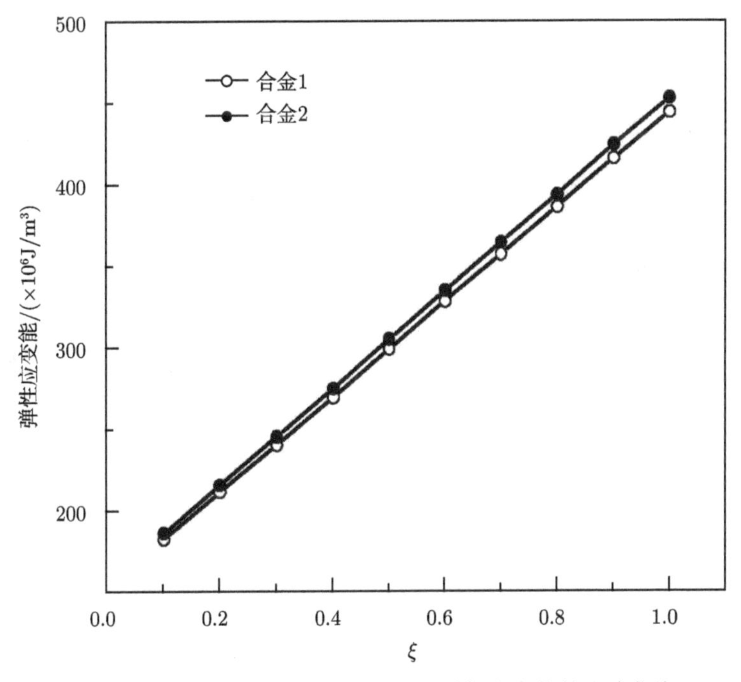

图 5-5　马氏体单变体形状因子 ξ 对弹性应变能的影响曲线

5.1.6.2　变体间的交互作用能

下面以共轴的马氏体片为研究对象，结合 Fe-Mn-Si-Cr-N 合金，对 hcp 马氏体变体间的弹性相互作用进行理论计算和分析。假设具有相同惯习面的两片马氏体间距为 h(等于 Δz)，$\Delta x = \Delta y = 0$；令 $h = m \cdot (nd_{111})$，其中 nd_{111} 表示马氏体片的厚度，m 是厚度计量单位。将一片马氏体看成一个片状的弹性夹杂物，则相互平

行的两片马氏体的本征应变分别为

$$\varepsilon_{\mathrm{M}_1}^* = \begin{bmatrix} -0.00251 & 0 & 0 \\ 0 & -0.00251 & \dfrac{0.17681}{1+\dfrac{m}{4}} \\ 0 & \dfrac{0.17681}{1+\dfrac{m}{4}} & \dfrac{-0.00779}{1+m} \end{bmatrix},$$

$$\varepsilon_{\mathrm{M}_2}^* = \begin{bmatrix} -0.00295 & 0 & 0 \\ 0 & -0.00295 & \dfrac{0.16781}{1+\dfrac{m}{4}} \\ 0 & \dfrac{0.16781}{1+\dfrac{m}{4}} & \dfrac{-0.00640}{1+m} \end{bmatrix} \tag{5-19}$$

将本征应变代入公式 (5-8) 可计算得到平行马氏体片间的弹性相互作用能，如图 5-6 所示。从此图中可看出，相互平行的马氏体片相距越近，它们之间的弹性相互作用越强，在其附近通过自协调诱发其他变体的概率就更大，所以通过自协调形成的马氏体变体都靠得非常近，如 Cu-基、Ni-Ti 合金中所形成的变体协调群，Fe-Mn-Si 基合金中热诱发所形成的马氏体变体带。变体间的自协调原则是使总体的相变应变能趋向最小化，目的是降低正相变时马氏体片相界面迁移遇到的阻力。通过形状因子可以描述马氏体的形态，前面已得到一个片状马氏体的应变能最小，对

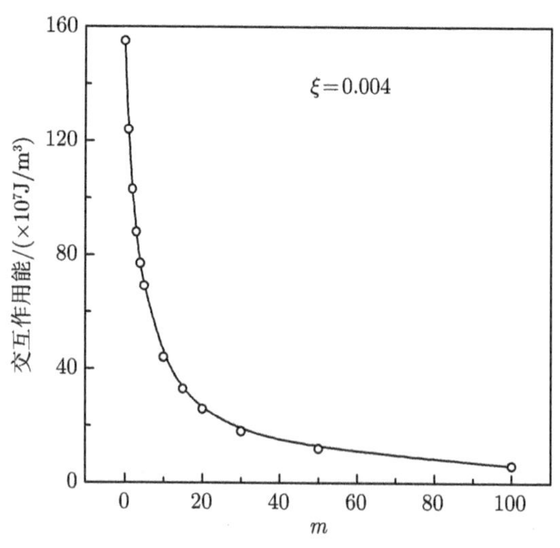

图 5-6　同一变体间的交互作用与变体间距的关系

于不同形态马氏体片间的弹性相互作用也可能与形状因子有关。计算结果如图 5-7 所示，表明这种弹性相互作用能随形状因子增加而增大；等同条件下，透镜状马氏体片间的弹性相互作用要大于片状马氏体片。Fe-Ni-C 合金中存在爆发型马氏体转变，最终形成闪电状的透镜马氏体 [14]，这是它们之间存在强烈的弹性相互作用的结果。

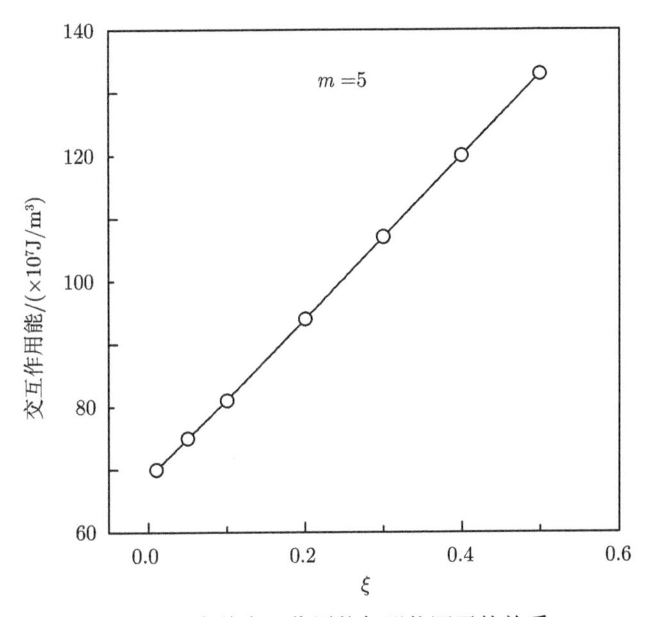

图 5-7 变体交互作用能与形状因子的关系

5.2 缺陷的细观力学

5.2.1 单一层错的应变能

一片 hcp 马氏体结构可看成是由单一层错扩展形成的，理想的马氏体轴比为 1.6333，可将其看成层错发生的形变。TEM 观察已证实衍射斑点的移动是由于存在层错导致的，因为层错处存在应变，导致局部晶格点阵产生畸变。将层错看成一片 hcp 马氏体，其形态上等同于一个具有零厚度的椭球夹杂物，其应变类似于马氏体相变的 Bain 应变，所以可认为层错的本征应变主要是晶格点阵畸变。1 号合金中层错的本征应变为

$$\varepsilon_{\mathrm{SF1}}^{*}=I-\begin{bmatrix}\eta_1 & 0 & 0\\ 0 & \eta_2 & 0\\ 0 & 0 & \eta_3\end{bmatrix}=\begin{bmatrix}0.00251 & 0 & 0\\ 0 & 0.00251 & 0\\ 0 & 0 & 0.00779\end{bmatrix} \tag{5-20}$$

2 号合金中层错的本征应变为

$$\varepsilon^*_{\mathrm{SF2}} = \begin{bmatrix} 0.00295 & 0 & 0 \\ 0 & 0.00295 & 0 \\ 0 & 0 & 0.00640 \end{bmatrix} \tag{5-21}$$

利用式 (5-6) 和层错的本征应变，可计算得到两种合金中单一层错的弹性应变能，如图 5-8 所示。从图 5-8(a) 中可看出，随形状因子 (ξ) 的增加，层错的弹性应变能会增加，表明层错要变厚需要更大的能量；随 ξ 的减小，层错的弹性应变能会减小到一个定值 (1 号合金为 $-1.6508\times10^6\mathrm{J/m^3}$，2 号合金为 $-2.0760\times10^6\mathrm{J/m^3}$)，表明层错在某一个温度下存在一个平衡扩展宽度，这与实验观察相符合。图 5-8 (b) 更清晰地说明随层错宽度 (D) 进一步增加，层错的弹性应变能的变化非常小。根据层错能与层错扩展的平衡宽度的关系式：$D = \dfrac{Gb^2}{8\pi}\dfrac{2-\upsilon}{1-\upsilon}\left(1-\dfrac{2\upsilon}{2-\upsilon}\cos 2\theta\right)\dfrac{1}{\gamma_{\mathrm{SF}}}$，可看出随着层错能的降低，层错会扩展。从能量学的角度看，层错能包括化学自由能部分 (γ_{ch}) 和应变能部分 (γ_{strain})，$\gamma_{\mathrm{SF}} = \gamma_{\mathrm{ch}} + \gamma_{\mathrm{strain}}$。在一定的温度下 γ_{ch} 保持不变，则 γ_{strain} 将决定 γ_{SF} 的大小。随着层错应变能的增加，层错能也增加，层错的平衡宽度会减小，这和图 5-8 给出的计算结果一致。

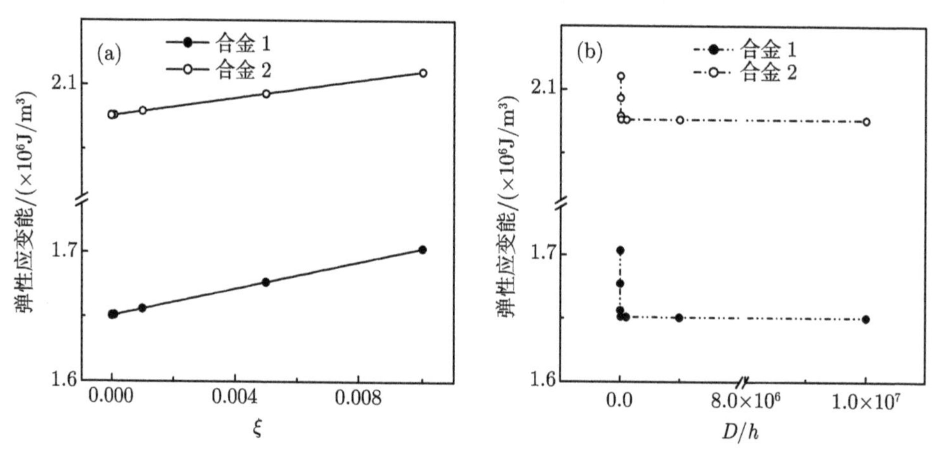

图 5-8　合金 1 与合金 2 的单一层错弹性应变能比较

(a) 应变能与形状因子的关系；(b) 应变能与层错宽度的关系

1 号合金与 2 号合金的层错应变能不完全相同，除了化学自由能差异的影响外，要考虑 N 原子对合金点阵常数影响的结果，合金的点阵常数增加，层错区的应变增大。取相同的形状因子 $\xi = 0.005$，计算得到两种合金的层错应变能分别为：$\gamma_{\text{strain-1}} = 11.764\mathrm{J/mol}$, $\gamma_{\text{strain-2}} = 14.683\mathrm{J/mol}$，所以有 $\gamma_{\text{strain-1}} < \gamma_{\text{strain-2}}$，符合前面的分析结果。另外，$\gamma_{\mathrm{ch}}$ 大约为 100J/mol，所以层错的应变能在层错能中所

占的比例约为 10%，不可忽略。

5.2.2 平行层错的交互作用能

下面考虑平行层错间的弹性相互作用能。假定两层错具有相同的宏观尺寸，属于同轴平行型层错，且两层错的本征应变相同。令层错间距 $\Delta z = m \cdot d_{111} = m \cdot \dfrac{\sqrt{3}}{3} a_{\gamma}$，可得到两种合金中层错的本征应变：

$$\varepsilon^*_{\text{SF1}} = \begin{bmatrix} \varepsilon_{11} & 0 & 0 \\ 0 & \varepsilon_{22} & 0 \\ 0 & 0 & \dfrac{\varepsilon_{33}}{1+m} \end{bmatrix} = \begin{bmatrix} 0.00251 & 0 & 0 \\ 0 & 0.00251 & 0 \\ 0 & 0 & \dfrac{0.00779}{1+m} \end{bmatrix},$$

$$\varepsilon^*_{\text{SF2}} = \begin{bmatrix} 0.00295 & 0 & 0 \\ 0 & 0.00295 & 0 \\ 0 & 0 & \dfrac{0.00640}{1+m} \end{bmatrix}$$

借鉴计算平行马氏体片的方法，可得到平行层错交互作用能与层错间距之间的关系，如图 5-9 所示。计算结果表明：两种合金中层错的交互作用能随层错间距的增加而减小，这符合一般对层错的认知；在小于 10 层间距范围内降低得快，随后则缓慢降低。除了利用 Eshebly 理论来计算层错间的弹性交互作用，还可利用位错理论来进行计算，对这两种方法得到的结果可以做一个对比，看看它们是否一致。基于位错理论，层错的边缘是不全位错 (这里考虑 Shockley 型)，一片层错如同一个不全位错环，所以两平行层错的弹性交互作用可近似看成两个位错环的相互作用。假定两个共轴的位错圆环，其半径相同 ($a \approx 3\mu\text{m}$)，间距为 h；根据 Blin 公式 [16]，平行位错环的交互作用可表示为

$$U_{12} = \frac{Gb^2ak}{1-v}(K-E) \tag{5-22}$$

其中 $E = \int_0^{\pi/2} (1-k^2\sin^2\eta)^{1/2}\mathrm{d}\eta$，$K = \int_0^{\pi/2} (1-k^2\sin^2\eta)^{-1/2}\mathrm{d}\eta$。

当 $z \gg a$ 时，$U_{\text{DC}} = \dfrac{2\pi Gb^2a}{1-v}\dfrac{a^3}{z^3}$，计算得到的 U_{DC}-z 关系如图 5-10(a) 所示。当 $z \ll a$ 时，$U_{\text{DC}} = \dfrac{Gb^2a}{1-v}\left(\ln\left(\dfrac{8a}{z}\right)-1\right)$，计算得到的 U_{DC}-z 关系如图 5-10(b) 所示。从图 5-10 中可看出，随着位错圆环间距的增加，它们的弹性交互作用是减小的，这与图 5-9(a) 反映的变化规律一致。Atree[17] 利用第一原理计算结果表明：最近邻层错间的交互作用只有层错能的 1/20，当间距大于几个原子层后，其交互作用可以忽略，其变化趋势与图 5-10 也是一致的。

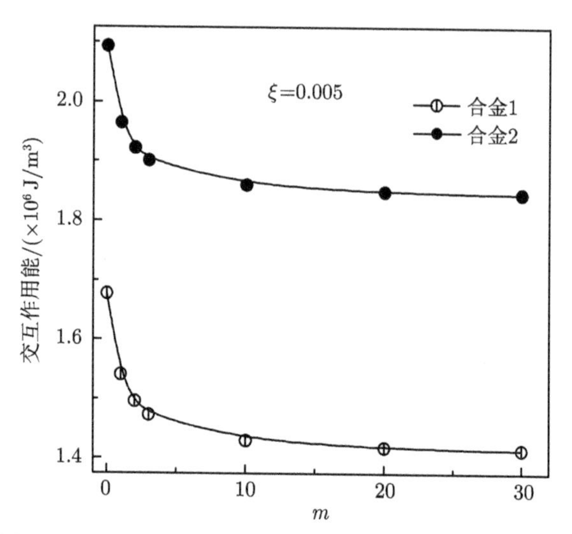

图 5-9　平行层错间的交互作用能与层错间距的关系 [13]

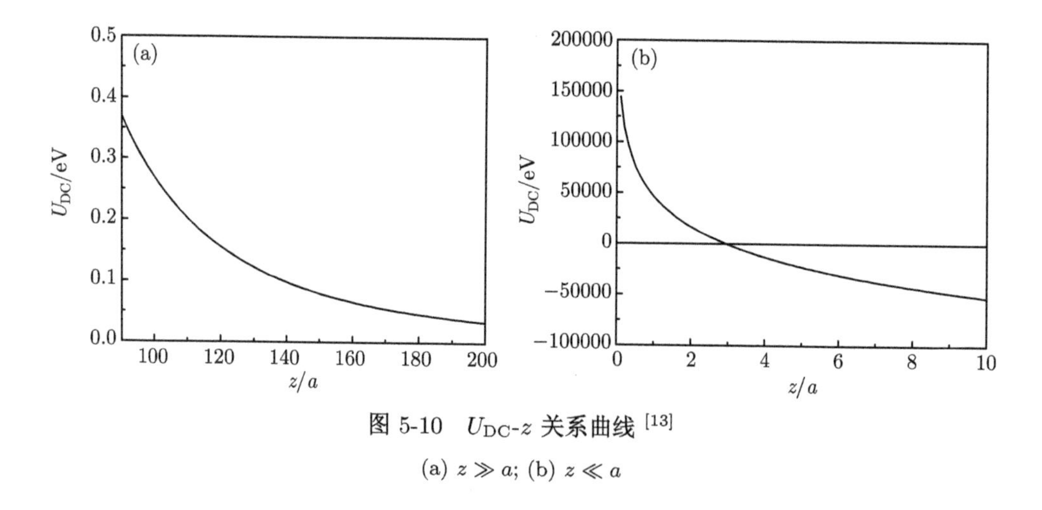

图 5-10　$U_{\rm DC}$-z 关系曲线 [13]

(a) $z \gg a$; (b) $z \ll a$

5.2.3　层错四面体的应变能

层错四面体也是一种常见的缺陷组态，对其形态也可从弹性应变能的角度进行分析。参照马氏体变体自协调群，可将层错四面体的总应变看作是各面上层错自协调的组合，如图 5-11(a) 所示。层错四面体的总应变 (ε_T) 为

$$\varepsilon_T = \frac{1}{4}(\varepsilon_1 + \varepsilon_2 + \varepsilon_3 + \varepsilon_4) \tag{5-23}$$

其中 $\varepsilon_i(i = 1, 2, 3, 4)$ 之间根据晶体学对称性可以相互转化，即以一个层错面为坐标平面，建立坐标系，将其他应变矩阵转化到同一坐标系，就可以得到两种合金中

的层错四面体的总应变矩阵:

$$\varepsilon_{T1}^{*}=\begin{bmatrix}0.0043 & 0 & 0\\ 0 & 0.0043 & -0.0008\\ 0 & -0.0008 & 0.0043\end{bmatrix},\quad \varepsilon_{T2}^{*}=\begin{bmatrix}0.0041 & 0 & 0\\ 0 & 0.0041 & -0.0005\\ 0 & -0.0005 & 0.0041\end{bmatrix} \tag{5-24}$$

将本征应变代入弹性应变能计算公式，就可以计算得到相应的两种合金中层错四面体的弹性应变能，如图 5-11(b) 所示。计算中假定层错四面体中一片层错的厚度一定，结果显示其弹性应变能会随形状因子的增加而增加，这意味着层错面会收缩，层错四面体将变小，从应变能的角度看，层错四面体有不断长大的趋势。计算结果显示层错四面体的应变能小于 $4\times10^6\text{J/m}^3$(约等于 28.1J/mol)，比单一层错的应变能大，但小于单一层错应变能的 4 倍，这里还体现出 4 个层错的自协调作用。

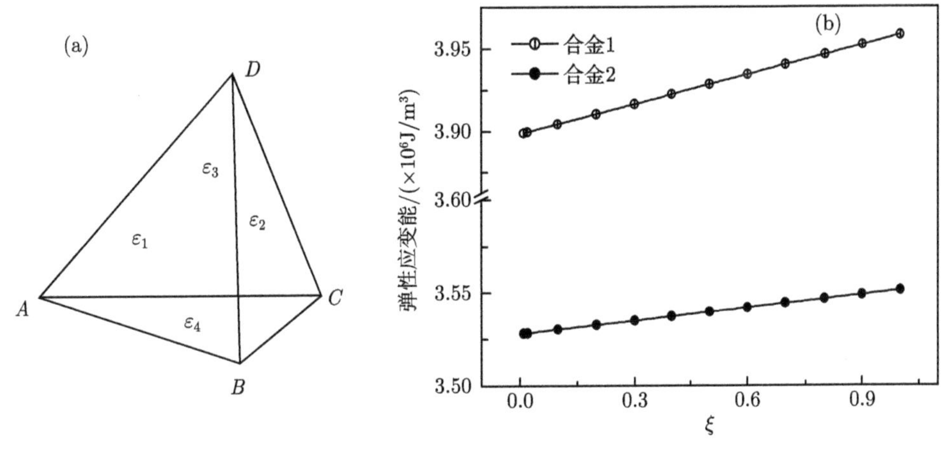

图 5-11 (a) 层错四面体; (b) 应变能与形状因子 ξ 的关系 [13]

在 Fe-Mn-Si 基合金中观察到层错四面体，可能和单一层错的层错能一样比较小，目前还没有具体的实验数据。Co-Ni 合金中也是发生 fcc-hcp 马氏体相变，实验测得这种合金中的层错四面体的层错能为 15.5mJ/m^2(约等于 124J/mol)[17]，以我们上面计算得到的层错四面体应变能为参考值，其在层错能中大约占 22.7%，要高于单一层错中应变能所占的比例 (约 10%)。

5.2.4 不全位错与原子的交互作用能

除了常规的八面体间隙位之外，间隙原子 (C 或 N) 会在 bcc 结构材料中的位错周围形成气团，作为一种偏聚，也体现了间隙原子在材料中的一种形态。下面利用位错理论来分析间隙原子与不全位错的交互作用，因为在 Fe-Mn-Si 合金中，层错边缘就是不全位错，间隙原子除了在层错面上有偏聚，与层错边缘的不全位错是否存在相互作用也会影响到间隙原子偏聚的具体位置。

间隙原子占据 fcc 结构的八面体间隙位会引起球形对称畸变，基于位错理论，间隙原子只能与刃位错发生交互作用。层错是 Fe-Mn-Si 基合金中一种非常重要的缺陷组态，而扩展层错边沿是不全位错，Shockley 型和 Frank 型 (其层错是由空位塌崩形成的 Frank 位错环) 两种不全位错均可能存在。

Shockley 不全位错可以是刃型、螺型或混合型，在下面的计算中主要考虑它作为刃型的不全位错，其柏氏矢量为 $b=\dfrac{1}{6}[1\bar{2}1]$。而 Frank 不全位错都是刃型的，其柏氏矢量为 $b=\dfrac{1}{3}[111]$。所以这两种位错都可能与间隙原子发生相互作用，只是位错的柏氏矢量不同。根据位错弹性理论，位错与间隙原子的交互作用能为 U_{D}：

$$U_{\mathrm{D}}=\frac{4}{3}\times\frac{1+v}{1-v}Gb\varepsilon_{RR}R^{3}\frac{\sin\theta}{r} \tag{5-25}$$

为了便于考虑其影响因素，常常关注 U_D 的最大值表达式：

$$U_{\text{D-Max}}=\frac{4}{3}\times\frac{1+v}{1-v}Gb\varepsilon_{RR}R^{3}\frac{1}{r} \tag{5-26}$$

取合金的泊松比 $v\approx 0.3$，切变模量 $G\approx 74\text{GPa}$，而径向应变则随间隙原子种类、合金结构类型的不同而有所变化。图 5-12 给出了 Shockley 型和 Frank 型不全位错与间隙原子的交互作用能与径向应变之间的关系曲线。

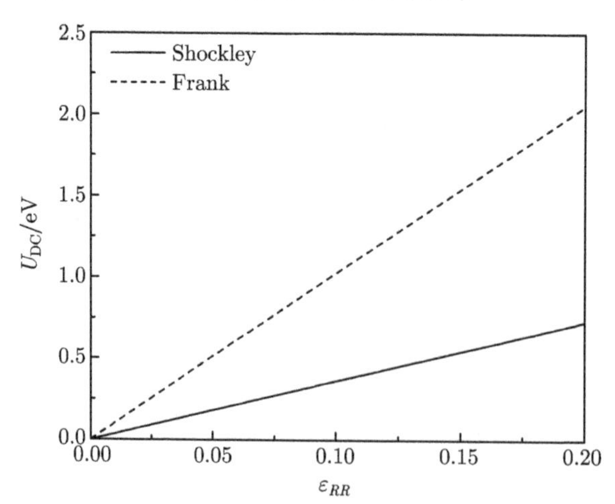

图 5-12　不全位错与间隙原子交互作用能与径向应变之间的关系

从图中可看出，对 Shockley 不全位错，当径向应变为 1%~20%，不全位错与间隙原子的弹性交互作用能在 0.04~0.7eV 范围正向变化。在 fcc 结构的 Fe-Mn-Si-Cr-N(C) 合金中，间隙原子与最近邻置换原子间的平均结合能大于 0.7eV，表明不全位错难以胜过置换原子来俘获间隙原子，所以在合金的 Shockley 不全位错周围没有 Cottrell 气团的存在。间隙原子在 fcc 结构中引起的是球形对称畸变，所以 Snoek 效应也不应存在。Frank 不全位错的柏氏矢量是 Shockley 型的 $\sqrt{2}$ 倍，计算得到 Frank 不全位错与间隙原子的交互作用能要大，与合金的原子间的平均结合能相当，所以间隙原子容易扩散或偏聚到这类位错圈上，使其扩大或缩小或发生攀移运动。在 fcc 合金中，间隙原子可以聚集成片，形成 Frank 不全位错，表明间隙原子与 Frank 不全位错之间可能存在某种相互作用，只是实验中要观察并确认这种效应有一定困难。另外，在 fcc 结构中 Frank 不全位错的密度相当小，这种效应也常会被其他现象所掩盖。

以上利用 Eshelby 弹性夹杂理论，结合 N 合金化的 Fe-Mn-Si-Cr 基合金，对马氏体单变体、多变体、层错、层错四面体的弹性应变能以及平行马氏体之间、层错与层错之间的交互作用进行了计算，并比较了 N 合金化的效果，得到如下结论 [13]：N 合金化使马氏体和层错的应变能都有所增加，表明正相变的阻力增加；单变体的应变能远远大于相变的临界驱动力，所以热诱发相变中难以观察到单变体；单变体的应变能比多变体的大许多倍；多变体的应变能与切变概率 p 有密切关系，p 减小，应变能降低；片状形态的马氏体的应变能最小；层错宽度增加，层错的应变能降低；平行马氏体之间、平行层错之间的交互作用能与间距相关，在间距增加的开始，这种交互作用减小得快，随后趋于缓和；层错四面体的应变能比单一层错的应变能大 1~2 倍；fcc 结构中不全位错与间隙原子的交互作用小于间隙原子与置换原子的结合能，所以相比 bcc 结构而言，间隙原子在不全位错周围形成气团的可能性大为降低。

参考文献

[1] 徐祖耀. β(γ) → ε 马氏体相变热力学 [J]. 金属学报，1980, 16(4): 430-434.

[2] Yang J H, Wayman C M. On secondary variants formed at intersections of ϵ martensite variants[J]. Acta Metallurgica, 1992, 40(8): 2011-2023.

[3] Yakubtsov I A, Ariapour B, Perovic D D. Effect of nitrogen on stacking fault energy of f.c.c. iron-based alloys[J]. Acta Materialia, 1999, 47(4): 1271-1279.

[4] Li J C, Zheng W, Jiang Q. Stacking fault energy of iron-base shape memory alloys[J]. Materials letters, 1999, 38(4): 275-277.

[5] Ferreira P J, Mullner P. A thermodynamic model for the stacking-fault energy[J]. Acta Materialia, 1999, 46(13): 4479-4484.

[6] Eshelby J D. The determination of the elastic field of an ellipsoidal inclusion, and related problems[J]. Proceedings of the Royal Society A: Mathematical, Physical and Engineering Sciences, 1957, A241: 376-396.

[7] Eshelby J D. The elastic field outside an ellipsoidal inclusion[J]. Proceedings of the Royal Society A: Mathematical, Physical and Engineering Sciences, 1959, A252: 561-569.

[8] Eshelby J D. Elastic inclusions and inhomogeneities[J]. Progress in Solid Mechanics, 1961, II: 87-140.

[9] Wechsler M S, Lieberman D S, Read T A. On the theory of the formation of martensite[J]. Transaction of American institute of Mining, Metallurgical, and Petroleum Engineers, 1953, 197: 1503-1515.

[10] Bowles J S, MacKenzie J K. The crystallography of martensite transformations, part I[J]. Acta Metallurgica, 2, 1954: 129-137; MacKenzie J K, Bowles J S. The crystallography of martensite transformations II[J]. Acta Metallurgica, 2, 1954: 138-147.

[11] Guo Z H, Rong Y H, Chen S P, et al. Crystallography of FCC(γ) →HCP(ϵ) martensitic transformation in Fe-Mn-Si based alloys[J]. Scripta Materialia, 1999, 41: 153-158.

[12] Olson G B, Cohen M. A general mechanism of martensitic nucleation: Part I. General concepts and the FCC→HCP transformation[J]. Metallurgical and Materials Transactions A-Physical Metallurgy and Materials Science, 1976, A7: 1897-1904.

[13] 万见峰. Fe-Mn-Si-Cr-N 形状记忆合金的马氏体相变 [D]. 上海：上海交通大学, 2001.

[14] 徐祖耀. 马氏体相变与马氏体 (第二版)[M]. 北京: 科学出版社, 1999.

[15] Liu D Z, Kajiwara S, Kikuchi T, Shinya N. Application of atomic force microscope to studies of martensitic transformation in shape memory alloys[J]. Materials Science Forum, 2000, 394-395: 193-200.

[16] Warren B E, Warekois E P. Stacking faults in cold worked alpha-brass[J]. Acta Metallurgica, 1955, 3(5): 473-479.

[17] Attree R W, Plaskett J S. XCI. The self-energy and interaction energy of stacking faults in metals[J]. Philosophical Magazine, 1956, 1(10): 885-911.

第 6 章　材料表面形态学

6.1　平直表面形态学

镁合金作为结构材料，属于轻合金，已应用于汽车零部件和电器外壳等工业领域，甚至在能源领域也有好的应用前景，如作为储氢材料 [1]。碳纳米管所表现出的优异物理、化学和力学性能，加上它们的低密度，使这种新形式的碳成为镁基和铝基复合增强材料的最佳候选材料。纳米尺度上观察到的优异性能有可能在宏观复合材料中得以实现，其中涉及很多基本的科学问题。深入了解纳米管基复合材料的力学行为，需要深入研究纳米管/基体界面的相互作用。下面利用第一性原理，研究碳纳米管与镁表面之间的相互作用，以确定金属表面纳米管的稳定性和相关性能 [2]。

6.1.1　表面电子结构

我们选择单壁碳纳米管与镁的 (0001) 密排面发生相互作用，如图 6-1 所示。单壁管分别为 (3, 3) 和 (5, 0)。通过改变纳米管与金属表面的间距，可以研究它们之间的相互作用特性。第一性原理计算使用的软件是 CASTEP[3]，先构造一个 (0001) 表面，然后将纳米管加入此结构中，采用周期性边界条件可以消除尺寸效应，对几何结构先进行优化，然后再计算其电子结构及相关能量。

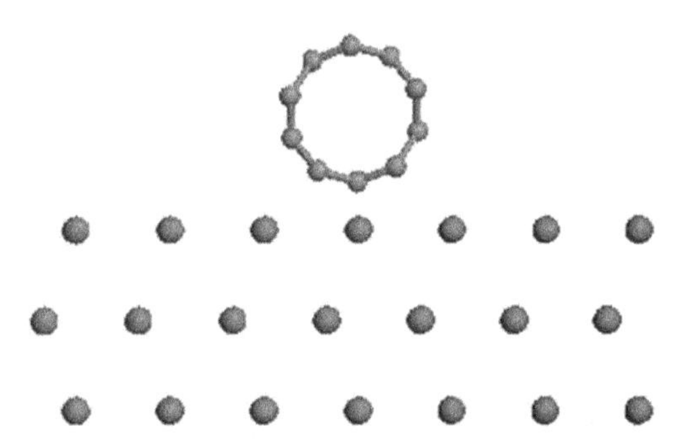

图 6-1　Mg (0001) 表面及碳纳米管结构示意图

下面我们将关注不同直径的纳米管与 Mg 表面相互作用的电子结构。图 6-2(a) 和图 6-2(b) 显示了 (3, 3) 和 (5, 0) 纳米管与 Mg(0001) 表面相互作用的总态密度 (DOS)，它们分别随不同的单位间距而变化。从费米能级处的总 DOS 来看，无论纳米管是金属的还是半导体的，系统都是金属的，其电性能可以由镁表面控制，尽管不同的纳米管及纳米管与表面之间的距离会影响到它。我们还发现，由于碳硅键的形成，通过与表面的接触，增强了纳米管的金属特性，因此在 E_F 下，总 DOS 随最佳间距的增加而增加。

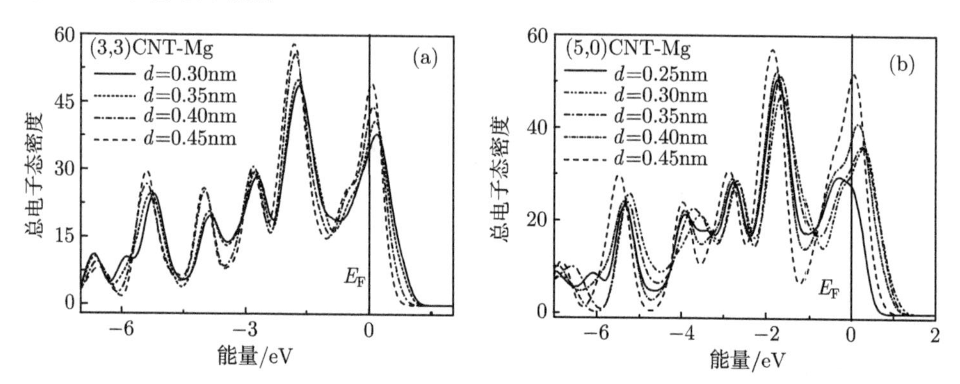

图 6-2　(3, 3) CNT(a) 和 (5, 0) CNT(b) 与镁表面组合体系的总态密度 [2]

6.1.2　表面电子密度

两种系统的总电荷密度图如图 6-3(a) 和图 6-4(a) 所示。在这里，我们清楚地看到了二聚体平面上的碳硅键的形成，其中键总是涉及 (3, 3) 纳米管中一个最近的 C 原子和一个较低的镁原子，或具有 (5, 0) 纳米管中一个最近的 C 原子与两个较低的镁原子。当纳米管沿着纳米管的垂直方向向上移动时，这些键会减少，如图 6-3(b) 和图 6-4(b) 所示，这分别是由于纳米管和镁表面的电荷分布的局域化导致的。镁原子的杂化可以调节纳米管的电子结构。当纳米管沿 Mg 表面的水平方向发生剪切时，二聚体系统的电荷将重新分布，从而形成 C 原子与最近的 Mg 原子之间的较强共价带 (图 6-3(c) 和图 6-4(c))。这种剪切力 (F_s) 和切应力 (σ_s) 可以根据

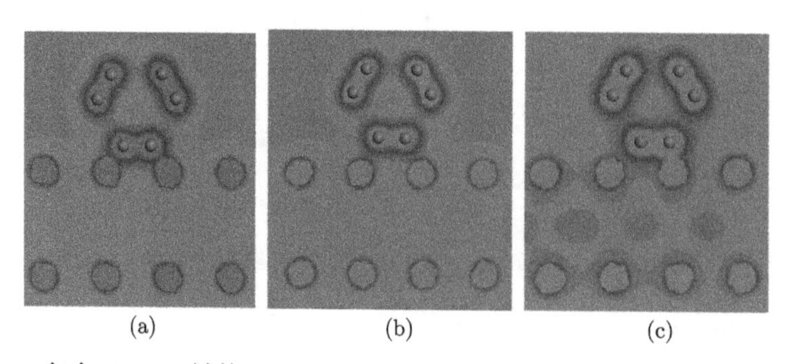

图 6-3　包含 C—Mg 键的 (3, 3) CNT-Mg (0001) 体系的垂直面的电荷密度图 [2]

(a) 稳定构型；(b) 垂直方向移动；(c) 水平方向移动

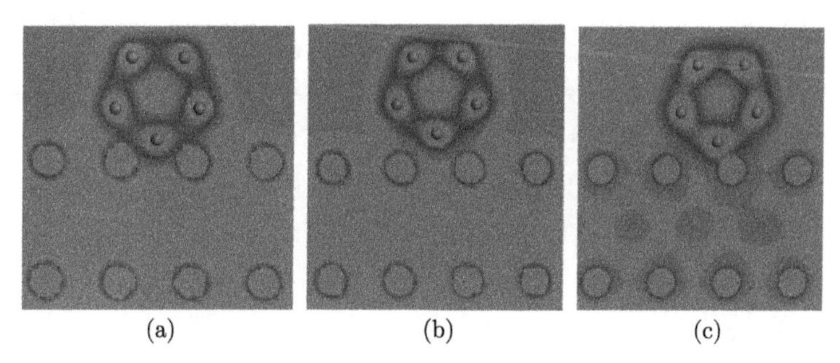

图 6-4 包含 C—Mg 键的 (5, 0) CNT-Mg (0001) 体系的垂直面的电荷密度图 [2]

(a) 稳定构型；(b) 垂直方向移动；(c) 水平方向移动

总能量计算得到。计算结果表明：(3, 3) 纳米管的 F_s 值约为 8.1×10^{-10}N，小于 (5, 0) 纳米管 (约为 2.2×10^{-9}N)；(3, 3) 纳米管 (约为 $1.9\times10^{-10}\mathrm{N/m^2}$) 的 σ_s 值也小于 (5, 0) 纳米管 (约为 $5.8\times10^{-10}\mathrm{N/m^2}$)，这是由于剪切时作为能垒的 C—Mg 键的键合强度不同。

6.1.3 表面结合强度

图 6-5 显示了 Mg(0001) 表面上的 (3, 3) 和 (5, 0) 纳米管的相互作用能，作为纳米管壁和最顶部表面原子位置之间距离的函数。我们发现 (3, 3) 和 (5, 0) 纳米管的最佳间距分别为 0.25nm 和 3.0nm，其中复合体可能是最稳定的。计算得到的两种纳米管与镁表面的相互作用能分别为 0.21eV/原子和 0.55eV/原子，表明由于纳米管的结构差异而产生了巨大的差异。(5, 0) 纳米管与镁表面的大相互作用是由于纳米管的电子态与镁表面之间的实质性杂化，即纳米管与镁表面实现了价键的结合——化学性吸附，不是物理性吸附。这可以根据键序计算直接对其研究。

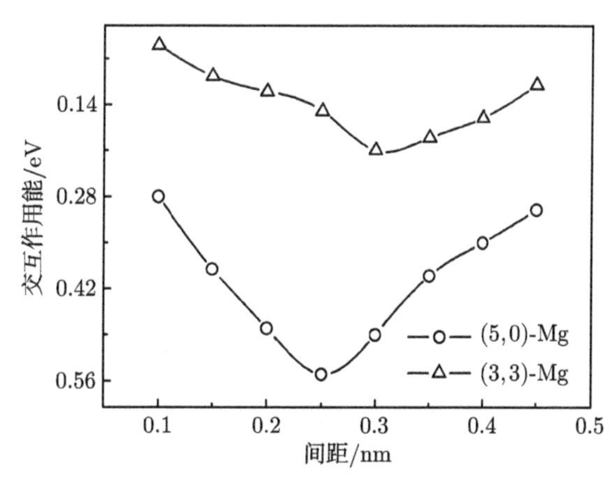

图 6-5 两种纳米管与 Mg(0001) 表面相互作用能与间距之间的关系曲线 [2]

从 Mulliken 占据数分析中，我们可以估计碳纳米管和镁表面之间的电荷转移，发现每单位原子有 0.1~1.0e 从表面转移到纳米管中，并形成 C—Mg 键，这可能是由于镁原子 3s 轨道和 C 原子 2p 轨道之间的杂交而产生的，形成一个类似 sp 的杂交轨道。基于原子间电子重叠数的键序 (BO) 可用来衡量共价键的强度。根据 Mulliken 占据数分析，原子间的键序 (BO) 可以表示为

$$\mathrm{BO}(l-m)=\sum_{n}\sum_{\alpha\beta}N_n c_{nal}c_{n\beta m}\int\psi_{al}^*(r)\psi_{\beta m}(r)\mathrm{d}r \tag{6-1}$$

其中 c_{nal} 和 $c_{n\beta m}$ 是原子轨道线性组合的相关系数。$\int\psi_{al}^*(r)\psi_{\beta m}(r)\mathrm{d}r$ 是 α 和 β 原子轨道之间的重叠积分 [4]. 图 6-6 显示了 Mg 与 (3, 3) 和 (5, 0) 纳米管中最近邻的 C 原子之间的键序随单位间距的变化而变化。认为纳米管与镁表面的相互作用是由两个单元的化学键引起的，特别是形成 C—Mg 键属于价带，导致体系自由电子的减少。我们也发现了相同的最佳间距作为相互作用能的变化 (图 6-5)，其中 C—Mg 键的键序达到最大值。

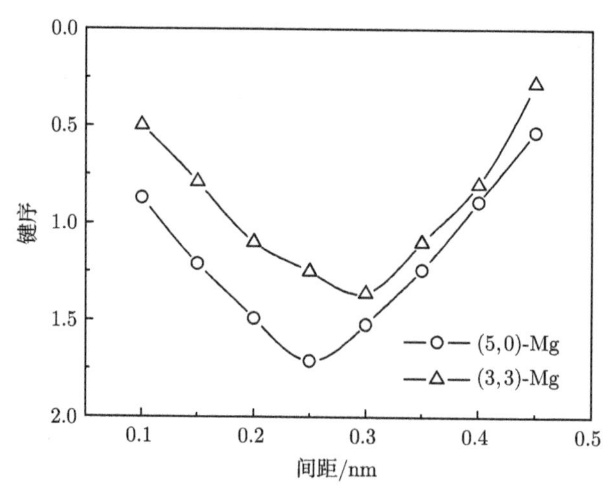

图 6-6　最近邻 C 原子与 Mg 原子之间的键序与 (3, 3)/(5, 0) 纳米管–镁表面间距之间的关系 [2]

以上利用全能电子结构计算方法，研究了纳米管与镁表面相互作用的能量学和电子结构。我们发现，电荷从金属表面转移到纳米管，这取决于纳米管的电子结构和金属表面的电子态。由于碳原子和镁原子之间的键合强度不同，纳米管与镁表面的相互作用能随纳米管结构和表面间距的不同而变化，这可以通过键序计算得到。在二聚体系统中，纳米管的剪切力和剪应力也与纳米管的结构与镁表面的距离有关。

6.2 颗粒表面形态学

钝化镁主要用于钢液中的深脱硫，最终达到 20ppm (百万分比浓度, 1ppm = 0.0001%) 以下。对镁颗粒/镁粉表面进行钝化是为了进一步提高镁颗粒/镁粉的利用效率及脱硫效果，经过钝化处理后，镁颗粒/镁粉的阻燃温度提高了很多，阻燃时间也得到有效提高，这些都有利于钢液脱硫的物理和化学过程，对脱硫动力学也是非常有利的，同时也降低了脱硫的成本。采用不同的钝化工艺 (如物化法、物法、化法等) 所得到的钝化镁，实验结果表明其阻燃性能大不相同：物理和化学相结合的方法制备的稀土氧化物钝化镁颗粒阻燃性能最好，化学法制备的样品阻燃性能次之，物理法制备的样品阻燃性能最差 [5]。这种差异主要与其表面形态、表面结合强度有密切的关系 [6]。

6.2.1 颗粒表面结构和形貌 [5]

图 6-7(a)~(c) 分别给出了三种试样表面形貌的扫描电镜 (SEM) 照片。图 6-7(a) 是利用物理和化学相结合的方法制备的稀土氧化物钝化镁颗粒，SEM 照片显示颗粒表面包敷均匀，致密性较好，没有明显的裂纹或显微孔洞。图 6-7(b) 是物理法制备的稀土氧化物钝化镁颗粒，SEM 照片显示颗粒表面包敷不够致密，表面分布有很多不均匀的微孔洞，该钝化表面层肯定不能有效阻挡内部金属与外部氧气的接触。图 6-7(c) 是用化学法制备的钝化镁粒，SEM 照片显示钝化表面相对包敷均匀，同样没有明显的显微小孔和微裂纹，尽管其致密性好于物理法样品，但是要差于物化法制备的钝化镁颗粒。这三种样品表面形态明显不同，对其阻燃性能必然产生影响，阻燃实验结果显示：物化法制备的样品的阻燃时间最长，化学法制备的样品次之，最差为物理法制备的样品；结合形态分析，表面致密性越好，其阻燃性能越好，所以在制备钝化镁颗粒时，提高其表面致密性是一个非常重要的形态控制因素。

为了进一步对钝化颗粒表面的物相进行鉴定，可利用 XRD 对三种试样表面进行结构分析，相关的实验结果如图 6-8 所示。钝化颗粒表面具有较薄的钝化层，在其 XRD 图谱中除了钝化层中氧化物的结构峰之外，还包含很强的钝化层下面金属镁基体的结构峰，但这并不意味着表面含有金属镁。图 6-8 (a) 给出了物化法制备的钝化镁颗粒的表面衍射峰，可看出颗粒表面只有一种氧化物 CeO_2 的衍射峰，没有其他的氧化物，除此之外就是金属镁的衍射峰，这说明在表面钝化层中包含有一定量的晶态 CeO_2。按照颗粒镁的钝化工艺，在颗粒镁的表面钝化层中应当还有氧化镁，但 XRD 图谱中没有显示出，可能的原因是氧化镁含量比较少或者氧化镁为非晶态。图 6-8 (b) 是通过物理法制备的钝化镁颗粒的 XRD 图谱，结果显示表面钝化层只有一种氧化物 CaO 的衍射峰，再就是金属镁的衍射峰。这说明在表面钝化层中含有一定量的 CaO，可能还含有其他的物质，这将在下面的成分检测中做进一步的分析。图 6-8 (b) 是通过物理法制备的钝化镁颗粒表面的 XRD 图谱，结果显示表面只有很强的金属镁的结构衍射峰，没有观测到其他物质的衍射峰，根据 XRD 测量精度，含量少于 3% 的物相在常规 XRD 测量中难以检测到，根据其钝化工艺，在其表面也应当还含有其他的物质。以上 XRD 图谱结果显示在物化法和物理法制备的钝化镁颗粒表面均含有大量氧化物，而化学法制备的钝化镁颗粒表面不能确定是否生成氧化物，这需要借助其他方法对其样品做进一步的检测和核实。

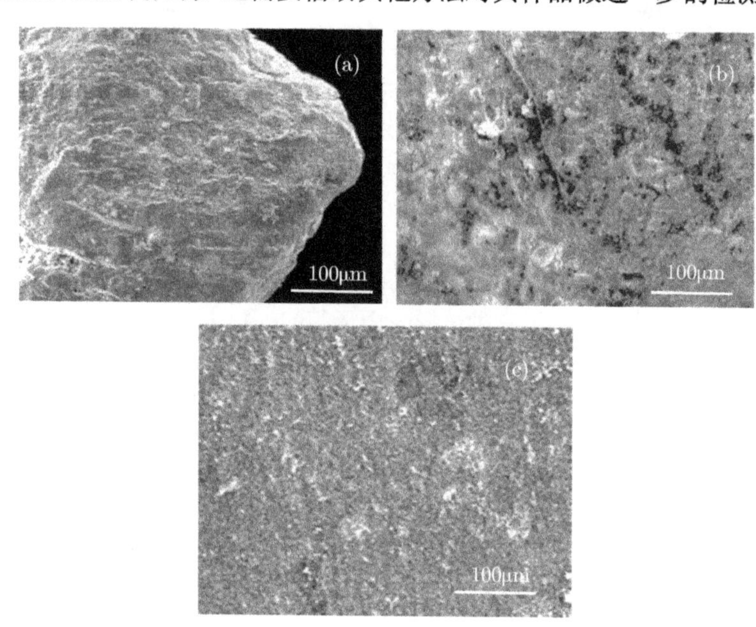

图 6-7　样品 SEM 图 (×100)[5,6]

(a) 物化法样品；(b) 物理法样品；(c) 化学法样品

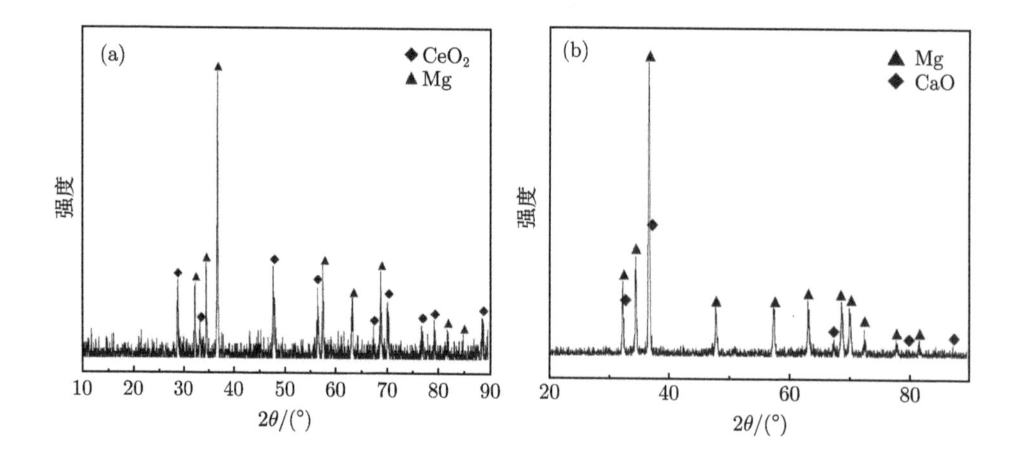

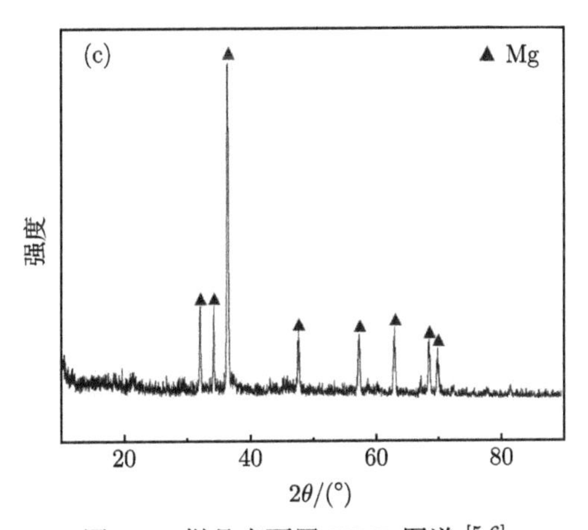

图 6-8 样品表面层 XRD 图谱 [5,6]

(a) 物化法样品；(b) 物理法样品；(c) 化学法样品

6.2.2 颗粒表面浓度梯度 [5]

为了进一步分析各元素沿钝化镁颗粒表面层纵向深度方向的浓度分布，将俄歇能谱分析 (AES) 与氩离子溅射技术相结合，通过逐层分析其各元素的浓度和各元素原子的电子特征谱，可以深入分析表面钝化层内部的结构特征。根据文献 [7]，可以根据俄歇峰的强度计算出各组成元素的原子百分浓度，计算公式如下：

$$C_x = \frac{I_x}{S_x} \Big/ \sum \frac{I_a}{S_a} \tag{6-2}$$

其中，C_x 为元素 x 的相对原子百分浓度，I_x 和 S_x 分别为俄歇峰的峰高和对应的灵敏度因子。利用氩离子溅射技术，对表面层进行逐层剥离，每刻蚀一定厚度的表面层，就立刻进行一次俄歇能谱扫描，就可以得到各元素在该层的浓度分布；不停地剥离/刻蚀，直到氧浓度或某一元素浓度接近零为止，这样就可以得到一系列的表面层的各元素浓度，进一步将其转化为各元素沿表面层深度纵向的浓度分布。根据相关文献和机器说明，实验中的氩离子溅射速率初步确定为 10nm/min；按照计算公式 (6-2)，可计算得到三种样品表面钝化层各元素浓度沿深度方向的分布结果，如图 6-9 所示。

根据图 6-9 所给出的浓度分布结果，可以对比三种不同制备方法得到的样品表面钝化层内的物相组成结构，同时还能更深入了解各种元素沿深度方向的浓度分布规律。图 6-9 (a) 是物化法样品的测量结果，可看出钝化颗粒镁的表面钝化层从最外面到 4μm 深度处，各元素浓度分布规律如下：O 元素的浓度随深度增加而慢慢增加，Ce 元素的浓度则是慢慢减少，而 Mg 的浓度是先稍微减少到一定厚度后又缓慢增加。结合前面的 XRD 图谱 (图 6-8(a))，可以认为物化法制备的钝化镁颗粒由外到内氧化物 CeO_2 逐渐减少，但总体看表面层没有出现明显的分层。O 元素的浓度在表面钝化层超过 0.75μm 厚度后增加较快，这可能是因为样品钝化过程中表面吸附了较多空气中的氧，在此厚度处的镁还有部分是以氧化镁的形式存在，且在厚度 4μm 处还能检测到一定浓度的 Ce 元素，所以可认为 4μm 处并没有到达表面层和基体的界面，表面钝化层的厚度要大于 4μm。由于每次刻蚀的时间已非常长，达到 5 个小时以上，不能再长了，所以只能刻蚀到此厚度就结束了相关的实验。图 6-9 (b) 给出了物理法制备的样品元素的纵向浓度剖析，与图 6-9(a) 不同的是，根据各元素的浓度分布变化，其钝化表面层具有明显的分层现象，可将其表面分成三层：第一层厚度约 0.36μm，其中 Mg 元素和 O 元素在这一厚度层中的浓度没有明显的变化，且随着深度的增加，Ca 元素的浓度增加而 Si 元素浓度减少；第二层从 0.36μm 到 1.36μm，厚度约 1μm，在这一厚度层中，Ca、O、Si 元素的浓度继续降低，特别是 Ca 和 Si 元素浓度已下降到极低的程度，可近似认为不再含有 Ca 和 Si 两种元素；第三层从 1.36μm 到 2.5μm，厚度约 1.14μm，这一厚度层主要包含 Mg 和 O 两种元素，其中 Mg 元素的浓度显著增加，而 O 浓度急剧下降到一个很低的值。可以明显看到，在 2.5μm 厚度处几乎全部为 Mg，而且此时 Mg 元素全都以零价态的金属镁存在，因此可认为物理法制备的样品的钝化镁表面层厚度约为 2.5μm。

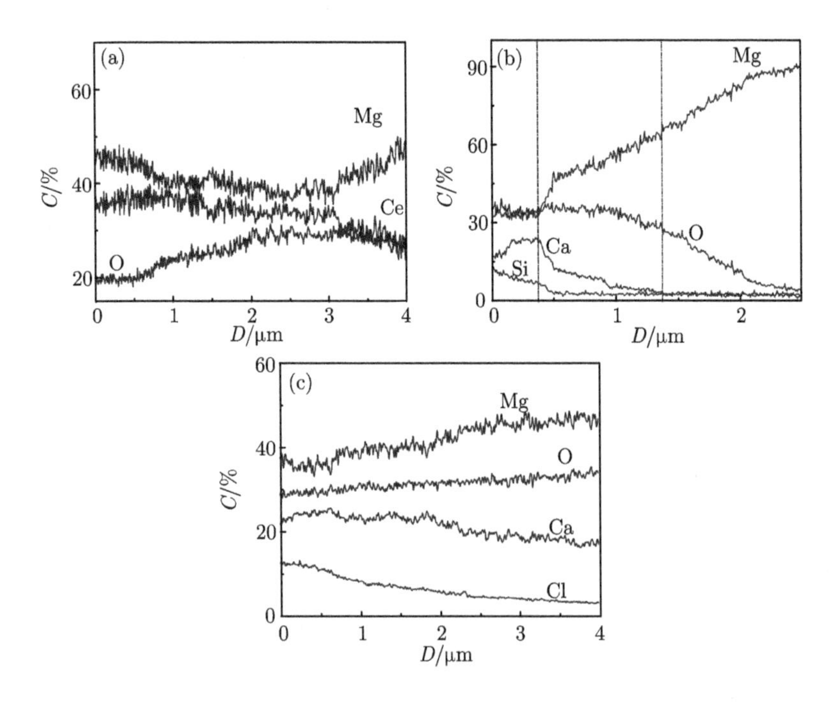

图 6-9　表面钝化层各元素深度 (D)–浓度 (C) 剖析 [5,6]

(a) 物化法样品；(b) 物理法样品；(c) 化学法样品

图 6-9 (c) 是采用化学法制备的样品中各元素的浓度剖析，其表面层从外表面到 4μm 厚度处，O 元素和 Mg 元素的浓度缓慢增加，而同时 Cl 元素和 Ca 元素的浓度缓慢降低。总体看来各元素的浓度没有显著的变化，说明在此厚度范围内其表面钝化层比较均匀，没有明显的分层，SEM 也显示此样品表面比较致密。在 4μm 厚度处仍含有大量的 Cl 元素、O 元素和 Ca 元素，此时也没有到达表面钝化层和基体镁金属的界面，所以这种方法制备的钝化镁颗粒表面钝化层厚度要大于 4μm。以上分析说明，物化法制备的样品和化学法制备的样品的表面钝化层都比物理法获得的样品表面要厚，且表面钝化层中各元素分布比较均匀，没有出现明显的浓度分层，而物理法制备的样品表面钝化层不是很均匀，存在显著的浓度分层，这也是导致物理法制备的钝化镁颗粒样品的阻燃性能不如其他两者的原因。

由于利用物化法制备的样品和利用化学法制备的样品的表面钝化层厚度超过了 AES 的测量范围，难以用此方法获得对应样品的表面钝化层的真实厚度。为了彻底测量出物化法样品和化学法样品的表面钝化层的真实厚度，下面采用 SEM 结合 EDS 方法，沿样品横断面对元素分布进行线扫描，测量结果如图 6-10 所示。图 6-10 (a) 可清晰看到中间有一层物质，它就是表面钝化层，其右边是基体镁。从图中看到钝化层不是很致密，存在一些大小不均匀的颗粒，可能是由于热镶试样时对表面钝化层有一定的破坏。图 6-10(a) 下面还显示了 EDS 线扫描获得的 Mg、Ce、O

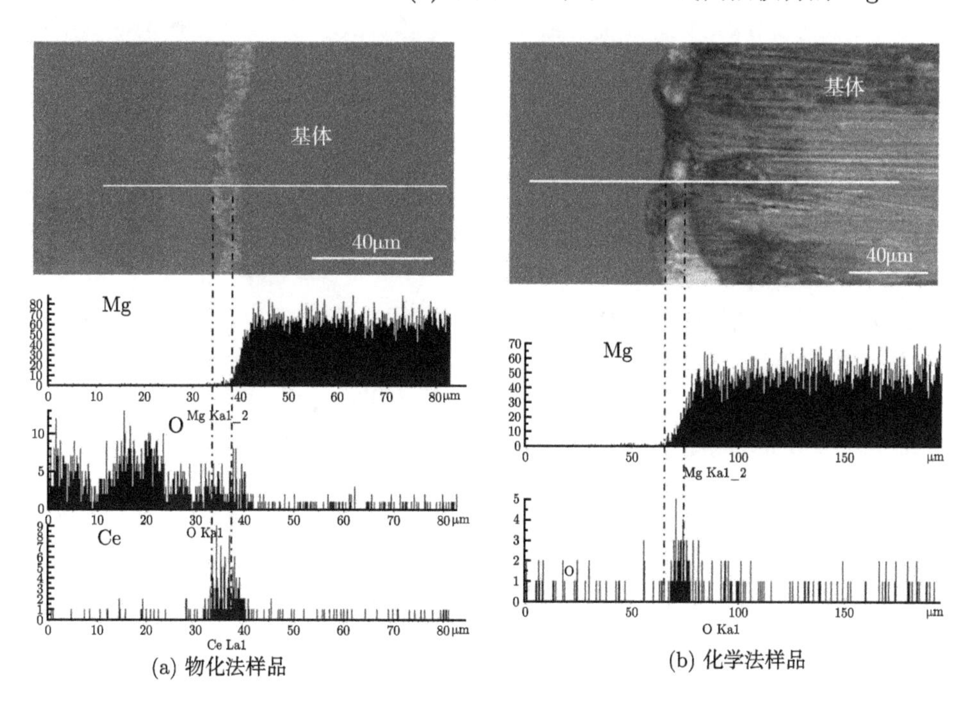

(a) 物化法样品

(b) 化学法样品

图 6-10 横截面成分分布线扫描 [5,6]

各元素浓度的变化，可以看出在图中虚线之间的范围是表面钝化层，镁的浓度从微量逐步增加，而氧的浓度变化不大，从左向右过第二条虚线后氧浓度接近于零。而 Ce 元素在虚线范围内浓度最大，几乎所有的 Ce 元素都集中在这个范围内，再往右其浓度也逐渐降低为零。由此可以得到物化法制备的钝化颗粒镁的钝化层厚度约为 10μm，且主要含有 CeO_2 和 MgO 这两者氧化物。利用同样的方法，测量得到化学法样品的表面钝化层厚度为 7~8μm，如图 6-10 (b) 所示，二者的厚度均大于 AES 测量中的 4μm 极限。

6.2.3　颗粒表面力学行为 [5]

钝化镁颗粒粒度很小，一般直径在 1mm 左右，呈不规则的球形，要直接测试其表面钝化层的硬度和它与基体金属镁的结合强度还非常困难，因此只能考虑一些间接的测试方式。下面我们采用模拟实验的方法：选择纯金属镁块体材料，将其切割成具有规则外形的小圆柱体，保证其中一个端面平整，对其进行打磨光滑后，经过相同的钝化处理工艺，然后测试该小圆柱体端部表面钝化层的硬度与基体的结合强度。由于钝化工艺和方法相同，因此镁钝化的效果基本相同，包括形成的钝化层的厚度及合金成分的浓度分布等，这样才能准确模拟钝化镁颗粒的实际力学性能。具体方法：把纯镁线切割成直径 15mm、高 10mm 的圆柱体，表面经砂纸打磨、抛光，然后放入配置好的钝化液 (由硼酸、氯化镁与水按一定比例混合配成) 中，钝化液温度控制在 70℃左右，经过大约 10 分钟钝化处理后取出再经水洗、烘干处理即得到实验样品，以此来模拟利用化学法制备的样品。采用相同的工艺，在新钝化液 (由硼酸、氯化镁、CeO_2 粉与水按一定比例混合配成) 中钝化样品，以此来模拟借助物化法制备的样品。以上我们主要模拟了物化法和化学法两种制备方法的实际效果。对于钝化镁表面的力学性能，可采用纳米压痕技术，通过测量载荷–位移曲线来获得钝化层的强度和硬度。

图 6-11 (a) 是钝化液中未加 CeO_2 的模拟样品的载荷–深度曲线，图 6-11 (b) 是钝化液中掺加 CeO_2 的模拟样品的载荷–深度曲线。所采用的载荷分别为 2mN、5mN 和 10mN。对比两个图可以看出，当施加载荷均为 10mN 时，前一模拟样品压痕的最大深度为 791nm，卸载后残余深度为 676nm，而后一模拟样品，其压痕的最大深度为 669nm，卸载后压痕的残余深度为 542nm，前者的深度明显大于后者，说明在钝化液中添加 CeO_2 粉末后钝化得到的模拟样品表面的硬度提高了。两个模拟样品的硬度尽管不同，但是在这三种载荷下加载/卸载过程中载荷–位移曲线都是连续的，曲线上没有出现台阶、锯齿等现象，表明在表面钝化层中没有出现裂纹、孔洞等其他缺陷，这与 SEM 实验观察是一致的。从图 6-11 中还可以看出，不同载荷不同位置下的加载曲线均比较符合 $f=cd^2$ 这一关系式，表明在纳米压头下材料表面的变形方式基本相同，所以同一样品在不同载荷下的加载曲线均包含一段重合

部分。虽然加载的载荷不同，但是两个样品各自的卸载曲线几乎是平行的，表明两种样品的表面钝化层在各处的弹性性能几乎相同，即表面钝化层的力学性能是均匀分布的。

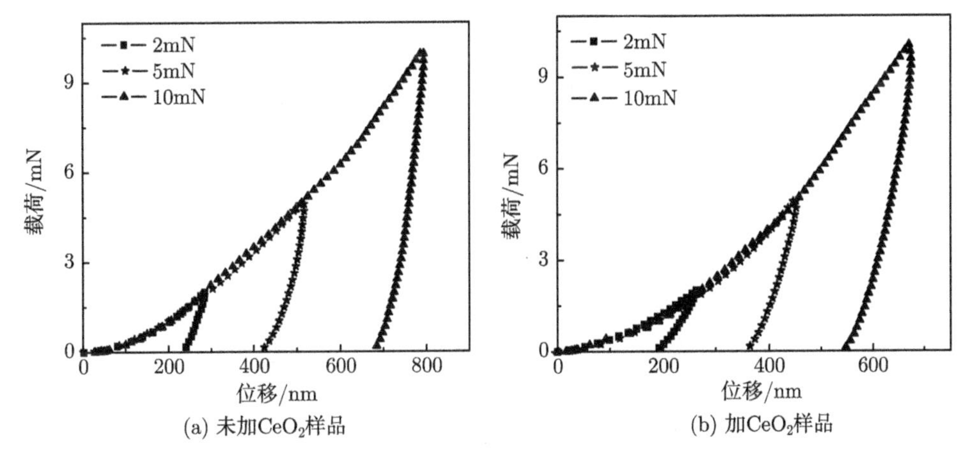

(a) 未加CeO_2样品 (b) 加CeO_2样品

图 6-11 不同载荷的载荷–深度曲线 [8]

不同的载荷作用下纳米压头压入模拟试样的深度不同 (图 6-11)，导致所测量的表面钝化层的维氏硬度值有较大差异，如图 6-12 所示。

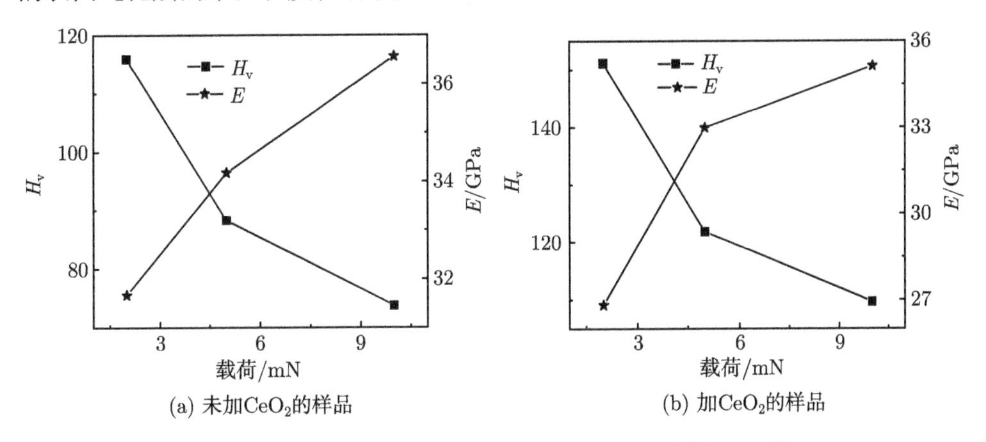

(a) 未加CeO_2的样品 (b) 加CeO_2的样品

图 6-12 不同载荷下的维氏硬度 (H_v) 和弹性模量 (E)[8]

从图 6-12 中可看出，随着载荷的增大，纳米压痕的深度会增加，测得的硬度值却逐渐降低，钝化液未加 CeO_2 获得的模拟样品的硬度值从 2mN 时的 115.9H_v 减少到 10mN 时的 73.7H_v，而钝化液中添加 CeO_2 粉末的模拟样品的硬度值从 2mN 时的 151.1H_v 减少到 10mN 时的 109.7H_v。而弹性模量值逐渐增加，但变化不是很大，未加 CeO_2 的样品从 2mN 时的 31.7GPa 增加到 10mN 时的 36.6GPa，加 CeO_2

的样品从 2mN 时的 26.8GPa 增加到 10mN 时的 35.1GPa。这表明样品表面钝化层的硬度值不是一个常数，而是随着深度而变化，相应的弹性模量也在发生变化，主要原因是钝化层中各元素的浓度一直在改变。这种尺寸效应是材料在小尺度时固有的现象。有试验表明，当非均匀塑性变形特征长度在微米量级时，材料具有很强的尺寸效应；Fleck 等 [9] 在细铜丝的扭转试验中观察发现，当铜丝直径为 12μm 时，无量纲的扭转硬化显著增加到 170μm 时的 3 倍。实验结果显示在相同的压力下，加 CeO_2 后的模拟样品的表面硬度要高于未加 CeO_2 的模拟样品。

至今仍缺乏可靠而实用的测试方法对膜基之间的界面结合强度进行测量。其中利用黏结剂–拉伸法测定涂层的结合强度时，由于涂层并不完全致密，测量时撕开的断面并不完全沿界面扩展，所以利用黏结剂–拉伸法在确定基体的结合强度时也有自身的设计缺陷。主要原因之一是黏结剂会不同程度地缓慢渗透到涂层中，干燥后就起到了增强涂层的作用；另一个原因是在制样时很难保证上下两个试样的同心度，这会降低测量数据的准确性和可靠性。该方法的优点是：对不同工艺条件制备的涂层进行测试所得到的测量结果具有较强的可比性。因此我们采用拉伸实验来测定表面钝化层与基体镁金属的结合强度。具体设计实验时采用对偶件拉伸试验法测定钝化层的结合强度：将样品的一个端面用砂纸打磨光滑，除去表面氧化层和变形层，露出镁基体的平面，然后用胶黏剂把样品的两面和卡具进行对心黏结，待完全固化后进行拉伸试验。拉伸速度 0.2mm/min。钝化层断裂强度可按下式计算得到:$\sigma = \dfrac{F}{\pi r^2}$，式中 σ 为试样的断裂强度 (MPa), F 为断裂发生时的拉力 (N)，r 为涂层样品外接把手的半径 (mm)。两种样品分别做三次取平均值。拉伸试验测得表面层的结合强度见表 6-1 所示。可以看出，钝化剂中未加 CeO_2 模拟样品的表面钝化层的结合强度为 3.84MPa，而加 CeO_2 样品的表面层结合强度为 9.17MPa，由于所用胶黏剂对样品磨过的一面与卡具的黏结强度为 17.6MPa，远大于所测得的结合强度，因此可认为测量值能较准确反映模拟样品表面钝化层的结合强度。实验结果显示添加 CeO_2 样品的表面结合强度远高于未加 CeO_2 的样品。因此可断定两种模拟样品的表面钝化层结合强度的实际值应稍大于测量值。从表中可以看到，同种模拟样品重复测量时所得的实验结果并不完全相同，这主要是系统误差导致的。

表 6-1 表面层的结合强度值 [8] (单位：MPa)

次数 \ 样品	未加 CeO_2 的样品	加 CeO_2 的样品
1	3.45	8.45
2	4.21	9.23
3	3.87	9.84
平均值	3.84	9.17

界面结合强度直接反映了表面钝化层和内部金属镁结合的牢固程度，其变化规律与阻燃性能的测试结果一致，结合强度大的钝化镁颗粒的阻燃时间和燃点相应也高。钝化液中添加 CeO_2 粉末制备的样品的表面层结合强度比没加 CeO_2 粉末时结合强度大的原因，可能是由于 CeO_2 粉末先与金属镁发生包敷，然后钝化液再与它们反应形成比较紧密复杂的化学性结合，从而起到增强表面钝化层的强化效果。

6.3 台阶表面形态学

台阶表面在半导体薄膜外延生长、特别是在量子点、量子线等低维纳米结构的制备中起着非常重要的作用。相比于平坦表面，在表面台阶处存在不同的表面原子结构与能量状态，台阶表面原子的化学性质比较活泼，往往会成为其他纳米结构(包括纳米线、纳米阵列、纳米带等) 的优先成核位置。对其形态的形成机理进行研究分析，有利于实现低维纳米结构在制备中的有效调控，对纳米器件的设计与制造具有重要的意义。

6.3.1 单链与台阶表面的相互作用

针对台阶表面一维纳米团簇的有序生长，可以建立相应的有效能量计算模型，并利用欧拉方程，得到基于台阶宽度的链状纳米团簇的定量关系式，同时分析了团簇与表面、团簇与团簇、团簇与台阶的相互作用对纳米团簇有序生长的影响，可得到一些有价值的理论结果。

6.3.1.1 能量模型

通过扫描隧道显微镜 (STM) 观察到沉积在硅表面的纳米团簇择优分布在直台阶的边缘，形成一维链状结构，或一维纳米线。下面重点考虑一维纳米链状结构在台阶前沿的分布规律。为了计算硅表面的沿台阶分布的纳米团簇的能量分布，我们必须建立有效的模型来模拟其能量的分布状况，并将实验的结果与建立起的模型进行比对，以验证模型的正确性。结合实验的结果，纳米团簇沿台阶的横截面分布情况的示意图如图 6-13 所示。

对于图 6-13，我们会想到以下两个问题：在外延沉积生成时，为什么会沿台阶形成团簇链？团簇尺寸、台阶宽度和团簇链的线密度之间有什么样的联系？要解决以上两个问题，就必须建立起一个与实验结果相联系的能量模型来分析出团簇尺寸、台阶宽度和团簇链的线密度之间的关系。台阶表面沿台阶一维纳米链状团簇的总能表示为

$$E_{\text{TOT}} = \sum_i E_{C_i} + \sum_{i,j} E_{\text{int}(C_i-C_j)} + \sum_i E_{A(C_i-S)} + \sum_i E_{\text{int}(C_i-E)} + RT\Delta S_C \quad (6\text{-}3)$$

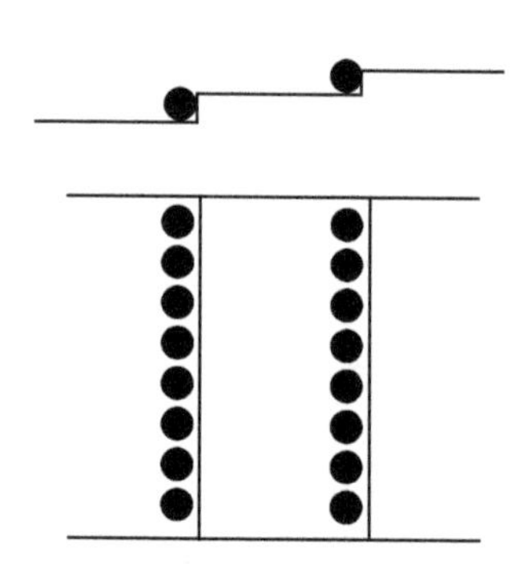

图 6-13　纳米团簇沿台阶表面的分布情况 (图中的小圆圈表示纳米团簇)

其中 E_{C_i} 为单一团簇的能量，$E_{\mathrm{int}(C_i-C_j)}$ 为团簇间的相互作用能，$E_{A(C_i-S)}$ 是团簇与台阶表面的相互作用能，$E_{\mathrm{int}(C_i-E)}$ 是团簇与台阶的相互作用能，ΔS_C 是台阶表面团簇的组态熵。我们假定直径为 D 的纳米团簇分布在宽度 L 的台阶表面上。对于一维链状结构，我们引入线密度 (ρ_M) 的概念，即单位长度上纳米团簇的数目：

$$\rho_M = M/l \tag{6-4}$$

并将 l 分成 N 格，满足 $N \geqslant M$，所以 M 个团簇分别占据在各格点上。则台阶前沿的链状团簇的占位概率可以表示为

$$P_M = M/N = \rho_M \cdot l/N \tag{6-5}$$

P_M 可定义为线覆盖率。

(1) E_{C_i} 的计算：

采用 EAM 势函数计算纳米团簇的能量。参考其计算方法和理论依据，我们取一个比较简洁的团簇能量计算关系式：

$$E_{C_i} = n_c E_0 + n_c E_b[1 + k_1(a/a_0 - 1)]\exp[-k_1(a/a_0 - 1)] \tag{6-6}$$

上式中 E_0 和 a_0 为体材料的平衡能量和平衡点阵常数，a 为纳米结构的点阵常数，k_1 是与材料有关的参数，大小可以表示为 $\sqrt{9Ba_0^3/(\sqrt{2}E_b)}$，其中 B 为体弹性模量。假定团簇为球形，每个团簇内部的原子数为 n_c，则有：$a = D/(2\sqrt{n_c})$。在这里我们假定所有的团簇的尺寸和结构都相同，即各团簇的能量相等。这样可得到

$$\sum_{i=1}^{M} E_{C_i} = (\rho_M l) \cdot E_0 \cdot \left[1 + k_1\left(\frac{D}{2\sqrt{n_c}a_0} - 1\right)\right]\exp\left[-k_1\left(\frac{D}{2\sqrt{n_c}a_0} - 1\right)\right] \tag{6-7}$$

(2) $E_{\mathrm{int}(C_i-C_j)}$ 的计算：

团簇间的相互作用 $E_{\mathrm{int}(C_i-C_j)}$ 采用 L-J 势和库仑势的复合势函数：

$$E_{\mathrm{int}(C_i-C_j)} = \varepsilon_{ij}\left[\frac{\sigma_{ij}^{12}}{r_{ij}^{12}}+\frac{\sigma_{ij}^{6}}{r_{ij}^{6}}\right]+\frac{Z_iZ_je^2}{r_{ij}} \tag{6-8}$$

其中 r_{ij} 是团簇质心间的距离，Z 是团簇的表面电荷，ε_{ij} 和 σ_{ij} 是与两团簇相关的参数。这里只考虑最近邻团簇间的相互作用，单位长度 l 上的某一吸附位置上出现团簇的概率为 P_M，则在它周围出现团簇的概率为 $P_M\text{-}\dfrac{1}{N}$，考虑到所有团簇的等同性，我们有

$$\sum_{i,j}E_{\mathrm{int}(C_i-C_j)} = \frac{1}{2}\rho_M l\cdot(\rho_M l-1)\cdot\left\{\varepsilon_0\left[\frac{\sigma_0^{12}}{(l/N)^{12}}+\frac{\sigma_0^{6}}{(l/N)^{6}}\right]+\frac{Z_0^2e^2}{(l/N)}\right\} \tag{6-9}$$

(3) $E_{A(C_i-S)}$ 的计算：

团簇与台阶表面的相互作用 $E_{A(C_i-S)}$ 则建立在物理吸附的基础上，不考虑团簇与表面间的成键等化学相互作用。尽管这种物理吸附属于范德瓦耳斯，但它不同于两个质点间的相互作用，结合实验结果和理论计算，这种作用符合 $1/R^3$ 规律。理论计算结果表明，同一表面上也有不同的吸附位置，其吸附能量不同；假定台阶表面沿台阶方向有 m 种吸附位置，为便于建立模型，这里对团簇与台阶表面的相互作用参数 k_2 采用平均取值的方法。另外将这种物理吸附等效地作用在团簇的质心上，所以 $E_{A(C_i-S)}$ 可表示为

$$\sum E_{A(C_i-S)} = (\rho_M\cdot l)\cdot\frac{k_2 n_c}{D^3} \tag{6-10}$$

其中，

$$k_2 = \frac{1}{m}\sum_{i=1}^{m}k_2^i \tag{6-11}$$

(4) ΔS_C 的计算：

由于表面沿台阶方向的吸附位置有 m 种，每一种吸附位置在二维台阶表面上可形成一个亚点阵，每个亚点阵格点上团簇的吸附能为 E_m^i，则此格点上团簇的占位概率 P_m 为

$$P_m^i = \frac{1\Big/\left[1+\exp\left(\dfrac{E_m^i-\mu_m}{RT}\right)\right]}{\displaystyle\sum_i^m 1\Big/\left[1+\exp\left(\dfrac{E_m^i-\mu_m}{RT}\right)\right]} \tag{6-12}$$

其中，μ_m 为团簇在平衡位置的吸附能，所以在考虑了不同吸附位置后，i 团簇在台阶表面上的占位概率 P_i 为

$$P_i = P_M\cdot P_m^i \tag{6-13}$$

则位于台阶表面上纳米团簇的组态熵 ΔS_C 为

$$\Delta S_C = \sum_{i=1}^{m} P_M P_m^i \ln(P_M P_m^i) + (1 - P_M P_m^i)\ln(1 - P_M P_m^i) \tag{6-14}$$

(5) $E_{\mathrm{int}(C_i-E)}$ 的计算：

团簇与台阶的相互作用比较复杂，文献中得到台阶与台阶间的相互作用势[10]。台阶相互作用属于长程作用。位于台阶表面的团簇，可近似看作是将团簇置于两台阶间的势场中，其相互作用则为

$$E_{\mathrm{int}(C_i-E)} = k_3 \frac{Z_i}{\pi D^2}\left[\frac{1}{(L-x_i)^2} + \frac{1}{(L+x_i)^2}\right] \tag{6-15}$$

其中 $\dfrac{Z_i}{\pi D^2}$ 为团簇表面电荷密度，x 为团簇与台阶边沿的距离；按照格点的等距划分，有

$$\sum_{i=1}^{M} E_{\mathrm{int}(C_i-E)} = k_3 \rho_M l \cdot \frac{Z_0}{\pi D^2}\left[\frac{1}{(L+d_c)^2} + \frac{1}{(L-d_c)^2}\right] \tag{6-16}$$

基于以上的分析，可得到台阶表面一维纳米团簇的总能量为

$$\begin{aligned}E_{\mathrm{TOT}} =& (\rho_M l)\cdot E_0 \cdot \left[1 + k_1\left(\frac{D}{2\sqrt{n_c}a_0} - 1\right)\right]\exp\left[-k_1\left(\frac{D}{2\sqrt{n_c}a_0} - 1\right)\right]\\ &+\frac{1}{2}\rho_M l\cdot(\rho_M l - 1)\cdot\left\{\varepsilon_0\left[\frac{\sigma_0^{12}}{(l/N)^{12}} + \frac{\sigma_0^6}{(l/N)^6}\right] + \frac{Z_0^2 e^2}{l/N}\right\} + (\rho_M l)\\ &\cdot\left(\frac{1}{m}\sum_{i=1}^{m} k_2^i\right)\cdot\frac{n_c}{D^3} + RT\sum_{i=1}^{m}[P_M P_m^i \ln(P_M P_m^i)\\ &+(1 - P_M P_m^i)\ln(1 - P_M P_m^i)] + k_3\rho_M l\cdot\frac{Z_0}{\pi D^2}\left[\frac{1}{(L+d_e)^2} + \frac{1}{(L-d_e)^2}\right]\end{aligned} \tag{6-17}$$

我们将根据欧拉方程进一步得到台阶宽度、团簇尺寸、团簇间距 (可从团簇线密度关系得到) 以及团簇与台阶间的距离之间的相互关系。根据欧拉方程有

$$\begin{cases}\partial\rho_M/\partial t = \partial\left(\dfrac{\partial E_{\mathrm{TOT}}}{\partial\rho_M'}\right)\Big/\partial x - \partial E_{\mathrm{TOT}}/\partial\rho_M & \text{(a)}\\[2ex] \partial D/\partial t = \partial\left(\dfrac{\partial E_{\mathrm{TOT}}}{\partial D'}\right)\Big/\partial x - \partial E_{\mathrm{TOT}}/\partial D & \text{(b)}\\[2ex] \partial d_e/\partial t = \partial\left(\dfrac{\partial E_{\mathrm{TOT}}}{\partial d_e'}\right)\Big/\partial x - \partial E_{\mathrm{TOT}}/\partial d_e & \text{(c)}\end{cases} \tag{6-18}$$

静态平衡条件下可得到

$$\begin{cases} l(d_M l-1)\cdot\left\{\varepsilon_0\left[\dfrac{\sigma_0^{12}}{(l/N)^{12}}+\dfrac{\sigma_0^6}{(l/N)^6}\right]+\dfrac{Z_0^2e^2}{(l/N)}\right\}+\dfrac{RTl}{N}\ln\dfrac{d_M l}{N-d_M l} \\ =lE_0\cdot\left[1+k_1\left(\dfrac{D}{2\sqrt{n_c}a_0}-1\right)\right]\exp\left[-k_1\left(\dfrac{D}{2\sqrt{n_c}a_0}-1\right)\right]-\dfrac{lk_2n_c}{D^3}-\dfrac{k_3Z_0l}{\pi D^2L^2} \quad \text{(a)} \\ \dfrac{E_0\cdot k_1^2}{2\sqrt{n_c}a_0}\left(\dfrac{D}{2\sqrt{n_c}a_0}-1\right)\cdot\exp\left[-k_1\left(\dfrac{D}{2\sqrt{n_c}a_0}-1\right)\right]-\dfrac{3lk_2n_c}{D^4}-\dfrac{2k_3Z_0}{\pi D^3L^2}=0 \quad \text{(b)} \end{cases} \tag{6-19}$$

至此，台阶表面吸附结构的稳定性的计算模型已经完整地建立起来了，结合实验结果，引进一系列参数，将有序团簇集合的总能量 E_{TOT} 有效地表示出来，并进行合理的简化，使 E_T 最终表示为含有多个参数和 3 个变量 d_0，l_{y0} 和 D 的表达式，通过对 d_0，l_{y0} 和 D 的求导，计算出 E_T 的极小值，即为稳定的团簇结构，具体的求导和计算工作将在后面完成。

6.3.1.2 计算结果与讨论

我们计算的体系为 Si(111) 台阶表面的纳米团簇。根据变分原理，可得到 $d_e=0$，表明纳米团簇沿台阶边沿分布，可降低体系的能量，从而获得稳定的链状结构。图 6-14 是线覆盖率和团簇平衡尺寸与台阶宽度间的关系曲线。从其影响大小，可以分成 3 个阶段，如图 6-14 所示。第一阶段，当台阶宽度小于 20nm 时，台阶的作用比较大，线覆盖率几乎是线性减小，而临界团簇尺寸是线性增加；第二阶段，当台阶宽度在 20~40nm，台阶的作用明显减弱，线覆盖率 (或团簇尺寸) 的曲线斜率逐渐变小 (或变大)；当台阶的宽度大于 40nm 时，台阶宽度的影响已非常弱，表明此时只有台阶边沿的作用，而整个台面的作用可忽略，线覆盖率和团簇尺寸均趋向一个稳定的值。

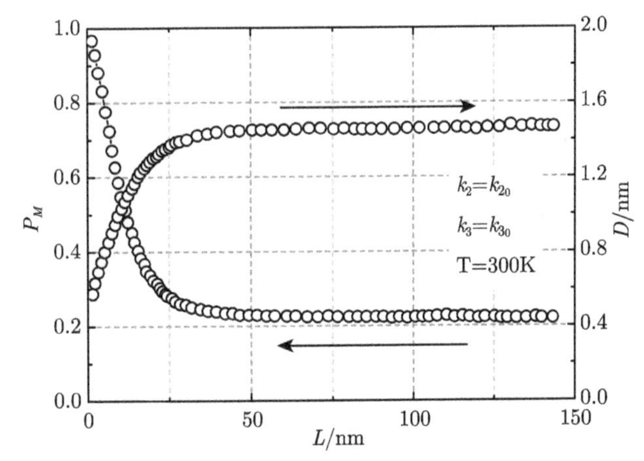

图 6-14 线覆盖率和团簇平衡尺寸与台阶宽度间的关系 [11]

台阶与团簇的相互作用参数对线覆盖率的影响是我们非常感兴趣的问题。从图 6-15 中可看出，随台阶与团簇的相互作用的增强，线覆盖率是逐步增加的，几乎是线性变化。而且随着表面吸附作用的增强，线覆盖率也极有可能是增加的。从图 6-16 中可以看出，台阶与团簇的相互作用有利于提高团簇的平衡尺寸，表明可以有更多的原子会吸附在台阶的边沿，这和众多的实验结果是相符合的。

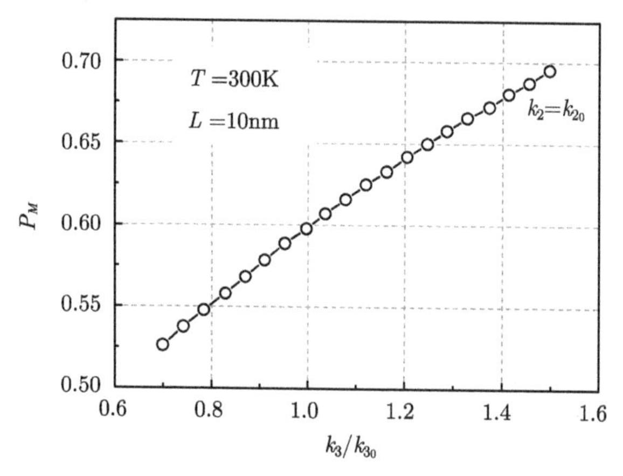

图 6-15　各相互参数对线密度的影响 [11]

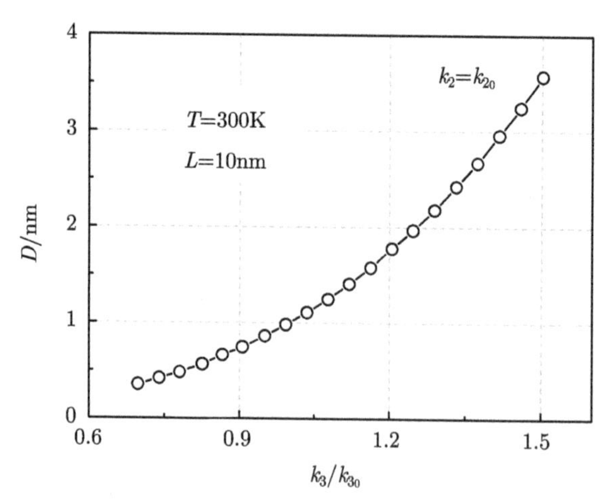

图 6-16　台阶与团簇各相互参数对团簇尺寸的影响 [11]

6.3.2　双链与台阶表面的相互作用

下面重点考虑一维双链纳米链状结构在台阶前沿的分布规律。为了计算硅表面的沿台阶分布的纳米团簇的能量分布，我们必须建立有效的模型来模拟其能量的分布状况，并将实验的结果与建立起的模型进行比对，以验证模型的正确性。结合实验的结果，纳米团簇沿台阶的横截面分布情况的示意图如图 6-17 所示。

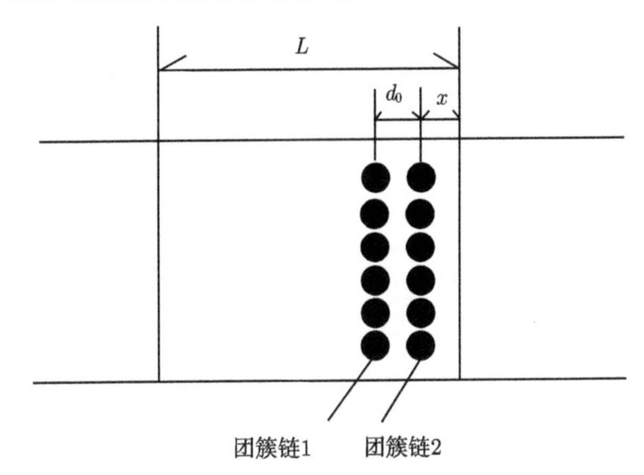

图 6-17 纳米团簇沿台阶表面的分布情况 (图中的小圆圈表示纳米团簇)

台阶表面沿台阶一维双链纳米团簇的总能表示为

$$E_{\mathrm{TOT}}=\sum_i E_{C_i}+\sum_{i,j} E_{\mathrm{int}(C_i-C_j)}+\sum_i E_{A(C_i-S)}+\sum_i E_{\mathrm{int}(C_i-E)}+RT\Delta S_C \tag{6-20}$$

其中 E_{C_i} 为单一团簇的能量，$E_{\mathrm{int}(C_i-C_j)}$ 为团簇间的相互作用能，$E_{A(C_i-S)}$ 是团簇与台阶表面的相互作用能，$E_{\mathrm{int}(C_i-E)}$ 是团簇与台阶的相互作用能，ΔS_C 是台阶表面团簇的组态熵。我们假定直径为 D 的纳米团簇分布在宽度 L 的台阶表面上。对于双链结构，我们引入线密度 (ρ_M) 的概念，即单位长度上纳米团簇的数目：

$$\rho_{M_1}=\frac{M_1}{L},\quad \rho_{M_2}=\frac{M_2}{L} \tag{6-21}$$

并将 l 分成 N 格，满足 $N\geqslant M$，所以 M 个团簇分别占据在各格点上，则台阶前沿的链状团簇的占位概率可以表示为

$$P_{M_1}=\frac{M_1}{N}=\frac{\rho_{M_1}L}{N},\quad P_{M_2}=\frac{M_2}{N}=\frac{\rho_{M_2}L}{N} \tag{6-22}$$

(1) E_{C_i} 的计算：

采用 EAM 势函数计算纳米团簇的能量。参考其计算方法和理论依据，我们取一个比较简洁的团簇能量计算关系式：

$$\sum_i E_{C_i}=(M_1+M_2)E_0\left[1+k_1\left(\frac{D}{2\sqrt{n_c}a_0}-1\right)\right]\exp\left[-k_1\left(\frac{D}{2\sqrt{n_c}a_0}-1\right)\right] \tag{6-23}$$

上式中 E_0 和 a_0 为体材料的平衡能量和平衡点阵常数，a 为纳米结构的点阵常数，k_1 是与材料有关的参数，大小可以表示为 $\sqrt{9Ba_0^3/(\sqrt{2}E_\mathrm{b})}$，其中 B 为体弹性模量。假定团簇为球形，每个团簇内部的原子数为 n_c，则有：$a=D/(2\sqrt{n_c})$。在这里我们假定所有的团簇的尺寸和结构都相同，即各团簇的能量相等。

(2) $E_{\mathrm{int}(C_i-C_j)}$ 的计算：

团簇间的相互作用 $E_{\mathrm{int}(C_i-C_j)}$ 要分类计算，对于单链内团簇间相互作用采用 L-J 势和库仑势的复合势函数，而链间团簇间的相互作用采用库仑势。并且，链间团簇的成对数可以用 $\frac{1}{2}(M_1+M_2)P_{M_1}P_{M_2}$ 来近似：

$$\begin{aligned}\sum_{i,j}E_{\mathrm{int}(C_i-C_j)}=&(M_1+M_2)\sum_{i,j}\left[\varepsilon_{ij}\left(\frac{\sigma_{ij}^{12}}{r_{ij}^{12}}+\frac{\sigma_{ij}^{6}}{r_{ij}^{6}}\right)+\frac{Z_iZ_je^2}{r_{ij}}\right]\\&+\frac{1}{2}(M_1+M_2)P_{M_1}P_{M_2}\sum_{i,j}\frac{Z_iZ_je^2}{d_0}\end{aligned}\tag{6-24}$$

其中 r_{ij} 是团簇质心间的距离，Z 是团簇的表面电荷，ε_{ij} 和 σ_{ij} 是与两团簇相关的参数，d_0 是两链之间的距离。

(3) $E_{A(C_i-S)}$ 的计算：

团簇与台阶表面的相互作用 $E_{A(C_i-S)}$ 则建立在物理吸附的基础上，不考虑团簇与表面间的成键等化学相互作用。尽管这种物理吸附属于范德瓦耳斯力，但它不同于两个质点间的相互作用，结合实验结果和理论计算，这种作用符合 $1/R^3$ 规律。理论计算结果表明，同一表面上也有不同的吸附位置，其吸附能量不同；假定台阶表面沿台阶方向有 m 种吸附位置，为便于建立模型，这里对团簇与台阶表面的相互作用参数 k_2 采用平均取值的方法。另外将这种物理吸附等效地作用在团簇的质心上，所以 $E_{A(C_i-S)}$ 可表示为

$$\sum_i E_{A(C_i-S)}=(M_1+M_2)\frac{k_2n_c}{D^3}\tag{6-25}$$

(4) $E_{\mathrm{int}(C_i-E)}$ 的计算：

团簇与台阶的相互作用比较复杂，文献中得到台阶与台阶间的相互作用势属于长程作用。位于台阶表面的团簇，可近似看作是将团簇置于两台阶间的势场中，其相互作用则为

$$\begin{aligned}\sum_i E_{\mathrm{int}(C_i-E)}=&k_3M_1\frac{Z_0}{\pi D^2}\left[\frac{1}{(L-x)^2}+\frac{1}{(L+x)^2}\right]\\&+k_3M_2\frac{Z_0}{\pi D^2}\left[\frac{1}{(L-x-d_0)^2}+\frac{1}{(L+x+d_0)^2}\right]\end{aligned}\tag{6-26}$$

其中 $\dfrac{Z_i}{\pi D^2}$ 为团簇表面电荷密度，x 为团簇链 1 与台阶边沿的距离。

(5) ΔS_C 的计算：

由于团簇链 1 和 2 的覆盖率分别为 P_{M_1} 和 P_{M_2}，所以总的覆盖率为 $P_{M_1}P_{M_2}$，则位于台阶表面上纳米团簇的组态熵 ΔS_C 为

$$\Delta S = P_{M_1}P_{M_2}\ln(P_{M_1}P_{M_2}) + (1-P_{M_1}P_{M_2})\ln(1-P_{M_1}P_{M_2}) \tag{6-27}$$

基于以上分析，可得到双链系统的总能为

$$\begin{aligned}E_{\text{TOT}} =&(M_1+M_2)E_0\left[1+k_1\left(\frac{D}{2\sqrt{n_c}a_0}-1\right)\right]\exp\left[-k_1\left(\frac{D}{2\sqrt{n_c}a_0}-1\right)\right]\\&+(M_1+M_2)\sum_{i,j}\left[\varepsilon_{ij}\left(\frac{\sigma_{ij}^{12}}{r_{ij}^{12}}+\frac{\sigma_{ij}^{6}}{r_{ij}^{6}}\right)+\frac{Z_iZ_je^2}{r_{ij}}\right]\\&+\frac{1}{2}(M_1+M_2)P_{M_1}P_{M_2}\sum_{i,j}\frac{Z_iZ_je^2}{d_0}\\&+(M_1+M_2)\frac{k_2n_c}{D^3}+k_3M_1\frac{Z_0}{\pi D^2}\left[\frac{1}{(L-x)^2}+\frac{1}{(L+x)^2}\right]\\&+k_3M_2\frac{Z_0}{\pi D^2}\left[\frac{1}{(L-x-d_0)^2}+\frac{1}{(L+x+d_0)^2}\right]\\&+P_{M_1}P_{M_2}\ln(P_{M_1}P_{M_2})+(1-P_{M_1}P_{M_2})\ln(1-P_{M_1}P_{M_2})\end{aligned} \tag{6-28}$$

根据双链系统总能的关系式 (6-28)，可得到一维单链总能的表达式：

$$\begin{aligned}E_{\text{TOT}} =&(\rho_M l)\cdot E_0\cdot\left[1+k_1\left(\frac{D}{2\sqrt{n_c}a_0}-1\right)\right]\exp\left[-k_1\left(\frac{D}{2\sqrt{n_c}a_0}-1\right)\right]\\&+\frac{1}{2}\rho_M l\cdot(\rho_M l-1)\cdot\left\{\varepsilon_0\left[\frac{\sigma_0^{12}}{(l/N)^{12}}+\frac{\sigma_0^{6}}{(l/N)^{6}}\right]+\frac{Z_0^2e^2}{l/N}\right\}\\&+(\rho_M l)\cdot\left(\frac{1}{m}\sum_{i=1}^{m}k_2^i\right)\cdot\frac{n_c}{D^3}+RT\sum_{i=1}^{m}[P_MP_m^i\ln(P_MP_m^i)\\&+(1-P_MP_m^i)\ln(1-P_MP_m^i)]\\&+k_3\rho_M l\cdot\frac{Z_0}{\pi D^2}\left[\frac{1}{(L+d_e)^2}+\frac{1}{(L-d_e)^2}\right]\end{aligned} \tag{6-29}$$

利用能量最小原理，

$$\frac{\partial E}{\partial d_e}=0 \tag{6-30}$$

可得到：$d_e=0$。利用一维单链纳米团簇的分析结果，对于双链，我们假设 $x=0$，即内侧团簇链沿台阶分布，双链系统总能量的表达式可表示为

$$E_{\text{TOT}} =(M_1+M_2)E_0\left[1+k_1\left(\frac{D}{2\sqrt{n_c}a_0}-1\right)\right]\exp\left[-k_1\left(\frac{D}{2\sqrt{n_c}a_0}-1\right)\right]$$

$$
\begin{aligned}
&+ (M_1 + M_2)\sum_{i,j}\left[\varepsilon_{ij}\left(\frac{\sigma_{ij}^{12}}{r_{ij}^{12}} + \frac{\sigma_{ij}^{6}}{r_{ij}^{6}}\right) + \frac{Z_i Z_j e^2}{r_{ij}}\right] \\
&+ \frac{1}{2}(M_1 + M_2)P_{M_1}P_{M_2}\sum_{i,j}\frac{Z_i Z_j e^2}{d_0} + (M_1 + M_2)\frac{k_2 n_c}{D^3} \\
&+ 2k_3 M_1 \frac{Z_0}{\pi D^2 L^2} + k_3 M_2 \frac{Z_0}{\pi D^2}\left[\frac{1}{(L - d_0)^2} + \frac{1}{(L + d_0)^2}\right] \\
&+ P_{M_1}P_{M_2}\ln(P_{M_1}P_{M_2}) + (1 - P_{M_1}P_{M_2})\ln(1 - P_{M_1}P_{M_2})
\end{aligned}
\tag{6-31}
$$

再根据能量最低原理，由

$$
\frac{\partial E}{\partial d_0} = 0 \tag{6-32}
$$

可得到下述方程：

$$
\frac{8k_3 M_2}{\pi D^2}\cdot\frac{(3L^2 + d_0^2)}{(L^2 - d_0^2)^3} = \frac{(M_1 + M_2)P_{M_1}P_{M_2}Z_0 e^2}{d_0^3} \tag{6-33}
$$

由于 $3L^2 \gg d_0^2$，采用一个近似：$3L^2 + d_0^2 \approx 3L^2$，上面方程可简化为

$$
\frac{d_0}{L^2 - d_0^2} = \sqrt[3]{\frac{\pi(M_1 + M_2)P_{M_1}P_{M_2}Z_0 e^2 D^2}{6k_3 M_2 L^2}} \tag{6-34}
$$

为便于计算，令

$$
K = \sqrt[3]{\frac{\pi(M_1 + M_2)P_{M_1}P_{M_2}Z_0 e^2 D^2}{6k_3 M_2 L^2}} \tag{6-35}
$$

解方程 (6-34) 得到双链间距与各参数间的表达式：

$$
d_0 = \sqrt{L^2 + \frac{1}{4K^2}} - \frac{1}{2K} \tag{6-36}
$$

利用上述表达式，可直接得到各参数对台阶表面链状纳米团簇间距的影响规律。下面我们将考虑台阶宽度 L 和台阶与团簇相互作用系数 k_3 对链间距 d_0 的影响。若台阶与团簇相互作用系数 k_3 保持不变，当台阶宽度 L 变大时，d_0 也变大；L 变小时，d_0 也变小。显然，当宽度变大时，团簇链好像被两股势力在拉开。若台阶宽度 L 保持不变，则当 k_3 变大时，d_0 变小；k_3 变小时，d_0 变大。若台阶与团簇的作用系数大，则团簇靠得较拢。

6.3.3 纳米团簇阵列与台阶表面的相互作用

通过扫描隧道显微镜 (STM) 观察到沉积在硅表面纳米团簇会择优分布在直台阶边缘，随后覆盖团簇的部分以平行于台阶表面的生长前沿向远离台阶的方向扩展。在台阶边缘附近覆盖团簇部分的纳米团簇排布比较规则有序，团簇密度较大，

并且团簇的尺寸比较均一。对其沉积和生长机理仍在探索之中，特别是台阶表面和边缘在团簇生长过程中具有何种作用需要进一步分析。为了计算硅表面的沿台阶分布的纳米团簇的能量分布，我们必须建立有效的模型来模拟其能量的分布状况，并将实验的结果与建立起的模型进行比对，以验证模型的正确性。结合实验的结果，纳米团簇沿台阶的横截面分布情况的示意图如图 6-18 所示。

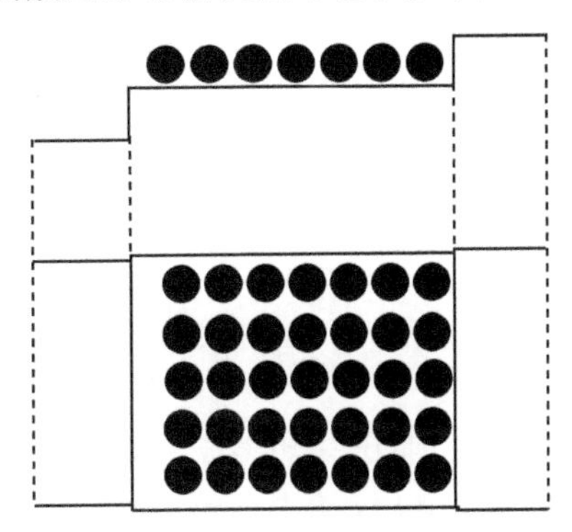

图 6-18 纳米团簇沿台阶表面的分布情况 (图中的小圆圈表示纳米团簇)

对于图 6-18，我们会想到以下两个问题：在外延沉积生成时，为什么会沿台阶形成团簇带？团簇尺寸、台阶宽度和团簇带的宽度之间有什么样的联系？要解决以上两个问题，就必须建立起一个与实验结果相联系的能量模型来分析出团簇尺寸、台阶宽度和团簇带结构之间的关系。台阶表面团簇的总能表示为

$$E_{\mathrm{TOT}} = \sum_i E_{C_i} + \sum_{i,j} E_{\mathrm{int}(C_i-C_j)} + \sum_i E_{A(C_i-S)} + \sum_i E_{\mathrm{int}(C_i-E)} + RT\Delta S_C \tag{6-37}$$

其中 E_{C_i} 为单一团簇的能量，$E_{\mathrm{int}(C_i-C_j)}$ 为团簇间的相互作用能，$E_{A(C_i-S)}$ 是团簇与台阶表面的相互作用能，$E_{\mathrm{int}(C_i-E)}$ 是团簇与台阶的相互作用能，ΔS_C 是台阶表面团簇的组态熵。我们假定直径为 D 的纳米团簇分布在宽度 L 的台阶表面上。为便于分析，取台阶上的一部分 $(L \times L)$ 作为研究单元，并将其分成正方形网格 (格点数为 N^2)，每个格点就是团簇可能占据的位置。若每个研究单元上纳米团簇的数量为 M，则这些纳米团簇在二维台阶表面吸附位置点阵上的占位概率 P_M 为

$$P_M = M/N^2 \tag{6-38}$$

当 $P_M < 1$ 时，可以认为 P_M 是纳米团簇在台阶表面的覆盖度。

采用 EAM 势函数计算纳米团簇的能量。参考其计算方法和理论依据，我们取一个比较简洁的团簇能量计算关系式：

$$E_{C_i} = -E_0[1 + k_1(a/a_0 - 1)]\exp[-k_1(a/a_0 - 1)] \tag{6-39}$$

上式中 E_0 和 a_0 为体材料的平衡能量和平衡点阵常数，a 为纳米结构的点阵常数，k_1 是与材料有关的参数，大小可以表示为 $\sqrt{9Ba_0^3/(\sqrt{2}E_b)}$，其中 B 为体弹性模量。假定团簇为球形，每个团簇内部的原子数为 n_c，则有：$a=\sqrt{\pi D^3/6n_c}$。在这里我们假定所有的团簇的尺寸和结构都相同，即各团簇的能量相等。这样可得到

$$\sum_{i=1}^{M}E_{C_i}=-(P_MN^2)\cdot E_0\cdot\left[1+k_1\left(\frac{\pi^{-1/2}D^{3/2}}{(6n_c)^{1/2}a_0}-1\right)\right]\exp\left[-k_1\left(\frac{\pi^{-1/2}D^{3/2}}{(6n_c)^{1/2}a_0}-1\right)\right] \tag{6-40}$$

团簇间的相互作用 $E_{\mathrm{int}(C_i-C_j)}$ 采用 L-J 势和库仑势的复合势函数：

$$E_{\mathrm{int}(C_i-C_j)}=\varepsilon_{ij}\left[\frac{\sigma_{ij}^{12}}{r_{ij}^{12}}+\frac{\sigma_{ij}^{6}}{r_{ij}^{6}}\right]+\frac{Z_iZ_je^2}{r_{ij}} \tag{6-41}$$

其中 r_{ij} 是团簇质心间的距离，Z 是团簇的表面电荷，ε_{ij} 和 σ_{ij} 是与两团簇相关的参数。这里只考虑最近邻团簇间的相互作用，单位面积 $L\times L$ 上的某一吸附位置上出现团簇的概率为 P_M，则在它周围出现团簇的概率为 $\dfrac{P_MN^2-1}{N^2}$，考虑到所有团簇的等同性，我们有

$$\begin{aligned}\sum_{i,j}E_{\mathrm{int}(C_i-C_j)}=&\frac{1}{2}P_M^3N^2\cdot(P_MN^2-1)\\&\cdot\left\{\varepsilon_0\left[\frac{\sigma_0^{12}}{(L/N-D)^{12}}+\frac{\sigma_0^{6}}{(L/N-D)^{6}}\right]+\frac{Z_0^2e^2}{(L/N-D)}\right\}\end{aligned} \tag{6-42}$$

团簇与台阶表面的相互作用 $E_{A(C_i-S)}$ 则建立在物理吸附的基础上，不考虑团簇与表面间的成键等化学相互作用。尽管这种物理吸附属于范德瓦耳斯力，但它不同于两个质点间的相互作用，结合实验结果和理论计算，这种作用符合 $1/R^3$ 规律。理论计算结果表明，同一表面上也有不同的吸附位置，其吸附能量不同；假定台阶表面有 m 种吸附位置，为便于建立模型，这里对团簇与台阶表面的相互作用参数 k_2 采用平均取值的方法。另外将这种物理吸附等效地作用在团簇的质心上，所以 $E_{A(C_i-S)}$ 可表示为

$$\sum E_{A(C_i-S)}=(P_M\cdot N^2)\cdot\frac{k_2}{D^3} \tag{6-43}$$

其中，

$$k_2=\frac{1}{m}\sum_{i=1}^{m}k_2^i \tag{6-44}$$

由于表面的吸附位置有 m 种，每一种吸附位置在二维台阶表面上可形成一个亚点

阵，每个亚点阵格点上团簇的吸附能为 E_m^i，则此格点上团簇的占位概率 P_m 为

$$P_m^i = \frac{1\bigg/\left[1+\exp\left(\dfrac{E_m^i-\mu_m}{RT}\right)\right]}{\sum\limits_i^m 1\bigg/\left[1+\exp\left(\dfrac{E_m^i-\mu_m}{RT}\right)\right]} \tag{6-45}$$

若团簇吸附结构为 (A_a, A_b)，则团簇沿 a,b 方向上的占位会有所差别。

$$P_{m-a}^i = \frac{A_a\bigg/\left[1+\exp\left(\dfrac{E_m^i-\mu_m}{RT}\right)\right]}{\sum\limits_i^m A_a\bigg/\left[1+\exp\left(\dfrac{E_m^i-\mu_m}{RT}\right)\right]}, \quad P_{m-b}^i = \frac{A_b\bigg/\left[1+\exp\left(\dfrac{E_m^i-\mu_m}{RT}\right)\right]}{\sum\limits_i^m A_b\bigg/\left[1+\exp\left(\dfrac{E_m^i-\mu_m}{RT}\right)\right]} \tag{6-46}$$

μ_m 为团簇在平衡位置的吸附能。所以在考虑了不同吸附位置后，i 团簇在台阶表面上的占位概率 P_i 为

$$P_i = P_M \cdot P_m^i \tag{6-47}$$

则位于台阶表面上纳米团簇的组态熵 ΔS_C 为

$$\Delta S_C = \sum_{i=1}^{m} P_M P_m^i \ln(P_M P_m^i) + (1-P_M P_m^i)\ln(1-P_M P_m^i) \tag{6-48}$$

团簇与台阶的相互作用比较复杂，文献中得到台阶与台阶间的相互作用势。台阶相互作用属于长程作用。位于台阶表面的团簇，可近似看作是将团簇置于两台阶间的势场中，其相互作用则为

$$E_{\text{int}(C_i-E)} = k_3 \frac{Z_i}{\pi D^2}\left[\frac{1}{(L-x_i)^2}+\frac{1}{(L+x_i)^2}\right] \tag{6-49}$$

其中 $\dfrac{Z_i}{\pi D^2}$ 为团簇表面电荷密度，x 为团簇与台阶边沿的距离；按照格点的等距划分，有

$$\sum_{i=1}^{M} E_{\text{int}(C_i-E)} = k_3 P_M \frac{Z_0}{\pi D^2}\frac{N^2}{L^2}\sum_{n=1}^{2N}\frac{1}{n^2} \tag{6-50}$$

基于以上的分析，可得到台阶表面纳米团簇的总能量为

$$\begin{aligned} E_{\text{TOT}} = &-(P_M N^2)\cdot E_0 \cdot \left[1+k_1\left(\frac{\pi^{-1/2}D^{3/2}}{(6n_c)^{1/2}a_0}-1\right)\right]\exp\left[-k_1\left(\frac{\pi^{-1/2}D^{3/2}}{(6n_c)^{1/2}a_0}-1\right)\right] \\ &+\frac{1}{2}P_M^3 N^2\cdot(P_M N^2-1)\cdot\left\{\varepsilon_0\left[\frac{\sigma_0^{12}}{(L/N-D)^{12}}+\frac{\sigma_0^6}{(L/N-D)^6}\right]+\frac{Z_0^2 e^2}{(L/N-D)}\right\} \end{aligned}$$

$$+\left(P_M N^2\right)\cdot\left(\frac{1}{m}\sum_{i=1}^{m}k_2^i\right)\cdot\frac{1}{D^3}+RT\sum_{i=1}^{m}[P_M P_m^i\ln(P_M P_m^i)$$
$$+(1-P_M P_m^i)\ln(1-P_M P_m^i)]+k_3 P_M\frac{Z_0}{\pi D^2}\frac{N^2}{L^2}\sum_{n=1}^{2N}\frac{1}{n^2}\tag{6-51}$$

我们将根据欧拉方程进一步得到台阶宽度、团簇尺寸、表面覆盖度之间的相互关系。根据欧拉方程有

$$\left\{\begin{aligned}&\partial E_{\mathrm{TOT}}/\partial t=\partial\left(\frac{\partial E_{\mathrm{TOT}}}{\partial P_M'}\right)\Big/\partial x-\partial E_{\mathrm{TOT}}/\partial P_M\\&\partial E_{\mathrm{TOT}}/\partial t=\left(\frac{\partial E_{\mathrm{TOT}}}{\partial D'}\right)\Big/\partial x-\partial E_{\mathrm{TOT}}/\partial D\end{aligned}\right.\tag{6-52}$$

静态平衡条件下可得到

$$\left\{\begin{aligned}&\frac{1}{2}P_M^2(4P_M-3)\cdot\left\{\varepsilon_0\left[\frac{\sigma_0^{12}}{(L/N-D)^{12}}+\frac{\sigma_0^6}{(L/N-D)^6}\right]+\frac{Z_0^2e^2}{(L/N-D)}\right\}\\&+\frac{RT}{N^2}\sum_{i=1}^{m}\left(P_m^i\cdot\ln\frac{P_M P_m^i}{1-P_M P_m^i}\right)\\&=E_0\cdot\left[1+k_1\left(\frac{\pi^{-1/2}D^{3/2}}{(6n_c)^{1/2}a_0}-1\right)\right]\exp\left[-k_1\left(\frac{\pi^{-1/2}D^{3/2}}{(6n_c)^{1/2}a_0}-1\right)\right]\\&-\sum_{i=1}^{m}\frac{k_2^i}{m}\cdot\frac{1}{D^3}-\frac{k_3 Z_0}{\pi D^2L^2}\sum_{n=1}^{2N}\frac{1}{n^2}\\&3P_M^2\cdot(P_M N^2-1)\cdot\left\{\varepsilon_0\left[\frac{2\sigma_0^{12}}{(L/N-D)^{13}}+\frac{\sigma_0^6}{(L/N-D)^7}\right]\right.\\&\left.+\frac{Z_0^2e^2}{2(L/N-D)^2}\right\}+RTP_M\sum_{i=1}^{m}\left(P_m^{i\prime}\cdot\ln\frac{P_M P_m^i}{1-P_M P_m^i}\right)\\&=-E_0\cdot k_1^2\cdot\frac{D}{4\pi n_c a_0^2}\cdot\exp\left[-k_1\left(\frac{\pi^{-1/2}D^{3/2}}{(6n_c)^{1/2}a_0}-1\right)\right]+3\sum_{i=1}^{m}\frac{k_2^i}{m}\cdot\frac{1}{D^4}\\&+\frac{2k_3 Z_0}{\pi D^3L^2}\sum_{n=1}^{2N}\frac{1}{n^2}\end{aligned}\right.\tag{6-53}$$

至此，台阶表面吸附结构稳定性的计算模型已经完整地建立起来了。结合实验结果，引进一系列参数，将有序团簇集合的总能量 $\mathrm{E_{TOT}}$ 有效地表示出来，并进行合理的简化，使 E_T 最终表示为含有多个参数和 2 个变量 P_M 和 L 的表达式，通过对 P_M 和 L 的求导，计算出 E_T 的极小值，即为稳定的团簇结构，具体的求导和计算工作将在下面完成。

理论计算中参数的选择：以硅 (111) 表面 Al 团簇的有序化自组装为例，团簇中的原子数目为相对稳定的 $n_c = 7$, $E_b = 3.36\text{eV/atom}$, $a_0 = 0.4032\text{nm}$, $\varepsilon_0 = 0.368$, $\sigma_0 = 3.608$, $B = 0.809\text{MBar}$[17,18]. 台阶上单元网格为 $(30\times30)(N=30)$。我们忽略了台阶表面的电子振荡效应。结合文献中的激活能，我们可得到 $k_{2_0} = 2.0\cdot D_0^2(\text{eV}\cdot\text{nm}^2)$($D_0$ 是平均团簇尺寸)。公式中的近似处理：$\sum\limits_{n=1}^{2N}\dfrac{1}{n^2}\approx\left(\dfrac{7}{4}-\dfrac{1}{4N}-\dfrac{1}{4N+2}\right)$。

图 6-19 是平衡状态下台阶表面覆盖度与台阶宽度之间的关系。灰色实线、黑色虚线、点划线分别对应 k_{2_0}、$2k_{2_0}$ 和 $3k_{2_0}$ 得到的 P_M 变化关系曲线；对于每种曲线，从上到下共 5 条，依次对应 k_{3_0}、$1.1k_{3_0}$、$1.2k_{3_0}$、$1.3k_{3_0}$、$1.4k_{3_0}$。理论计算结果表明，对 3 种曲线中的任何一种曲线都有相同的变化规律：对于同一台阶宽度，随着台阶吸附作用系数的增加，平衡表面覆盖度逐步减小，体现了长程有序的特征；对于同一表面覆盖度，台阶吸附作用系数越小，则需要较宽的台阶来增加表面团簇的总数，来得到有序的稳定结构；这五条线最终趋向一个临界点 $A_i(P_{M_{0i}}, L_{0i})(i = 1,2,3)$，表明台阶的作用有一个有效范围，即台阶的宽度小于 L_{0i} 时才能体现台阶对团簇在沉积过程中的自动有序化组装发挥作用；大于 L_{0i} 后，台阶对表面纳米团簇的有序化过程的调制作用就变得非常微弱。而且表面的覆盖度也趋向一个定值 $P_{M_{0i}}$。表面的吸附作用系数 k_2 对这个 $(P_{M_{0i}}, L_{0i})$ 临界点有直接的影响，

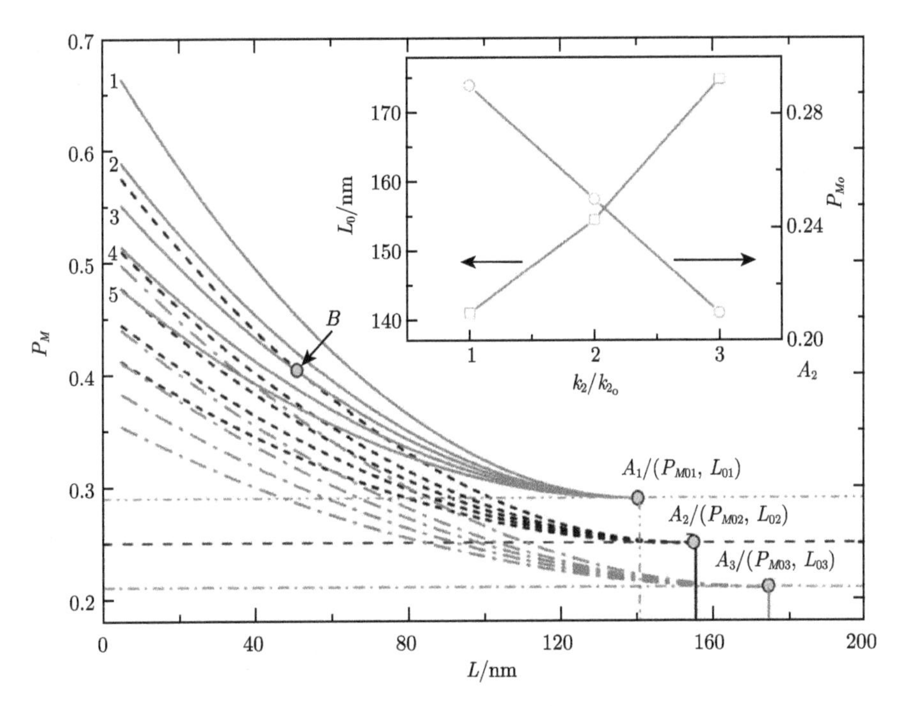

图 6-19 台阶表面覆盖率与台阶宽度间的变化关系曲线 ($T = 300\text{K}$)

随着吸附作用的增加，临界表面覆盖度有减小的趋势，而台阶的平衡临界宽度有所增加，如图 6-19 中的小图所示，表明表面吸附作用对台阶表面团簇的有序化过程起到积极的作用。

我们还可以得到温度对一定宽度的台阶上纳米团簇的表面覆盖度的影响规律，如图 6-20 所示。温度对表面纳米团簇的沉积具有重要的影响，即可改变台阶的形态，使台阶变得更加笔直，也可改变表面吸附结构的形貌，从有序变成无序或从团簇演化成岛状结构，甚至在更高的温度下脱离台阶的吸附。以往的实验证明，低温下有利于形成与基地结构一致的有序吸附结构。从图 6-20 中可看出，随温度增加，表面覆盖度会降低，总存在一个临界温度对应于 0 覆盖度，表明此时的台阶表面上的纳米团簇全部脱离台阶蒸发了，这与一些实验现象一致；但这个变化快慢与台阶对团簇的相互作用相关，相互作用大，则表面覆盖度变化得慢，对应的临界温度高，如图 6-20 中的小插图所示。由于本文中的模型是基于静态建立的，没有考虑团簇在高温下的相互扩散和融合，所以 P_M-T 曲线几乎是线性变化的，没有出现非线性的特征。

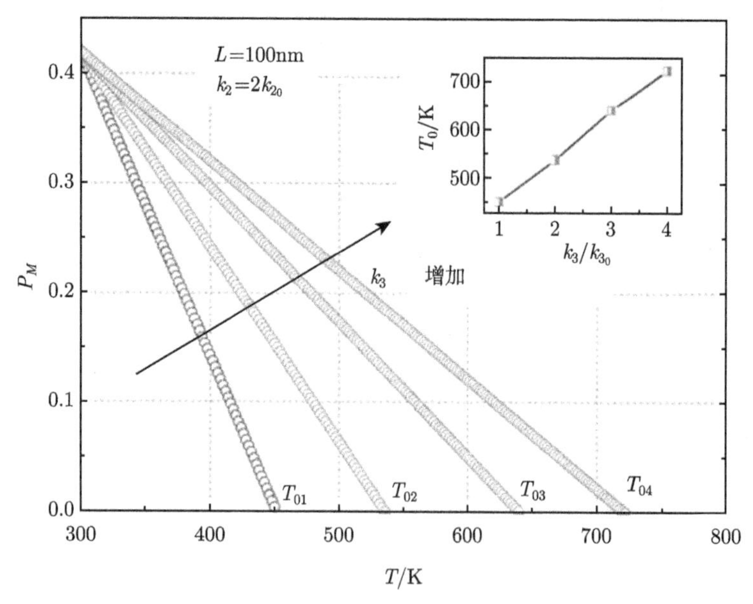

图 6-20　温度对表面覆盖度的影响

6.3.4　双层石墨烯与台阶表面的相互作用

石墨烯 (graphene) 是一种由碳原子紧密堆积成的二维结构的新材料 [12]。2004 年 Geim 等 [12] 利用微机械剥离的方法首次成功地制备出石墨烯。经过近几年的研究，发现石墨烯具有一些奇特的物理特性，例如室温下的反常量子霍尔效应、高的载流子迁移率、优良的导热性能、室温下亚微米尺度的弹道传输特性等。可以预见，石墨烯在纳米电子学、自旋电子学以及高频通信等领域都有着广阔的应用前景。目前已经成功发展出多种制备石墨烯的方法, 例如：利用胶带微机械剥离法；利用化学试剂插层剥离膨胀法；化学气相沉积方法 (CVD)；在衬底上高温退火外延生长法。石墨烯中电子与空穴的行为方式与一般的半导体不同，其电子与空穴的速度与动能无关，却能保持一个恒定值。另外石墨烯没有能隙。使石墨烯成为半导体的有效方法是把它切成 10~20nm 的石墨烯带；如果将石墨烯分割成 10nm 或 20nm 宽的纳米带，电子会被限制在一个小范围内从而使石墨烯成为半导体材料，因为电子的拥挤使石墨烯能够达到一个 “关” 的状态。一定宽度的石墨烯带可具有很好的运输正电荷的能力 [13]，可将其用作 p 型半导体材料。这个石墨烯带可以是单层也可以是双层或多层。下面主要考虑台阶表面双层石墨烯的电学性能 (如电子的能隙) 被台阶调制的变化规律。

台阶表面双层石墨烯的结构示意图如图 6-21 所示。

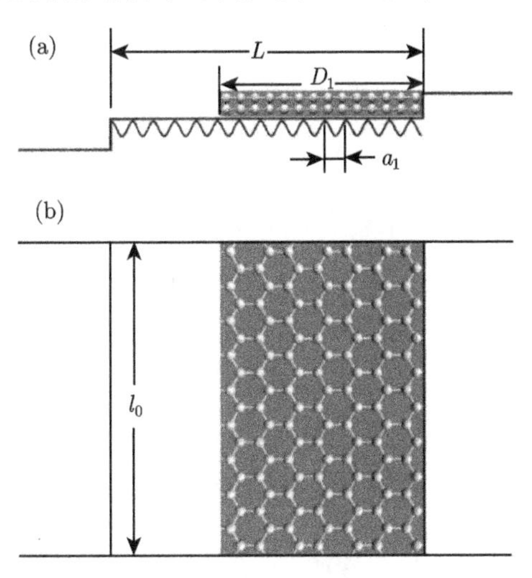

图 6-21 台阶表面双层石墨烯的结构示意图

石墨烯表面与台阶表面平行，石墨烯的边沿与台阶边沿平行，并靠近台阶边沿。系统的总能 (E_{T}) 如下：

$$E_{\mathrm{T}} = E_C + E_{C-S} + E_{C-E} \tag{6-54}$$

其中 E_C 是宽度为 D 的双层石墨烯的能量，E_{C-S} 是双层石墨烯与表面的相互作用能，E_{C-E} 是双层石墨烯与表面台阶的相互作用能。这些与台阶表面单层石墨烯 [14] 的表达方式类似。E_C 可以通过一种近似的方法得到：这种双层石墨烯是在石墨中剪切出两片石墨，然后将其叠加得到；由于上下位置可能会有所不同，所以有 AA 和 AB 两种类型，AA 型是上下两片完全相同，AB 型是上下两片的位置相互错开了，其主要差别是两层石墨烯间的相互作用能有所差别。所以 E_C 可表示为

$$E_C = N\Delta G_C + 2\sigma_S + 2\sigma_{\text{int}} + \sigma_{C-C} \tag{6-55}$$

其中 ΔG_C 是石墨的化学自由能，σ_S 是石墨片的表面能，σ_{int} 是石墨片的边界能，σ_{C-C} 是石墨片间的相互作用能。单位面积 $(D \times l_0)$ 上总的碳原子数 N 为 $N = 4D \cdot l_0/(3\sqrt{3}a^2) = k_0 D$，其中 $k_0 = 4l_0/(3\sqrt{3}a^2)$，$a$ 是石墨的点阵常数，l_0 是双层石墨带的单位长度。沿台阶边沿的碳原子数 (n_1) 为：$n_1 = l_0/(\sqrt{3}a)$(锯齿状)。体系的化学自由能一般通过基于温度 (T) 的下属关系式得到：$\Delta G_C = b_1 + b_2 T + b_3 T \ln T + \sum b_4 T^m$($b_i$ 是与材料相关的参数, m 是级数)。σ_S 和 σ_{int} 可通过原子键模型来表示，

$$\sigma_S = N \cdot E_{B_S(C-C)}, \quad \sigma_{\text{int}} = n_1 E_{B_1(C-C)} \tag{6-56}$$

上式中 $E_{B_S(C-C)}$ 和 $E_{B_1(C-C)}$ 表示层间和同层内的 C—C 键能。石墨层间的相互作用能 (σ_{C-C}) 属于范德瓦耳斯相互作用，采用 Lennard-Jones 型相互作用势:

$$\sigma_{C-C} = 4N\varepsilon_0(\sigma_0^{12}/R_0^{12} - \sigma_0^6/R_0^6) \tag{6-57}$$

其中 ε_0, σ_0 为材料参数，R_0 为石墨片间距。而双层石墨烯与台阶表面的相互作用也属于范德瓦耳斯力，也采用 Lennard-Jones 型相互作用势:

$$E_{C-S} = 4N\varepsilon_1\left[\frac{\sigma_1^{12}}{R_1^{12}} - \frac{\sigma_1^6}{R_1^6} + \frac{\sigma_1^{12}}{(R_1+0.5R_0)^{12}} - \frac{\sigma_1^6}{(R_1+0.5R_0)^6}\right] \tag{6-58}$$

其中 ε_1, σ_1 为材料参数，R_1 为下面的石墨片与表面之间的距离。考虑了 Friedel 震荡，双层石墨片与台阶的相互作用采用一个近似的关系式：

$$\begin{aligned} E_{C-E} =& Nk_1\left\{\left[\left(L-\frac{1}{2}D\right)^{-2} + \left(L+\frac{1}{2}D\right)^{-2}\right]\right. \\ &\left. + k_2\cos(2k_{\text{F}}L+\delta)\left[\left(L-\frac{1}{2}D\right)^{-n} + \left(L+\frac{1}{2}D\right)^{-n}\right]\right\} \end{aligned} \tag{6-59}$$

上式中，k_1, k_2 是与材料相关的参数，k_{F} 和 δ 分别是表面台阶的 Femi 波矢和位相角。为计算简单，取 $n = 2$，所以系统的总能可以表示为

$$\begin{aligned} E_{\text{T}} =& k_0 D\Delta G_C + k_0 D E_{B_S(C-C)} + 2n_1 E_{B_1(C-C)} + 4N\varepsilon_0\left(\frac{\sigma_0^{12}}{R_0^{12}} - \frac{\sigma_0^6}{R_0^6}\right) \\ & + 4N\varepsilon_1\left[\frac{\sigma_1^{12}}{R_1^{12}} - \frac{\sigma_1^6}{R_1^6} + \frac{\sigma_1^{12}}{(R_1+0.5R_0)^{12}} - \frac{\sigma_1^6}{(R_1+0.5R_0)^6}\right] \end{aligned}$$

$$+k_0k_1D[1+k_2\cos(2k_\mathrm{F}L+\delta)]\cdot\left[\left(L-\frac{1}{2}D\right)^{-2}+\left(L+\frac{1}{2}D\right)^{-2}\right] \tag{6-60}$$

基于能量最小原理，利用 $\partial E_\mathrm{T}/\partial D=0$ 可得到

$$\begin{aligned}&\left(L-\frac{1}{2}D\right)^{-2}+\left(L+\frac{1}{2}D\right)^{-2}+D\left[\left(L-\frac{1}{2}D\right)^{-3}-\left(L+\frac{1}{2}D\right)^{-3}\right]\\&=\frac{K_1}{1+k_2\cos(2k_\mathrm{F}L+\delta)}\end{aligned} \tag{6-61}$$

其中

$$\begin{aligned}K_1=&-\left\{\Delta G_C+E_{Bs(C-C)}+4\varepsilon_0\left(\frac{\sigma_0^{12}}{R_0^{12}}-\frac{\sigma_0^6}{R_0^6}\right)\right.\\&\left.+4\varepsilon_1\left[\frac{\sigma_1^{12}}{R_1^{12}}-\frac{\sigma_1^6}{R_1^6}+\frac{\sigma_1^{12}}{(R_1+0.5R_0)^{12}}-\frac{\sigma_1^6}{(R_1+0.5R_0)^6}\right]\right\}\Big/k_1\end{aligned} \tag{6-62}$$

而双层石墨带隙的计算主要利用关系式 [15]：

$$BG(\mathrm{eV})=\mu/D^\zeta \tag{6-63}$$

其中参数 μ 和 ζ 主要从上述文献中拟合得到。

基于双层石墨烯带的宽度与台阶宽度间的相互关系式 (6-61)，利用公式 (6-63)，通过数值计算可以得到台阶宽度对双层石墨烯带的能带结构 (主要是带隙的大小) 的影响，如图 6-22 和图 6-23 所示。

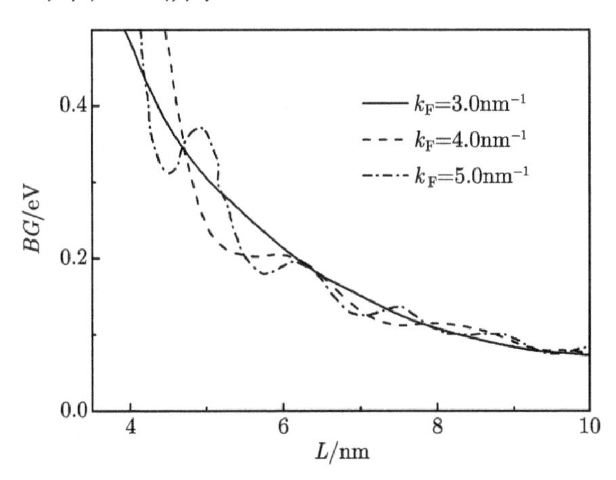

图 6-22 不同 Femi 波矢 (k_F) 下双层石墨烯带的能隙与台阶宽度之间的相互关系；计算参数：$K_1=0.15$, $k_2=0.25$, $k_\mathrm{F}=3.0,4.0,5.0\mathrm{nm}^{-1}$, $\delta=0$

从上图中可以看出，台阶宽度对双层石墨烯的能带结构有明显的调制作用，总体的变化趋势是随台阶宽度的增加，对带隙的影响作用将减弱，所以较窄的台阶对

带隙的影响较大。Femi 波矢 (k_F) 大小对于石墨烯的带隙有直接的影响，它使带隙出现波动性的变化，在一定宽度的台阶上使带隙增加，而在另外一些宽度的台阶上使带隙减小，使得石墨烯的带隙调制呈现复杂的变化趋势。

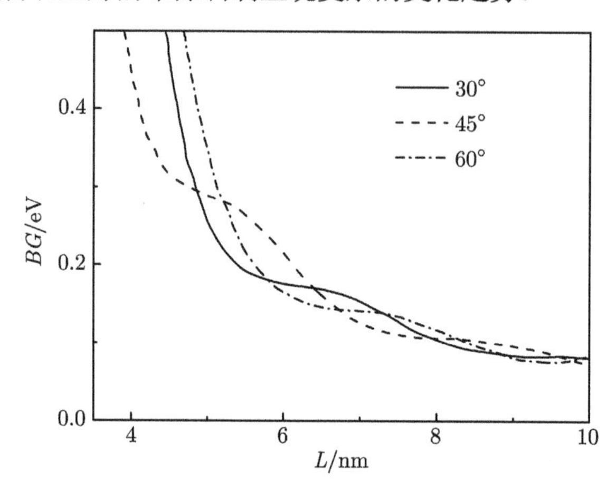

图 6-23　不同位相角度 (δ) 下双层石墨烯带的能隙与台阶宽度之间的相互关系；计算参数：$K_1 = 0.15$, $k_2 = 0.25$, $k_F = 2\text{nm}^{-1}$, $\delta = 30°, 45°, 60°$

另外，我们考虑了相位角 (δ) 对双层石墨烯带隙的影响，如图 6-23 所示，位相角对石墨烯的带隙也有较明显的调制作用，其具体原因可能与台阶边沿的电子态有一定的关联作用，这还需要做进一步的分析。尽管位相角不同，但石墨烯的带隙仍然随台阶宽度的增加而减小，此规律与图 6-22 表现的规律一致。通过数值计算可得到台阶宽度与双层石墨烯宽度之间的关系，进一步可得到台阶宽度对带状双层石墨烯能隙的调制效应。

6.4　表 面 浮 凸

材料发生结构相变时会在表面形成浮凸，对其形貌特征进行分析，对其浮凸角进行表征，可以对结构相变的类型和机制进行深入分析。马氏体相变作为切变类型的相变导致的表面浮凸为 N 或 Z 型，它与扩散类相变 (如贝氏体相变) 不同，后者的浮凸多为帐篷型。对于表面浮凸角，马氏体相变导致的表面浮凸角多在 10° ~20°，相变结构类型和合金成分会对表面浮凸角的大小产生影响。相比 fcc-hcp 和 fcc-bcc 马氏体相变，fcc-fct 马氏体相变的相变应变只有 0.2% 左右，所以其表面浮凸角相应会小很多 [16,17]。无论热诱发还是应力诱发的马氏体结构相变，大多分析在正相变过程中产生的表面浮凸和表面浮凸角，对于逆相变中表面形貌的变化目前关注不多，特别是钢铁材料中马氏体逆相变不是原路返回，而是一个马氏体分解的过程，这个过程是不可逆的；相比而言，形状记忆合金中的马氏体相变在形态上具有可逆的特征，相变晶体学也是可逆的。实验结果 [18] 表明：在 Mn-Fe-Cu 合金中马氏体相变温度与合金成分密切相关，当 Mn 浓度超过 75at%，合金的马氏体相变温度高达 150℃，作为一种高温形状记忆合金，在航空航天等领域具有良好的工业应用前景。高温形状记忆合金的马氏体相变温度大多高于 100℃，这导致从实验上研究此类合金的马氏体相变表面浮凸相对困难。下面主要利用原位原子力显微镜 (in-situ AFM) 在纳米尺度研究 $Mn_{79.5}Fe_{15.6}Cu_{4.9}$(at%) 反铁磁形状记忆合金在升降温过程中与马氏体相变及其逆相变相关的表面形态特征，从纳米尺度分析反铁磁锰基高温形状记忆合金的单程/双程记忆效应产生的物理机制，促使此类反铁磁材料在工业上的应用。

6.4.1 表面浮凸形貌 [17]

我们利用 AFM 对 $Mn_{79.5}Fe_{15.6}Cu_{4.9}$ 合金进行了原位观察，以获得试样在升降温过程中表面形态的动态演化，特别是马氏体相变及其逆相变在表面留下的痕迹。DMA 和 XRD 实验结果显示 $Mn_{81}Fe_{14}Cu_5$ 合金的马氏体相变温度在 150℃附近，可将 AFM 原位观测的温度范围定在室温和 300℃之间，这样其顺磁–反铁磁转变也完成了，可以保证马氏体相变及其逆相变都进行完全了。图 6-24 (a) 和图 6-24(b) 分别是升温、降温过程中不同温度对应的表面浮凸的三维形态图。这里我们选取了 4 个温度进行观测：室温 (RT)、100℃、200℃、300℃，即在此温度保持恒定后进行面扫描。具体实验过程中，在室温下对样品进行抛光处理，尽管此刻母相基体中已存在马氏体，但经过抛光处理后试样表面是平的 (图 6-24(a) 中室温对应的那个三维图)，没有浮凸出现，这与以前观察马氏体相变导致的表面浮凸有所不同。因为合金的马氏体强度和硬度与母相基体均不相同，所以在对试样进行表面抛光处理后仍可以发现马氏体存在的痕迹，这是我们选择 AFM 面扫描原位观测区的主要参考依据。图 6-24(a) 显示升温到 100℃试样表面没有太大的变化，因为此温度还低于马氏体逆相变的起始温度；当温度达到 200℃(>As) 时，在试样表面已能观察到明显的表面浮凸。

对于 Mn 基合金，升温时发生 fct→fcc 马氏体逆相变，所以此时观察到的三维表面形态特征是马氏体向母相结构转变造成的。继续升温到 300℃，发现此表面浮凸没有太大的变化，表明马氏体逆相变已全部完成，由此可判断观察区的基体应当全部都是母相 fcc 结构；很重要的是此时观察到的表面浮凸是母相浮凸，这完全不同于以往观察到的马氏体表面浮凸。图 6-24(b) 给出了降温过程中合金表面浮凸的三维形态图，主要变化发生在温度从 200℃降到 100℃这个区间范围内，尽管这过程会发生马氏体相变，却观察不到马氏体浮凸；进一步将试样降到室温，发现三维表面形貌基本保持不变。再次降温时试样中会重新发生 fcc→fct 马氏体正相变，此时

的表面形貌又恢复到加热前的平面状态 (如图 6-24(a)-RT)。经过一个完整的升温、

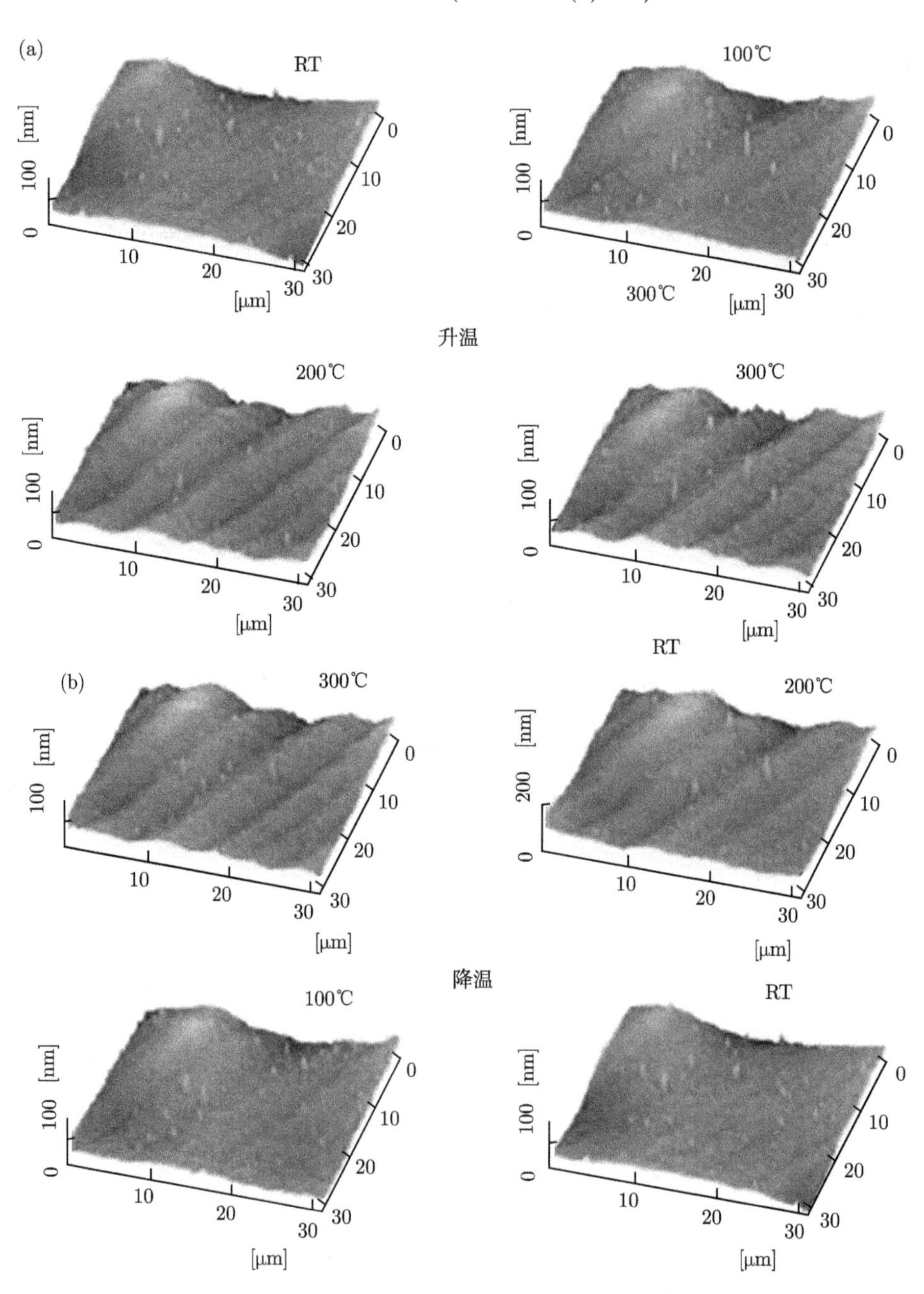

图 6-24　$Mn_{79.5}Fe_{15.6}Cu_{4.9}$ 合金升降温过程的三维表面形貌图 [7]

(a) 升温；(b) 降温

降温过程，原位 AFM 动态观察发现 $Mn_{79.5}Fe_{15.6}Cu_{4.9}$ 合金的表面浮凸具有良好的可逆性，同时表明这样的表面浮凸是热诱发马氏体相变导致的，而不是应力或应变诱导的马氏体相变，因为后者经过再次升温–降温处理时不具有形态可逆性。以上实验直接证明这种合金具有良好的形状记忆效应和良好的表面形貌记忆效应。

图 6-25 是升降温过程中 AFM 实验同时得到的合金表面二维形貌图，可发现马氏体片基本上呈现条状组织，但各片马氏体的尺寸 (包括宽度) 并不完全相同。在对试样加热或降温时，试样表面会存在一定的变形，这样容易与探针接触而损坏探针，所以每次升温/降温时要将 AFM 探针先抬起，待温度稳定后再放下探针进行扫描，结果导致每次扫描的区域可稍有偏移。对比不同温度下表面二维形貌图可看出每次扫描的区域比较稳定，AFM 实验所扫描的区域基本是同一位置。尽管图 6-25 只是二维表面形貌图，但同样可看出表面形貌在升降温过程中具有良好的可逆性，这与三维形貌图 (图 6-24) 的结果是一致的。

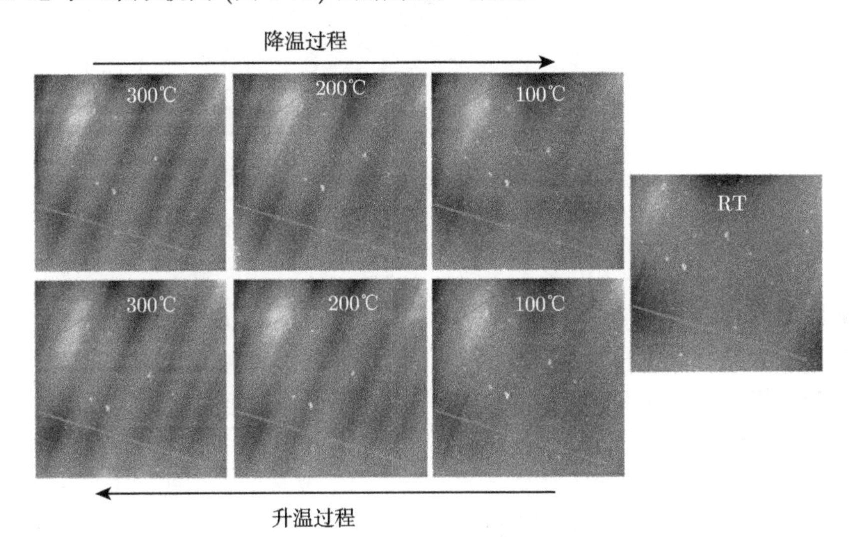

图 6-25 $Mn_{79.5}Fe_{15.6}Cu_{4.9}$ 合金升降温过程的二维表面形貌图 (33μm×33μm)[7]

6.4.2 表面浮凸特征 [17]

前面提到相变类型的差异会导致不同的表面浮凸特征，所以可以根据 AFM 实验观察到的表面浮凸来分析结构相变的机制。根据钢中和铁基合金中表面浮凸的观察结果，发现孪晶马氏体或当两片马氏体变体背靠背在一起形成的表面浮凸多为帐篷型，而马氏体单变体多形成 “N” 形和 “Z” 形表面浮凸。为了确定试样表面浮凸的类型，可取与合金马氏体片表面浮凸垂直方向 (图 6-25 中截线) 的剖面图。图 6-26 给出了在 300℃(降温过程)、RT(室温) 和 300℃(升温过程) 时试样表面浮凸沿截线 (图 6-25) 的剖面图。

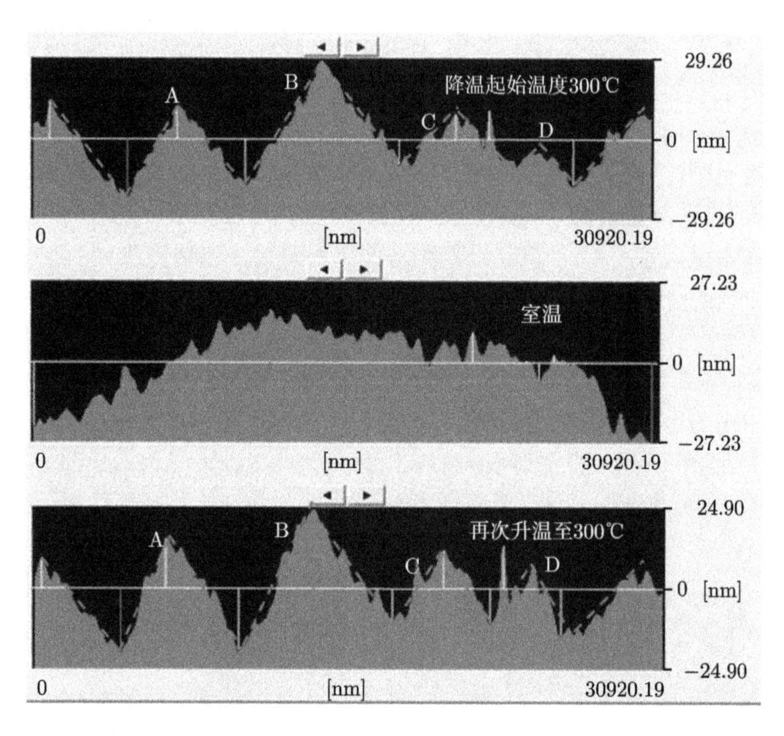

图 6-26　$Mn_{79.5}Fe_{15.6}Cu_{4.9}$ 合金升降温过程中表面浮凸剖面图 [7]

从图中可看出：在高温 (>As) 时，试样表面浮凸为双边非对称 “帐篷型”；在室温时试样表面则比较平整，高温下的表面浮凸消失。与钢中$\{225\}_{fcc}$和$\{557\}_{fcc}$位错型马氏体相比，孪晶切变在$\{259\}_{fcc}$型马氏体相变中具有重要的作用，后者往往形成孪晶亚结构，二者的表面浮凸特征有一定的差异。Mn 基合金中发生 fcc-fct 马氏体相变，它的相变晶体学研究显示其切变过程主要是孪晶切变，得到$\{110\}_{fcc}$孪晶型马氏体。通过透射电子显微镜 (TEM) 观察发现合金中存在 (110) 马氏体孪晶，却很难观察到单片的 fct 马氏体，所以此类合金中 fcc-fct 马氏体相变的形核与生长很可能依赖于孪晶切变。热弹性形状记忆合金具有相变晶体学可逆的特征，这一点与钢铁材料明显不同。根据相变晶体学可逆性原则，可以认为 Mn 基合金中 fcc-fct 马氏体逆相变借助于逆孪晶切变 (孪晶切变的逆过程) 来进行的，这种切变机制使得试样表面产生了如图 6-26 所示的帐篷型浮凸形貌，而且该浮凸是在马氏体逆相变过程中产生的，具有明显的切变特征，其重要性在于证明马氏体逆相变也是切变型相变。在一些马氏体相变的数值模拟中，所采用的微弹性理论将马氏体相变应变简写为 Bain 点阵畸变，没有了相变晶体学中的切变矩阵和晶格转动矩阵，这样就会忽略马氏体相变的切变特征。但需要明白这样处理仅仅是为了方便处理结构相变的弹性应变能，在实际相变过程中并非是通过简单的 Bain 畸变即可完成结构相变。对于 Mn 基合金中的 fcc-fct 马氏体相变，通过简单的 Bain 点阵畸变可完成不同晶格点阵中原子位置间的相互转换，但是其相变过程中的原子位移机制并不是 Bain 机制；尽管 fcc-fct 相变应变非常小，用 Bain 点阵畸变可近似描述其相变应变大小，但 fcc-fct 马氏体相变依旧是一个切变过程，依赖于孪晶切变来完成，并直接形成马氏体孪晶。

6.4.3 表面浮凸角 [17]

为了定量表征 Mn 基合金中 fcc-fct 相变过程中逆孪晶切变所产生的表面浮凸特征，定义逆孪晶切变浮凸角为 $(\theta_\alpha|\theta_\beta)$，如图 6-27 所示。根据沿截线得到的表面浮凸剖面图 (图 6-26)，可分别计算得到第一次和第二次到达 300° 时 A、B、C、D 四点的逆孪晶切变浮凸角；第一次：$(\theta_\alpha|\theta_\beta)_A=(0.75°|0.47°)$, $(\theta_\alpha|\theta_\beta)_B=(0.68°|0.52°)$, $(\theta_\alpha|\theta_\beta)_C=(0.34°|0.36°)$, $(\theta_\alpha|\theta_\beta)_D=(0.30°|0.38°)$，第二次：$(\theta_\alpha|\theta_\beta)_A=(0.85°|0.52°)$, $(\theta_\alpha|\theta_\beta)_B=(0.68°|0.50°)$, $(\theta_\alpha|\theta_\beta)_C=(0.50°|0.56°)$, $(\theta_\alpha|\theta_\beta)_D=(0.49°|0.60°)$。对比 $Mn_{79.5}Fe_{15.6}Cu_{4.9}$ 合金同一位置不同时刻的表面浮凸角大小可发现，升降温过程中相同温度条件下同一位置对应的表面浮凸角并没有太大的变化，表明该合金具有良好的热弹形状记忆效应，这将积极促进它的工业应用。与其他的发生 fcc-hcp 马氏体相变的 Fe 基、Co 基形状记忆合金等相比，fcc-fct 相变导致的表面浮凸角小很多 ($<1°$)，主要是 Mn 基合金中普遍存在 fcc 母相和 fct 马氏体在晶格常数和晶体结构上差别很小的问题。

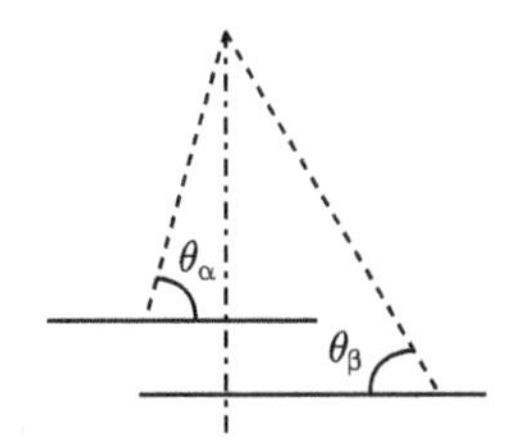

图 6-27 逆孪晶切变浮凸角示意图

图 6-28 给出在室温下 $Mn_{79.5}Fe_{15.6}Cu_{4.9}$ 合金的 XRD 图谱。从图中标出的谱线可看出，Mn 基合金中母相为 fcc 结构，马氏体相为 fct 结构，而未标出谱线对应的是 α-Mn。对于 fcc 结构，其 (220) 和 (202) 峰是重合的；对于 fct 结构，由于其点阵常数 $a\neq c$，所以其 (220) 峰与 (202) 峰会分开，或者会出现某些衍射峰的宽化现象。在图 6-28 中可看出，分开的 (220) 峰应当对应马氏体结构，表明此合金的马氏体相变温度在室温以上。根据锰基合金的结构相图，合金的相变温度与锰含量有密切关系，对于高锰合金其相变温度都在室温以上，所以在室温下必定存在马氏体相，这与 XRD 实验结果一致。根据图 6-28 可以计算出此合金的点阵常数：对 fcc 母相结构，其点阵常数 $a=0.3712\text{nm}$；对 fct 马氏体结构，其点阵常数

$a = 0.3752\text{nm}$, $c = 0.3634$, $c/a = 0.969$。fct 与 fcc 结构差异可以用 c/a 来表示。从图 6-28 的 XRD 中 $(220)_{\text{fct}}$ 和 $(202)_{\text{fct}}$ 峰可以计算出，fct 相 $c/a \approx 0.969$，因此两者晶格结构差异很小。而在 FeMnSi 基合金中的 fcc-hcp 马氏体相变则有着较大的结构变化，从而产生较大的切应变和浮凸角。结合逆孪晶切变机制和浮凸角分析，可认为马氏体孪晶逆切变是 $Mn_{79.5}Fe_{15.6}Cu_{4.9}$ 合金在升温过程中马氏体逆相变导致表面浮凸的主要形成机制。

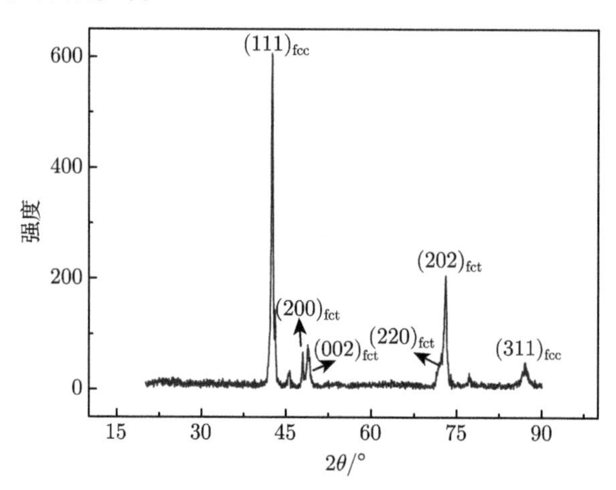

图 6-28　$Mn_{79.5}Fe_{15.6}Cu_{4.9}$ 合金室温下的 XRD 图谱 [17]

以上结果表明，在升降温实验中观察到与 fcc-fct 马氏体相变导致的帐篷型表面浮凸，该浮凸的产生是由马氏体逆相变产生的，即母相浮凸，这与通常观测到的马氏体浮凸不同；实验证实 $Mn_{79.5}Fe_{15.6}Cu_{4.9}$ 合金中 fcc-fct 马氏体逆相变具有切变特征，此马氏体孪晶的逆向切变是产生该帐篷型表面浮凸的主要机制；测得 $Mn_{79.5}Fe_{15.6}Cu_{4.9}$ 合金逆孪晶切变的表面浮凸最大只有 0.85°，相比其他相变类型的形状记忆合金要小得多，这是由于 fcc 母相与 fct 马氏体相结构差异较小造成的；反铁磁 $Mn_{79.5}Fe_{15.6}Cu_{4.9}$ 合金表面浮凸在升降温过程中随温度变化呈现出良好的形态可逆性，这是由 fcc-fct 马氏体相变的晶体学可逆决定的，表明该合金具有优良的表面形貌记忆效应，作为高温形状记忆合金在航空航天等领域具有良好的应用前景。

6.5　外场对表面纳米颗粒吸附的影响

在电化学系统中，可发生电势诱导的表面重构。当零电荷电位为 −0.2V，在 0.1M H_2SO_4 中的 Au(100) 面形成 (5×20) 重构结构；当基底电位移向正电位时，重构消失，形成 Au(100)-(1×1) 结构 [19]；新制备的 Au(111)-$(23\times\sqrt{3})$ 表面在 0.01M

$HClO_4$ 溶液中的零电位是 $+0.32V$，重构结构在电解质溶液中直到 $+0.45V$ 都是稳定的；当电位正向扫描超过 0.6V 后，表面重构结构消失；LEED 实验表明，Au(111)-(1×2) 重构表面比 (5×20)、$(23\times\sqrt{3})$ 要稳定。对于 Pt，只有 (110) 和 (100) 表面有重构 [20,21]；在 Pt(110) 表面重构形成 (1×2) 结构，在 0.05M H_2SO_4 溶液中，(1×2) 重构从负电位区间到 $+0.6V$ 的区域内是稳定的，当正电位到达 $+1.0V$ 时，表面为 (1×1) 结构，但 Pt(111)-(1×2) 重构结构比 Au(111)-(1×2) 稳定；在超高真空下用溅射和退火方法可得到 Pt(100)-(5×20) 结构，然而重构的 Pt(100) 表面在电化学环境下变得极不稳定，而转化为 (1×1) 结构。表面结构只与电极电位有关，重构结构与非重构结构的相互转化是完全可逆的。以重构电位为界，负电位侧出现重构，正电位侧重构消失。表面纳米结构的有序组装与集成目前已成为纳米功能材料、光电子学、信息科学领域中一个十分活跃的课题。针对表面纳米团簇的有序生长及其表面重构，需要建立外场下表面纳米结构的有效能量计算模型，重点分析电势对表面结构的影响规律，同时分析了团簇与表面、团簇与团簇的相互作用对表面重构的影响，这对我们认识其生长机理具有积极的作用，同时为下一步的实验提供了理论指导。外场下表面团簇的总能表示为

$$E_{\mathrm{TOT}} = \sum_i E_{C_i} + \sum_{i,j} E_{\mathrm{int}(C_i-C_j)} + \sum_i E_{A(C_i-S)} + RT\Delta S_C + \sum_i E_i \cdot q_i \tag{6-64}$$

其中 E_{C_i} 为单一团簇的能量，$E_{\mathrm{int}(C_i-C_j)}$ 为团簇间的相互作用能，$E_{A(C_i-S)}$ 是团簇与表面的相互作用能，ΔS_C 是表面团簇的组态熵，最后一项是电场作用下对表面电荷为 q 的团簇的作用能。我们假定直径为 D 的纳米团簇分布在宽度 L 的表面上。为便于分析，取表面上的一部分 $(L \times L)$ 作为研究单元，并将其分成正方形网格 (格点数为 N^2)，每个格点就是团簇可能占据的位置。若每个研究单元上纳米团簇的数量为 M，则这些纳米团簇在二维表面吸附位置点阵上的占位概率 P_M 为

$$P_M = M/N^2 \tag{6-65}$$

当 $P_M < 1$ 时，可以认为 P_M 是纳米团簇在表面的覆盖度。

采用 EAM 势函数计算纳米团簇的能量。参考其计算方法和理论依据，我们取一个比较简洁的团簇能量计算关系式：

$$E_{C_i} = -E_0[1 + k_1(a/a_0 - 1)]\exp[-k_1(a/a_0 - 1)] \tag{6-66}$$

上式中 E_0 和 a_0 为体材料的平衡能量和平衡点阵常数，a 为纳米结构的点阵常数，k_1 是与材料有关的参数，大小可以表示为 $\sqrt{9Ba_0^3/(\sqrt{2}E_b)}$，其中 B 为体弹性模量。假定团簇为球形，每个团簇内部的原子数为 n_c，则有：$a = \sqrt{\pi D^3/6n_c}$。在本

文中我们假定所有的团簇的尺寸和结构都相同，即各团簇的能量相等。这样可得到

$$\sum_{i=1}^{M} E_{C_i} = -(P_M N^2) \cdot E_0 \cdot \left[1 + k_1 \left(\frac{\pi^{-1/2} D^{3/2}}{(6n_c)^{1/2} a_0} - 1\right)\right] \exp\left[-k_1 \left(\frac{\pi^{-1/2} D^{3/2}}{(6n_c)^{1/2} a_0} - 1\right)\right] \tag{6-67}$$

团簇间的相互作用 $E_{\mathrm{int}(C_i-C_j)}$ 采用 L-J 势和库仑势的复合势函数：

$$E_{\mathrm{int}(C_i-C_j)} = \varepsilon_{ij} \left[\frac{\sigma_{ij}^{12}}{r_{ij}^{12}} + \frac{\sigma_{ij}^{6}}{r_{ij}^{6}}\right] + \frac{Z_i Z_j e^2}{r_{ij}} \tag{6-68}$$

其中 r_{ij} 是团簇质心间的距离，Z 是团簇的表面电荷，ε_{ij} 和 σ_{ij} 是与两团簇相关的参数。本文只考虑最近邻团簇间的相互作用，单位面积 $L \times L$ 上的某一吸附位置上出现团簇的概率为 P_M，则在它周围出现团簇的概率为 $\dfrac{P_M N^2 - 1}{N^2}$，考虑到所有团簇的等同性，我们有

$$\begin{aligned}\sum_{i,j} E_{\mathrm{int}(C_i-C_j)} =& \frac{1}{2} P_M^3 N^2 \cdot (P_M N^2 - 1) \cdot \left\{\varepsilon_0 \left[\frac{\sigma_0^{12}}{(L/N - D)^{12}}\right.\right. \\ &\left.\left. + \frac{\sigma_0^{6}}{(L/N - D)^{6}}\right] + \frac{Z_0^2 e^2}{(L/N - D)}\right\}\end{aligned} \tag{6-69}$$

团簇与表面的相互作用 $E_{A(C_i-S)}$ 则建立在物理吸附的基础上，不考虑团簇与表面间的成键等化学相互作用。尽管这种物理吸附属于范德瓦耳斯力，但它不同于两个质点间的相互作用，结合实验结果和理论计算，这种作用符合 $1/R^3$ 规律。理论计算结果表明，同一表面上也有不同的吸附位置，其吸附能量不同；假定表面有 m 种吸附位置，为便于建立模型，本文对团簇与表面的相互作用参数 k_2 采用平均取值的方法。另外将这种物理吸附等效地作用在团簇的质心上，所以 $E_{A(C_i-S)}$ 可表示为

$$\sum E_{A(C_i-S)} = (P_M \cdot N^2) \cdot \frac{k_2}{D^3} \tag{6-70}$$

其中，

$$k_2 = \frac{1}{m} \sum_{i=1}^{m} k_2^i \tag{6-71}$$

由于表面的吸附位置有 m 种，每一种吸附位置在二维表面上可形成一个亚点阵，每个亚点阵格点上团簇的吸附能为 E_m^i，则此格点上团簇的占位概率 P_m 为

$$P_m^i = \frac{1\Big/\left[1 + \exp\left(\dfrac{E_m^i - \mu_m}{RT}\right)\right]}{\displaystyle\sum_{i}^{m} 1\Big/\left[1 + \exp\left(\dfrac{E_m^i - \mu_m}{RT}\right)\right]} \tag{6-72}$$

若团簇吸附结构为 (A_a, A_b)，则团簇沿 a, b 方向上的占位会有所差别。

$$P_{m-a}^i = \frac{A_a \Big/ \left[1+\exp\left(\dfrac{E_m^i - \mu_m}{RT}\right)\right]}{\sum\limits_i^m A_a \Big/ \left[1+\exp\left(\dfrac{E_m^i - \mu_m}{RT}\right)\right]}, \quad P_{m-b}^i = \frac{A_b \Big/ \left[1+\exp\left(\dfrac{E_m^i - \mu_m}{RT}\right)\right]}{\sum\limits_i^m A_b \Big/ \left[1+\exp\left(\dfrac{E_m^i - \mu_m}{RT}\right)\right]} \tag{6-73}$$

μ_m 为团簇在平衡位置的吸附能。所以在考虑了不同吸附位置后，i 团簇在表面上的占位概率 P_i 为

$$P_i = P_M \cdot P_m^i \tag{6-74}$$

则位于表面上纳米团簇的组态熵 ΔS_C 为

$$\Delta S_C = \sum_{i=1}^m P_M P_m^i \ln(P_M P_m^i) + (1 - P_M P_m^i) \ln(1 - P_M P_m^i) \tag{6-75}$$

基于以上的分析，可得到表面纳米团簇的总能量为

$$\begin{aligned} E_{\text{TOT}} = &-(P_M N^2) \cdot E_0 \cdot \left[1 + k_1 \left(\frac{\pi^{-1/2} D^{3/2}}{(6n_c)^{1/2} a_0} - 1\right)\right] \exp\left[-k_1 \left(\frac{\pi^{-1/2} D^{3/2}}{(6n_c)^{1/2} a_0} - 1\right)\right] \\ &+ P_M N^2 E \cdot q + \frac{1}{2} P_M^3 N^2 \cdot (P_M N^2 - 1) \\ &\cdot \left\{\varepsilon_0 \left[\frac{\sigma_0^{12}}{(L/N - D)^{12}} + \frac{\sigma_0^6}{(L/N - D)^6}\right] + \frac{Z_0^2 e^2}{(L/N - D)}\right\} \\ &+ (P_M N^2) \cdot \left(\frac{1}{m} \sum_{i=1}^m k_2^i\right) \cdot \frac{1}{D^3} + RT \sum_{i=1}^m [P_M P_m^i \ln(P_M P_m^i) \\ &+ (1 - P_M P_m^i) \ln(1 - P_M P_m^i)] \end{aligned} \tag{6-76}$$

为了简化计算，将各吸附位置等同起来处理，有

$$\begin{aligned} E_{\text{TOT}} = &-(P_M N^2) \cdot E_0 \cdot \left[1 + k_1 \left(\frac{\pi^{-1/2} D^{3/2}}{(6n_c)^{1/2} a_0} - 1\right)\right] \exp\left[-k_1 \left(\frac{\pi^{-1/2} D^{3/2}}{(6n_c)^{1/2} a_0} - 1\right)\right] \\ &+ P_M N^2 E \cdot q + \frac{1}{2} P_M^3 N^2 \cdot (P_M N^2 - 1) \\ &\cdot \left\{\varepsilon_0 \left[\frac{\sigma_0^{12}}{(L/N - D)^{12}} - \frac{\sigma_0^6}{(L/N - D)^6}\right] + \frac{Z_0^2 e^2}{(L/N - D)}\right\} \\ &+ (P_M N^2) \cdot \frac{k_2}{D^3} + RT[P_M \ln(P_M) + (1 - P_M) \ln(1 - P_M)] \end{aligned} \tag{6-77}$$

然后对 P_M 求导，利用能量最小原理 $\partial E_{\text{TOT}} / \partial P_M = 0$，得到

$$\frac{1}{2} N^2 P_M^2 (4 P_M N^2 - 3) \left\{\varepsilon_0 \left[\frac{\sigma_0^{12}}{(L/N - D)^{12}} - \frac{\sigma_0^6}{(L/N - D)^6}\right] + \frac{Z_0^2 e^2}{(L/N - D)}\right\}$$

$$
+RT\ln\left(\frac{P_M}{1-P_M}\right)=-N^2E\cdot q+N^2\cdot E_0\cdot\left[1+k_1\left(\frac{\pi^{-1/2}D^{3/2}}{(6n_c)^{1/2}a_0}-1\right)\right]
$$

$$
\cdot\exp\left[-k_1\left(\frac{\pi^{-1/2}D^{3/2}}{(6n_c)^{1/2}a_0}-1\right)\right]-N^2\cdot\frac{k_2}{D^3} \tag{6-78}
$$

令 $K_0=\varepsilon_0\left[\frac{\sigma_0^{12}}{(L/N-D)^{12}}-\frac{\sigma_0^6}{(L/N-D)^6}\right]+\frac{Z_0^2e^2}{(L/N-D)}$

$$
K_1=E_0\cdot\left[1+k_1\left(\frac{\pi^{-1/2}D^{3/2}}{(6n_c)^{1/2}a_0}-1\right)\right]\exp\left[-k_1\left(\frac{\pi^{-1/2}D^{3/2}}{(6n_c)^{1/2}a_0}-1\right)\right]-\frac{k_2}{D^3}
$$

上式进一步简化为

$$
\frac{1}{2}K_0P_M^2(4P_MN^2-3)+\frac{RT}{N^2}\ln\left(\frac{P_M}{1-P_M}\right)+E\cdot q=K_1 \tag{6-79}
$$

以上是基于能量最小原理得到表面纳米团簇的覆盖度与电场之间的平衡方程。利用此方程我们可以考虑温度和电场对表面纳米团簇覆盖度的影响规律。首先我们考虑无电场情况下的覆盖度与温度之间的关系。

从图 6-29 中可看出，随温度的增加，表面纳米团簇的覆盖度逐渐降低，这是由于表面晶格的振动随温度的上升而加剧，使得纳米团簇易于脱离表面的吸附作用，从而降低平衡状态下的团簇的覆盖度。而且从上面的公式可以看出，K_1 与表面团簇间的吸附有关，K_1 越小，表明纳米团簇与表面的吸附作用越大，这是有利于提高纳米团簇在表面的覆盖度，图 6-29 也反映了这一变化规律。

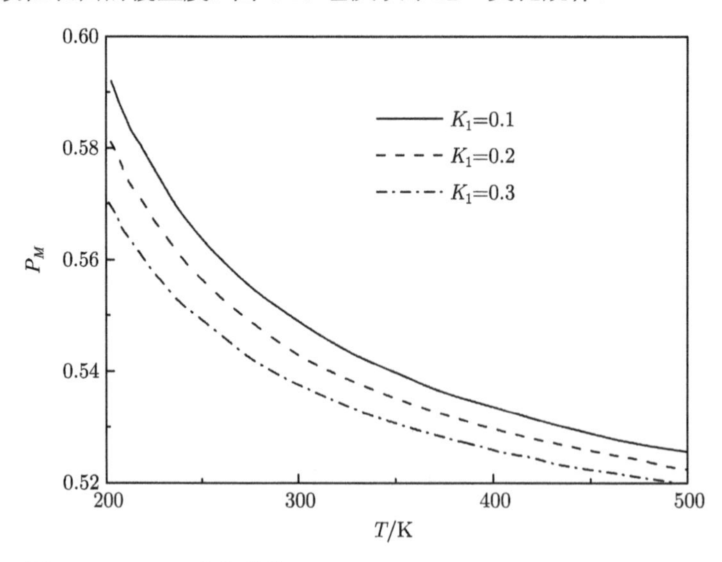

图 6-29　P_M-T 变化曲线 ($K_0=0.01,\ K_1=0.1,0.2,0.3,\ N=20$)

我们还考虑了不同参数 K_0 对表面纳米团簇的覆盖度与温度的变化关系(图 6-30)，各曲线均随温度的增加而呈现降低的趋势，这与图 6-29 的变化趋势一致，只是变化的缓慢程度有所区别。随 K_0 的减小，表面覆盖度也减小，这是因为参数 K_0 表示团簇间的相互作用，K_0 越大表示这种相互作用越强，越有利于提高表面覆盖度，对有序化组装也有积极的作用。下面我们利用电场下的平衡方程，考虑特定温度下的表面覆盖度与电场之间的变化关系，如图 6-31 所示。

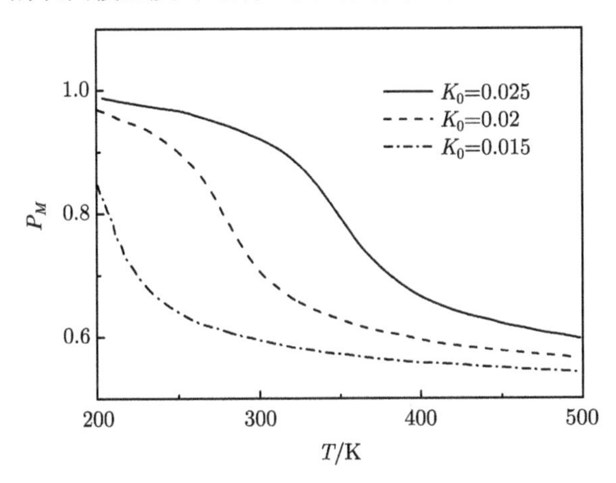

图 6-30 P_M- T 变化曲线 ($K_0 = 0.025, 0.02, 0.015$, $K_1 = 0.15$, $N = 20$)

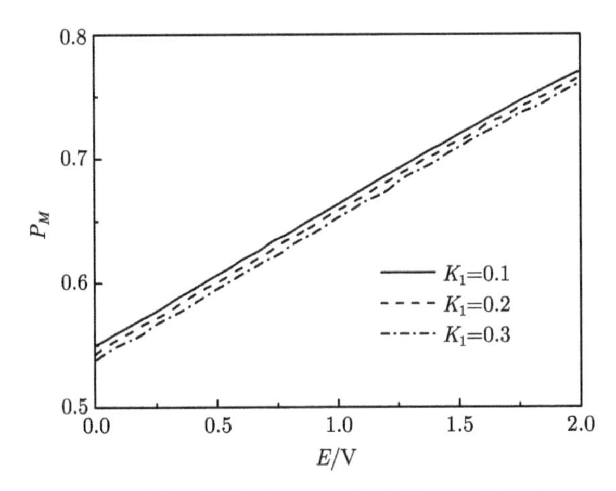

图 6-31 温度为 300K 是表面覆盖度 (P_M) 与电场 (E) 之间的相互关系；计算参数：$K_0 = 0.01$, $K_1 = 0.1, 0.2, 0.3$, $T = 300\text{K}$

从图 6-31 中我们可以看出随电场的增加，表面纳米团簇的覆盖度也几乎成线性增加，这表明外界电场的存在有利于表面纳米团簇的吸附，进一步有利于表面团簇的有序化组装。另外我们分析了不同温度下，电场对表面纳米团簇覆盖度的影响；从图 6-32 中我们可以看出，随温度的增加，表面覆盖度有较明显的减小，因为温度高，表面晶格的振动增加，纳米团簇会脱离表面的吸附，从而降低了表面纳米团簇的覆盖度。

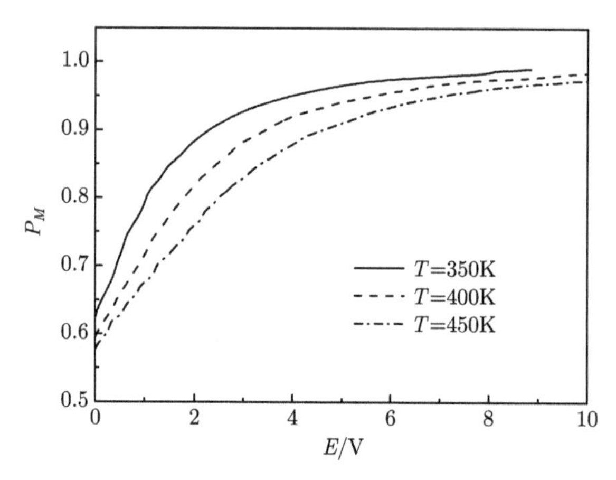

图 6-32 温度分别为 350K、400K、450K 时表面覆盖度 (P_M) 与电场 (E) 之间的相互关系 (分别对应实线、虚线、点划线)；计算参数：$K_0 = 0.02$, $K_1 = 0.2$

参考文献

[1] Ficara P, Chin E, Walker T, et al. A novel commercial process for the primary production of magnesium[J]. CIM Bulletin, 1998, 4: 75.

[2] Wan J F, Fei Y Q, Wang J N. Interaction between carbon nanotube and Mg surface: ab-initio investigation[J]. Materials Science Forum, 2007, 546-549: 481-484.

[3] Payne M C, Arias T A, Joannopoulos J D. Iterative minimization techniques for ab initio total-energy calculations: molecular dynamics and conjugate gradients[J]. Reviews of Modern Physics, 1992, 64(4): 1045-1097.

[4] Wang C, Feng A, Binglin G, et al. Electronic structure of the light-impurity (boron)-vacancy complex in iron[J]. Physical Review B Condens Matter, 1988, 38(6): 3905-3912.

[5] 黄均麟. 稀土氧化物钝化镁粒的组织特征及其阻燃与脱硫性能研究 [D]. 上海: 上海交通大学，2008.

[6] Huang J L, Wan J F, Xie C Y, et al. Structure analysis of surface layer on passivated magnesium powders[J]. Materials Letters, 2007, 61(11-12): 2430-2433.

[7] Davis L E, MacDonald N C, Palmberg P W, et al. Handbook of Auger Electron Spectroscopy[M]. Minnesota:Physical Electronics Industries Division, 1976: 9-10.

[8] 黄均麟, 万见峰, 谢超英. 钝化颗粒镁的表面层成分及结构分析 [J]. 物理测试, 2007, 25(2): 15-18.

[9] Fleck N A, Muller G M, Ashby M F, et al. Strain gradient plasticity: Theory and experiment[J]. Acta Metallurgica & Materialia, 1994, 42(2): 475-487.

[10] Jeong H C, Williams E D. Steps on surfaces: experiment and theory[J]. Surface Science Reports, 1999, 34(6-8):171-294.

[11] Wan J F, Carter W C. Self-ordering mechanism of nanocluster-chain on the functional vicinal surfaces[J]. Applied Physics Letters, 2009, 95(25): 253110.

[12] Geim A K, Novoselov K S. The rise of graphene[J]. Nature Materials, 2007, 6(3): 183-191.

[13] Li X L, Wang X R, Zhang L, et al. Chemically derived, ultrasmooth graphene nanoribbon semiconductors[J]. Science, 2008, 319: 1229-1232.

[14] Wan J F, Kong X Y. Energy model and band-gap modulation of graphene band self-organized on the functional vicinal surfaces[J]. Applied Physics Letters, 2011, 98(1): 013104.

[15] Pisani L, Chan J A, Montanari B, et al. Electronic structure and magnetic properties of graphitic ribbons[J]. Physical Review B, 2007, 75(6): 064418.

[16] Wang L, Cui Y G, Wan J F, et al. In situ atomic force microscope study of high-temperature untwinning surface relief in Mn-Fe-Cu antiferromagnetic shape memory alloy[J]. Applied Physics Letters, 2013, 102(18): 1966.

[17] 元峰, 刘川, 耿正, 等. 锰基高温反铁磁形状记忆合金中马氏体逆相变的表面浮突研究 [J]. 物理学报, 2015, 64(1): 016801.

[18] Zhang J H, Rong Y H, Hsu T Y(Xu Zuyao). The coupling between first-order martensitic transformation and second-order antiferromagnetic transition in Mn-rich γ-MnFe alloy[J]. Philosophical Magazine, 2010, 90(1-4): 159-168.

[19] Hamelin A. Comments on the paper by D.M. Kolb and J. Schneider, "surface reconstruction in electrochemistry: Au(100)-(5×20), Au(111)-(1×23) and Au(110)-(1×2)"[J]. Electrochimica Acta, 1986, 31(8): 929-936.

[20] Michaelis R, Kolb D M. Stability and electrochemical properties of reconstructed Pt(110) [J]. Journal of Electroanalytical Chemistry, 1992, 328(1-2): 341-348.

[21] Love B, Seto K, Lipkowski J. Electrosorption of hydrogen on single crystal surfaces of platinum[J]. Reviews of Chemical Intermediates, 1987, 8(1): 87-104.

第7章　材料界面形态学

7.1　共格界面热力学及界面形态

界面在新型功能材料中具有重要的作用。铁基多晶合金在外应力场下借助马氏体/母相界面良好的可迁移性获得了超弹特性 [1]。氧化锆陶瓷材料中借助马氏体相变获得了令人惊奇的超弹性，马氏体/母相界面以及马氏体孪晶界面在其中发挥了重要的作用[2]。在 Ni_2MnGa 合金中通过磁场下马氏体/母相界面以及马氏体孪晶界面的迁移获得了高达 13% 的输出应变 [3]。通过对界面体积的调控实现了 Ni-Ti 合金中的恒弹特性 [4]。这些界面大多是共格界面，对于半共格或非共格界面，由于界面存在位错，导致界面的迁移能力下降，对以上力学性能会有影响，如钢中的马氏体界面多为非共格界面，不具有形状记忆效应。马氏体孪晶界面或其他共格界面尽管是完全共格界面，但电镜依旧能观察到位错台阶，但总体还是共格界面。

Mn 基反铁磁合金具有单程、双程形状记忆效应和磁控记忆效应以及阻尼性能。这些性能与其中的马氏体相变及相关界面如马氏体/母相界面及马氏体孪晶界面有密切的关系。大多 Mn 基合金如 Mn-Fe, Mn-Cu, Mn-Zn，主要发生 fcc-fct 马氏体相变，形成的界面主要是 fcc/fct 界面及马氏体孪晶界面。但 Mn-Ni 合金中则会发生 fcc-fct-fco 结构相变，甚至在 Mn-Ni 合金有的成分区间会发生 fcc-fco 结构相变 [5]，在 Mn-Fe-Cu 合金中也存在 fcc-fct-fco 这种多步相变 [6]。目前对其性能的研究，大多集中在考虑 fcc-fct 马氏体相变及由 fct 马氏体形成的孪晶方面，还没有考虑多步相变及相对应的多种界面对性能的影响，是否能利用多步相变及其多重界面提高相应的形状记忆效应、增加磁控应变的输出、增加阻尼性能及相应的温度区间等，目前还没有相关的研究。

对于共格界面能的计算分析，先后有 Becker 公式 [7]、Cahn-Hilliard 模型 [8]、离散点阵平面 (DLP) 模型 [9]，但这些模型在处理马氏体相变时存在一定的困难，因为马氏体相变是切变型结构相变，不存在成分的扩散，所形成的马氏体/母相界面是一个尖锐的界面，另外对于异相界面，无论是晶体结构还是成分的差异，都会在界面形成应力/应变的不均匀分布，这种不均匀必将影响界面能。Abdolvand 等 [10] 利用 HR-EBSD (high-resolution electron backscatter diffraction) 技术研究发现，在 Zr 合金中的孪晶端部存在较大的局域应力场，这也从侧面提示我们在其他合金体系中马氏体/母相界面间是存在界面应力集中等问题。我们利用相场方法研究了 fcc-fct 相变过程中界面应力的演化过程，发现界面应力是存在的[11]。在这些工作的基础上，我们提出一个界面化学–结构模型来处理非扩散的异相共格界面能，同时考虑了界面应力对界面能的贡献 [12]；利用这种方法模型，我们研究了 Mn-Fe\Mn-Cu 合金中的 fcc/fct 界面能 [12] 及 Mn-Ni 合金中的 fcc/fct/fco 界面能及相关界面形态 [13]。

7.1.1 界面化学–结构模型

形状记忆合金中的马氏体相变是一级相变，相变后会形成马氏体 (β)/母相 (α) 界面。当 α/β 界面的方向给定之后，可以认为界面两侧的原子处于一系列的与界面平行的晶格平面上，如图 7-1 所示。其中，平面 1 至 N 中的原子属于 α 相，平面 $N+1$ 至 $2N$ 中的原子属于 β 相。物理上尖锐的界面被认为是处于 N 与 $N+1$ 平面正中央的一个假想平面，如图 7-1 所示。

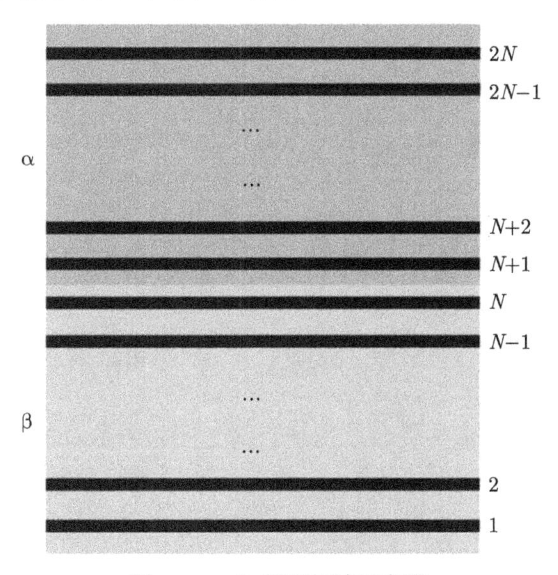

图 7-1 α/β 界面区域示意图

对于 Mn 基形状记忆合金，相变应变非常小 (2%)，所形成的马氏体/母相界面多认为是共格界面，但在界面处仍存在一定的应变。所以 α 与 β 两相之间的共格界面能 (γ_t) 可以认为由两部分组成，其中一部分是两相由于原子间键能不同而产生的界面化学能 (γ_c)，另一部分是由于共格界面两侧结构的差异而导致的界面应变能 (γ_s)。因此，总的异相共格界面能 (γ_t) 可以表示为

$$\gamma_t = \gamma_c + \gamma_s \tag{7-1}$$

7.1.1.1 γ_c

不失一般性，我们先考虑一个 m 元合金体系，对于处于某个面上的 i 原子，即

α 相中的一个 i 原子，在形成界面之前其所拥有的总键能 E_i 为

$$E_i = \frac{1}{2}(Zx_ie_{ii}^{\alpha} + Z\sum_{i\neq j}^{m} x_je_{ij}^{\alpha}) \tag{7-2}$$

在形成界面之后，记其跨越相界面的最近邻原子数为 Z_k，则此时其拥有的键能 E_i' 为

$$E_i' = \frac{1}{2}\left[(Z-Z_k)x_ie_{ii}^{\alpha} + (Z-Z_k)\sum_{j\neq i}^{m} x_je_{ij}^{\alpha} + Z_kx_ie_{ii}^{\alpha\beta} + Z_k\sum_{j\neq i}^{m} x_je_{ij}^{\alpha\beta}\right] \tag{7-3}$$

故面 $j \in [N+1, 2N]$ 上总的键能变化 ΔE^{α} 为

$$\Delta E^{\alpha} = \frac{1}{2}n^{\alpha}Z_k\left[\sum_{i\neq j}^{m}\left(x_i^2e_{ii}^{\alpha\beta} + 2x_ix_je_{ij}^{\alpha\beta} + x_j^2e_{jj}^{\alpha\beta} - x_i^2e_{ii}^{\alpha} - 2x_ix_je_{ij}^{\alpha} - x_j^2e_{jj}^{\alpha}\right)\right] \tag{7-4}$$

同理，面 $j \in [1, N]$ 上总的键能变化 ΔE^{β} 为

$$\Delta E^{\beta} = \frac{1}{2}n^{\beta}Z_k\left[\sum_{i\neq j}^{m}\left(x_i^2e_{ii}^{\alpha\beta} + 2x_ix_je_{ij}^{\alpha\beta} + x_j^2e_{jj}^{\alpha\beta} - x_i^2e_{ii}^{\beta} - 2x_ix_je_{ij}^{\beta} - x_j^2e_{jj}^{\beta}\right)\right] \tag{7-5}$$

记 $Z_b^{\alpha} = \sum_{j=N+1}^{2N} Z_j$，$Z_b^{\beta} = \sum_{j=1}^{N} Z_j$ 分别为 α、β 两相在形成界面时的总断键数。由于所有的跨越界面的化学键必然由来自两相中相同数目的原子所形成，因此 $Z_b^{\alpha} = Z_b^{\beta} = Z_b$。界面取向不同时，$Z_b$ 不同。典型的几个低指数面的 Z_b 值以及单位面积原子数见表 7-1。于是，对于 m 元合金体系，γ_c 可表示为界面处各键能的函数 [12,13]：

$$\begin{aligned}\gamma_c = &\frac{1}{2}Z_k\left\{n^{\alpha}\left[\sum_{i\neq j}^{m}\left(x_i^2e_{ii}^{\alpha\beta} + 2x_ix_je_{ij}^{\alpha\beta} + x_j^2e_{jj}^{\alpha\beta} - x_i^2e_{ii}^{\alpha} - 2x_ix_je_{ij}^{\alpha} - x_j^2e_{jj}^{\alpha}\right)\right]\right.\\ &\left.+ n^{\beta}\left[\sum_{i\neq j}^{m}\left(x_i^2e_{ii}^{\alpha\beta} + 2x_ix_je_{ij}^{\alpha\beta} + x_j^2e_{jj}^{\alpha\beta} - x_i^2e_{ii}^{\beta} - 2x_ix_je_{ij}^{\beta} - x_j^2e_{jj}^{\beta}\right)\right]\right\}\end{aligned} \tag{7-6}$$

在界面区域中共存在四种不同类型的化学键：(1) 同一相中两个相同原子间的化学键，如 e_{ii}^{α}、e_{ii}^{β}；(2) 同一相中两个不同原子间的化学键，如 e_{ij}^{α}、e_{ij}^{β}；(3) 跨越相界面的两个相同原子间的化学键，如 $e_{ii}^{\alpha\beta}$；(4) 跨越相界面的两个不同原子之间的化学键，如 $e_{ij}^{\alpha\beta}$。第一类化学键的键能可以通过对特定的某一元素的某一相的单质的键焓的计算近似得到。对计算得到的某种相的摩尔焓除以阿伏伽德罗常数 N_{a} 以及

每摩尔 φ 相单质中的最邻近原子间化学键的数目的二分之一，即可得到某一特定相中两种相同原子间的化学键能：

$$e_{ii}^{\varphi}=\frac{{}^{0}H_{i}^{\varphi}}{0.5\cdot Z\cdot N_{\mathrm{a}}} \tag{7-7}$$

对于任何一种元素 i，其 $\varphi(\varphi=\alpha,\beta)$ 相的 Gibbs 自由能为

$${}^{0}G_{i}^{\varphi}=a+bT+cT\ln(T)+\sum dT^{n} \tag{7-8}$$

则其 $\varphi(\varphi=\alpha,\beta)$ 相的摩尔焓具有如下的表示形式：

$${}^{0}H_{i}^{\varphi}=a-cT-\sum(n-1)T^{n} \tag{7-9}$$

其中的系数 a 和 c 即为式 (7-8) 中吉布斯自由能的系数。当合金中各个相的两种元素的自由能的表达式 (7-8) 中的系数均确定以后，由纯组元摩尔自由能与摩尔焓的系数对应关系可以直接得到其纯组元的摩尔焓表达式。

第二类化学键的键能可以通过元素间的交互作用能系数得到；键能与 φ 相中的交互作用能系数存在如下的关系：

$$e_{ij}^{\varphi}=\frac{L_{ij}^{\varphi}}{ZN_{\mathrm{a}}}-\frac{(e_{ii}^{\varphi}+e_{jj}^{\varphi})}{2} \tag{7-10}$$

L_{ij}^{φ} 为 i 与 j 的相互作用系数，表达形式为

$$L_{ij}^{\varphi}={}^{0}L_{ij}^{\varphi}+{}^{1}L_{ij}^{\varphi}\left(x_{i}^{\varphi}-x_{j}^{\varphi}\right)+{}^{2}L_{ij}^{\varphi}\left(x_{i}^{\varphi}-x_{j}^{\varphi}\right)^{2}+\cdots \tag{7-11}$$

由于

$${}^{l}L_{ij}^{\varphi}=a+bT+cT\ln T(l=0,1,2,\cdots) \tag{7-12}$$

故 L_{ij}^{φ} 也是温度的函数。其中 Z 为 φ 相中原子的配位数。在计算第一类化学键键能的过程中，相互作用能系数中的参数可以由求解方程组得到，当给定合金成分时即为一个已知量。因而在计算得到第一类键能的基础上，第二类键能可以由式 (7-10) 求得。在这里，第三类和第四类键能由两个相中相应原子对之间的键能求平均而近似得到

$$e_{ii}^{\alpha\beta}=\frac{(e_{ii}^{\alpha}+e_{ii}^{\beta})}{2},\quad e_{ij}^{\alpha\beta}=\frac{(e_{ij}^{\alpha}+e_{ij}^{\beta})}{2} \tag{7-13}$$

7.1.1.2 γ_s

结构界面能计算中不考虑应力松弛过程，即整个体系只在 α 和 β 相的尖锐界面处存在着晶格的不完全匹配，其他位置都是完美的 fcc、fct 或 fco 点阵。由于不同取向的界面对应的平面的点阵排布不同，为保证普遍性，考虑尖锐界面处 α 相

的一个 $m \times n$ 的矩形与 β 相的一个 $m' \times n'$ 的矩形相对应，其中的 m、n、m'、n' 由各个不同取向导致的离散点阵平面的平面内点阵给出。则由弹性势能模型，存在两相尖锐界面处的单位体积的结构界面能为 $\frac{1}{2}E\left[\left(\frac{m'-m}{m}\right)^2+\left(\frac{n'-n}{n}\right)^2\right]$。将其平均到每个原子再乘以单位面积的原子数，即为

$$\gamma_s = \left\{\frac{1}{2}n^{\varphi}E\left[\left(\frac{m'-m}{m}\right)^2+\left(\frac{n'-n}{n}\right)^2\right]\right\} \Big/ [4/(abc)] \tag{7-14}$$

其中，n^{φ} 为 φ 相在所考察取向上的单位面积原子数，abc 代表某一相的单胞体积，E 为材料弹性模量。由于 fcc 相与 fct 相晶格常数的差异在其单位面积原子数以及晶格体积的差异上体现的不明显，因此在实际计算中，这两项可以按实际情况选取。在这里，n^{φ} 项取 n^{fcc}，对于 fct 相，abc 取 $a_{\text{fct}}^2 c_{\text{fct}}$；对于 fco 相，$abc$ 取 $a_{\text{fco}} b_{\text{fco}} c_{\text{fco}}$(表 7-1)。

表 7-1　不同晶面的每原子的断键数以及单位面积原子数

界面位向	Z	n^{fcc}	n^{fct}	n^{fco}
110	6	$\frac{\sqrt{2}}{a^2}$	$\frac{\sqrt{2}}{ac}$	$\frac{2}{c\sqrt{a^2+b^2}}$
101	6	$\frac{\sqrt{2}}{a^2}$	$\frac{2}{a\sqrt{a^2+c^2}}$	$\frac{2}{b\sqrt{a^2+c^2}}$
011	6	$\frac{\sqrt{2}}{a^2}$	$\frac{2}{a\sqrt{a^2+c^2}}$	$\frac{2}{a\sqrt{c^2+b^2}}$
100	4	$\frac{2}{a^2}$	$\frac{2}{ac}$	$\frac{2}{bc}$
010	4	$\frac{2}{a^2}$	$\frac{2}{ac}$	$\frac{2}{ac}$
001	4	$\frac{2}{a^2}$	$\frac{2}{a^2}$	$\frac{2}{ab}$
111	3	$\frac{4}{\sqrt{3}a^2}$	$\frac{4}{a\sqrt{a^2+2c^2}}$	$\frac{4}{\sqrt{a^2c^2+b^2c^2+a^2b^2}}$

7.1.2　单步相变中的共格界面热力学

Mn 基反铁磁合金 Mn-X(X=Cu, Fe) 中的马氏体相变主要是 fcc-fct 单步马氏体相变，其共格界面是 fcc/fct 界面。利用上面的模型可以得到其共格界面能。

7.1.2.1　计算参数

其他参数：单位面积原子数 n^{φ} 可以通过合金的晶格常数计算得到 (如表 7-1 所示)，这个参数会用于化学界面能和结构界面能的计算。各元素 fcc 相，fct 相和 fco 相的热力学参数见表 7-2。温度、成分等对晶格常数有直接的影响；不同的晶

体结构，其晶格常数的类型也有较大的区别。根据界面能的定义，需要知道界面的单位面积，这需要借助点阵常数才能计算出。同时界面能又与温度、成分密切关联，要严格得到它们之间的相互关系，需要同时考虑晶格常数随温度、成分的变化规律。借助于变温 XRD 实验可以得到不同温度、不同合金体系的点阵常数的大小变化。根据文献 [14,15] 的实验结果，完全可以拟合得到 Mn-13at% Cu 以及 Mn-22at% Cu 的晶格常数随温度的变化曲线，其温度变化范围为 [100K,400K][12]。根据文献 [6] 中的实验数据，可以拟合得到 Mn-26.7at% Fe 和 Mn-30.9at% Fe 的晶格常数与温度的变化关系曲线。对于晶格常数与合金成分之间的关系，文献 [16] 认为当温度一定时 Mn 基合金 (如 Mn-Fe、Mn-Fe-Cu 合金) 中 fcc 相和 fct 相的晶格常数与成分具有近似一次线性关系。基于这些实验结果及分析，可以得到 Mn 基合金在不同成分下的晶格常数与温度之间的关系曲线 (图 7-2)，最重要的是要拟合得到相关的函数关系式，为界面能的精确计算提供可靠的实验参数。反过来，借助于晶格常数与温度的关系曲线，可用来判断马氏体的相变温度，因为在相变时点阵常数会有较大的变化，对于一级相变其点阵常数在相变温度处会有突变，而对于磁性二级相变，在其临界温度点阵常数则是连续变化的，即便用更精确的中子散射测量，磁性相变导致的点阵常数的变化也是非常小的。从图 7-2 中可看出，Mn-X(X=Cu, Fe) 合金中马氏体相变温度均会随着溶质成分的增加而呈下降趋势；Mn-Cu 合金中同一温度所对应的各相晶格常数 (a_{fcc}、a_{fct} 和 c_{fct}) 均随 Cu 含量增加而有所增大；Mn-Fe 合金中同一温度下 fcc 相晶格常数 a_{fcc} 在 Fe 含量变化时基本不变，而 fct 相中 a_{fct} 随 Fe 含量增加有所下降、c_{fct} 则随 Fe 含量增加有增大趋势。

表 7-2 Mn-X(X=Cu, Fe) 合金的热力学参数 [12,13]

热力学参数
${}^0H_{\text{Mn}}^{\text{fcc}} = -3439.3 + 24.5177T\ln(T) + 6\times10^{-3}T^2 + 2\times69600T^{-1}$
${}^0H_{\text{Mn}}^{\text{fct}} = -3947.66233105834 + 24.5177T\ln(T) + 6\times10^{-3}T^2 + 2\times69600T^{-1}$
${}^0H_{\text{Cu}}^{\text{fcc}} = -7770.458 + 24.112392T\ln(T) + 2.65684\times10^{-3}T^2 - 2\times0.129223\times10^{-6}T^3 + 2\times52478T^{-1}$
${}^0H_{\text{Cu}}^{\text{fct}} = 38910.97912035603 + 24.112392T\ln(T) + 2.65684\times10^{-3}T^2 - 2\times0.129223\times10^{-6}T^3 + 2\times52478T^{-1}$
${}^0H_{\text{Fe}}^{\text{fcc}} = -236.7 + 24.6643T\ln(T) + 3.75752\times10^{-3}T^2 + 2\times0.058927\times10^{-6}T^3 + 2\times77359T^{-1}$
${}^0H_{\text{Fe}}^{\text{fct}} = 389476.6000812154 + 24.6643T\ln(T) + 3.75752\times10^{-3}T^2 + 2\times0.058927\times10^{-6}T^3 + 2\times77359T^{-1}$

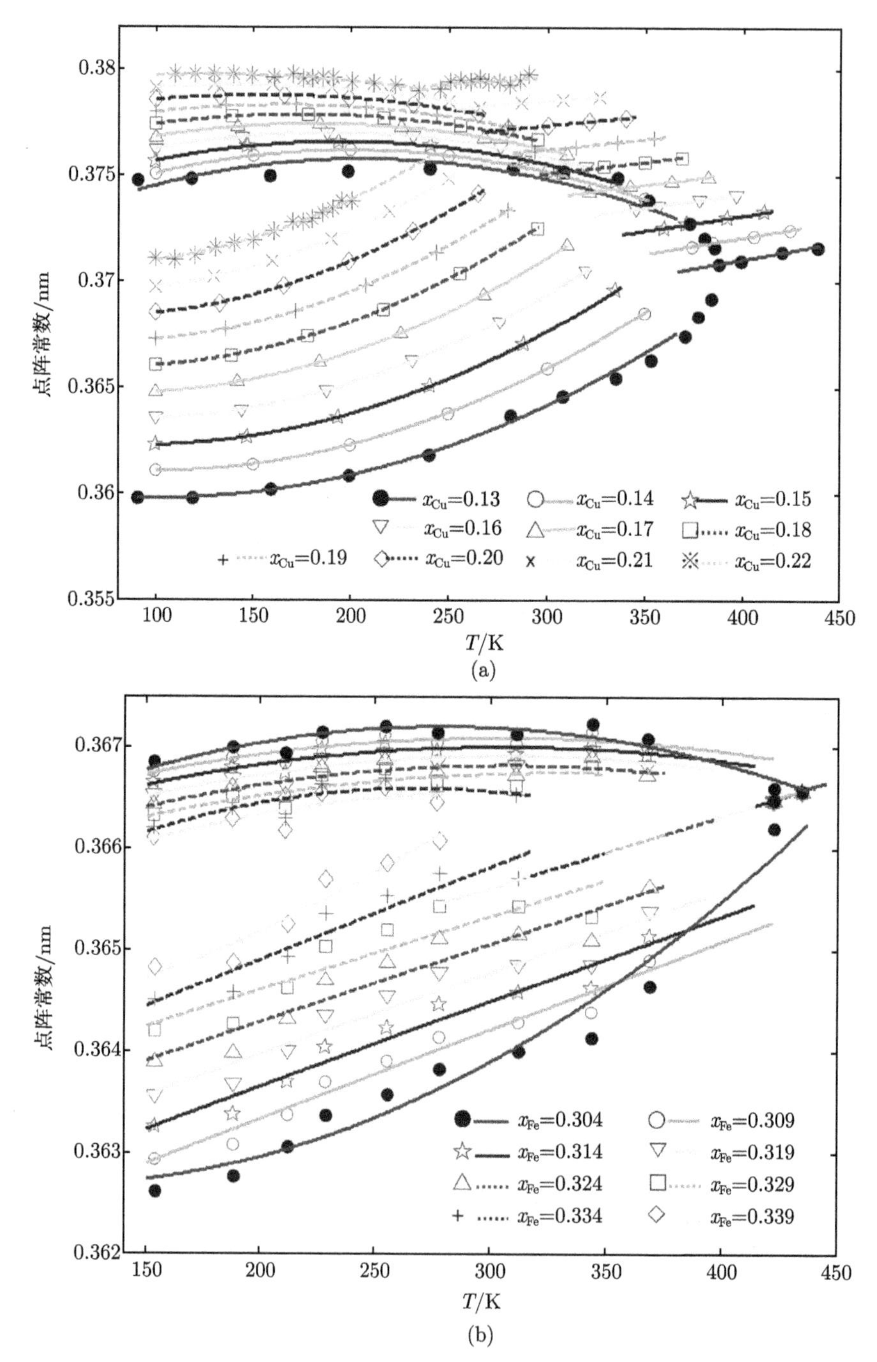

图 7-2　合金点阵常数与温度的关系 [12]

(a) Mn-Cu；(b) Mn-Fe

7.1.2.2 Mn-Cu 和 Mn-Fe 合金中的共格界面能

根据图 7-2 拟合得到的 Mn 基合金各相晶格常数与温度、成分之间的关系，利用界面能计算公式 (7-1)、(7-14) 和 (7-16)，理论上可计算得到任意指数界面的异相共格界面能与温度的变化关系。图 7-3 给出了两种合金: Mn-14at% Cu($M_S = 352K$) 和 Mn-31.9at% Fe($M_S = 397K$) 的总界面能、化学界面能及结构界面能随温度的变化关系曲线，这里主要考虑了两种常见的 (110) 和 (101) 异相共格界面。从图 7-3 可看出，Mn-X(X=Cu, Fe) 二元合金在 M_S 温度以下化学界面能随温度的降低而降低，可能小于 0，主要是因为化学界面能受化学键能和晶格常数这两个因素的影响；其中参数 n^{φ} 与晶格常数有关，始终大于 0 且随温度变化较小，但界面处新键与旧键的键能之差则会随温度有较大的变化。在异相共格界面处新键键能值之和若大于断裂的旧键的键能之和时，则会产生正的化学界面能；反之则会计算得到负的化学界面能。相比而言，结构界面能比较简单，在 M_S 温度以下结构界面能的大小会随温度增加而单调降低，这是因为结构界面能作为界面应变能部分只与母相、马氏体相晶格常数之间的差异有关，降温过程中随温度偏离 M_S 温度的增加，结构界面能计算项中形变的二次方项有较明显的增大趋势。另外从图 7-3 中可比较界面能中两部分的贡献大小，很明显结构界面能约比化学界面能大一个数量级，在总界面能中占主导地位，即总的界面能与结构界面能近似相等，而以往的共格界面能计算中则没有计算结构界面能，这变相地将界面能的大小降低了一个数量级。在利用第一性原理计算异相共格界面能时，新构造的界面必须经过原子弛豫后再计算界面能量，实际就是考虑了界面错配导致的界面应力的影响。二者综合的结果

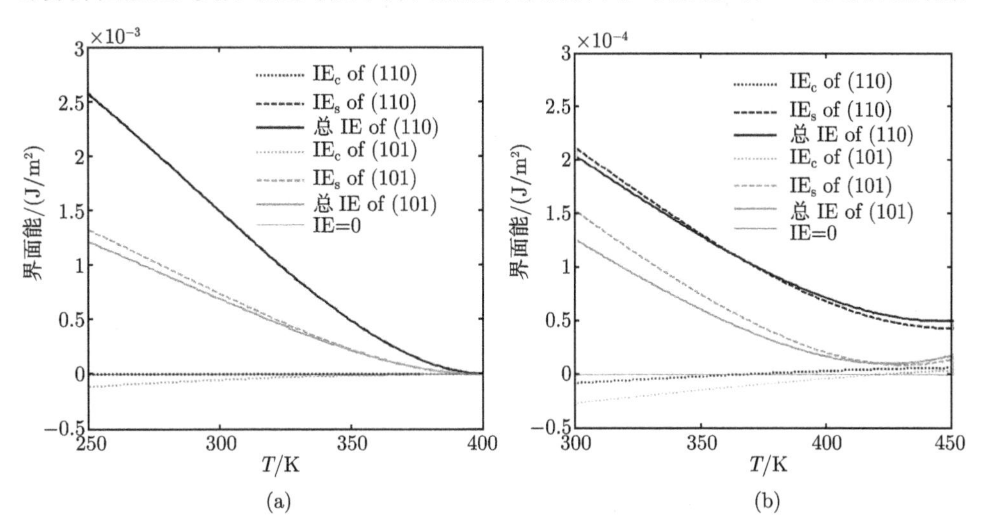

图 7-3 (110)、(101) 面界面能中的化学和结构部分的能量变化曲线 [12]

(a) Mn-14at% Cu；(b) Mn-31.9at% Fe

是总的异相共格界面能随温度的增加而降低。Yang 等在利用 DLP 模型研究扩散型异相共格界面时计算所得到的界面能也是随温度的增加而降低的 [17]，与上面的计算规律一致。材料的表面能与温度之间存在 $E = A - B \times T$ 的定量计算关系，其中参数 $A > 0, B > 0$，这表明随着温度增加材料表面能也是降低的。fct 马氏体属于四方点阵 $(a = b \neq c)$，这种晶体结构会导致其 (110) 异相界面能与 (101) 异相界面能存在差异，计算结果显示 (101) 取向的界面能最小 (图 7-3)，实验上 TEM 及 HRTEM 还是难以直接区分这两种相界面在结构及能量上的微小差异，然而根据晶体学 X 射线衍射原理，借助 XRD 实验却能将 fct 马氏体相的 (110) 峰和 (101) 峰区分开来，XRD 实验结果间接证明这两类异相共格界面能并不完全等同。

图 7-4 是 Mn-18at% Cu 合金 (M_S = 296K) 与 Mn-30.9at% Fe 合金 (M_S = 427K) 中几个低指数界面的总界面能随温度变化的关系曲线。从图 7-4 中可看出在 M_S 点以下，对于 (110)、(101)、(100)、(111) 面的总界面能均随温度的升高而降低；在任何低于 M_S 的温度下，(100) 方向的界面能最大，(101) 方向界面能最小，一定程度上由此可以预测 Mn-X(X=Cu, Fe) 反铁磁形状记忆合金在发生 fcc-fct 马氏体相变时产生的异相共格相界面具有择优取向，对于其他界面由于能量较大而难以形成，因为相变过程中要形成这种界面需要消耗更多的化学驱动力来克服界面阻力，一般微观组织的演化又总是沿着阻力最小的方向进行。并且马氏体/母相界面与马氏体孪晶界面是平行的，即 (110) 面，这可以从 TEM 和 AFM 实验及微观组织的数值模拟中得到证实。对于马氏体相变过程新形成的异相界面的择优取向，已在多种合金中得到验证：Co 基合金和 Fe-Mn-Si 基合金由于具有较低的层错能常发生 fcc-hcp 马氏体相变，形成的马氏体/母相共格界面主要是 (111) 面；In-Tl 合

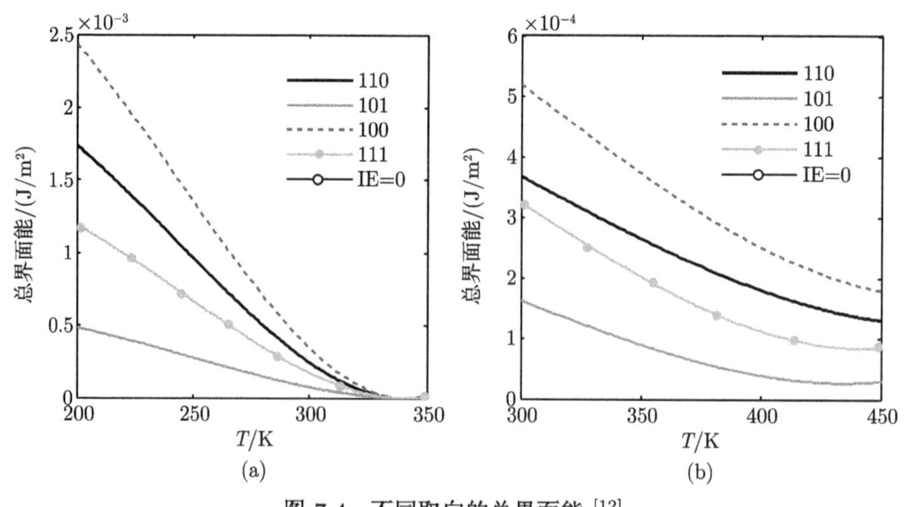

图 7-4　不同取向的总界面能 [12]

(a) Mn-18at% Cu；(b) Mn-30.9at% Fe

金和 Fe-Pt 合金中主要发生 fcc-fct 结构相变，相变畸变及相变驱动力均很小，所形成的马氏体/奥氏体共格界面是 (110) 面，实验中没有观察到 (111)、(100) 等其他相界面的存在；Ni-Mn-Ga 合金中发生的马氏体相变属于四方畸变，其马氏体/母相界面是 (110) 共格界面，其马氏体孪晶界面也是 (110) 面。以上合金中的结构相变均属于热弹性马氏体相变，所形成的界面均为共格界面，具有良好的界面迁移性，而半共格界面及非共格界面由于界面位错的钉扎拖曳作用导致界面迁移能力恶化；相变类型决定了形成的马氏体/母相界面的择优取向，这是由相变晶体学及马氏体相变切变的本质所决定的。到目前为止，在 Mn 基合金中利用 TEM 还没有严格观察到 fct 马氏体与 fcc 母相界面及其位向关系，但已观察到马氏体孪晶界面为 (110) 面，因此多认为 Mn 基合金中马氏体/母相界面为共格的 (110) 面。原位金相、原位原子力和原位电镜观察到 Mn 基合金 (如 Mn-Cu, Mn-Fe, Mn-Fe-Cu 等合金) 中 fcc-fct 马氏体相变具有良好的可逆性，这也证实马氏体/母相界面是共格的。

7.1.2.3 合金成分对界面能的影响

依据晶体学，(101)、(011) 和 (110) 晶面均属于 {110}晶面族，对于 fcc 晶体结构这三个面是完全等价的，但对于 fct 晶体结构 ($a = b \neq c$)，(101) 晶面与 (011) 晶面等价，而与 (110) 晶面不等价，这会导致 fcc/fct 异相界面存在结构和能量上的差异，具体差别还需要通过计算来进行说明。图 7-5 是 Mn-Cu 和 Mn-Fe 合金在不同成分下 (110) 界面与 (101) 界面的总界面自由能随温度变化的曲线，发现在四种合金成分对应的 M_S 温度以下，总界面能随温度的降低呈上升趋势。对于大部分的成分，(101) 界面的界面能低于 (110) 面的界面能，但 Mn-33.4at% Fe 例外。而且

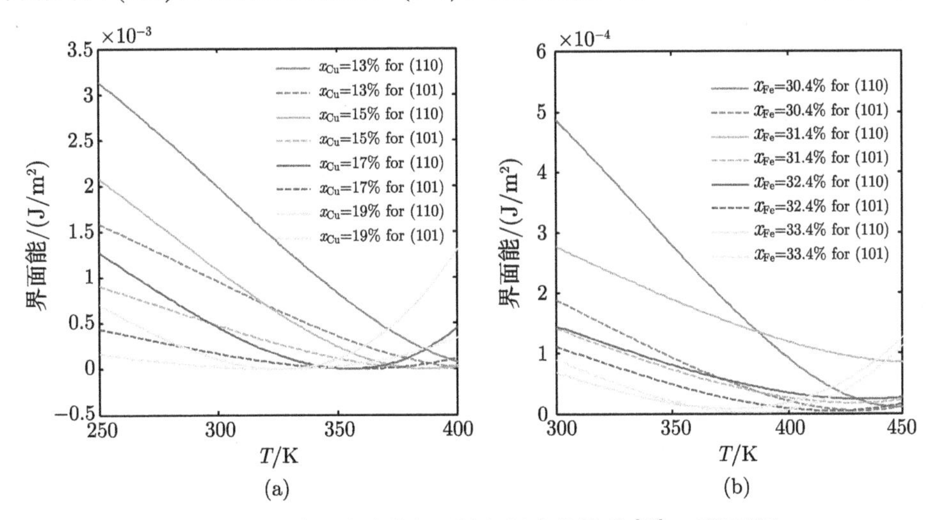

图 7-5 不同成分合金的界面能与温度的关系 [12] (后附彩图)

(a) Mn-Cu; (b) Mn-Fe

随着溶质成分的增加，两个界面能都有所降低，而且从变化情况看，合金成分对界面能有比较大的影响。在计算层错这个面缺陷的能量时往往要考虑原子偏聚，特别是间隙原子 C、N 等的偏聚会导致层错能变化比较大，马氏体相变属于切变型相变，相变速度比较快，在异相界面处不存在原子的偏聚，所以不用考虑原子偏聚对界面能的影响，这不同于扩散性相变。

7.1.2.4　其他界面热力学函数

根据等压条件下熵 (S) 与 Gibbs 自由能 (G) 之间满足如下关系：$S=-\left(\frac{\partial G}{\partial T}\right)_p$，可以得到界面熵，即将总界面能直接对温度求导来进行计算。图 7-6 是 Mn-X(X=Cu, Fe) 合金 α/β 共格界面的界面熵与温度的变化关系曲线。前面的计算结果表明在 M_S 温度以下总界面能随温度增加而降低，且在温度与 M_S 相差不大时其二次导数为正值，因此界面熵为正值且随温度增加而降低，如图 7-6 所示。为便于比较，可将上面计算得到的相界面熵换算成 $J/(m^2 \cdot K)$ 单位，则 Mn-X(X=Cu, Fe) 合金 α/β 共格界面的界面熵大小在 $1J/(m^2 \cdot K)$ 左右，小于纯组元或合金相的摩尔熵，但与 fcc-fct 马氏体相变过程中两相之间摩尔焓的突变台阶大小处于同一数量级。另外，同一温度下 (100) 面的界面熵最大而 (101) 面的界面熵最小，这种变化规律与总界面能与界面取向的关系相似，这是因为界面能越大对相变的阻力越大，相变演化越困难，沿此演化路径形成的界面组态越不稳定，导致界面熵增大。以上是从热力学函数–界面熵的角度来解释 (101) 界面比较稳定的热力学原因，这可以作为今后实验观察 Mn 基合金 fcc/fct 择优界面可能存在的理论依据。

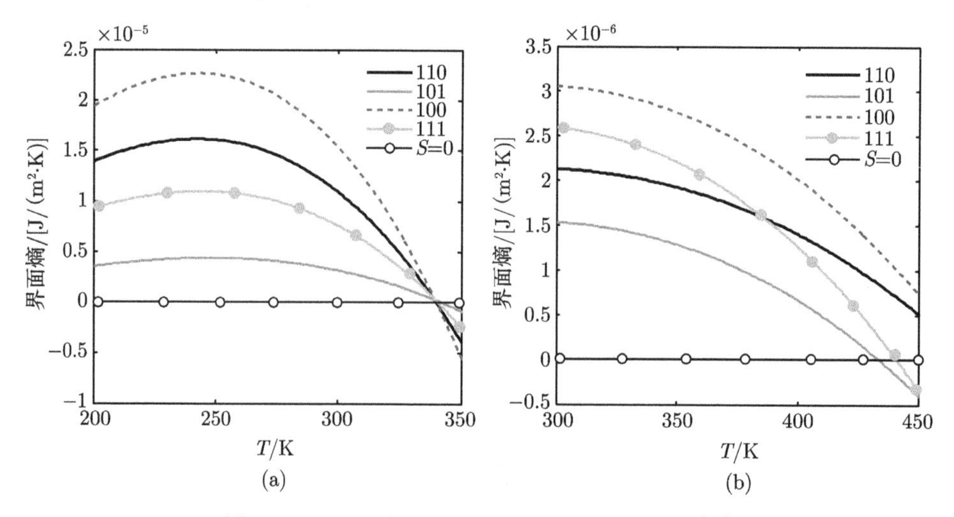

图 7-6　不同取向下界面熵与温度的变化关系 [12]

(a) Mn-18at% Cu；(b) Mn-30.9at% Fe

(101) 面和 (110) 面同属于 {110}晶面族，在这两种界面处原子占位基本相同，但由于 fct 相中不同取向上原子间距的微小变化，也会使得界面原子的结构稳定性出现细微的差异，导致界面熵存在差异。相比 Mn 基合金中 fcc-fct 马氏体相变熵 [18]，界面熵与温度和界面位相均相关，且其大小要小于相变熵；另外界面熵与 fcc 相和 fct 相单一相的熵的大小、与温度的变化规律也不太一样。同时要看到马氏体相变作为一级相变，相变熵的变化特征是 fcc 相的熵、fct 相的熵和异相共格界面熵共同作用的结果。

另外一个界面热力学函数是界面焓。在恒温恒压下，利用公式 $H = G + TS$，可以计算得到 Mn-X(X=Cu, Fe) 合金 α/β 界面的界面焓，其中界面熵和界面能均已得到，相关计算结果如图 7-7 所示。从图 7-7 中可看出界面焓与温度的关系同界面熵类似，其值大小也随温度的升高而降低，这主要是因为 TS 项比 G 大将近一个数量级，而 T 是正值，所以界面熵的变化规律决定了界面焓的变化规律。界面的摩尔焓大小处于 $10 \sim 100\text{J/mol}$ 范围，为便于比较，将界面焓的单位转化为 J/m^2，与 fcc 相或 fct 相的摩尔焓相比要小很多，这是因为界面能是根据界面形成前后体系自由能之差来计算的，而这一差值远远小于单相组织自身的能量，对于 Mn 基合金中 fcc 相与 fct 相点阵结构相似且两相自由能相差极小，最终导致形成的 fcc/fct 界面能也非常小。计算结果表明在同一温度下 (100) 面的界面焓最大而 (101) 面的界面焓最小，所以同属 {110}晶面族的 (110) 与 (101) 界面的界面焓并不相同，这一点与它们的界面熵一致，从晶体结构上看主要是因为 fct 相中不同方向上晶格常数差异导致这两个界面取向并不完全晶体学等价。

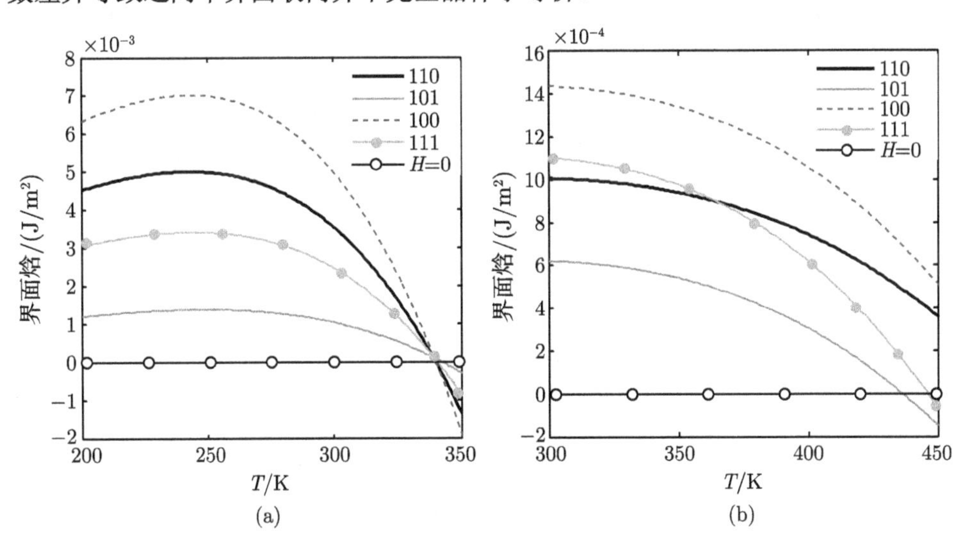

图 7-7 不同取向下界面焓与温度的变化关系 [12]

(a) Mn-18at% Cu; (b) Mn-30.9at% Fe

统计热力学中体系的比热 (C_p) 在等压条件下可表示为：$C_\mathrm{p}=\left(\dfrac{\mathrm{d}H}{\mathrm{d}T}\right)_\mathrm{p}$，知道了体系的焓 ($H$)，就可以得到比热。前面已将界面作为一个热力学体系，它具有自己的界面热力学函数，包括界面比热。利用上面计算得到的 Mn 基合金的界面焓与温度的定量关系，可以通过界面焓对温度求导，直接计算得到界面比热，如图 7-8 所示。从图 7-7 中可看出界面焓随温度的升高而降低，界面焓对温度的导数为负，所以可以知道界面比热应当为负值。考虑到界面焓对温度的二次导数小于 0，所以界面比热会随温度的升高而继续降低，这些定性规律与图 7-8 一致。对于界面比热大小，从图 7-8 可看出 Mn-Fe 合金和 Mn-Cu 合金中 (101) 或 (110) 面的界面比热的绝对值相对较小，而 (111) 面的界面比热相对较大。从晶体结构上看，fct 相不同方向上晶格常数存在差异，两种合金中同属 {110}晶面族的 (110) 和 (101) 界面的界面比热也应当存在差异，但要从实验上加以验证和比较还难以实现，目前只能利用 DSC 热力学分析得到相变的比热变化或单一组织的比热变化，对于其中的界面热力学特性，无论是实验原理、实验方法还是实验设备均需要深入研究和突破。

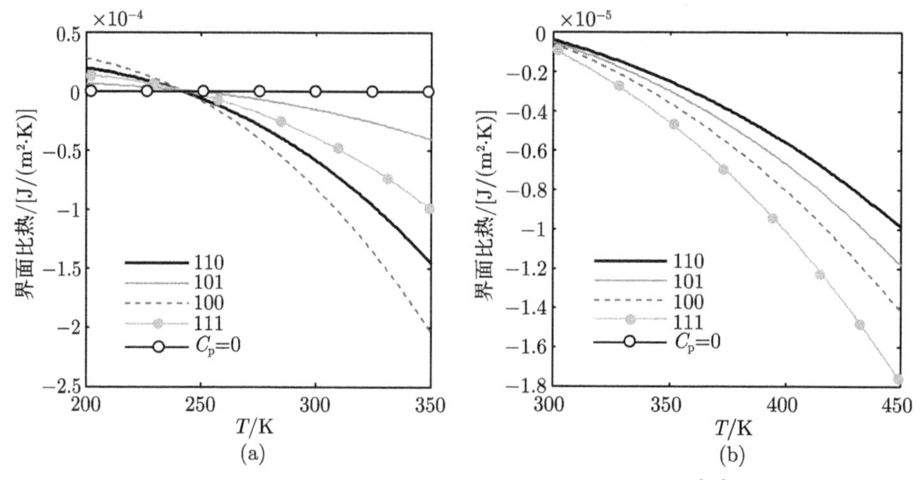

图 7-8 不同取向下界面比热与温度的变化关系 [12]

(a) Mn-18at% Cu；(b) Mn-30.9at% Fe

7.1.2.5 相变温度处各合金成分下的共格界面能

在 M_S 温度下马氏体与母相自由能之差被称为马氏体相变的临界化学驱动力，主要用于一级相变的形核，并不涉及马氏体的长大。在形核时有新相形成，新相与母相之间会形成界面，研究界面的原子结构特征可用来探究相变机制，对其临界温度处的界面能量大小进行分析有利于深入研究 fcc-fct 相变的内在机理。这里重点分析在临界温度处界面能与合金的关系，取一系列合金成分并依据 M_S-x_X 曲线计算出其 M_S 点，同时考虑 $T-M_\mathrm{S}=$0K、5K、10K 分别计算不同取向界面的界面能，理论计算结果如图 7-9 所示。从图 7-9 中可看出，这四种界面的界面能均随着过冷度 ($=T_0-M_S$) 的增加而增加，表明 fcc-fct 马氏体相变的界面阻力增加了，需要消耗更多的相变驱动力。另外一方面，增加相变过冷度可有效增加相变临界驱动力，这种定性和定量的变化规律符合固态相变特征。对于这四种成分的合金，其最小的界面能都对应于 (101) 或 (110) 共格界面，而 (100) 和 (111) 界面能则相对较大，这种变化规律在不同过冷度下均成立。Mn-Cu 合金在所研究的成分范围内其临界温度处的界面能随溶质成分的增加先降低后增加，而 Mn-Fe 合金在临界温度下的界面能总体上呈上升趋势。这种变化差异主要是晶格常数导致的，从图 7-2 中可看出 Mn-Fe 合金与 Mn-Cu 合金点阵常数与温度的变化关系并不完全相同，在进行计算过程中会导致结构界面能的变化规律出现差异，而结构界面能在总界面能中又起主要作用。根据图 7-2(a)，Mn-Cu 合金中随 Cu 成分的增加，fcc 相与 fct 相的晶格常数差异最初有逐渐缩小的趋势，相变应变导致的界面应变能部分相对较小，所以总界面能整体随合金成分增加而降低；当合金中 Cu 含量大于 20at% 后，由于点阵常数 a_{fcc} 与 c_{fct} 之间差异增加最终导致不同取向的界面能随合金成分增加而增加，如图 7-9(a) 所示。根据图 7-2(b) 可看出随 Fe 成分增加 Mn-Fe 合金中 fcc 相和 fct 相晶格常数之间的差异最初是先增大后略微减小，所以其总界面能也是先增加后降低；当 Fe 含量大于 32.9at% 时，由于 a_{fcc} 与 a_{fct} 间差异急剧增大，所以其界面能也随着合金成分的变化而急剧增加，如图 7-9(b) 所示。

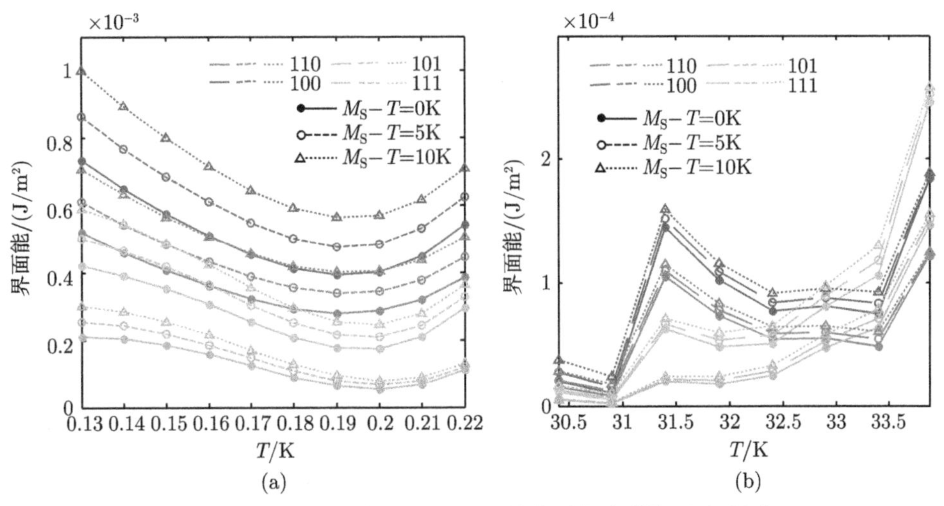

图 7-9 合金成分与临界界面能的关系曲线 [12](后附彩图)

(a) Mn-Cu；(b) Mn-Fe

7.1.2.6 模量软化对界面应变能的影响

在公式 (7-14) 中结构界面能的大小与弹性模量有关，下面研究它对界面能的影响规律。具体计算中 Mn-Cu 体系弹性模量实验值来自文献 [14,15]，Mn-Fe 体系的弹性模量来自文献 [6]，事实上弹性模量也是温度和成分的函数，具体计算中没有考虑这些因素的影响。为了分析弹性模量对理论计算得到的界面能的影响，考虑了弹性模量从 $0.5E_0$ 变化到 $1.6E_0$ 后特定成分 Mn-Cu 合金和 Mn-Fe 合金 (110) 面的总界面能的变化规律，计算结果如图 7-10 所示。根据图 7-10 发现 (110) 界面的界面能随弹性模量增大而增大，某一温度下总界面能随弹性模量的变化大体上成线性变化，这与结构界面能与弹性模量成线性正比和在总界面能中结构界面能占主导的结果一致。从公式 (7-14) 可知弹性模量对界面能的影响属于线性关系，因此弹性模量值的粗糙程度对计算结果反映的变化规律不会产生太大的影响。

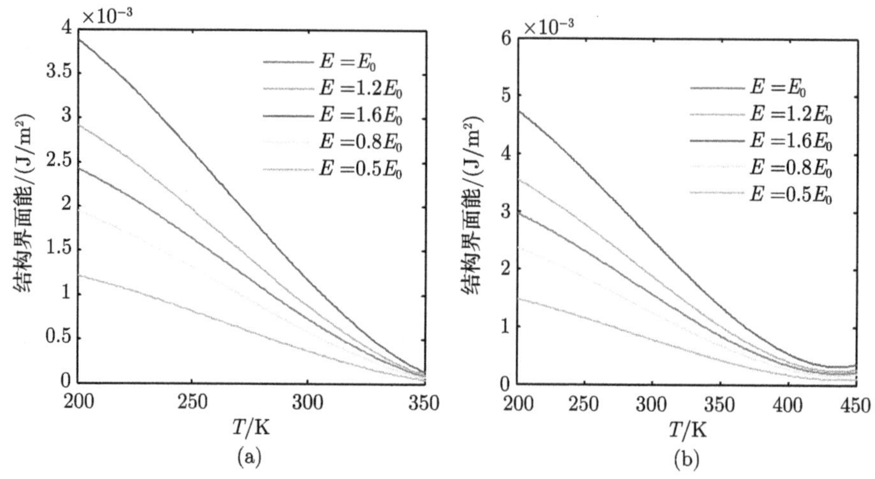

图 7-10 弹性模量对 (110) 面的结构界面能的影响 (后附彩图)

(a) Mn-16at% Cu; (b) Mn-32.4at% Fe

智能合金如 Mn 基合金、Ni-Ti 合金、Fe-Pd 合金及 Ni-Mn-Ga 合金中均会发生热弹马氏体相变，伴随相变会发生弹性模量的软化，在相变临界温度附近会出现模量降低；不同于铁电材料模量会软化到 0，马氏体相变过程中的模量软化没有这么大，相应的 DMA 实验和非弹性中子散射实验均证实这种软化属于局域软模，它同相变机制密切相关。从图 7-10 中可看出，随着模量的降低界面能也会明显降低，表明在材料相变过程中模量软化可有效降低界面的应变能，这意味着马氏体相变形核过程中界面的阻力减小了，相变更容易完成形核。实验结果表明马氏体硬度和强度比母相要高，相变过程中运动相界面前端会积累较大的界面应力，最终阻止马氏体继续长大；而在临界温度附近弹性模量的软化则可有效降低界面应力，使得相变能完成形核并长大。基于相关实验发现 Mn 基合金、Ni-Mn-Ga 合金、Fe-Pt 合金马氏体相变过程中其模量软化程度可以超过 10% ，这对于马氏体相变形核、长大均非常有利。

7.1.2.7　惯习面中的应变能

前面的计算结果表明，在总界面能中结构自由能占主要部分，对于 fct 结构，不同方向上原子间距会有微小的差异，这对结构界面能可能产生影响，下面主要分析比较一下不同方向的界面结构能的差异。图 7-11 是 Mn-20at% Cu 和 Mn-32.9at% Fe 的 (110)，(101)，(100) 以及 (111) 面的结构界面能与温度的变化关系曲线。从图中可以看出不同方向上的结构界面能在 M_S 以下均随温度升高而降低，结合它在总界面能中的主导作用可推知总界面能也会随温度增加而降低，这与前面的计算结果是一致的。计算结果还显示：Mn-Cu 合金和 Mn-Fe 合金中最小结构界面能都对应于 {110}晶面族中的晶面，由此推测对于计算分析的所有界面方向的总界面能的最小值很有可能与 {110}晶面族对应，这也与前面的计算结果一致。

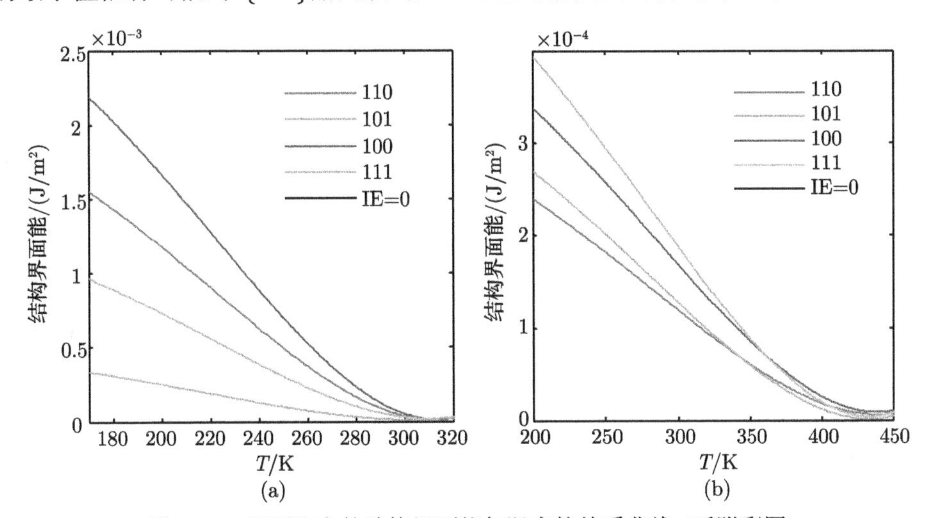

图 7-11　不同取向的结构界面能与温度的关系曲线 (后附彩图)

(a) Mn-20at% Cu；(b) Mn-32.9at% Fe

在相变晶体学中马氏体/母相界面作为马氏体相变的惯习面在相变或马氏体长大过程中其迁移方向往往沿着惯习面法线方向进行，根据 Wayman 等 [19] 的马氏体相变晶体学表象理论，惯习面作为不变平面应变在其内部应当不存在应变，惯习面内部应当不存在应变能，但实际情况是惯习面内部依旧存在少许的点阵畸变及一定的弹性应变能。结合上面的计算认为界面或惯习面内部是存在应变能的，只是这个应变能非常低。同时前面的计算结果表明在 Mn 基合金 fcc-fct 相变过程中所计算的几种异相共格界面中最可能成为惯习面的是 (110) 面或 (101) 面，这还有待于进一步的实验观测与验证。在一些 fcc-fct 相变的晶体学研究中引入了孪晶切变，但是其马氏体孪晶面和马氏体/母相界面均为 (110) 晶面，其中 HRTEM 实验已观察并证实 fct 马氏体孪晶面为 (110) 面。实验观察到 Co 基等合金中 fcc-hcp 马氏

体相变的惯习面是 (111)，依据前面的共格界面模型可推测其 (111) 面的应变能应当最低，而 (110) 面或 (101) 面的应变能应当较高；对于 Fe-Ni 等合金中 fcc-bcc 马氏体相变的 (110) 惯习面上的应变能应当最低，这些有待进一步的计算验证。

7.1.3　多步相变中的共格界面热力学及界面形态

对于 Mn-Ni 合金中的多步相变，我们已对其相变热力学进行了分析，比较了其中 fcc-fct 及 fct-fco 相变的临界驱动力及相关的相变焓、相变比热及相变熵 [20]。对其相变的微观组织演化，我们利用相场的方法对其组织演变规律及内部应力演化进行了分析 [11]。在模拟分析时，初步假定多步相变中涉及的各种界面动力学系数大致相同。根据 Mn-Ni 合金原位 XRD 的实验结果 [5]，这种点阵常数的变化的确是非常小，而且对多步相变的晶体学分析发现，多步相变过程中的宏观应变量都比其他合金中的相变应变量要小很多 (小一个数量级)。尽管小，但由于相变的驱动力也非常小，所以严格讲也不能忽略这种界面能量上的差异；在模拟中对于其中的 fcc-fct 马氏体相变和 fct-fco 马氏体相变，都呈现热弹马氏体相变的特征，各种界面具有良好的迁移性。在 Mn-Ni 合金的原位电镜观察中，马氏体相变具有良好的热弹特性，但依旧难以确定马氏体/母相的位向关系 [21]。内耗实验显示 Mn-Ni 合金中的多种结构相变会对弹性模量有明显的影响，甚至其中的顺磁–反铁磁相变都会对模量产生较大的影响 [5]。非弹性中子散射实验显示相变中存在 [110] 声子模的不完全软化 [22]，但不能将其与 Mn-Ni 中的多步相变一一对应起来。这些是我们目前对 Mn-Ni 合金中的多步相变及界面晶体特征的认识和了解。

基于以上普适的化学–结构异相共格界面能模型，对 Mn-Ni 反铁磁形状记忆合金中的 fcc-fct-fco 多步相变中形成的多种类型界面 (包括 fcc/fct,fct/fco,fcc/fco 界面) 进行热力学特性方面的研究，并比较不同取向的界面热力学特性及相应 Wulff 形态图的差异；同时对界面熵、界面焓及界面比热进行分析比较。在其基础上分析讨论界面位向关系及弹性模量对界面能量的影响规律及温度对界面 Wulff 图的影响规律，将基于多步相变的多重界面设计与 Mn-Ni 合金性能设计结合起来，为开发其优异性能提供技术支持。

7.1.3.1　计算参数

下面主要考虑二元 Mn-Ni 合金，结合公式 (7-6) 和 (7-14)，其异相共格界面能的总表达式为 [13]

$$\begin{aligned}\gamma_t =&\frac{1}{2}Z_b\Big\{n^{\alpha}\Big[x_{\mathrm{Ni}}^2e_{\mathrm{NiNi}}^{\alpha\beta}+2x_{\mathrm{Ni}}x_{\mathrm{Mn}}e_{\mathrm{MnNi}}^{\alpha\beta}+x_{\mathrm{Mn}}^2e_{\mathrm{MnMn}}^{\alpha\beta}\\&-x_{\mathrm{Ni}}^2e_{\mathrm{NiNi}}^{\alpha}-2x_{\mathrm{Ni}}x_{\mathrm{Mn}}e_{\mathrm{MnNi}}^{\alpha}-x_{\mathrm{Mn}}^2e_{\mathrm{MnMn}}^{\alpha}\Big]\\&+n^{\beta}\Big[x_{Ni}^2e_{\mathrm{NiNi}}^{\alpha\beta}+2x_{\mathrm{Ni}}x_{\mathrm{Mn}}e_{\mathrm{MnNi}}^{\alpha\beta}+x_{\mathrm{Mn}}^2e_{\mathrm{MnMn}}^{\alpha\beta}\end{aligned}$$

$$
\begin{aligned}
&- x_{\mathrm{Ni}}^2 e_{\mathrm{NiNi}}^{\beta} - 2x_{\mathrm{Ni}}x_{\mathrm{Mn}}e_{\mathrm{MnNi}}^{\beta} - x_{\mathrm{Mn}}^2 e_{\mathrm{MnMn}}^{\beta}\Big]\Big\} \\
&+ \left\{\frac{1}{2}n^{\varphi}E\left[\left(\frac{m'-m}{m}\right)^2 + \left(\frac{n'-n}{n}\right)^2\right]\right\} \Big/ [4/(abc)] \qquad (7\text{-}15)
\end{aligned}
$$

其中 x_{Mn} 和 x_{Ni} 分别是 Mn-Ni 合金中 Mn 和 Ni 的浓度，满足 $x_{\mathrm{Mn}} + x_{\mathrm{Ni}} = 1$。对于 Mn-Ni 合金中的 fcc-fct 结构相变，α 和 β 分别代表 fcc 相和 fct 相；对于 fct-fco 结构相变，α 和 β 分别代表 fct 相和 fco 相；对于 fcc-fco 相变，α 和 β 分别代表 fcc 相和 fco 相。其对应的多种共格界面能均可以利用公式 (7-15) 计算得到。下面重点分析 {110}面的共格界面能。

在化学界面能和结构界面能的计算中都涉及了单位面积原子数 n^{φ}，其数值可以由材料的晶格常数通过简单的计算得出。而合金的晶格常数与温度、成分以及合金的相都有着密切的关系，如图 7-12 所示。从此图中的点阵常数与温度的关系 [5]，也可以看出 Mn-Ni 合金中 fcc-fct-fco 多步马氏体相变开始的温度，由于各步马氏体相变的点阵常数变化都非常小，所以形成的界面为共格界面，而且各步马氏体相变具有弱一级的特征，因为在相变温度时的点阵常数变化近乎连续，而没有一个较大的突变。我们需要根据各元素的热力学函数–焓及元素间的相互作用函数来计算相应的键能，表 7-3 中给出了相应的 Mn-Ni 合金的计算参数。对于不同的结构相，各元素的焓函数是一个温度的函数，而相互作用函数则是温度和合金成分的函数，这表明除了温度之外，合金成分的相对变化 ($\Delta x = x_{\mathrm{Mn}} - x_{\mathrm{Ni}}$) 对合金体系中的相互作用有直接的影响；相比而言，在 fco 结构相中，Mn 与 Ni 的相互作用函数最为复杂。不同结构相中，元素间的相互作用能也明显不相同。

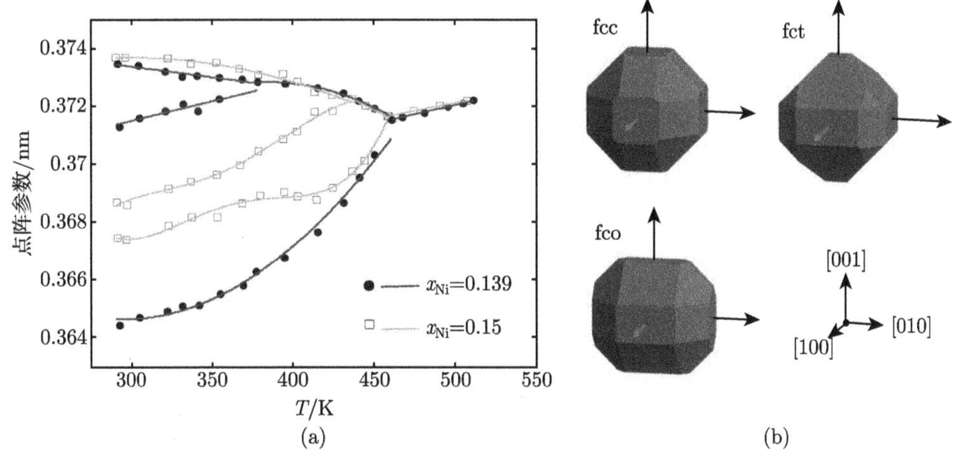

图 7-12 (a) Mn-Ni 合金中点阵参数与温度的关系 [5]；(b) fcc, fct 和 fco 相的 Wulff 图

表 7-3　Mn-Ni 合金中 fcc, fct 和 fco 相的摩尔焓及交互作用参数

关系式	文献
fcc 相	
${}^0H^{\rm fcc}_{\rm Mn} = -3439.3 + 24.5177T + 6\times10^{-3}T^2 + 2\times69600T^{-1}$	[23]
${}^0H^{\rm fcc}_{\rm Ni} = -5179.159 + 22.096T + 4.8407\times10^{-3}T^2$	[23]
$L^{\rm fcc}_{\rm MnNi} = -58173 + 10.5T - 6300\cdot(x_{\rm Ni} - x_{\rm Mn})$	[24]
fct 相	
${}^0H^{\rm fct}_{\rm Mn} = -3947.66233105834 + 24.5177T + 6\times10^{-3}T^2 + 2\times69600T^{-1}$	[12]
${}^0H^{\rm fct}_{\rm Ni} = 348080.3891293557 + 22.096T + 4.8407\times10^{-3}T^2$	[12]
$L^{\rm fct}_{\rm MnNi} = -650715.0153413349 + 28.0192789629T - 248397.9781777574\cdot(x_{\rm Ni} - x_{\rm Mn})$	[12]
fco 相	
${}^0H^{\rm fco}_{\rm Mn} = -6736.998689419124 + 24.5177T + 6\times10^{-3}T^2 + 2\times69600T^{-1}$	[13]
${}^0H^{\rm fco}_{\rm Ni} = 1137354.008685350 + 22.096T + 4.8407\times10^{-3}T^2$	[13]
$L^{\rm fco}_{\rm MnNi} = (-1987211.287208557 + 18.987556883288562T) + (-856770.5254150033 - 21.528469371216488T)(x_{\rm Ni} - x_{\rm Mn})$	[13]

7.1.3.2　fcc/fct 共格界面

对于 fcc 与 fct 相之间的 {110}界面，由于晶格的对称性，(101) 与 (011) 等同，所以我们计算了 (110) 和 (101) 这两类共格界面能。图 7-13 给出了 Mn-13.9at% Ni

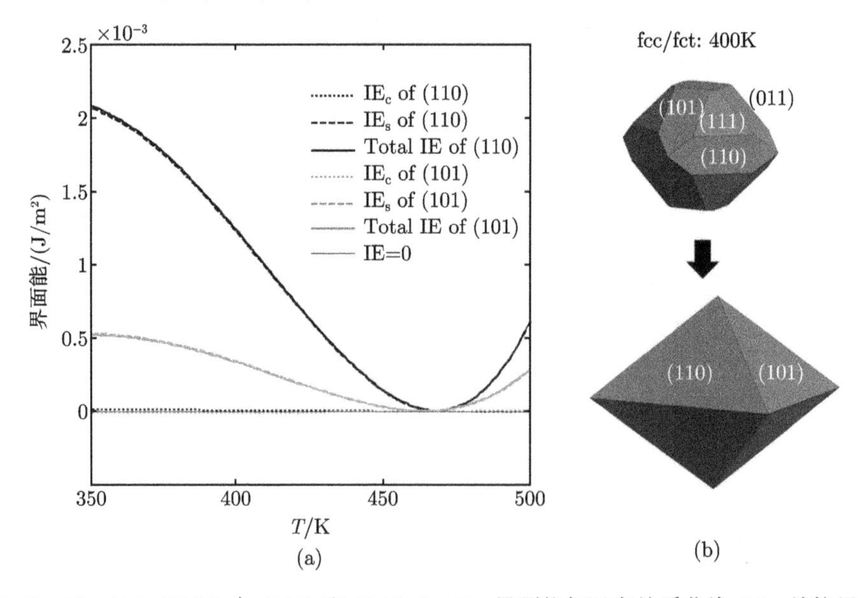

图 7-13　Mn-13.9at% Ni 中 (110) 和 (101) fcc/fct 界面能与温度关系曲线 (a)；结构界面能对 Wulff 图的影响 (b)[13]

(450K< M_S <500K) 合金的 (110) 和 (101) 界面的总界面能以及化学界面能、结构界面能随温度的变化趋势。由图 7-13(a) 可见，对于 Mn-Ni 合金，在 M_S 温度以下，其化学界面能随温度的升高而降低，有可能为负值。这是由于化学界面能受晶格常数、化学键能两个方面制约。虽然与晶格常数有关的 n^{φ} 项始终为正值且随温度变化较小，但新键与旧键的键能之差随温度有较为明显的变化。当新建的键能值之和小于断裂的旧键的键能值之和时，则会产生负的化学界面能。结构界面能在 M_S 温度以下则随温度增加而降低。这是因为结构界面能只与两相之间晶格常数的差异有关，且随温度偏离 M_S 温度增加，结构界面能里形变的二次方项有较明显的增大趋势。对比图 7-13 中的界面能的两个部分，可见结构界面能约比化学界面能大一个数量级，在总界面能中占主导地位，即总的界面能与结构界面能近似相等。二者综合的结果是总界面能随温度的增加而降低。Yang 等在利用 DLP 模型计算存在浓度变化的共格界面时其界面能也是随温度的增加而降低的 [17]。对于材料的表面能，存在 $E = A - B \times T$ 的关系，其中 $A > 0, B > 0$，这表明随着温度增加，材料的表面能也是降低的。另一方面，由图 7-13(a) 可见，对于 fct 马氏体，由于其属于 $a = b \neq c$ 的四方点阵，因此其 (110) 异相界面能与 (101) 异相界面能存在差异，计算结果显示 (101) 取向的界面能最小，这主要还是界面结构差异导致的，因为 (110) 面的界面应变能要比 (101) 面的大，这种变化规律与 Mn-Fe 和 Mn-Cu 合金的变化规律一致 [12]。然而由于实验条件的限制，至今没有严格区分这两种界面在实际材料中存在的差异。XRD 图谱是能将 fct 马氏体相的 (110) 峰和 (101) 峰区分开来的，这也间接证明这两类异相共格界面能存在差异。利用 Wullf 图构成原理 [25]，可以得到 400K 下 fcc/fct 界面的 Wullf 形貌图，如图 7-13(b) 所示；从图中可看出，在界面能中计入结构界面能后，界面将具有择优取向，因为一些取向的界面在 Wullf 图中消失了，只剩下 (110) 和 (101) 界面。

7.1.3.3 fct/fco 共格界面

对于 fct/fco 界面，由于 fco 项的对称性决定了其中 $a \neq b$，$b \neq c$，$a \neq c$，因此 (110)、(101)、(011) 三个晶面对应的界面能应当各不相等，这与 fcc/fct 界面不太相同，所以我们分别计算了这三种界面能。图 7-14(a) 给出了 Mn-13.9at% Ni 合金 fct/fco 相之间 (110)、(101) 与 (001) 取向的界面的三种界面能，发现计算得到的这三种界面能的确各不相同；这种差异主要是结构界面能导致的，而化学界面能相差不大。另外，与 fcc/fct 界面能相同，fct/fco 界面的界面能也在 M_S 温度之下随温度的降低而急剧增大，并且同样也是结构界面能占相对较大的比重，在 Mn-Ni 体系中约比化学界面能大了两到三个数量级。三种晶面界面能的差异从理论的角度验证了 fco 结构的对称性。相比来讲，(101) 晶面同样也是 fct/fco 界面对应的最小界面能的 {110}晶面族中的晶面。而 (011) 晶面所对应的界面能则在这一晶面族中最大。另外，对比图 7-14(a) 和图 7-13(a) 可见，fct/fco 界面能总体来讲略小于 fcc/fct 界面的界面能。在很靠近各自的 M_S 温度处，fcc/fct 界面能约比 fct/fco 界面能大了半个到一个数量级。这一点与 Mn-Ni 合金中 fcc-fct 相变的临界相变驱动力比 fct-fco 相变的临界相变驱动力大将近一个数量级是一致的 [18,20]。图 7-14(b) 给出了一定温度 (250K) 下 fct/fco 界面 Wulff 图的变化，同样发现结构界面能会导致界面出现择优取向；这里仅仅是从界面能量的角度来分析这种择优取向的内在机制。

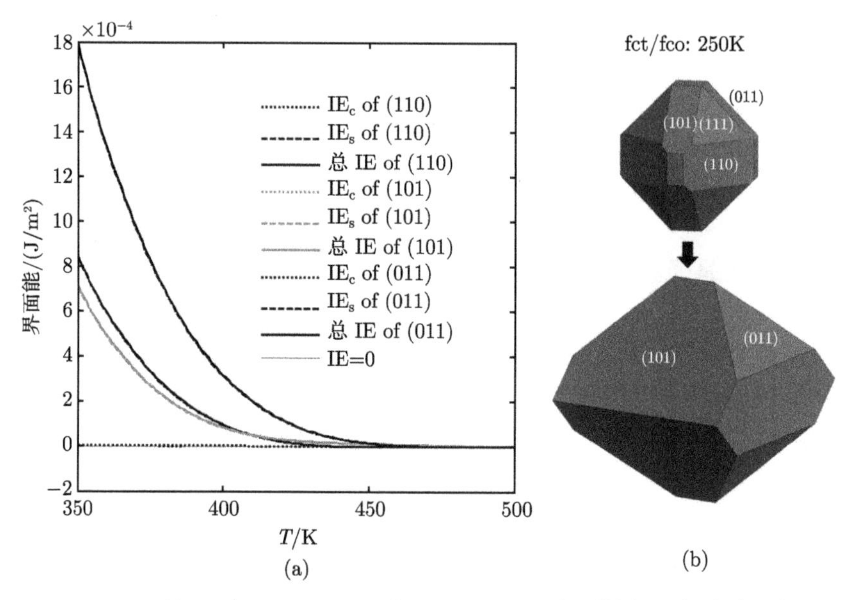

图 7-14　Mn-13.9at% Ni 中 (110), (011) 和 (101) fct/fco 界面能与温度关系曲线 (a)；结构界面能对 Wulff 图的影响 (b)[13]

7.1.3.4　fcc/fco 共格界面

考虑到每一步相变都不一定完全，在已发生 fct-fco 相变之后依然有部分 fcc 相存在于体系中，因此可能会存在 fcc/fco 界面。将 fcc 相的晶格常数曲线继续外推至已经产生 fco 相之下的温度，即可计算在这些温度下 fcc/fco 两相之间的界面能。对于 fco 相，其 $a \neq b \neq c$，因此 (110)、(101)、(011) 三个晶面对应的 fcc/fco 界面能应各不相等，其道理同 fct/fco 界面相似。图 7-15(a) 给出了这三种界面的能量变化。对于这类界面能，依然是结构界面能在总界面能之中占绝大部分比例，三种界面能量上的差异主要是结构界面能导致的，而化学界面能的作用比较小。由图可见，(101) 取向的界面能最小，而 (110) 取向最大。与 (110) 以及 (011) 取向所对应的界面能不同，(101) 取向的总界面能随温度降低而变小。与 fct/fco 相界面比较而言，fcc/fco 界面能要大。从热力学的计算结果看 [20]，fcc/fco 相变的临界驱动力要大于 fct-fco 相变，而相变的临界驱动力主要是为了克服相变过程中的阻力项，如界面能和相变应变能。从相场模拟 [11] 的结果看，界面应力并不是集中在一个面上，实际上是一个变化的区域，特别是界面区附近有较大的变化，在考虑相变能垒时，则将相变应变作为一个平均值来考虑，即从点阵常数出发借助相变晶体学来计算相变过程中的相变应变能，并不考虑在异相界面处的界面应力/界面应变分布的不均匀性。实验结果也显示在马氏体/奥氏体界面存在应变集中的现象，即在非共格界面处存在应力分布不均匀；尽管这是在钢中的实验结果，但对于形状记忆合金中的马氏体/母相共格界面具有一定的参考意义。所以这里考虑界面结构因素对界面能的影响具有一定的科学道理。图 7-15(b) 是 fcc/fco 界面的 Wulff 图，与图 7-13(b) 和图 7.14(b) 相比，结构界面能的引入也同样会导致 fcc/fco 界面出现择优取向，这可能是一个普适规律，对于高指数的异相共格界面，我们没有进行计算和分析，但结构因素对界面能的影响肯定会同样存在。

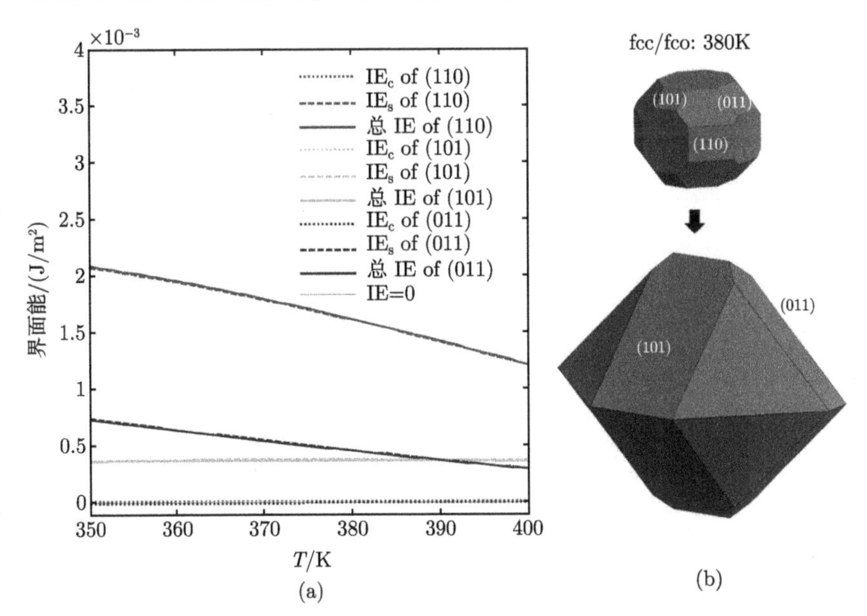

图 7-15 Mn-13.9at% Ni 中 (110), (011) 和 (101) fcc/fco 界面能与温度关系曲线 (a)；结构界面能对 Wulff 图的影响 (b)[13]

7.1.3.5 其他共格界面热力学函数

不同的异相共格界面，由于其界面结构组态不同，即便界面结构相同，但点阵常数的差异也会导致界面熵的变化。界面能越大，对相变的阻力越大，相变演化越困难，此种演化路径下形成的界面组态越不稳定，表现为界面熵比较大。所以从界面熵的角度也可分析比较界面的结构稳定性。参考等压条件下纯组元熵 S 与其 Gibbs 自由能 G 之间的关系满足 $S=-(\partial G/\partial T)_P$，可以将 Mn-Ni 合金中的异相共格界面熵 ($S_{\text{int}}$) 表示为：$S_{\text{int}}=-(\partial\gamma_t/\partial T)_P$。利用此式可以计算 Mn-Ni 合金中 fcc/fct、fct/fco 和 fcc/fco 共格界面的界面熵。由于 γ_t 是一个温度的函数，所以可得到 S_{int} 与温度的关系，计算结果如图 7-16 所示。由于界面能与界面取向有密切的关系，界面能的差异也会导致界面熵出现相同的差异：对于 fcc/fct 界面，其 (110) 面的界面熵与 (101) 面的不同，而 (101) 和 (011) 面的界面熵则是相同的，因

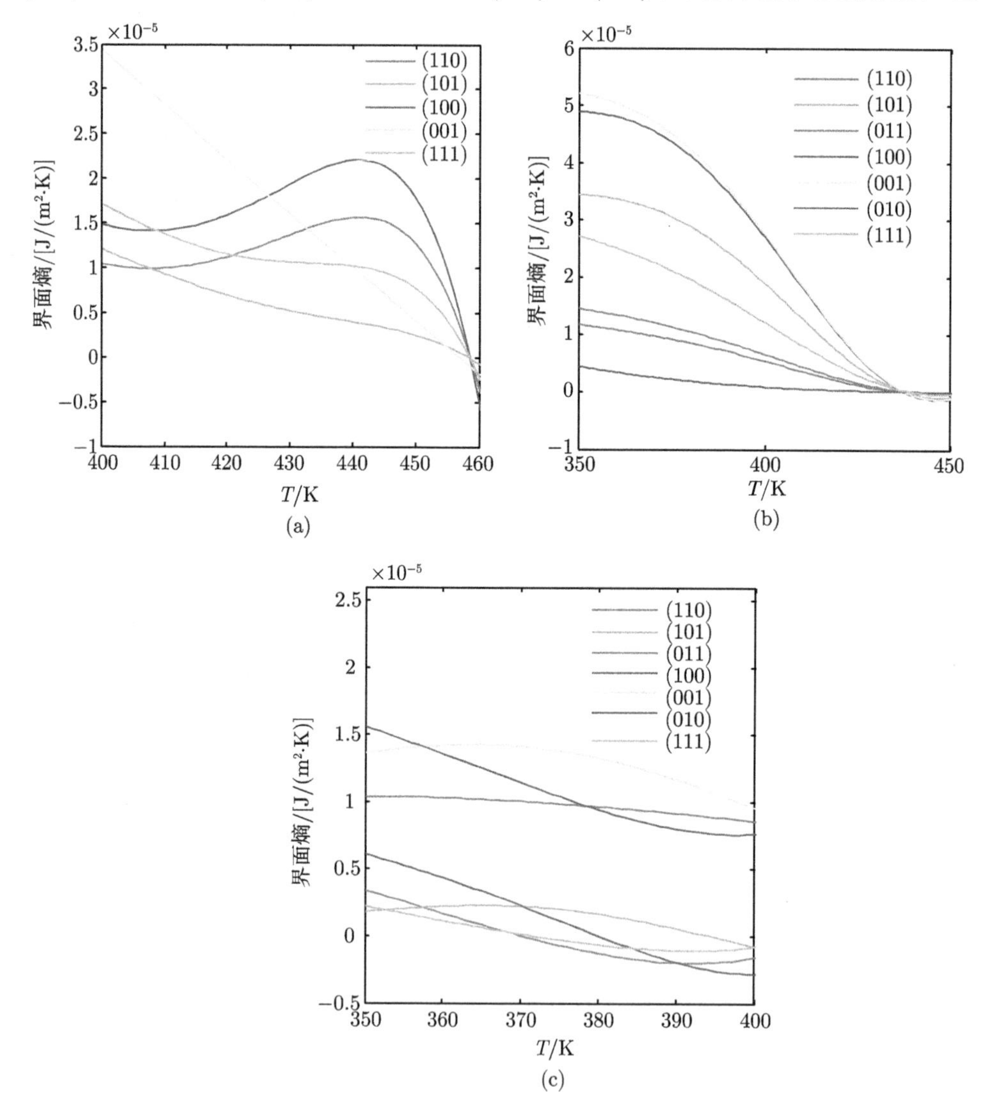

图 7-16　Mn-15at% Ni 合金中不同取向的 (a) fcc/fct，(b) fct/fco 和 (c) fcc/fco 界面熵与温度的关系 [13] (后附彩图)

为 (101) 和 (011) 面晶体结构等价，其界面能也相同；对于 fct/fco 和 fcc/fco 界面，(110), (101) 和 (011) 面结构存在差异，其界面能不同，相应的界面熵也不相同。这种变化规律对于 {100}面和 {111}面也如此，如图 7-16 所示。各种界面由于在 M_S 温度以下，界面能随温度增加而降低且在温度与 M_S 相差不大时其二次导数为正值，因此界面熵为正值且随温度增加而降低。当温度距离 M_S 相差较大时，某些面的界面熵会出现反常情况，如图 7-16(a) 中的 (110) 和 (100) 面，当温度进一步降低时界面能曲线的二次导数变为负值，因此界面熵此时随温度降低而降低。温度对二者的影响也最大，即对应的 $|\delta S_{\text{int}}/\delta T|$ 也比较大。在图 7-16(a) 中 (100) 界面熵最大，图 7-16(b) 和图 7-16(c) 中 (001) 面的界面熵最大，表明在这些相变体系中，(100) 面或 (001) 面不太可能成为马氏体/母相的界面。我们同时计算了 (111) 面的界面熵，尽管不是最大，但实验中也没有观察到这种界面/惯习面。在 Mn-Ni 合金多步相变的热力学计算中，发现相变熵在马氏体相变温度处会出现突变，呈现一级相变的特征 [20]，而从这里的界面熵与温度的关系看，界面熵随温度是连续变化的。尽管界面是在相变过程中形成的，但它毕竟还是一个面缺陷，而不是一种相组织。

恒温恒压下系统的焓 (H) 满足关系式：$H = G + T \cdot S$。依次可将异相界面焓 (H_{int}) 表示为：$H_{\text{int}} = \gamma_t + T \cdot S_{\text{int}}$。利用此公式就可以计算得到 Mn-Ni 合金的异相共格界面焓。图 7-17(a)、(b)、(c) 分别是 fcc/fct、fct/fco 和 fcc/fco 界面体系中各种界面焓与温度的变化关系。从图 7-17 中可看出，异相界面取向不同，{110}、{100}界面族的界面焓也会有所差异。由于 $(T \cdot S_{\text{int}})$ 项比 γ_t 大将近一个数量级，故界面焓的曲线大体上维持了与界面熵曲线相同的变化趋势，即在靠近马氏体相变温度附近随温度的升高而降低，这与 Mn-Cu、Mn-Fe 合金中的界面焓 [12] 变化规律一致。在 Mn-Cu 和 Mn-Fe 合金中只发生 fcc-fct 相变，从计算得到的 fcc/fct 界面焓 [12] 看，Mn-Ni 合金中的 fcc/fct 界面焓和 fct/fco 界面焓要比 Mn-Cu 和 Mn-Fe 合金的界面焓大，而 Mn-Ni 合金中 fcc-fco 界面焓与其相当，这主要还是由合金成分决定的。将各种界面焓与单一的 fcc 相、fct 相和 fco 相的焓相比，界面焓要小很多，这是由于界面能量是以界面形成前后自由能之差来计算的，而这一差值相对于块体本身的能量来讲是非常小的。将界面焓 H_{int} 与相变焓 $\Delta H^{\alpha\to\beta} (= \Delta G^{\alpha\to\beta} + T \cdot \Delta S^{\alpha\to\beta})$ 相比，fcc/fct 界面焓也小于相应的 fcc-fct 相变焓，这主要是因为界面能在相变驱动力中只占较少一部分，所对应的界面焓自然只占相变焓较小比例。对于 fct/fco 界面焓和 fcc/fco 界面焓也分别小于对应的相变焓。另外，在 Mn-Fe、Mn-Cu、Mn-Ni 合金中，界面焓与温度的关系均是连续变化的，而相变焓在相变温度处均存在一个突变，从而体现一级相变的特征，从界面焓的角度也不能体现这一特征。

基于统计热力学理论，Mn-Ni 合金体系的界面比热 $C_{p\text{int}}$ 可以表示为：$C_{p\text{int}} = (H_{\text{int}}/\mathrm{d}T)_p$。利用所得到的 H_{int}，代入这个公式可得到界面比热 $C_{p\text{int}}$。图 7-18 给出

了 Mn-Ni 合金的各界面比热与温度的变化关系，发现其随温度并不是一个单调变化的过程。在 Mn-Cu 和 Mn-Fe 合金中，界面比热为负值且随温度的升高而继续降低 [20]。由于 fct 相和 fco 相不同方向上的晶格常数的差异，导致 fcc/fct 界面、fct/fco 界面和 fcc/fco 界面结构的差异，所以 {110}和 {100}晶面族的各界面的界面比热也会不同，这与界面熵、界面焓具有相似的规律。另外从热力学计算看，在计算过程中 $C_{p\text{int}}$ 与 H_{int} 相关，而 H_{int} 又与 S_{int} 相关，所以最终还是 S_{int} 在影响着 $C_{p\text{int}}$ 的变化。相比而言，fcc/fct 界面比热比 fct/fco 的大，而 fcc/fco 的界面比热最小，如图 7-18(a)、(b) 和 (c) 所示。在 Mn 基合金中的单步相变和多步相变中，相变比

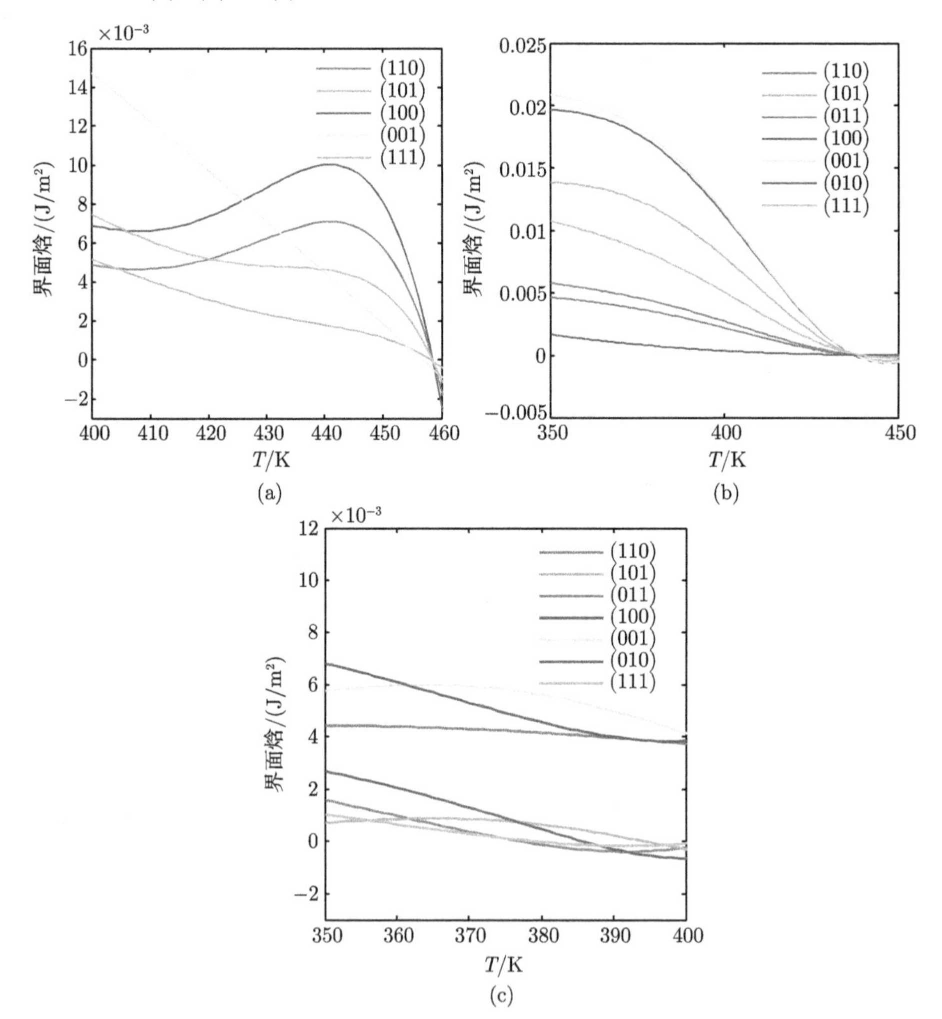

图 7-17　Mn-15at% Ni 合金中不同取向的 (a) fcc/fct，(b) fct/fco 和 (c) fcc/fco 界面焓与温度的关系 [13](后附彩图)

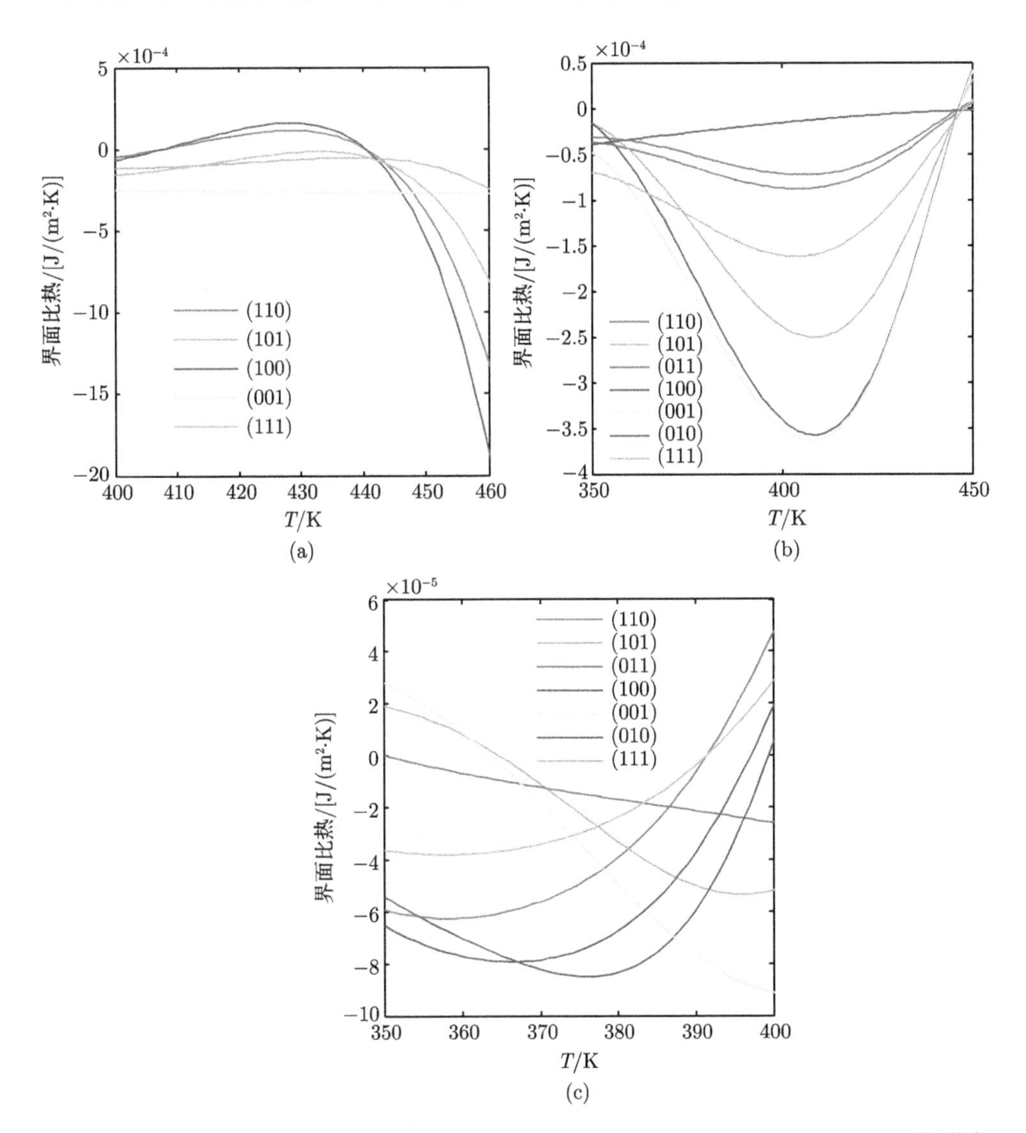

图 7-18 Mn-15at% Ni 合金中不同取向的 (a) fcc/fct，(b) fct/fco 和 (c) fcc/fco 界面比热与温度的关系 [13] (后附彩图)

热在相变温度点均存在较大的突变 [18,20]，而界面比热却是一个随温度连续变化的函数，这在 Mn-Fe、Mn-Cu 和 Mn-Ni 合金中均如此。而且界面比热比相变比热和单一 fcc、fct、fco 相的比热均小很多。实验中利用 DSC 可以测出相变的比热和单一相的比热，但实验中还无法测量界面比热，也无法从相变比热中分离出界面比热，只能基于理论计算来判断各种界面比热的大小及其与温度、成分的变化关系。在 Ni-Ti 的弹热实验中 [27] 可以测出马氏体相变区存在局部的温度变化，尽管只有几摄氏度，但可以判定这些相变区存在热量的释放，这个区域的比热发生了变化。

7.1.3.6　取向关系对界面能的影响

图 7-19 给出了 Mn-15at% Ni 合金的 fcc/fct，fct/fco 以及 fcc/fco 界面的界面能与界面取向之间的关系。对于所研究的 fcc/fct 低指数界面，(101) 晶面对应于最小的界面能，而 (100) 晶面对应于最大的界面能，如图 7-19(a) 所示。这和 Mn-Cu 与

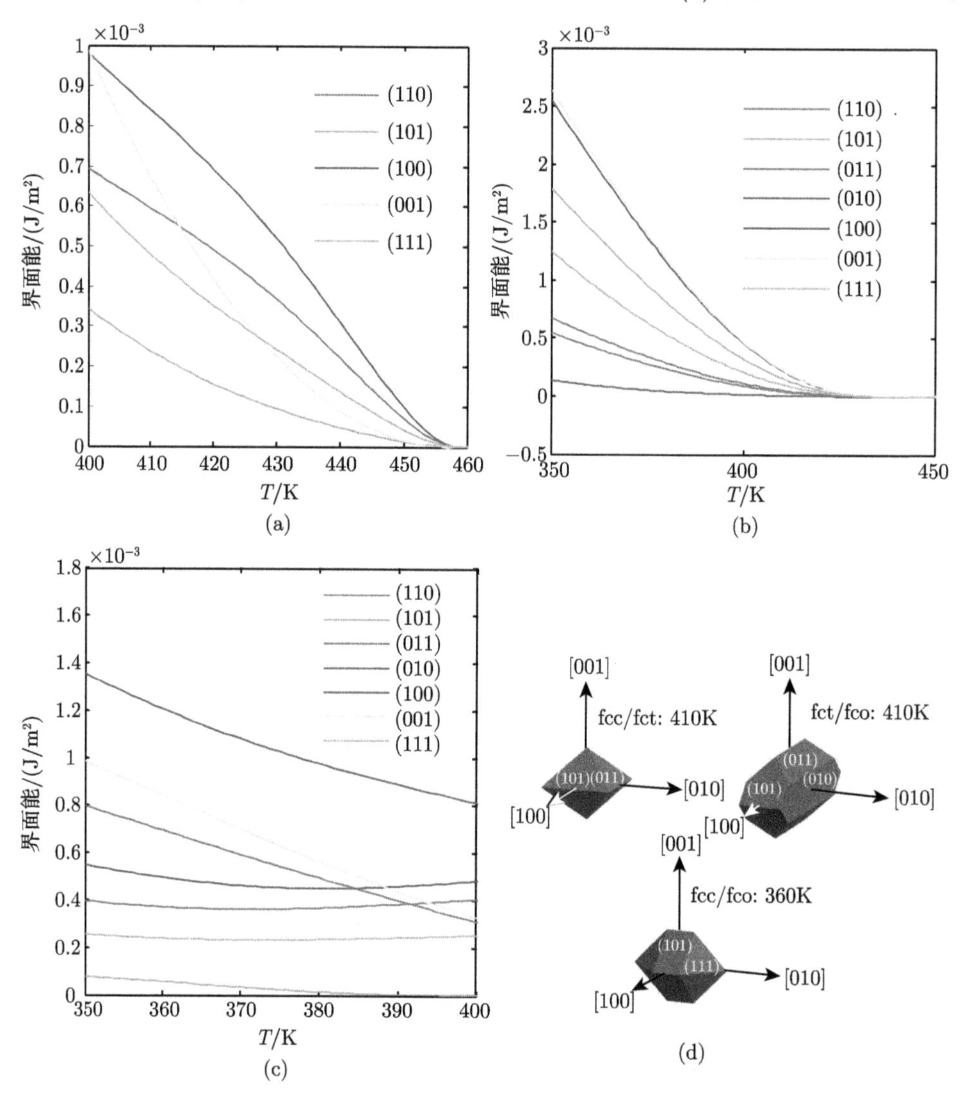

图 7-19　Mn-15at% Ni 合金不同取向的总 fcc/fct (a)，fct/fco (b) 和 fcc/fco (c) 界面能与温度的关系；(d) 相应的 Wulff 图 [13] (后附彩图)

Mn-Fe 合金中 fcc/fct 界面中的结果相一致。对比可见，对 Mn-Cu 与 Mn-Fe 合金而言，在所给出的温度范围以内，各个取向的 fcc/fct 界面能对温度的二次导数大体上来讲都是正值或者一个较小的负值。但是对于 Mn-15at% Ni 合金的 fcc/fct 界面，在所给的温度范围内，界面能对于温度的导数在很多温度处为明显的负值。这是由于在降温过程中 Mn-Ni 合金的晶格常数变化趋势与 Mn-18at% Cu 或 Mn-30.9at% Fe 合金的晶格常数变化趋势有所不同。由图 7-12 可见，Mn-15at% Ni 合金在降温过程中发生 fcc-fct 相变后，a_{fct} 虽有较稳定的缓慢增大的趋势，但 c_{fct} 在快速减小后进入了一个变化相对平缓的区间，导致其与 a_{fcc} 之间的差距不再迅速增大，因此由晶格畸变引起的结构自由能不再迅速增大。而结构自由能在总自由能中又占主导地位，因此总自由能在这一温度区间中也不再迅速增大，导致了曲线二次导数为负值的现象。图 7-19(b) 是 fct/fco 界面能与界面取向的关系，各个取向的界面能均随温度降低而升高，但其中 (010) 晶面的界面能最小，(001) 面最大，这与 fcc/fct 界面不同。对于 fct/fco 界面，考虑到 fco 结构自身的对称性，这里共考虑了 7 种互不等价的低指数晶面。与这里所考虑的几个体系中的 fcc/fct 界面不同，计算所得到的 fct/fco 晶面中对应的最小界面能的取向是 (010) 界面。这一点也与图 7-12 中的晶格常数变化规律一致。这是因为在计算的过程中，我们设定 c_{fct} 与 c_{fco} 有相同的表达式，而拟合得到的 a_{fct} 与 a_{fco} 十分接近，因此在这两个方向上的畸变都是很小的，决定了 (010) 界面的应变能，也就是结构界面能很小。这样就会导致总界面能小于其他取向的界面能。而直接涉及 b_{fct} 与 b_{fco} 之间差异所导致的畸变的 (100) 和 (001) 界面则对应地有着最大的界面能。由此也可见，对于降温过程中所发生的晶格畸变的准确测算对于界面能的计算有着决定性的作用。在 fcc 相与 fco 相所形成的界面的界面能中，部分取向的界面能均随温度降低而一直升高，另一部分则随温度降低而变小，这也是由于晶格常数之间差异的变化导致的。在发生了相变的温度以下，(101) 晶面的界面能最小，而 (011) 面最大。图 7-19(d) 是根据三种界面的总界面能得到的平衡状态下的 Wullf 图，均出现了异相共格界面的择优取向，这还需要进一步的实验验证。

7.1.3.7 模量对界面能的影响

在以上计算中，Mn-Ni 合金的弹性模量以 150GPa 计，较为粗略，并且没有考虑温度、成分的变化导致的弹性模量的变化，从前面的计算可以看出，界面结构能在共格界面能中占有主导地位。为了考察弹性模量对计算得到的界面能的影响，分别取这里结果部分计算中所采取的弹性模量 E_0 的从 0.5 到 5 不等的几个倍数对特定成分的 Mn-Ni 合金的以 (110) 面为例的总界面能进行计算，并将结果与由 E_0 计算出的结果共同进行比对，如图 7-20 所示。由图可见，随模量增大，fcc/fct、fct/fco 和 fcc/fco 的 (110) 界面的界面能增大，某一温度下的总界面能随模量的变化大体上呈线性变化趋势，这与结构界面能与模量成正比以及结构界面能在总界面能中占主导的结论相一致。由于模量所导致的界面能变化仅在线性程度，因此模量值的不准确性对计算结果影响不大。对于 Mn-Ni 合金中的热弹马氏体相变，在相变过程中多存在模量软化的现象，DMA 实验直接证明体系的模量有明显的软化 [5,6]，非弹性中子散射观察到声子模的软化现象 [22]，这些都是测量整体材料模量的软化。Clapp 提出的局域软膜理论，则是认为局部区域存在模量软化

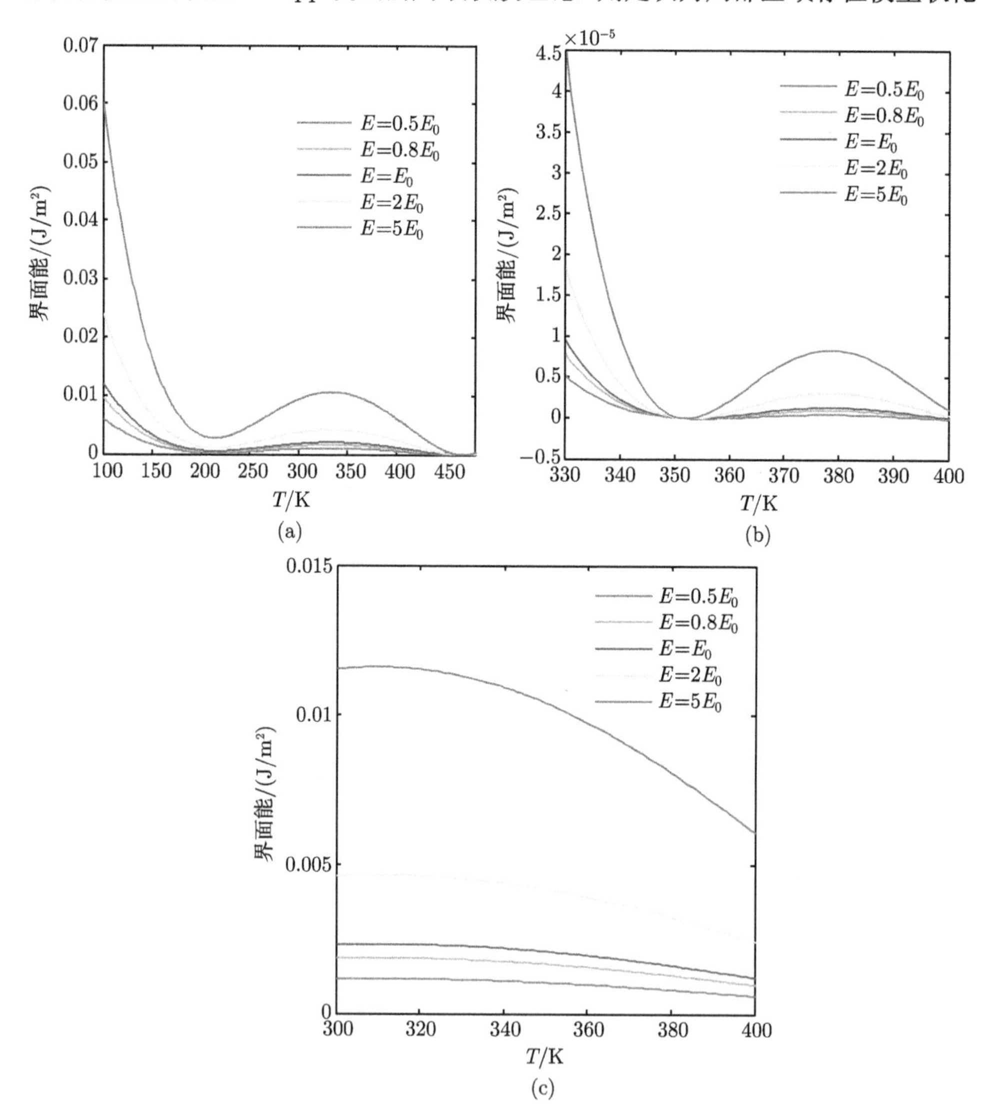

图 7-20　弹性模量对 Mn-13.9at% Ni 合金 (110) fcc/fct (a)，fct/fco (b) 和 fcc/fco (c) 界面能的影响 [13] (后附彩图)

现象，这会导致这个区域容易发生相变 [27,28]。Sun 等 [26] 的实验结果显示，局部区域的马氏体相变及其逆相变会导致局部区域的温度升高，由于材料模量正常状况下随温度升高而降低，所以局域温度升高必然导致此区域的模量降低。这些都证明模量软化与相变有密切的关系，进而影响到界面能。马氏体相变是通过形核和长大来进行的，在形核时存在界面的形成，在长大过程中需要借助界面的迁移来完成。根据图 7-20 的计算结果我们可以看出，在材料相变过程中，模量的软化可以使界面的应变能降低，这意味着相变时来自界面的阻力减小了，相变更容易进行下去。实验结果表明，马氏体的硬度要高于母相，相变过程中相界面前端会存在较大的界面应力，最终阻止相变，而应力等于弹性模量与相变应变的乘积，相变应变不可改变，而弹性模量的降低则可有效降低界面应力，使得相变能进行下去。在 Mn 基等热弹性合金中，马氏体相变过程中的模量软化可以达到 30% ，这对于降低界面能、减少相变阻力是非常有利的。

7.1.3.8 温度对 Wulff 图的影响

材料的表面能和界面能与温度密切相关。当温度变化时，界面能的变化将改变 Wulff 形状的结构。在 M_S 温度下，界面能随温度的降低而增加，如图 7-19(a)、(b) 和 (c) 所示。根据 Wulff 原理，当温度 ($< M_S$) 降低，界面能增加时，相应的界面从 Wulff 多面体的中心向外移动，导致 Wulff 图多面体体积增大，最终导致 Wulff 重构。除结构界面能外，温度还影响了 fcc/fct、fct/fco 和 fcc/fco 界面的 Wulff 形状，包括表面积和 (110) 界面形状等。例如，fcc/fco 接口的 Wulff 结构从 380K 扩展到 370K，如图 7-21 所示。发现 (110) 界面在冷却过程中在 10K 范围内消失，当不同取向对应的界面能量阶数因温度变化较大时，甚至可能影响 Wulff 图的整体形状。

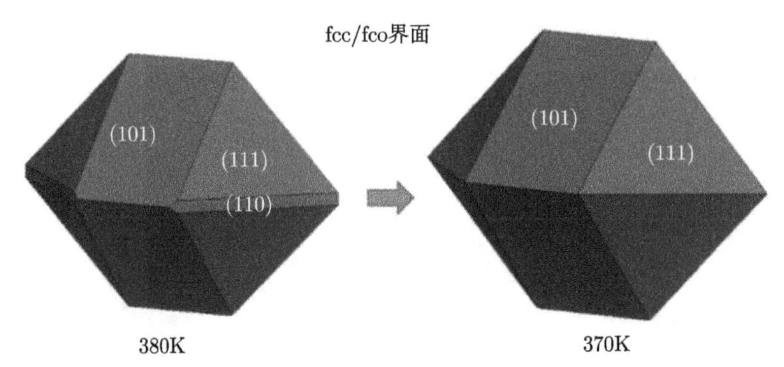

图 7-21 fcc/fco 界面的 Wulff 图从 380K 降到 370K 的形状改变 [13]

7.2 基于单步相变的界面应力及界面形态

热弹性马氏体相变的一个重要特征就是相界面具有良好的迁移性，无论是在温度场、应力场还是磁场下。目前一些原位实验能观察到马氏体相界面运动的情形。利用光镜和 TEM 可以原位观察到 Mn-Cu 合金中孪晶马氏体界面随温度变化的运动轨迹，降温时正向迁移，升温时逆向迁移，一个升降温循环后在基体中并没有明显的相变位错存在，具有良好的热弹特性 [29]。利用扫描电镜可以对 Ti-Ni 形状记忆合金表面形貌进行原位观察，发现降温过程中有六角形马氏体晶团的形成；晶团产生的应力应变场会诱发周围母相发生马氏体相变，属于界面应力导致的相变自催化 [30]。不过相对孪晶马氏体自身，在其长大过程中由于界面应力及相变应变等阻碍作用，马氏体长大到一定阶段会自动停下来，此时马氏体孪晶界面、马氏体/母相界面会处于一种力学平衡状态 [31]。以上实验结果均表明在相变过程中相界面附近会产生应力集中等现象，研究界面周围应力的分布对认识界面应力具有积极的意义。

为了能实验上证实和检测这类相界面应力，需要有一些新的实验方法。利用电子背散射衍射技术 (EBSD) 可以从微观尺度直接观察到变形试样的局部区域的弹性应变/应力分布，有限元模拟结果与实验观测到的变形矩阵非常一致 [32]，如图 7-22 所示。在钢铁材料中马氏体附近的残余奥氏体由于其良好的塑性变形特征可以起到应变协调的作用，实验发现薄片状马氏体产生的相变塑性应变在周边残余奥氏体中得到有效松弛，形变区域的范围远大于马氏体薄片的厚度 [33]，通过这种应变松弛，可有效降低界面应力集中导致的裂纹萌生及扩展。实验研究发现 Fe-27% Ni 合金在马氏体相变后的残余奥氏体内会形成静水压力，其强度会随残余奥氏体尺寸的减小而增大 [34]，这与钢中残余奥氏体具有应变松弛特性是一致的。

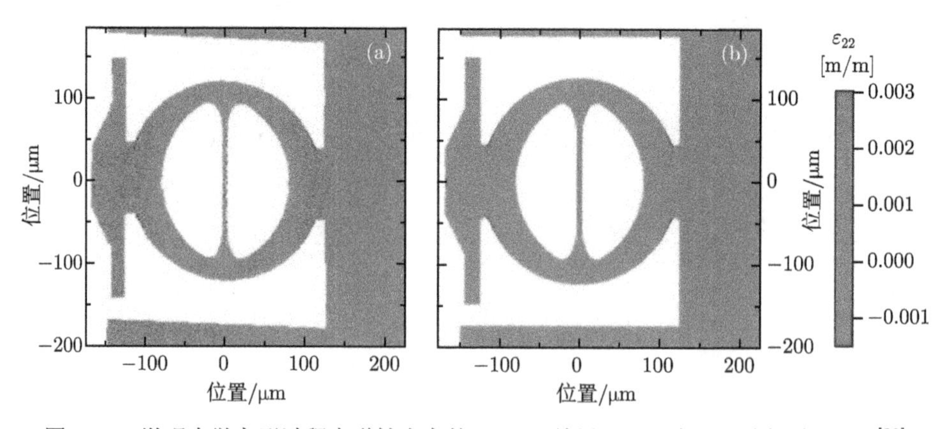

图 7-22 微观力学变形过程中弹性应变的 EBSD 结果 (a) 和有限元分析结果 (b)[32]

在数值模拟如相场模拟中，基于相变晶体学得到的相变应变矩阵对马氏体相变及形态具有决定性作用，但很少从力学的角度来关注相界面应力在相变过程中的演化状况。7.1 节在共格界面的热力学计算中尽管考虑了结构界面能对总界面能的影响规律，但这种计算还是一个静态的、平均场范围的能量计算，无法获得相界面应力的分布。下面利用三维相场模型模拟 Mn-Cu 合金中热诱发 fcc-fct 马氏体相变，重点研究 fct 马氏体在形核和长大过程中界面应力的变化，并分析界面应力对 fct 马氏体长大的影响 [11]。这里的相界面包括马氏体/母相共格界面和马氏体孪晶界面 (属于同相共格界面)，通过改变模型中序参量的数目，可以实现模拟含不同变体数目 (分别包含 1、2 和 3 个变体) 的马氏体组织及不同类型的界面应力的演化及分布特征。模拟中采用微弹性理论，忽略了晶体缺陷如位错 (包括母相位错和相变位错) 对相变及界面应力的松弛效应。以往相场模拟中通过加入 Langevin 噪声项来作为相变核胚的诱发机制，这样在模拟时会形成多个核胚，在微小的模拟环境中会促使多片马氏体的长大，结果反而不便于分析马氏体相界面应力的特征。所以在下面的模拟中去掉了动力学方程中的 Langevin 噪声项，而是在模型中央预置一小块马氏体核胚作为模拟的初始条件，其效果比引入噪声好，因为形成的马氏体相组织比较单一，有利于研究界面力学特性。

7.2.1 单变体马氏体形态及其界面应力

模拟马氏体单变体可以直接对马氏体/母相界面的应力分布进行研究。模拟过程中只保留一个序参量 η_3，将另外两个序参量设置为 $0(\eta_1=0，\eta_2=0)$；变体 3 的核胚设置为片状，将其放置在 (111) 平面，过冷度 Δ 设置为 2(Δ 与相变驱动力有关，过冷度越大相变驱动力越大)，模拟结果如图 7-23 所示。降温过程中两相化学自由能之差作为相变驱动力，fct 马氏体单变体同时长宽和增厚，这与以往的认知一致；由于这两个方向上界面迁移速度不同，所以最终马氏体呈薄片形状，重点是发现惯习面在马氏体片较小时已从 (111) 面变为 (112) 面，之后不再改变，这表明模拟前的核胚预置过程并不影响相变结束后的最终晶体学位向关系。设置单变体马氏体，排除了变体间的自协调对相变应变的降低和分解，模拟结果显示在马氏体和奥氏体中都出现了明显的内应力。为便于分析，先看看二维截面上的应力分布：在 (110) 和 (010) 截面上马氏体内部存在较大压应力 (如 $\sigma_{11}>$300MPa)，而奥氏体内部沿 x 和 y 方向的正应力较小，如图 7-23(b) 所示。在三维情形下马氏体相变引起体系 z 方向的压应变通过马氏体/母相界面得到松弛，使得材料内部应力 σ_{33} 均匀分布并呈拉应力状态。

图 7-24 给出了沿着单一方向上马氏体内部的应力状态曲线：[111] 方向上马氏体内部在 x 和 y 方向存在压应力，马氏体和奥氏体内部都存在 z 方向上的拉应力，这与图 7-23(b) 的结果类似。变体 3(V3) 具有 fct 结构，相变后在 x 和 y 方向

晶格伸长、在 z 方向晶格收缩，因此在马氏体单变体内部会出现符号相反的内应力 ($\sigma_{11} \cdot \sigma_{33} < 0$)，如图 7-24(b) 所示。沿着厚度方向，界面附近的应力状态会发生突变 (主要是应力大小变化)，在厚度方向上较小的长大已经导致奥氏体中 σ_{33} 应力达到 200MPa 左右，从而抑制了马氏体的增厚过程 (图 7-24(a)) 中马氏体惯习面内的应力状态符合图 7-23(b) 和图 7-24(a) 中给出的计算结果。模拟结果显示同马氏体内应力相比奥氏体的内应力很小，导致相界面在当前应力状态并不阻碍马氏体相变的进行，沿惯习面上的长大不会导致内应力积累，因此马氏体在惯习面上迅速长大。由于实验中很难观察到微观尺度上界面附近应力的动态变化，只是观察到界面迁移速度在长大和增厚方向不同这一表面现象，其内在机制还是由于界面内应力对相变的阻碍作用具有方向性导致的。另外内应力会导致马氏体内序参

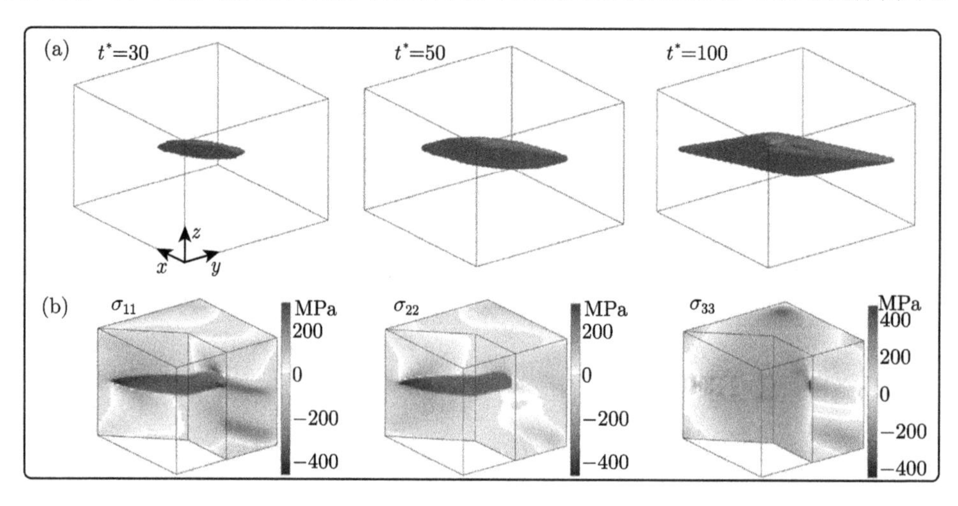

图 7-23　单变体马氏体的长大过程 (a)，模拟时间 $t^* = 100$ 时模型的应力场 (b)[11]

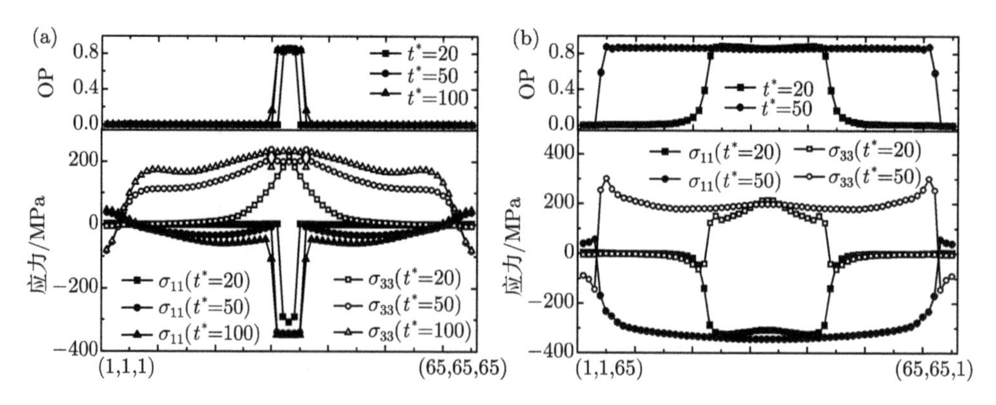

图 7-24　单变体马氏体长大时，在 [111] 方向 (a) 和马氏体所在平面内的 $[11\bar{1}]$ 方向 (b) 的截线上的序参量值 (OP) 和应力状态 [11]

量演化到最后也没有达到热力学平衡值 1，这应当属于系统误差。模拟观察到马氏体/母相界面附近的应力状态会发生不连续的突变，这与 Ni_4Ti_3 析出时在基体中产生的界面应力非常类似 [35]，表明上述模拟结果是合理的。

7.2.2 孪晶马氏体形态及其界面应力

图 7-25 给出了孪晶马氏体的长大过程和对应的界面应力的变化。此孪晶马氏体只考虑了两种变体：变体 1(V1) 和变体 2(V2)，在模拟空间 $(\bar{1}10)$ 平面上预置一小片 V1 作为相变核胚，过冷度 Δ 设置为 1.5。图 7-25 中得到的马氏体孪晶的孪晶面为 $(\bar{1}10)$ 面，在长大过程中两种变体会交替形成，这里面没有任何外在干涉因素，纯粹是变体间相互应变协调产生的自适应生长过程，这种生长方式会导致体系的内应力最小，符合相变动力学原理。最后在模拟空间里形成一大块孪晶马氏体，其中变体 V1 和变体 V2 的含量基本相等，从而保证相变应变最小。这种变体自协调会导致 σ_{11} 和 σ_{22} 的再分布，与单变体情形有较大的差别：随着孪晶马氏体长大，奥氏体中内应力逐渐升高，相界面运动遇到的阻力增加并最终阻碍孪晶马氏体的继续长大。单变体马氏体没有亚结构，系统也没有考虑位错等，而孪晶马氏体内部却存在孪晶亚结构，尽管都是马氏体，但不是同一种变体，这一微小位向差异会导致微观结构的不均匀性，最终导致孪晶马氏体的内应力会有波动，如图 7-25(b) 所示。有实验对 Ni-Mn-Ga 合金的表面模量进行分析测量，发现在马氏体孪晶内部会存在弹性模量的规律性波动，其波动周期与孪晶界面一一对应，图 7-25(b) 展示的应力规律性波动的计算结果从侧面暗示它们之间存在一定相似性，内在机理可能是一样的：周期性孪晶界面会导致力学特性 (应力或弹性模量等) 的周期性变化。模拟结果还显示孪晶马氏体尽管存在变体自协调但仍然具有宏观应变，特别是当孪晶马氏体含量增加到 30% 左右时 ($t^* = 100$)，大多模拟区域的内应力将超过 200MPa；相比单变体马氏体中的 σ_{11} 和 σ_{22} 没有松弛到母相基体中，孪晶马氏体的 3 个正应力分量中只有一个分量 σ_{33} 没有松弛，其他两个正应力均已松弛到母相基体中，如图 7-25(b) 和图 7-25(c) 所示。进一步研究图 7-25(b) 还发现：马氏体/母相界面附近的应力状态和相界面处马氏体变体类型有很大关系，当 $t^* = 30$ 和 50 时，变体 V2 处于相界面一侧，此时 σ_{22} 应力明显大于 σ_{11}，此应力状态有利于 V1 的形成，并抑制 V2 的形成；当 $t^* = 100$ 时，V1 处于界面一侧，σ_{11} 大于 σ_{22}，此应力状态却有利于 V2 的出现，对 V1 变体却是阻碍作用。因此借助相界面来进行形核、长大时，产生的界面应力却有利于另一个变体的形成，这类似于分子动力学模拟中在相界面处出现的弹性前驱体 [36]；更重要的是从力学的角度特别是通过界面应力分析，合理地解释了孪晶马氏体交替形成的内在机理及界面形核的物理机制。

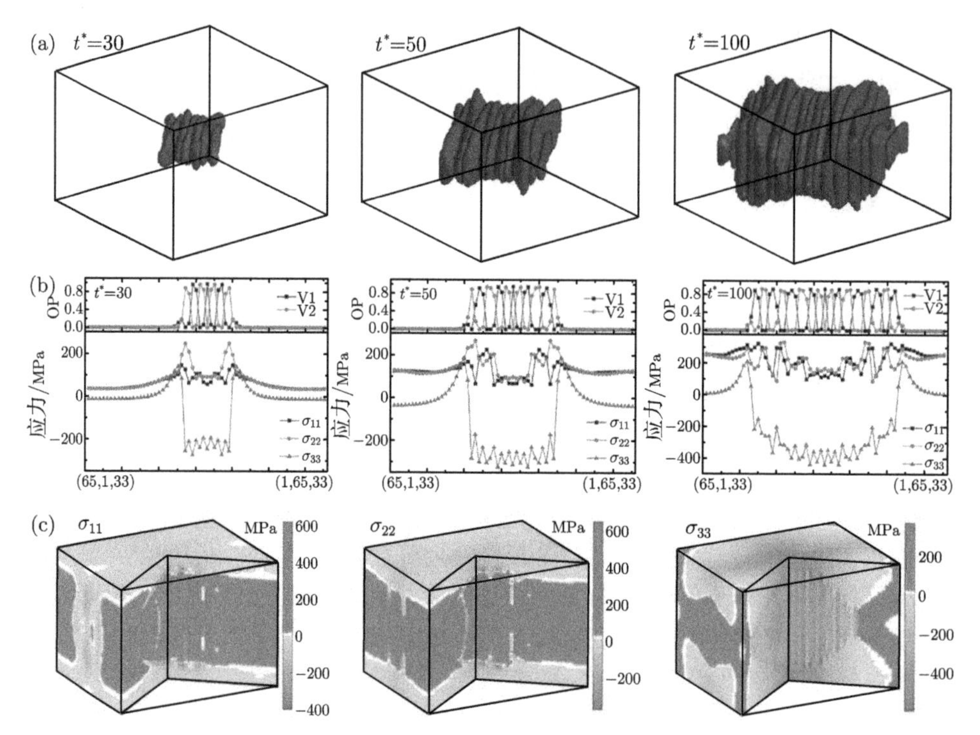

图 7-25　孪晶马氏体的形成过程 (a)，沿着 $[\bar{1}10]$ 方向序参量和应力的分布 (b)，和 $t^* = 100$ 时模型内的应力场

利用相场模拟，将微观组织与相变晶体学有机结合起来，既可以利用微观组织模拟的正确性来验证相变晶体学的可靠性，也可以通过调整相变晶体学来获得与实验观察一致的微观组织形态。利用孪晶马氏体相变晶体唯象理论，先计算晶体旋转矩阵和孪晶中各变体含量，最后可得到符合不变平面应变的孪晶马氏体的相变应变。以上计算模拟得到两个变体下孪晶马氏体形状类似于椭球，尽管马氏体孪晶界面为 (110)，但整个椭球体却没有明显的惯习面。为了研究具有不变平面应变的马氏体的相界面应力特征，具体模拟了只含一个变体序参量的体系，该变体/序参量对应的相变应变具有不变平面应变特征：

$$[\varepsilon_{ij}^{00}] = \begin{pmatrix} 0.01 & 0 & 0 \\ 0 & -0.01 & 0 \\ 0 & 0 & 0 \end{pmatrix}$$

以上相变应变可以看成具有 2/3 体积的变体 V2 和具有 1/3 体积的变体 V3 组成的孪晶马氏体的平均相变应变，两种变体体积不能完全相等，否则相变应变总体为 0，这只是一种人为假设，因为实验中无法统计，图 7-25 的模拟也显示两种变体体积基本相等。在 $(\bar{1}10)$ 面上预置 V1 变体的片状核胚，Δ 取为 1；组织演化和界面应力的模拟计算结果如图 7-26 所示。从此图中可看出马氏体单变体呈片状长大，在长大过程中惯习面始终保持为 $(\bar{1}10)$ 面；由于相变应变矩阵中 $\varepsilon_{33}^{00}=0$，应变矩阵模型中基本不存在 z 方向的应力阻碍作用，所以马氏体片在 z 方向迅速长大至边界。模拟结果显示在 x 和 y 方向上相变应变在奥氏体中得到很好的松弛，导致马氏体和奥氏体内部应力状态基本相同；当 $t^*=100$ 时主应力分量 σ_{11} 和 σ_{22} 均大于 100MPa，在异相界面上不存在应力突变，在马氏体内部没有应力集中现象，主应力方向与惯习面垂直，体系内应力状态不利于马氏体继续长大；在片状马氏体周围存在应力突变，表明这种晶体学假设会降低马氏体与基体之间的晶格结构互溶性。

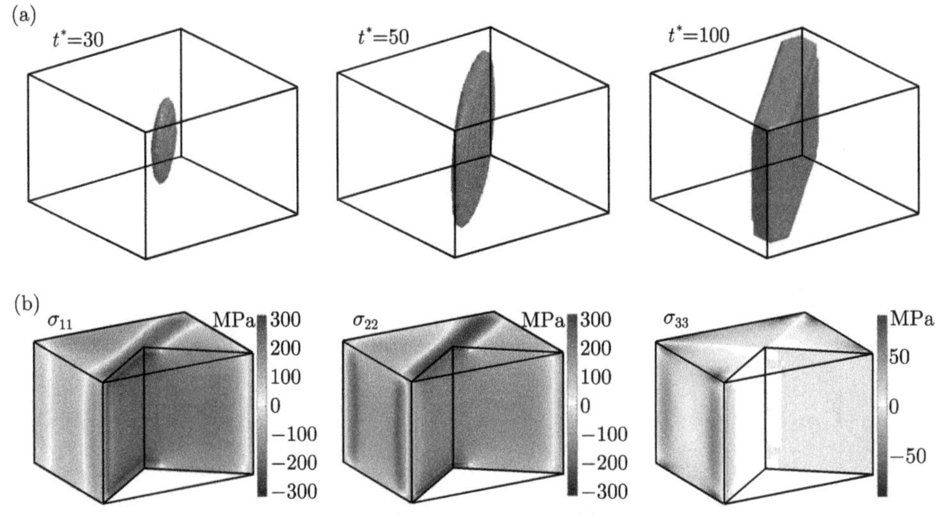

图 7-26 具有不变平面应变特征的马氏体的长大过程 (a)，$t^*=100$ 时模型内的应力分布(b)[11]

图 7-27 给出了马氏体单变体长大过程中截线上序参量和内应力分布的变化情况。当 $t^*=30$ 时，在增厚初期沿着惯习面法线方向界面应力从马氏体逐渐过渡到母相基体并不存在应力突变；当 t^*=100 时，马氏体和母相基体的内应力基本相同，且内应力已经扩展到较远处母相基体中，这类似于薄片状马氏体的实验结果，即此刻在马氏体/母相界面处不存在应力突变。图 7-27(b) 是马氏体所在平面上的应力演化：在相界面附近存在应力突变，这不同于马氏体惯习面法线方向上的内应力。总体而言马氏体单变体长大过程中并未导致母相基体中内应力积累，母相基体中的应力状态有利于马氏体相变发生，因此马氏体单变体迅速增宽，如图 7-26(a) 所示。

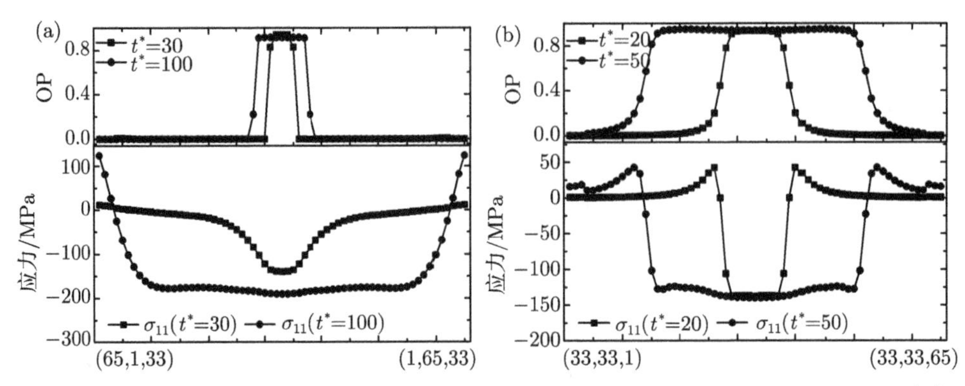

图 7-27　马氏体长大过程中，[$\bar{1}$10](a) 和 [001](b) 方向的截线上的序参量和应力分布 [11]

7.2.3　三变体马氏体形态及其界面应力

下面的模拟计算中分别考虑了 3 个 Bain 变体对应的序参量，图 7-28 给出了三变体马氏体的长大过程，显示了微观组织和界面应力的演化。在模拟中将 V2 核胚预置在 ($\bar{1}$10) 平面上，Δ 设置为 1。在长大初期 V2 核胚表面分别形成了变体 V1 和变体 V3，这一模拟结果与文献 [20] 相似，而且马氏体内存在内应力起伏，母相基体未出现明显的内应力，如图 7-28(c) 所示；马氏体长大过程中各变体在三维空

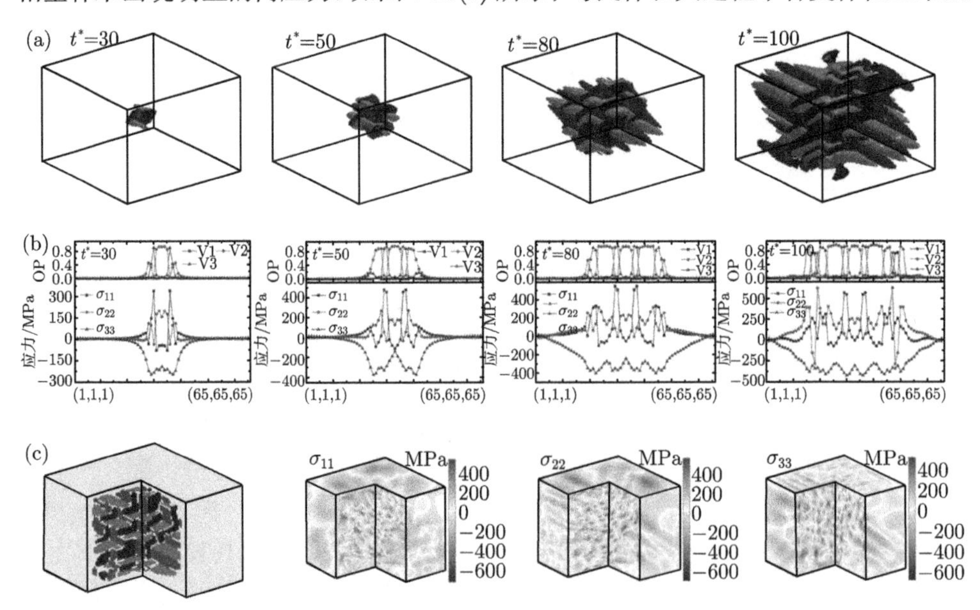

图 7-28　三变体马氏体的长大 (a)，长大过程中截线上的序参量和应力分布 (b)，微观组织及其对应的应力分布 (c)[11]

间交叉形成，最后形成多变体自协调的微观组织；在孪晶马氏体长大后期，母相基体中已积累明显的内应力，但是在马氏体和母相基体之间没有出现应力突变，而是连续变化的，在马氏体孪晶内部依然存在内应力的周期性波动，这应当与孪晶马氏体组织相对应，这与前面模拟中只有两变体的孪晶马氏体类似。由于三个变体具有良好的应变自协调效应，所以模拟到最后体系内不会出现宏观的内应力，这有利于防止材料使用过程中内裂纹的形成及扩展。

7.2.4 界面应力对惯习面的影响

相变晶体学唯象理论中将不变平面应变对应的平面定义为惯习面，即片状马氏体所在的平面。利用微弹性理论，通过求解弹性应变能最小值对应的平面，可以计算获得惯习面的指数，这是通过相变力学来验证相变晶体学。前面的模拟结果显示：单变体马氏体呈片状长大，具有明显的惯习面；多变体却以晶团方式形核并长大，马氏体孪晶晶团整体不具有明显的惯习面。晶体学唯象理论中对马氏体惯习面的处理主要来自于假设和理论计算，计算得到的惯习面指数与实测的指数之间存在一定的差异，方向上总存在一定的角度差。对于惯习面指数和方向的控制因素还需要进一步的研究，这些因素包括相变类型、点阵常数、相变应变、界面应力等。下面从界面应力的角度分析一下惯习面形成的内在机理：结合相场和微弹性理论，得到二维点阵下一系列宽度和惯习面指数的条状马氏体，计算二维体系的内应力分布和弹性应变能。图 7-29 给出了二维体系中弹性应变能随片状马氏体单变体宽度和取向变化的模拟计算结果。结果显示相变应变具有不变平面应变特征：OR2 的惯习面作为不变平面引起的弹性应变能最小，如图 7-29 (b) 右图所示；OR2 对应的马氏体单变体仍可引起体系的弹性应变能，并且此弹性应变能随着马氏体宽度的增加而升高。

图 7-30 是马氏体单变体导致的内应力分布。从图中比较发现相变应变大小相同而取向不同会导致内应力分布截然不同：(01) 取向的马氏体内部存在应力集中，而 (11) 取向的马氏体中没有应力集中，因为其相变应变可以在母相基体中得到松

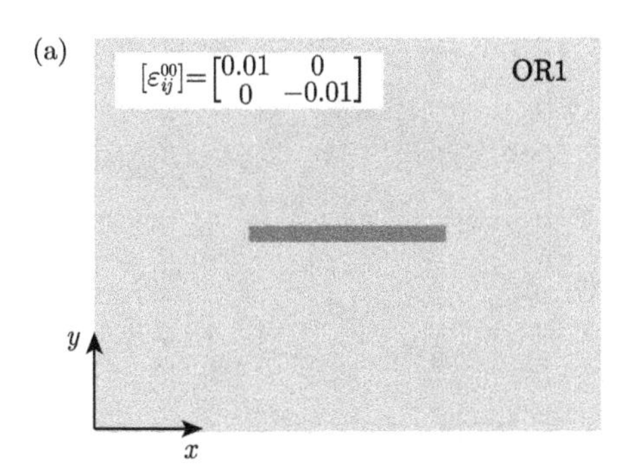

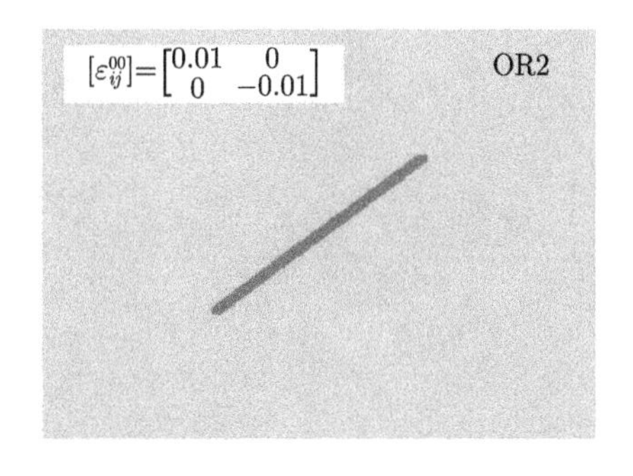

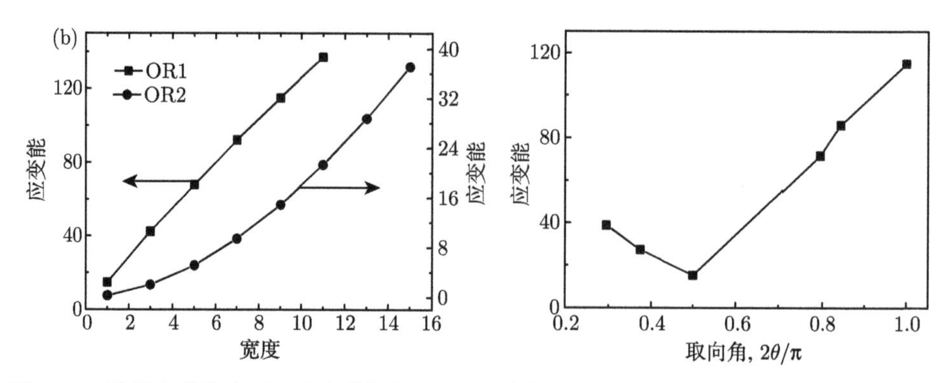

图 7-29　设置在基体内不同取向的新相 (a)，体系弹性能随片状新相的宽度和取向的变化情况 (b)[11]

弛；如果惯习面不属于不变平面应变，将在马氏体内部出现应力集中。当主应力方向垂直于惯习面时，相变应变可以在片状马氏体和母相基体之间很好地松弛，但在马氏体片两端出现了应力集中。以上结果显示界面应力控制着界面上马氏体变体的选择和马氏体变体的形核、长大方式，并使得惯习面与弹性应变能最低的取向一致。

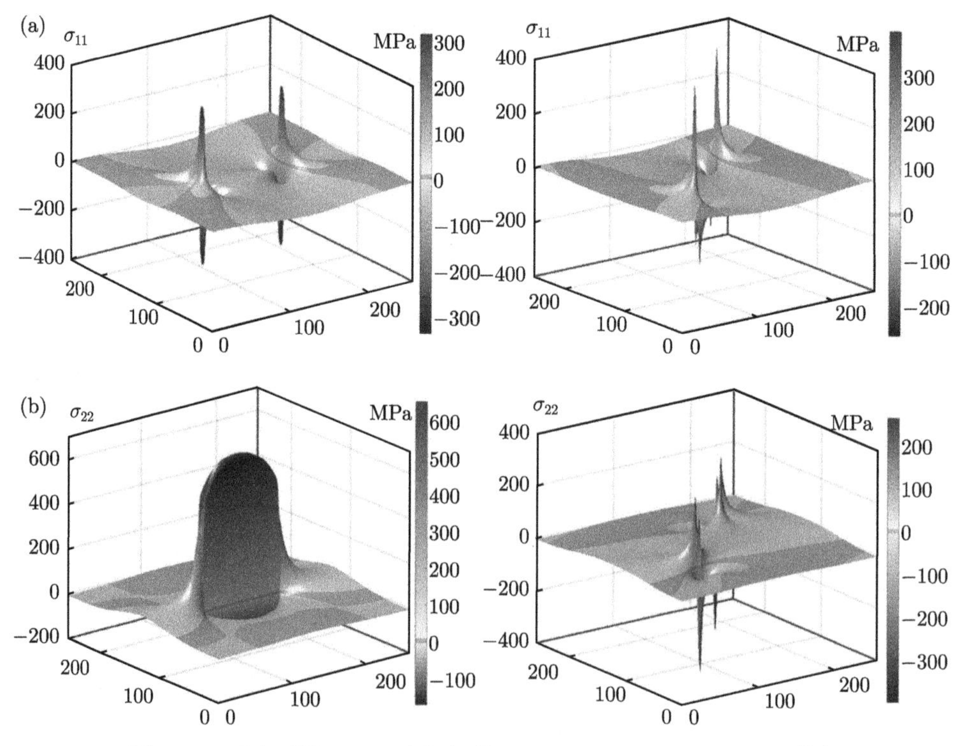

图 7-30　对应于图 3-8(a) 中组织的 σ_{11} (a) 和 σ_{22} (b) 应力分布 [11]

7.2.5 相变过程中体系能量的变化

模拟结果显示：伴随着相变的发生，体系的化学自由能降低、相变应变能和界面能升高，相比而言界面能要比相变应变能小很多，图 7-31 给出了化学能与应变能之间的相互关系，基本反映了这一规律。另外，图 7-31 中所有曲线的斜率都处于 0 和 -1 之间，因此总能量会随相变的进行而逐渐降低。在降温过程中马氏体相变会伴随热量的释放，表明还有多余的化学自由能会以热量的方式释放出来，使得马氏体与母相基体达到一种非稳态平衡，即双相共存；外界温度场、应力场、磁场等都会打破这一平衡导致内部微观组织向一定方向继续演化。前面的模拟显示内应力场也会阻止相变继续下去。对于降温过程中的马氏体相变，存在 M_{S} 和 M_{f} 温度，其中 M_{f} 温度就是马氏体相变终止的温度，这一特征温度直接表明马氏体相变不会一直进行下去，在一定温度下必须终止，内应力积累可能是其中一个重要原因。

马氏体相变唯象晶体学理论主要用于计算孪晶马氏体的惯习面指数、晶体取向等信息，Olson 和 Cohen[31] 预测当弹性应变能的增加等于化学自由能降低的一半时，相变停止，奥氏体和马氏体达到热弹性平衡状态。所以 M_{f} 温度可能就是这一平衡状态的终点温度。另外图 7-31(a) 中的数值计算结果基本满足 Olson 和 Cohen 的预测，即热弹性平衡状态时体系化学自由能的降低高于相变弹性应变能的升高，体系能量有所降低。图 7-31(b) 显示包含不同马氏体变体数的模拟体系，其相变应变能随马氏体含量的变化曲线会有较大的差异：曲线斜率随着马氏体中变体数增多而降低，而不变平面应变的斜率和孪晶的斜率接近，主要原因是变体越多相变应变自协调效应越明显，体系的总相变应变能越小，而单变体不存在应变自协调，相变应变比较大导致应变能升高。

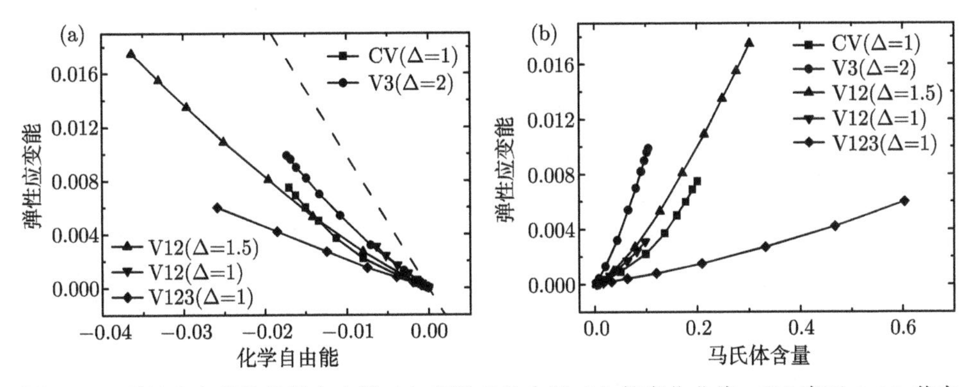

图 7-31 弹性应变能随化学自由能 (a) 和马氏体含量 (b) 的变化曲线。CV 表示 3.3.2 节中满足不变平面应变的马氏体 [11]

利用晶体学可以考虑相变的原子位移机制，但晶体学难以用于预测马氏体微观组织形态，因为计算参数主要是晶格点阵常数、计算对象主要是晶胞等。相场模拟可以研究马氏体组织的形态，其组织是通过与能量降低相关的动力学方程演化得到，与实际马氏体的形核、长大过程非常接近，这是热力学和晶体学无法做到的。在相场模拟中，相变应变矩阵对微观组织演化的结果具有决定性作用，其他参数的改变只是对其的微调。实际材料体系中会存在超过 3 个变体的情况，在 2019 年第 4 届相场模拟国际会议 (PF19) 上，已有科研小组模拟出 24 种变体，若将其结果融合到图 7-31 中也许还能满足 Olson 和 Cohen 的预测，但模拟结果的准确性仍然需要 EBSD 等试验的验证。

微弹性理论在解决相变应变，特别是热弹性马氏体相变中引起的弹性力学问题时具有较高的计算效率。另外对于 Mn 基合金，fcc-fct 这类相变应变非常小的微观组织演化的模拟也非常合适。将微弹性理论和 TDGL 理论引入相场模型，可用来模拟马氏体相变过程中力学特性和微观组织的演化及其相互影响规律。通过三维相场模拟，研究了 Mn-Cu 合金中 fcc-fct 马氏体相变过程中的界面应力；模拟结果表明马氏体孪晶界面应力与马氏体/母相界面应力具有不同的演化特征；热弹性马氏体相变过程中相界面附近存在显著的界面应力，此应力对马氏体长大后的微观组织形态和变体选择均具有重要影响。

7.3 基于多步相变的微观组织演化及界面形态

以上是利用相场方法模拟了单步马氏体相变过程中的微观组织演化及其界面应力特性，而形状记忆合金中并不仅仅是单步相变，还存在着丰富的多步结构相变，这为相场模拟提供了新的研究对象，但也给相场模拟带来了新的问题，如模型的建立、计算方法的选择等。首先要弄清多步相变有哪些类型，例如富 Ni 时效 Ni-Ti 合金中存在 B2 → R → B19' 相变、Ni-Ti-Cu 合金正存在 B2 → B19 → B19' 相变、Ni-Mn-Ga 合金存在 $L1_2$ → 14M → NM 相变、Cu 基合金中存在 β_1 → 18R → 18R' → 6R 应力诱发相变和 γMn 基合金 (如 Mn-Ni 和 Mn-Ge 合金) 中存在 fcc→fct→fco 相变。其次要分析考虑不同合金中多步相变的物理机制。事实上各类合金中的多步相变之间既有相似的地方，也有其独特之处，如应力诱发的多步相变将呈现多步超弹性行为，热诱发的多步相变则不具备这种特性。已有较多的研究关注 γMn 基合金的 fcc-fct 相变，对于其中的 fcc-fco 相变或 fct-fco 相变却研究较少，特别是后一种相变的相变应变可能比较小，无法在工业上加以运用，另外工业上也缺乏对多步相变的应用方面的研究，同时缺乏模拟多步相变的微观组织演化方面的工作。下面主要利用相场方法研究 Mn 基合金 (如 Mn-Ni 合金) 中的 fcc→fct→fco 多步结构相变，并对其相变机制进行分析 [37]，为以后充分利用智能材料的多步相变来获得特异性能提供技术支持。

7.3.1 模拟方法

图 7-32(a) 是 fcc、fct 和 fco 三相的 Gibbs 自由能随温度变化的关系示意图，其热力学稳定温度范围分别为：$T > T_0^{\mathrm{C-T}}$，$T_0^{\mathrm{T-O}} < T < T_0^{\mathrm{C-T}}$ 和 $T < T_0^{\mathrm{T-O}}$。马氏体变体数与序参量数相同，而变体数取决于新相的晶体结构。假定 fco-fct 的点阵对应关系类似于 fct-fcc，即 $[100]_{\mathrm{fcc}} \leftrightarrow [100]_{\mathrm{fct}} \leftrightarrow [100]_{\mathrm{fco}}$ 和 $[010]_{\mathrm{fcc}} \leftrightarrow [010]_{\mathrm{fct}} \leftrightarrow [010]_{\mathrm{fco}}$，因此 fct 相有 3 个变体，fco 相有 6 个变体。模型参数采用 Mn-13.9at% Ni 合金的物理参数，并假定各相点阵常数与温度无关。各变体对应的相变应变矩阵为 [37]：

$$\varepsilon_{ij}^{00}(\mathrm{V_{T1}}) = 0.01\begin{pmatrix} -1.42 & 0 & 0 \\ 0 & 0.72 & 0 \\ 0 & 0 & 0.72 \end{pmatrix}, \quad \varepsilon_{ij}^{00}(\mathrm{V_{T2}}) = 0.01\begin{pmatrix} 0.72 & 0 & 0 \\ 0 & -1.42 & 0 \\ 0 & 0 & 0.72 \end{pmatrix},$$

$$\varepsilon_{ij}^{00}(\mathrm{V_{T3}}) = 0.01\begin{pmatrix} 0.72 & 0 & 0 \\ 0 & 0.72 & 0 \\ 0 & 0 & -1.42 \end{pmatrix} \tag{7-16}$$

$$\varepsilon_{ij}^{00}(\mathrm{V_{O1}}) = 0.01\begin{pmatrix} -1.42 & 0 & 0 \\ 0 & 1.02 & 0 \\ 0 & 0 & 0.42 \end{pmatrix}, \quad \varepsilon_{ij}^{00}(\mathrm{V_{O2}}) = 0.01\begin{pmatrix} -1.42 & 0 & 0 \\ 0 & 0.42 & 0 \\ 0 & 0 & 1.02 \end{pmatrix},$$

$$\varepsilon_{ij}^{00}(\mathrm{V_{O3}}) = 0.01\begin{pmatrix} 1.02 & 0 & 0 \\ 0 & -1.42 & 0 \\ 0 & 0 & 0.42 \end{pmatrix}, \quad \varepsilon_{ij}^{00}(\mathrm{V_{O4}}) = 0.01\begin{pmatrix} 0.42 & 0 & 0 \\ 0 & -1.42 & 0 \\ 0 & 0 & 1.02 \end{pmatrix},$$

$$\varepsilon_{ij}^{00}(\mathrm{V_{O5}}) = 0.01\begin{pmatrix} 1.02 & 0 & 0 \\ 0 & 0.42 & 0 \\ 0 & 0 & -1.42 \end{pmatrix}, \quad \varepsilon_{ij}^{00}(\mathrm{V_{O6}}) = 0.01\begin{pmatrix} 0.42 & 0 & 0 \\ 0 & 1.02 & 0 \\ 0 & 0 & -1.42 \end{pmatrix} \tag{7-17}$$

上式中 $\mathrm{V_{T1}}$-$\mathrm{V_{T3}}$ 分别表示 fct 变体 1–3，$\mathrm{V_{O1}}$-$\mathrm{V_{O6}}$ 分别表示 fco 变体 1–6。fcc-fct 相变相关模型参数如表 7-4 所示，单位归一化后 (除以 Q) 温度相关的模型参数为：梯度能系数 $\beta^* = 0.04\Delta T^*$，Landau 系数 $A^* = 0.1\Delta T^*$，$B^* = 0.9\Delta T^*$ 和 $C^* = 0.8\Delta T^*$。其中 ΔT^* 代表过冷度。

模拟 fct-fco 相变时，相场变量为对应于 fco 变体的 6 个序参量，由于初始条件包括 3 个 fct 变体，所以需要用 fco 序参量描述 fct 变体。在相变应变方面满足以下关系：$\varepsilon_{ij}^{00}(\mathrm{V_{T1}}) = 0.5 \times \varepsilon_{ij}^{00}(\mathrm{V_{O1}}) + 0.5 \times \varepsilon_{ij}^{00}(\mathrm{V_{O2}})$。低于 $T_0^{\mathrm{T-O}}$ 温度时，fco 相是稳定相，而 fct 相是亚稳相。为了满足以上条件，提出以下化学自由能表达式：

$$
\begin{aligned}
G_{\mathrm{ch}}^{\mathrm{T-O}} = \int_V \Bigg\{ & \frac{B_1}{2}\left(\sum_{i=1}^{6} n_i^2\right) - \frac{B_2}{3}\left(\sum_{i=1}^{6} n_i^3\right) + \frac{B_3}{4}\left(\sum_{i=1}^{6} n_i^4\right) \\
& + \frac{B_4}{2}\left(\sum_{i=1}^{3} n_{2i-1}^2 n_{2i}^2\right) + \frac{B_5}{2}\left[\left(\sum_{i=1}^{2} n_i^2\right)\left(\sum_{i=3}^{6} n_i^2\right) + \left(\sum_{i=3}^{4} n_i^2\right)\left(\sum_{i=5}^{6} n_i^2\right)\right] \\
& - B_6\left(\sum_{i=1}^{3}\left[\left(n_{2i-1} - n_{2i-1}^2\right)\left(n_{2i} - n_{2i}^2\right) \Big/ \left(3 + 7\left(n_{2i-1} - n_{2i}\right)^2\right)\right]\right)\Bigg\} \mathrm{d}V \quad (7\text{-}18)
\end{aligned}
$$

表 7-4　fcc-fct 相变的模型参数 [37]

模型参数	符号	数值	单位
相变潜热	Q	4.84×10^{7}	$\mathrm{J/m^3}$
弹性模量	E	0.72×10^{11}	Pa
泊松比	ν	0.16	—
动力学系数	L_0	1	$\mathrm{m^3/(s/J)}$

其中 n_i 表示 fco 变体 $\mathrm{V_{O\mathit{i}}}$ 对应的序参量。在 fcc-fct 模拟中得到的组织，用 n_i 描述，对应的转换式为 $(m_1, m_2, m_3) = (1, 0, 0) \rightarrow (n_1, n_2, n_3, n_4, n_5, n_6) = (0.5, 0.5, 0, 0, 0, 0)$。自由能表达式需要考虑到三种结构之间的能量关系式，较为复杂，实际上式 (7-18) 能够描述三相的相对稳定性，并非真实的能量表达式。下面的模拟采用去单位化后的约化系数：$(B_1^*, B_2^*, B_3^*, B_4^*, B_5^*, B_6^*) = (0.19, 1.71, 0.52, 1.14, 2.38, 1.83)$。梯度能系数和模拟 fcc-fct 相变时相同。式 (7-18) 的 B_6 项示意图如图 7-32(c) 所示，而总的表达式的示意图如图 7-32(d) 所示。

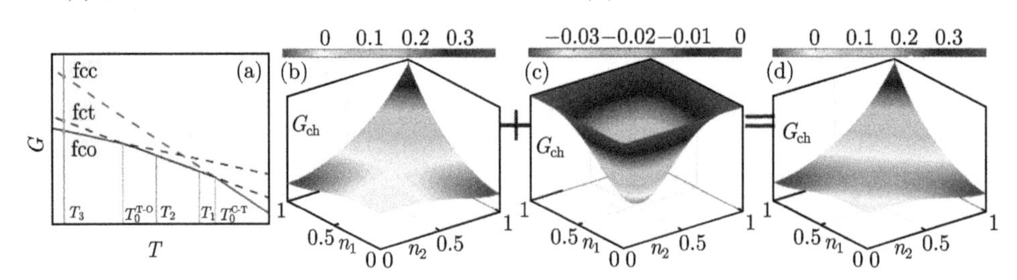

图 7-32　fcc、fct 和 fco 相 Gibbs 自由能随温度变化的示意图 (a)，T_3 温度时改进前 (b)、添加部分 (c)、改进后 (d) 的体化学自由能–序参量关系 [37]

7.3.2　微观组织演化及界面形态

在具体的多步相变模拟过程中，将其分为两步进行。按照降温过程中马氏体相变的发生顺序，应当先模拟 fcc-fct 相变 ($T = T_2$，即 $\Delta T^* = 1$)。模拟中采用固定约束边界条件，在三维模型中央预置一小片马氏体单变体，模拟获得的马氏体形核及长大过程如图 7-33(a~c) 所示。尽管预置了核胚，但在模拟中还涉及其他变体的形核以及新马氏体的形核。图 7-33 显示在 fct 马氏体长大过程中单变体核胚会逐渐演化为多变体自协调组织，3 个变体具有良好的应变自协调效应，所以演化到最后绝大部分母相组织会转变为马氏体 (>90%)。初步模拟结果显示所得到的 fct 马氏体组织的晶体学特征及位向关系不太明显，接下来借助于热循环处理 (即 ΔT^* 从 1 变为 0.2，再变回 1)，对应于图 7-32 中 $T_2 \to T_1 \to T_2$；当系统升温到 T_1 后，由于弹性应变能降低马氏体变体会发生重排，即变体选择的程度随过冷度减小而增强。热循环后 fct 马氏体包括两类孪晶带 (图 7-33(d))：由 $\mathrm{V_{T1}}$ 及 $\mathrm{V_{T2}}$ 组成的孪晶带 $\mathrm{TW_{T1T2}}$ 及 $\mathrm{V_{T3}}$ 和 $\mathrm{V_{T2}}$ 组成的孪晶带 $\mathrm{TW_{T3T2}}$；$\mathrm{TW_{T1T2}}$ 和 $\mathrm{TW_{T3T2}}$ 的孪晶面分别为 (110) 和 (011)，两种孪晶带之间的界面为 (101) 面。模拟结果显示在孪晶带中变体 $\mathrm{V_{T2}}$ 的体积分数明显低于变体 $\mathrm{V_{T1}}$ 或变体 $\mathrm{V_{T3}}$ 的体积分数，如图 7-33(j) 所示。

下面要模拟第二步相变：fct-fco 相变。在模拟之前需要先对 fct 组织进行标准化处理，以便作为下一步模拟的初始条件，这完全不同于以往的相场模拟；Cui 等提出的解决方案及思路 [37] 可供以后相场模拟时加以参考与借鉴。具体标准化及模拟过程如下：第一步相变模拟结束后对其终态所有格点进行假定，均定义为 fct 相，序参量值为 0 或者 1，第二步以循环热处理后的图 7-33(d) 作为初始组织，模拟 T_3 温度时 fct-fco 相变的微观组织演化，模拟结果如图 7-33(e~h) 所示。从图 7-33(h) 中可看出，大部分变体 $\mathrm{V_{T1}}$ 转变成了变体 $\mathrm{V_{O1}}$ 或变体 $\mathrm{V_{O2}}$，对于变体 $\mathrm{V_{T2}}$ 和 $\mathrm{V_{T3}}$ 的演化结果也类似。需要注意的是这种微观组织演化具有一定的选择性，如在孪晶带 $\mathrm{TW_{T1T2}}$ 和孪晶带 $\mathrm{TW_{T3T2}}$ 中的变体 $\mathrm{V_{T2}}$ 分别转变成变体 $\mathrm{V_{O4}}$ 和变体 $\mathrm{V_{O3}}$，因此这种演化不是随意进行的。也存在一些例外，如少量变体 $\mathrm{V_{T2}}$ 转变成了变体 $\mathrm{V_{O5}}$，而不是变体 $\mathrm{V_{O3}}$ 或变体 $\mathrm{V_{O4}}$。在第二步相变演化的初始阶段，少量 fco 相会在孪晶带之间的界面附近形成，这有点类似于界面形核，因为相界面处存在一定的应力集中，是能量高发区，具体相变时是变体 $\mathrm{V_{O2}}$、$\mathrm{V_{O3}}$ 和 $\mathrm{V_{O5}}$ 分别由变体 $\mathrm{V_{T1}}$、$\mathrm{V_{T2}}$ 和 $\mathrm{V_{T3}}$ 演化得到，与小角度晶界附近生成析出物类似。从图 7-33(e) 中可看出 fco 相的核胚为沿 [111] 方向的棒状胚胎，均在 fcc/fct 相界面上优先出现；所得到的棒状核胚并不具有明显的惯习面，其主要原因是相变应变非常小 (约为 0.003)，弹性应变能的约束效应非常不明显。对比 fco 相和 fct 相的晶格常数发现，fct-fco 相变时体积改变很小，相变应变矩阵的中间值也很小。因此理论上讲相变时 fco 相满足不变平面应变，其惯习面为 (011) 面。

由于以上 fct-fco 相变模拟中动力学演化方程中没有设置 Langevin 噪声项，根据其演化特征推测 fct 组织中的内应力场特别是界面应力场诱发了 fco 相的形核与长大。为了研究内应力场对第二步相变形核的影响，以下考虑了不同模型参数对形核的作用规律，模拟结果如表 7-5 所示，图 7-33 中的模拟结果对应于表中的 Case-1。对比 Case-3 和 Case-6，发现当 Landau 自由能能垒偏高时，演化不能进行下去，当引入 Langevin 噪声项后就能继续形核并演化下去了。如果不考虑界面能的影响，模拟结果显示在弹性应变能的驱动下也能完成 fco 相的形核并长大 (见 Case-4)。模拟中将去单位化的弹性模量从 2380 降低到 238，由于内应力场的强度降低太多，不会出现 fco 相的形核与长大。基于以上模拟与分析，可以推断第一步相变结束后形成的 fct 组织中的内应力场诱发了第二步相变中 fco 相的形核，需要

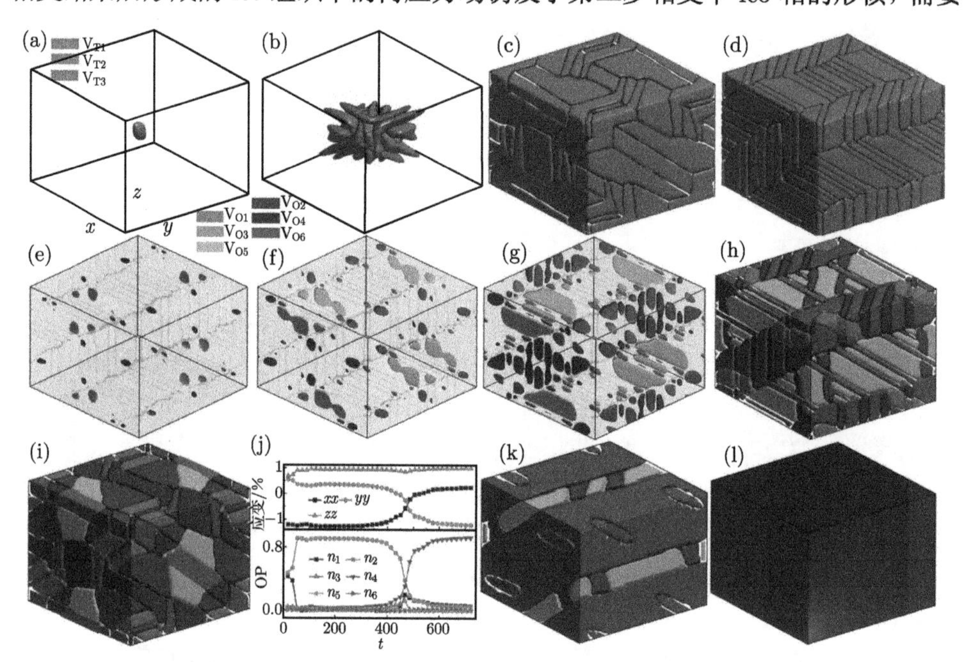

图 7-33　fcc-fct 相变过程中的组织演化 (a~c)，经过热循环后的 fct 组织 (d)，始于 (d) 中组织时 fct-fco 相变过程中的组织演化 (e~h)，始于 (c) 中组织时得到的 fco 组织 (i)，相变过程中某格点的序参量和相变应变随时间的变化 (j)，(h) 中组织在 [100] 方向受到 194MPa 压应力下的变体重排过程 (k，l)

表 7-5　不同模型参数下是否出现 fct-fco 相变形核的结果 [37]

实例	ΔG^*	能垒	E^*	β^*	噪声项	相变
1	−0.045	0	2380	0.04	否	是
2	−0.035	4×10^{-4}	2380	0.04	否	是
3	−0.025	1.6×10^{-3}	2380	0.04	否	否
4	−0.035	4×10^{-4}	2380	0	否	是
5	−0.035	1.6×10^{-3}	238	0.04	否	否
6	−0.025	1.6×10^{-3}	2380	0.04	是	是

明确的是第一步相变产物 fct 相会转变为第二步相变中的母线基体。通过相界面的迁移，fco 相开始长大；在长大过程中出现了新的马氏体变体 V_{O1}、V_{O4} 和 V_{O6} 核胚，即自促发形核现象，类似于析出物长大产生的内应力场会诱发其他析出物变体的产生，从而形成 fco 变体的自协调组织。

若以循环热处理前的 fct 组织 (图 7-33(c)) 作为初始条件对 fct-fco 相变进行模拟，模拟结束后得到的 fco 组织示于图 7-33(i)。可见初始组织对相变后的组织具有重要影响，因为对于 Mn-Ni 合金而言，相变时大部分 fco 变体源自取向相似的 fct 变体。模拟中也存在例外，如图 7-33(j) 所示的某个格点的序参量变化，变体 V_{T1} 相变时快速转变为变体 V_{O2}，稳定一段时间后又转变为变体 V_{O4}，即发生了多次变体重排。从微弹性理论上讲，[100] 方向的单轴压缩有利于变体 V_{O1} 和变体 V_{O2} 的形成，压缩结果是在体系能量方程中会增加外场的附加能；然而模拟变体重排只得到了 V_{O2} 单变体组织，主要是因为重排前的 fco 组织中变体 V_{O2} 的体积分数高于变体 V_{O1}，重排时变体 V_{O2} 逐渐吞并掉变体 V_{O1}。由于实验观察结果有限，对于 Mn-Ni 合金中多步结构相变的具体过程及相关机理分析还需要慎重考虑。不过有实验认为第一步结构相变属于热弹性相变，而对于第二步结构相变属于非热弹或应力诱发的结构相变，这与以上相场模拟结果非常一致。

7.3.3 内应力场和能量变化

结构相变通常伴随着内应力场的变化，这在前面的相场模拟中已得到证实。对于多步相变，第一步 fcc-fct 相变的内应力情形与前面的模拟类似，相变过程中将出现明显的非均匀应力分布。这里重点分析第二步 fct-fco 相变过程中内应力场的演化，模拟结果示于图 7-34。三个变体同时存在时体系具有很好的变体自协调效

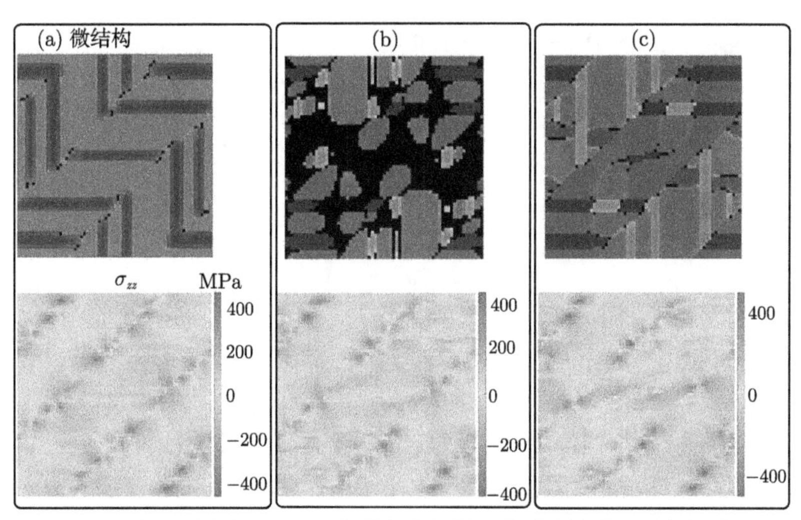

图 7-34 fct-fco 相变过程中，(010) 截面上的组织及其对应的内应力场演化 (a~c) [37]

应，模拟结果显示这种情况下体系内应力场强度较弱，然而在孪晶带之间界面附近会出现较大的应力集中。伴随着微观组织的演化，内应力场发生相应的改变。在第二步相变模拟中发现多个核胚会同时在不同界面处形核长大，考虑到 fct-fco 相变的晶格畸变又很小，相变模拟结束后并没有引起体系内应力场的剧烈改变，只是出现内应力场局域性的变化。

实验室无法监测系统各部分能量在模拟过程中的动态变化，然而相场模拟可以追踪系统能量随演化时间的变化情况，如图 7-35 所示。在第一步相变结束后进行热循环处理，图 7-35 显示系统弹性能从 0.004 降至 0.002，这归功于体系中马氏体变体重排导致的应变自协调效应。随着相变的进行，相界面数量会增多，导致界面梯度能有所升高。第二步相变前对序参量标准化后，体化学自由能降低，而梯度能和弹性能升高。不同于单步相变，fct-fco 相变并未导致弹性应变能升高。在热循环处理中，由于假定弹性常数不随温度变化，弹性应变能随时间连续变化，而梯度系数与 Landau 系数、温度均有关，因此在变温后图 7-35 中会出现间断性改变。

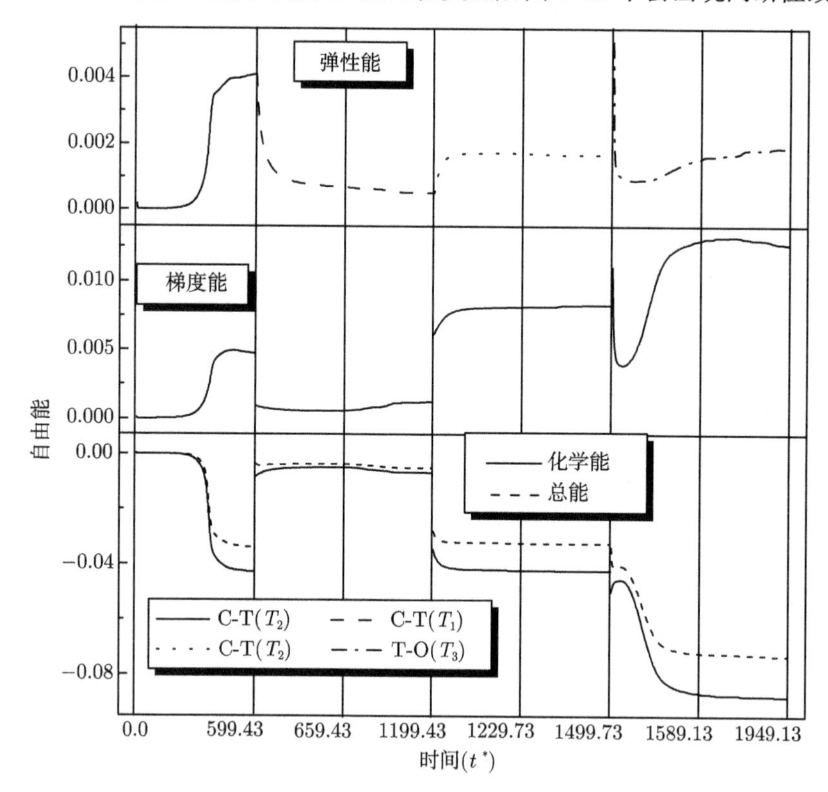

图 7-35 整个模拟过程中，系统去单位化的能量随模拟时间的变化。整个过程为：T_2 温度时的 fcc-fct 相变 → T_1 温度时的 fcc-fct 相变 → T_2 温度时的 fcc-fct 相变 → 序参量标准化 → T_3 温度时的 fct-fco 相变 [37]

为了便于利用 fco 变体的序参量描述 fct 组织，对 Landau 自由能多项式进行了修改。利用改进的相场模型完成了 γMn 基 (Mn-Ni) 合金中 fcc→fct→fco 多步相变的相场模拟。模拟结果表明：模拟时经过热循环处理后得到的 fct 组织，由孪晶带组成，孪晶带中两种变体的比例有差异，孪晶面和孪晶带之间的相界面均属于 (110) 面，符合实验结果。组织内部存在较小的内应力场，在孪晶带之间的界面附近存在应力集中。在内应力场的协助下，棒状 fco 核胚会出现在 fct 孪晶带之间的相界面附近。fco 变体首先来自具有相似取向的 fct 变体，之后出现少量的变体重排。由于形成各变体的核胚数较多，fct-fco 相变未引起内应力场的宏观改变，只是呈局域性变化。

参 考 文 献

[1] Tanaka Y, Himuro Y, Kainuma R, et al. Ferrous polycrystalline shape-memory alloy showing huge superelasticity[J]. Science, 2010, 327(5972):1488-1490.

[2] Lai A, Du Z, Gan C L, et al. Shape memory and superelastic ceramics at small scales[J]. Science, 2013, 341(6153): 505-1508.

[3] Kiefer B, Karaca H E, Lagoudas D C, et al. Characterization and modeling of the magnetic field-induced strain and work output in Ni_2MnGa magnetic shape memory alloys[J]. Journal of Magnetism & Magnetic Materials, 2007, 312(1): 164-175.

[4] Cui J, Ren X B. Elinvar effect in Co-doped Ti-Ni strain glass alloys[J]. Applied Physics Letters, 2014, 105(6): 061904.

[5] Honda N, Tanji Y, Nakagawa Y. Lattice distortion and elastic properties of antiferromagnetic γ Mn-Ni alloys[J]. Journal of the Physical Society of Japan, 41(6): 1931-1937.

[6] Ito K, Tsukishima M, Kobayashi M. Temperature dependence of lattice parameters and fcc/fct/fco transformations in some Mn-base metastable γ-phase alloys[J]. Materials Transactions Jim, 1983, 24(7): 487-490.

[7] Becker R. Die Keimbildung bei der Ausscheidung in metallischen Mischkristallen[J]. Annalen der Physik, 1938, 424(1-2): 128-140.

[8] Cahn J W, Hilliard J E. Free energy of a nonuniform system. I. Interfacial free energy[J]. The Journal of Chemical Physics, 1958, 28(2): 258-267.

[9] Bruggeman G , Kula E B. Segregation at Interphase Boundaries[M]: Surfaces and Interfaces II. Springer US, 1968.

[10] Abdolvand H , Wilkinson A J . Assessment of residual stress fields at deformation twin tips and the surrounding environments[J]. Acta Materialia, 2016, 105: 219-231.

[11] Cui S S, Wan J F, Zuo X W, et al. Interface stress evolution of martensitic transformation in Mn-Cu alloys: A phase-field study[J]. Materials & Design, 2016, 109: 88-97.

[12] Shi S, Liu C, Wan J F, et al. A chemical-structural model for coherent fcc/fct Interfaces in Mn-X(X=Cu, Fe) antiferromagnetic shape memory alloys[J]. Physical Chemistry Chemical Physics, 2016,18(43): 29923-29934.

[13] Shi S, Liu C, Wan J F, et al. Heterogeneous coherent interface thermodynamics and Wulff construction associated with the cubic-tetragonal-orthorhombic multi-step structural transition in Mn-Ni alloys. Journal of Alloys and Compounds, 2019, 771: 254-267.

[14] Shimizu K I, Okumura Y, Kubo H. Crystallographic and morphological studies on the FCC to FCT transformation in Mn-Cu alloys[J]. Transactions of the Japan Institute of Metals, 1982, 23(2): 53-59.

[15] Makhurane P, Gaunt P. Lattice distortion, elasticity and antiferromagnetic order in copper-manganese alloys[J]. Journal of Physics C: Solid State Physics, 1969, 2(6):959-965.

[16] Endoh Y, Ishikawa Y. Antiferromagnetism of γ iron manganes alloys[J]. Journal of the Physical Society of Japan, 1971, 30(6): 1614-1627.

[17] Yang Z-G, Enomoto M. A discrete lattice plane analysis of coherent fcc/B1 interfacial energy[J]. Acta Materialia, 1999, 47(18): 4515-4524.

[18] Shi S, Liu C, Wan J F, et al. Thermodynamics of fcc–fct martensitic transformation in Mn–X(X=Cu,Fe) alloys[J]. Materials and Design, 2016, 92: 960-970.

[19] Wayman C M. Crystallographic theories of martensitic transformations[J]. Journal of the Less-Common Metals, 1972, 28(1): 0-105.

[20] Shi S, Liu C, Wan J F, et al. Thermodynamic study of fcc-fct-fco multi-step structural transformation in Mn-Ni antiferromagnetic shape memory alloys[J]. Journal of Alloys and Compounds, 2018, 747: 934-945.

[21] Hocke H, Warlimontt H. Structural changes associated with antiferromagnetic ordering in Mn-rich Mn-Ni alloys[J]. Journal Physics F: Metal Physics, 1977, 7(7): 1145-1155.

[22] Lowde R D, Harley R T, Saunders G A, et al. On the martensitic transformation in fcc-manganese alloys. I. Measurements[J]. Proceedimgs of the Royal Society A, 1981, A374: 87-114.

[23] Dinsdale A T. SGTE data for pure elements[J]. CALPHAD, 1991, 15(4): 317-425.

[24] Miettinen J. Thermodynamic description of the Cu-Mn-Ni system at the Cu-Ni side[J]. CALPHAD, 2003, 27 (2): 147-152.

[25] Zucker R V, Chatain D, Dahmen U, et al. New software tools for the calculation and display of isolated and attached interfacial-energy minimizing particle shapes[J]. Journal of Materials Science, 2012, 47：8290-8302.

[26] Zhang X, Feng P, He Y, et al. Experimental study on rate dependence of macroscopic domain and stress hysteresis in Ni-Ti shape memory alloy strips[J]. International Journal of Mechanical Sciences, 2010, 52(12): 1660-1670.

[27] Clapp P C. A localized soft mode theory for martensitic transformations[J]. Physical Status Solidi (B), 1973, 57(2): 561-569.

[28] Clapp P C. Pretransformation effects of localized soft modes on neutron scattering, acoustic attenuation, and Mössbauer resonance measurements[J]. Metallurgical Transactions A, 1981, 12(4): 589-594.

[29] Shimizu K, Okumura Y, Kubo H. Crystallographic and Morphological Studies on the FCC to FCT Transformation in Mn-Cu alloys [J]. Transactions of the Japan Institute of Metals, 1982, 23(2): 53-59.

[30] Soejima Y, Motomura S, Mitsuhara M, et al. In situ scanning electron microscopy study of the thermoelastic martensitic transformation in Ti-Ni shape memory alloy[J]. Acta Materialia, 2016, 103: 352-360.

[31] Olson G B, Cohen M. Thermoelastic behavior in martensitic transformations [J]. Scripta Metallurgica, 1975, 9(11): 1247-1254.

[32] McLean M J, Osborn W A. In-situ elastic strain mapping during micromechanical testing using EBSD [J]. Ultramicroscopy, 2018, 185: 21-26.

[33] Miyamoto G, Shibata A, Maki T, et al. Precise measurement of strain accommodation in austenite matrix surrounding martensite in ferrous alloys by electron backscatter diffraction analysis [J]. Acta Materialia, 2009, 57(4): 1120-1131.

[34] Nakada N, Ishibashi Y, Tsuchiyama T, et al. Self-stabilization of untransformed austenite by hydrostatic pressure via martensitic transformation [J]. Acta Materialia, 2016, 110: 95-102.

[35] Chowdhury P, Patriarca L, Ren G, et al. Molecular dynamics modeling of Ni-Ti superelasticity in presence of nanoprecipitates [J]. International Journal of Plasticity, 2016, 81: 152-167.

[36] Kastner O, Ackland G J. Mesoscale kinetics produces martensitic microstructure [J]. Journal of the Mechanics & Physics of Solids, 2009, 57(57): 109-121.

[37] Cui S S, Wan J F, Rong Y H, et al. Intrinsic micromechanism of multi-step structural transformation in Mn-Ni shape memory alloys[J]. Metallurgical and Materials Transactions A, 2017, 48(6): 2706-2712.

第 8 章　反铁磁结构相变的形态学

8.1　Mn 基反铁磁合金

Mn 及 Mn 基合金的反铁磁结构比较复杂，借助于中子衍射可以对其反铁磁结构进行分析，主要存在三种反铁磁态 (线性、非线性和三角形)；这种反铁磁态又会诱导降温过程产生多种结构相变 [1]。尽管反铁磁的磁性比铁磁性的弱，与顺磁性相当，但仍然可以与晶格点阵产生强烈的磁弹耦合作用，导致 Mn 基合金发生 fcc-fct 结构相变 [2]。基于一些实验结果，可以利用平均场理论对此类合金中的物理图像进行了半定量描述 [3]：建立了唯象的 Landau 自由能表达式，其中包含体系的磁性自由能、弹性应变能以及二者之间的磁弹耦合作用能；其磁性自由能部分可以借助于 Landau 参数的设置，使此部分能量满足多种反铁磁态的表达，与用 Landau 自由能来描述三个马氏体变体的形式类似；通过磁弹耦合作用能和弹性应变能来得到多种结构相；利用此模型可以对 Mn-Ni 合金复杂的温度–成分相图进行半定量的解释。如果模型中的各参数能通过实验等方式得到，那么这种半定量的模型可以升级到定量的理论模型，这也是困扰相场模拟计算中的一个关键问题，无法绕开。理论模型表达的物理图像越清楚，利用此模型进行的数值模拟结果也越可靠，这是利用相场模拟研究微观组织演化的重要基础。

相比反铁磁，铁磁性基本理论及相关实验分析原理、方法相对而言都要成熟很多；铁磁性微观组织方面的建模及数值模拟也会为反铁磁态的研究提供很好的借鉴和思路。其中微磁学模拟可用来研究磁性微观组织形态的演化 [4]；它基于 Landau-Lifshitz-Gilbert 方程，体系 Gibbs 自由能的最小位置对应着稳定的磁性组织，利用此方法可以模拟铁磁磁畴的组态、外磁场下磁畴的迁移动力学及相关磁性能 (如磁化曲线、磁致伸缩效应) 等 [5]。在外应力场下铁磁磁畴也会发生迁移，这主要是磁弹耦合作用能在起作用，并建立相应的 Landau 自由能模型，就可以研究外加应力场下磁畴的运动规律及磁化行为等 [6]。微磁学模型同相场模型一样都属于连续场理论，其序参量场是向着自由能最低的方向演化；利用微磁学模型模拟得到的组织包括孪晶 (由弹性应变能控制) 和自协调磁畴 (由退磁能控制)，通过对这些微观组织的调控可实现对磁性能的精细调控。Ni-Mn-Ga 等铁磁形状记忆合金是一种极具应用价值的智能合金，在其单晶合金中最高获得了 13% 的磁致应变输出，其与外场下微观组织的演化密切相关；为研究它们之间的内在机理，可建立多物理场下的微磁学相场模型，其中序参量包括了磁性序参量和马氏体结构序参量，Landau 自由能中包含磁性自由能和磁弹耦合能，通过模拟磁场和外加应力场综合作用下多铁性畴界 (磁畴 + 孪晶畴) 的迁移运动规律及宏观变形等，既能深入认识组织形态控制的关键因素也能探究高应变输出的工艺制度 [7-9]。

磁性智能合金包括：(1) 铁磁形状记忆合金，其母相基体和马氏体均为铁磁性 [10]，(2) 变磁形状记忆合金 [11]，母相基体是铁磁性 (或顺磁性)，马氏体为反铁磁性；在外磁场作用下会发生反铁磁马氏体–铁磁母相转变，并产生可逆的宏观应变和磁热效应等 [12]。针对这两类磁性合金，相场模拟会存在一定的差异，主要体现在磁性能量模型表达上，前者由于材料一直处于铁磁态，相对简单，容易进行数值模拟；后者的马氏体具有反铁磁导致理论模型较为复杂，相场模拟相对困难，相关工作比较少。如利用相场方法模拟 Ni-Co-Mn-In 变磁形状记忆合金，在其模型中包含三类序参量：铁磁序参量、反铁磁序参量和马氏体序参量；在较高温度发生顺磁–铁磁转变形成铁磁母相，继续降温由于磁弹耦合作用能形成反铁磁马氏体，导致铁磁母相–反铁磁马氏体转变，模拟得到反铁磁马氏体微观组织形态、升温后逆转变及磁场下反铁磁马氏体变体重排现象等 [13]。有观点认为 Ni-Co-Mn-In 合金中结构相变起主导作用，借助磁弹耦合效应诱导了磁性转变 [14]。

Mn 基合金也属于变磁合金，当磁性相变与马氏体相变耦合在一起时，降温过程发生顺磁母相–反铁磁马氏体相变，与 Ni-Co-Mn-In 合金中的变磁相变略有差异。当磁性相变与马氏体相变温度相差比较大时，磁性相变对马氏体相变的诱导作用会比较弱，所以前者可能属于磁弹耦合效应导致的结构相变 [3,15]，而后者则不是。当温度高于 Néel 温度时，反铁磁态转变为顺磁态，马氏体转变为母相组织，另外在强磁场下反铁磁体会转变为铁磁性，而且驱动磁性转变所需的临界磁场与材料和温度均密切相关 [16-18]。由于实验条件限制，目前还没有 γMn 基合金在强磁场下发生反铁磁–铁磁相变的研究报道。下面将建立 γMn 基合金的基于磁性序参量的相场模型，用于模拟多物理场下内部微观组织的演化及磁性能研究。

8.2 模型及方法

下面的数值模拟主要在二维空间进行。由于强磁场下反铁磁态会转变为铁磁态，所以模型中的序参量包含以下三类：反铁磁序参量 (L_x，L_y)、铁磁序参量 (M_x，M_y) 和马氏体序参量 (n_x，n_y)。模型中的点阵由两组亚点阵组成，当这两组亚点阵的磁矩方向相反时表示反铁磁态，相同时表示铁磁态。假定亚点阵中原子磁矩分别为 $\boldsymbol{M}_1$ 和 $\boldsymbol{M}_2$，则磁性序参量对应的物理量为 $\boldsymbol{M}=(\boldsymbol{M}_1+\boldsymbol{M}_2)/2\boldsymbol{M}_{\rm s}$，$\boldsymbol{L}=(\boldsymbol{M}_1-\boldsymbol{M}_2)/2\boldsymbol{M}_{\rm s}$，其中 $\boldsymbol{M}_{\rm s}$ 为饱和原子磁矩。图 8-1 是这三类序参量对应物理状态的示意图。

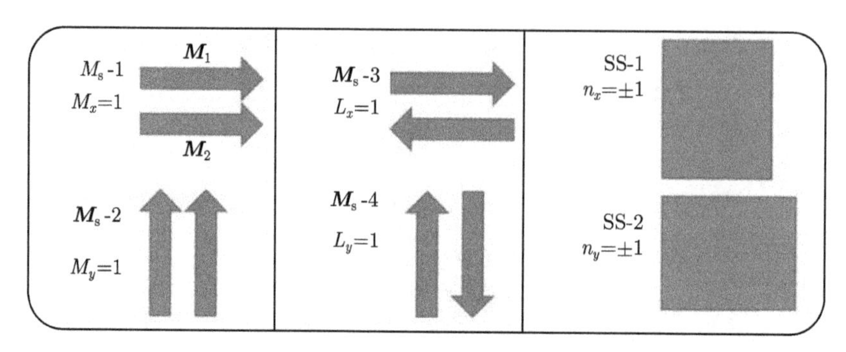

图 8-1　各序参量达到单位值对应的磁性态和结构态的示意图

体系总能量非常复杂，包括磁晶能 (G_{mag})，静磁能 (G_{ms})，磁交换能 (G_{exch})，外磁能 (G_{ext})，磁弹耦合能 (G_{coup})，马氏体化学能 (G_{chem})，马氏体界面能 (G_{grad})，弹性应变能 (G_{elas})：

$$G = G_{\mathrm{mag}} + G_{\mathrm{ms}} + G_{\mathrm{exch}} + G_{\mathrm{ext}} + G_{\mathrm{coup}} + G_{\mathrm{chem}} + G_{\mathrm{grad}} + G_{\mathrm{elas}} \tag{8-1}$$

磁晶能用于表示各磁性状态对自由能的贡献，包括反铁磁态和铁磁态的相对稳定性以及磁晶各向异性能等 [13]；Mn 基合金的磁晶能 (G_{mag}) 可表示为

$$\begin{aligned} G_{\mathrm{mag}} = \int_V \Big[& \alpha_1 \left(M_x^2 + M_y^2\right) + \alpha_{12} M_x^2 M_y^2 + \beta_1 \left(L_x^2 + L_y^2\right) + \beta_{11} \left(L_x^4 + L_y^4\right) \\ & + \beta_{111} \left(L_x^6 + L_y^6\right) + \beta_{12} L_x^2 L_y^2 + \mu_{12} \left(M_x^2 + M_y^2\right) \left(L_x^2 + L_y^2\right) \Big] \mathrm{d}V \end{aligned} \tag{8-2}$$

静磁能作为退磁场能是铁磁体在其自身产生的磁场中具有的势能 [6]，可表示为

$$G_{\mathrm{ms}} = -\frac{1}{2}\mu_0 M_{\mathrm{s}} \int_V \boldsymbol{H}_{\mathrm{d}} \cdot \boldsymbol{M} \mathrm{d}V \tag{8-3}$$

其中 μ_0 是真空磁导率，$\boldsymbol{H}_{\mathrm{d}}$ 为退磁场。退磁场取决于材料内部磁矩之间的长程相互作用，计算关系式为

$$H_{\mathrm{d}x,x} + H_{\mathrm{d}y,y} = -M_{\mathrm{s}} \left(M_{x,x} + M_{y,y}\right) \tag{8-4}$$

引入磁标量势：

$$H_{\mathrm{d}i} = -\varphi_i \tag{8-5}$$

通过求解磁标量势，就可以得到退磁场。在 Fourier 空间求解，表达式为

$$\phi\left(\xi\right) = -i \frac{M_{\mathrm{s}} \left[M_x\left(\xi\right)\xi_x + M_y\left(\xi\right)\xi_y\right]}{\xi_x^2 + \xi_y^2} \tag{8-6}$$

磁交换能是磁矩在空间上变化引起的能量，相当于磁畴界的能量：

$$G_{\mathrm{exch}} = \int_V \left[A_M \left[\left(\nabla M_x\right)^2 + \left(\nabla M_y\right)^2\right] + A_L \left[\left(\nabla L_x\right)^2 + \left(\nabla L_y\right)^2\right]\right] \mathrm{d}V \tag{8-7}$$

外磁能代表了外加磁场对体系能量的贡献：

$$G_{\text{ext}} = \int_V \left[-\mu_0 M_{\text{s}} \left(\boldsymbol{H}_x^{\text{ext}} M_x + \boldsymbol{H}_y^{\text{ext}} M_y\right)\right] \mathrm{d}V \tag{8-8}$$

其中 $\boldsymbol{H}^{\text{ext}}$ 为外加磁场强度。磁弹耦合能代表了磁性状态和点阵结构之间的耦合关系。Mn 基合金由反铁磁转变可诱发马氏体相变，形成反铁磁态的 fct 马氏体。由于缺乏铁磁态对应的晶体结构状态，下面假定反铁磁–铁磁转变后晶体结构不发生改变。因此耦合能的具体表达式为

$$G_{\text{coup}} = \int_V \left[-\gamma_0 \left[n_x^2 \left(M_x^2 + L_x^2\right) + n_y^2 \left(M_y^2 + L_y^2\right)\right]\right] \mathrm{d}V \tag{8-9}$$

由于结构相变是磁弹耦合的结果，马氏体化学能类似于常规材料在变形时的能量升高，可表示为

$$G_{\text{chem}} = \int_V \left[A_1 \left(n_x^2 - n_y^2\right)^2 + A_{12} n_x^2 n_y^2\right] \mathrm{d}V \tag{8-10}$$

马氏体界面能的表达式为

$$G_{\text{grad}} = \int_V A_N [(\nabla n_x)^2 + (\nabla n_y)^2] \mathrm{d}V \tag{8-11}$$

弹性应变能来自结构相变产生的相变应变或者外加应力，是马氏体序参量的函数，可通过微弹性理论进行求解：

$$G_{\text{elas}} = \int_V \frac{1}{2} C_{ijkl} \left(\varepsilon_{ij} - \varepsilon_{ij}^0\right) \left(\varepsilon_{kl} - \varepsilon_{kl}^0\right) \mathrm{d}V \tag{8-12}$$

相变应变 (ε_{ij}^0) 和马氏体序参量之间的关系为

$$\varepsilon_{ij}^0 = n_x^2 \varepsilon_x^{00} + n_y^2 \varepsilon_y^{00} \tag{8-13}$$

ε_x^{00} 和 ε_y^{00} 分别为 2 个马氏体变体对应的相变应变：

$$\varepsilon_x^{00} = \begin{bmatrix} -0.03 & 0 \\ 0 & 0.03 \end{bmatrix}, \quad \varepsilon_y^{00} = \begin{bmatrix} 0.03 & 0 \\ 0 & -0.03 \end{bmatrix} \tag{8-14}$$

在微磁学模型中采用 LLG 方程控制磁性序参量的演化。在铁磁马氏体相场模型中，通常采用 TDGL 方程描述序参量的演化，因为其表达式更为简单。本章采用 TDGL 演化方程，其一般表达式为

$$\frac{\partial \eta}{\partial t} = -L_\eta \frac{\delta G}{\delta \eta} \tag{8-15}$$

其中 η 表示序参量。对演化方程进行数值模拟时，采用半隐式 Fourier 谱方法 [19] 进行二维模拟，模型的网格数选取为 129×129，设置格点对应的实际长度为 30nm。考虑到热扰动对转变的影响，在演化方程中加入幅值较小的噪声项。在磁有序状态下，通常认为原子磁矩的大小保持恒定，即 $\boldsymbol{M}_1$ 和 $\boldsymbol{M}_2$ 的大小始终为 $M_{\rm s}$，因此在每一个模拟步之后对序参量进行如下归一化处理：

$$M_{1x} = M_x + L_x,\ M_{1y} = M_y + L_y,\ M_{2x} = M_x - L_x,\ M_{2y} = M_y - L_y \tag{8-16}$$

$$\begin{aligned} &M'_{1x} = M_{1x}/\sqrt{M_{1x}^2 + M_{1y}^2},\quad M'_{1y} = M_{1y}/\sqrt{M_{1x}^2 + M_{1y}^2},\\ &M'_{2x} = M_{2x}/\sqrt{M_{2x}^2 + M_{2y}^2},\quad M'_{2y} = M_{2y}/\sqrt{M_{2x}^2 + M_{2y}^2} \end{aligned} \tag{8-17}$$

$$\begin{aligned} &M_x = \frac{1}{2}(M'_{1x} + M'_{2x}),\quad M_y = \frac{1}{2}(M'_{1y} + M'_{2y}),\\ &L_x = \frac{1}{2}(M'_{1x} - M'_{2x}),\quad L_y = \frac{1}{2}(M'_{1y} - M'_{2y}) \end{aligned} \tag{8-18}$$

模型所用的参数来自 Mn-12.6at% Ni 合金，如表 8-1 所示。

表 8-1 模型参数

符号	数值	单位	符号	数值	单位
α_1	2×10^8	J/m^3	E	1.1×10^{11}	Pa
α_{12}	1×10^7	J/m^3	v	0.15	1
β_1	2.5×10^3	J/m^3	A_1	4.95×10^7	J/m^3
β_{11}	-5×10^6	J/m^3	A_{12}	2×10^8	J/m^3
β_{111}	2.5×10^6	J/m^3	r_0	9.9×10^7	J/m^3
β_{12}	1×10^6	J/m^3	$A_{\rm M}$	9×10^{-9}	J/m
μ_{12}	5×10^5	J/m^3	$A_{\rm L}$	9×10^{-9}	J/m
$M_{\rm s}$	1.53×10^6	A/m	$A_{\rm N}$	2.7×10^{-8}	J/m

8.3 单晶体系中反铁磁结构相变的形态学

8.3.1 无外场下单晶的微观组织形态

利用上述模型首先模拟 Mn-Ni 单晶合金中反铁磁马氏体组织的形成及形态演化。模拟的初始条件为：随机取向的反铁磁态为 $M_x = M_y = n_x = n_y = 0,\ L_x^2+L_y^2 = 1$；选取完全约束的应力边界条件。图 8-2 是计算模拟得到的反铁磁序参量场和马氏体序参量场结果。在没有外磁场和应力场的情况下，Mn-Ni 合金主要发生顺磁–反铁磁相变和 fcc-fct 马氏体相变。从图 8-2 中可以看到反铁磁畴和马氏体变体孪晶畴具有较好对应关系：L_x 反铁磁畴对应马氏体变体 n_x，L_y 反铁磁畴对应马氏体

变体 n_y。实验上目前还无法观察到这一结果。同时发现在单个磁畴内部存在较为随机的反向反铁磁磁畴，而反向点阵畴之间相互平行，形成比较平直的畴界；反向反铁磁畴和点阵畴之间没有对应关系。比较序参量和其对应的状态发现：反向反铁磁畴和点阵畴的状态完全相等，即 $L_x(L_y, n_x, n_y) = 1$ 和 -1 是相同的状态，这种状态结果是由其自由能的对称性导致 (如式 (8-2))。单晶体系在完全约束边界条件下最终形成片状孪晶组织，这种形态可有效降低体系的弹性应变能。能量模型中的磁弹耦合作用能也使得反铁磁磁畴具有孪晶结构。总体来看应当是点阵畴的孪晶结构决定了反铁磁畴的孪晶结构，因为如果没有马氏体相变，体系不会形成孪晶结构类型的反铁磁磁畴；反之如果没有发生反铁磁相变，体系中仍然会形成马氏体孪晶结构。由于这一阶段铁磁态属于不稳定态，体系不会向这种组态演化，所以演化过程中序参量保持 0 值，在图 8-2 中也没有必要去显示铁磁序参量的分布情况。

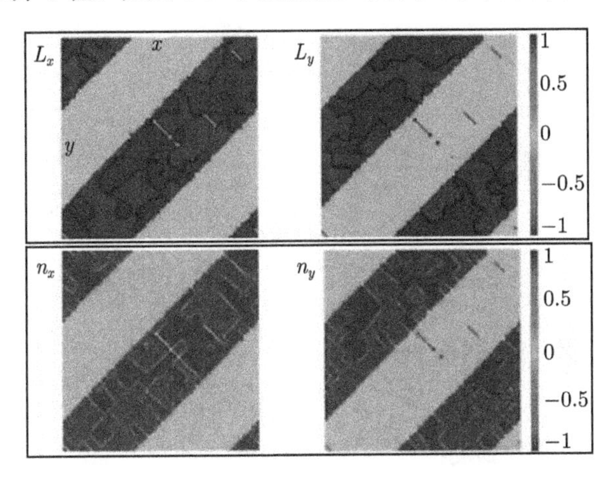

图 8-2 反铁磁和马氏体序参量场的模拟结果 (在本章，相同变量的颜色–数值对应关系一致，因此只在变量第一次出现时给出对应的颜色条)

下面将模拟研究单一磁场对微观组织演化的影响。将图 8-2 中微观组织作为初始态，模拟中采用自由边界条件，在 x 方向对体系施加正向磁场后，体系的磁性状态必将改变，同时可得到 Mn-Ni 合金的磁化曲线，模拟计算结果如图 8-3 所示，和文献 [16, 18] 中报道的实验结果一致。从图 8-3 中可以看到：当磁场强度小于 7T 时，尽管合金磁化强度随磁场线性增加，但磁化率较低，合金仍呈现为弱磁性；随着磁场强度的进一步增加，合金磁化强度按非线性方式显著增加；当磁场强度增大到 20T 时，合金体系 M_x 值达到饱和磁化强度 (= 1)。整个磁场施加过程类似于铁磁性材料的磁饱和过程，但所需的磁场却远远大于铁磁性材料。Mn-Ni 合金此时已从反铁磁态完全转变为铁磁态，具体表现为其 2 套亚点阵上原子磁矩方向均平行于外磁场方向。同时模拟了磁场卸载过程中合金退磁的情况，从图 8-3 中看到卸载过程中磁化曲线和加载时的磁化曲线并不完全重合，磁场加载曲线和卸载曲线之间存在一个明显的磁滞回曲线环，这类似于铁磁性材料的磁化过程。当卸载磁场低于 12T 这个临界磁场时，磁化强度显著降低，体系发生铁磁–反铁转变磁态；随着退磁磁场进一步降低，合金的磁化强度呈线性降低并表现为反铁磁的弱磁性。Mn-Ni 合金经过这样一个外加磁场 (<20T) 循环处理后又回到初始状态，尽管磁场很大也没有剩磁和宏观磁性。

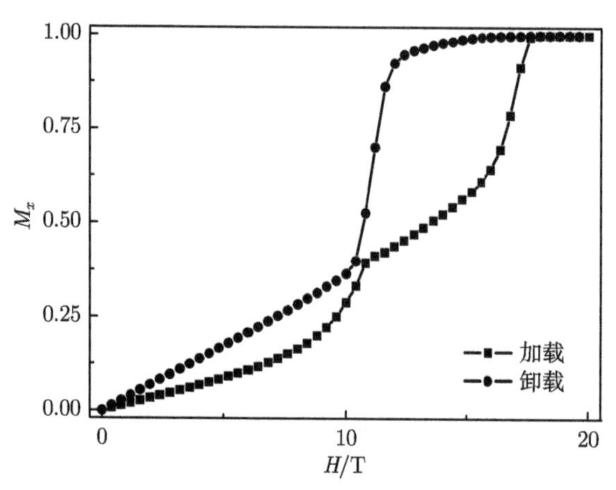

图 8-3　外加磁场下体系的磁化强度随磁场的变化曲线 [20]

8.3.2　磁场下单晶微观组织的演化

对施加和卸载磁场过程中 Mn-Ni 合金会产生宏观变形，发现反铁磁材料也存在磁致伸缩现象，模拟得到的磁致应变结果如图 8-4 所示。对比图 8-3 和图 8-4 发现宏观应变与磁化强度之间存在某种对应关系：小磁场下合金的磁化强度和宏观应变均很小；磁场增加到 10T 后合金磁化率逐渐增大，竟能产生 2.5% 左右的宏观应变；继续增加磁场达到磁饱和状态下宏观应变变化不大；当磁场增大到 15T 左右，伴随着合金 x 方向铁磁态的形成，宏观应变出现了翻转 —— 从 2% 左右变成了 −2.5% 左右，即由磁拉伸状态变成了磁压缩状态；进一步在磁场卸载过程中，伴随着铁磁–反铁磁转变，合金的宏观应变又翻转一次：从 −2.5% 左右变成了 2.5% 左右。这个模拟结果需要进一步的实验核实，其内在的物理机制也远远超出了上述理论模型的理解范畴。能够说明的是，外加磁场下反铁磁状态的演化非常复杂，而磁弹耦合效应会导致反铁磁材料更为复杂的宏观应变输出。

图 8-5 是加载磁场过程中合金内部微观组织的演化图。在磁场小于 3.2T 时，反铁磁磁畴难以被磁场推动，因为此时的磁化强度比较小，外磁场提供的能量也非常小，反铁磁畴如同被孪晶畴钉扎住无法启动；当磁场增加到 9.2T 时体系的磁化强度进一步增加，磁化能得到有效提高，外磁场能够借助反铁磁磁畴的移动带动马

氏体孪晶界面一起移动。在前面提到，反铁磁磁畴的形态是受马氏体孪晶畴界控制的，并由其决定；如果仅仅只有反铁磁畴存在，可能只需较小的磁场就可推动磁畴畴界运动，当两者耦合在一起时，孪晶畴仍然占据主导地位，任何磁场下反铁磁畴都无法摆脱孪晶畴的控制而单独运动。

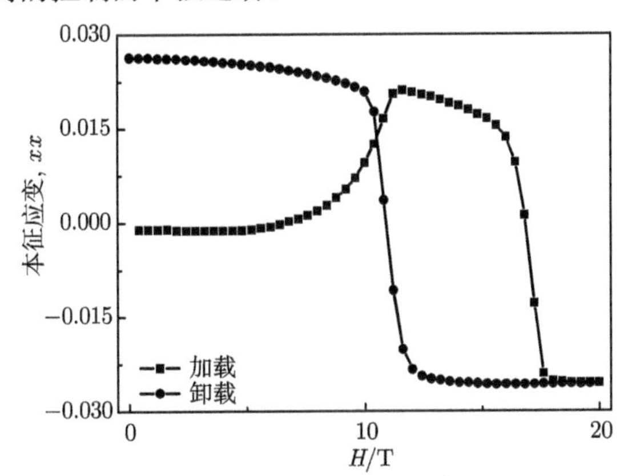

图 8-4 外加磁场下材料 x 方向的宏观应变随磁场的变化

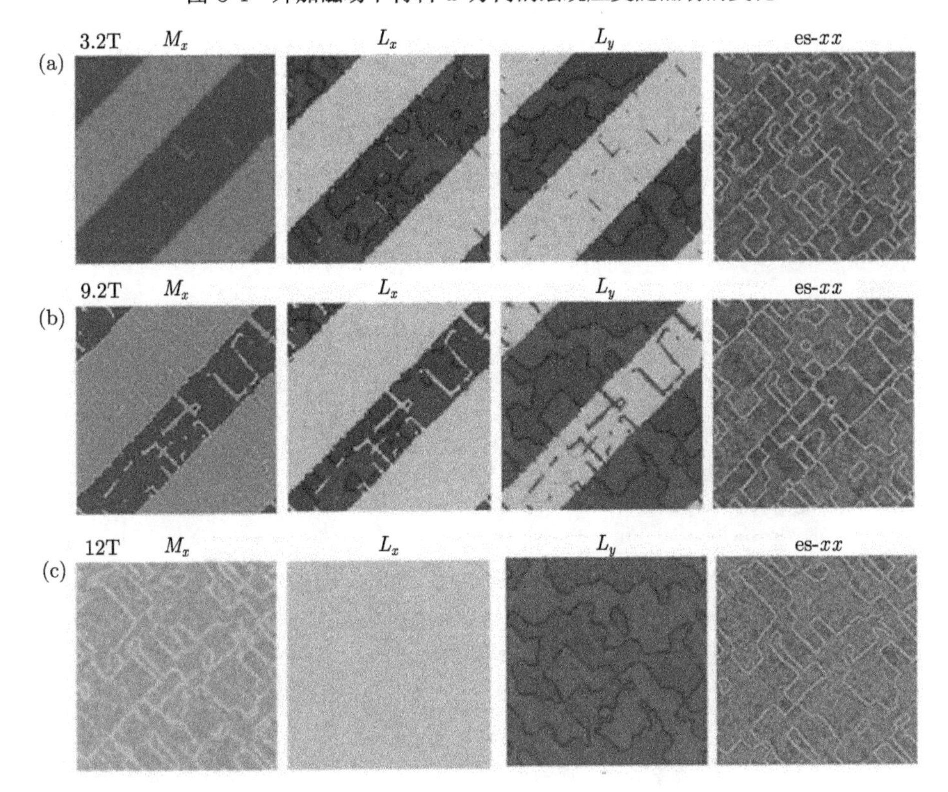

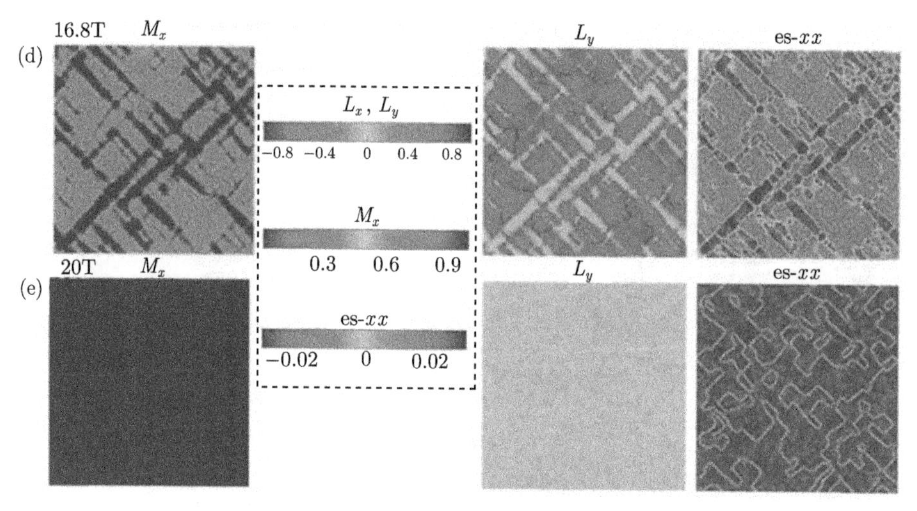

图 8-5　磁场加载过程中的微观组织演化 (es-xx 表示相变应变张量的 xx 分量)(a~e)[20]

结合图 8-3 至图 8-5 可以发现，第一个磁化强度明显提高的阶段对应着 y 方向的反铁磁磁畴吞并了 x 方向的反铁磁磁畴，同时伴随着 x 方向的马氏体变体转变为 y 方向的变体，这种情况下合金体系中会出现宏观应变。这个阶段出现变体重排的原因，可认为 y 方向反铁磁态是 x 方向反铁磁态转变为 x 方向铁磁态之间的过渡态。在第二个磁化强度显著提高的阶段，合金体系内部出现铁磁磁畴 M_x 的形核和长大，同时在铁磁磁畴区发生变体重排，形成 x 方向的马氏体变体，最终整个体系形成单一铁磁磁畴和单变体马氏体态。

图 8-6 是磁场卸载过程中体系内部微观组织的演化结果。从图中可以看出，随

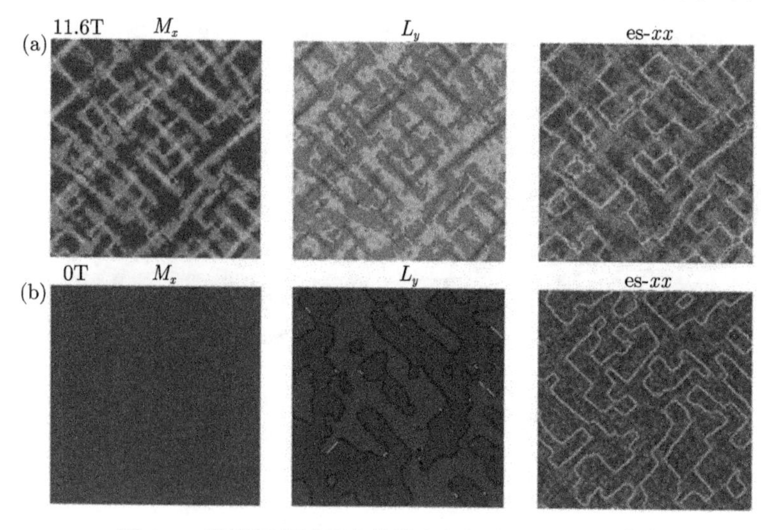

图 8-6　磁场卸载过程中的微观组织演化 (a)、(b)[20]

着磁场强度的降低，铁磁态将不再稳定，在 12T 左右出现 y 方向反铁磁态的形核和长大，x 方向的铁磁磁畴全部转变为 y 方向的反铁磁磁畴，同时也伴随着马氏体变体从 x 方向转变为 y 方向。最终形成单反铁磁畴 + 单马氏体变体混合组织，不同于加磁场之前的多畴多变体组织，虽然不体现宏观磁性，但出现了宏观应变。这表明磁场施加和卸载循环过程后合金内部的微观组织不具有可逆性，同时外磁场下体系的宏观应变也不具有可逆性，这对于 Mn 基反铁磁合金的应用而言需要避免这种极端情况的出现。参考 Ni-Mn-Ga 合金的磁致应变，需要其对磁场具有良好的响应频率，这样作为执行器件时才能有更高的工作效率，显然这一工作原理无法在 Mn 基合金中得到再现和运用。

8.3.3 磁场和应力场下单晶微观组织的演化[20]

8.3.3.1 *应力场平行磁场*

多物理场 (应力场 + 磁场) 的使用是为了有效降低磁场，这种解决方案在铁磁形状记忆合金如 Ni-Mn-Ga 等合金中是非常成功的。从上面的模拟可以看出，对于反铁磁合金需要很高的磁场才能推动反铁磁磁畴的运动，并进而带动马氏体孪晶畴的运动，要得到宏观应变输出，还必须依赖马氏体孪晶畴的运动来实现，仅仅是反铁磁磁畴的运动是得不到较大的宏观应变的。所以在这里需要将应力场引入，根本目的是希望能大大降低 Mn 基合金中磁场的大小，这样才能在 Mn 基合金中实现工业级的磁致应变。

在模拟中将图 8-2 中的微观组织作为初始组织，并采用自由边界条件，沿体系 x 方向施加 200MPa 压应力，与加外磁场方向平行；外应力场下 Mn 基合金微观组织演化如图 8-7 所示。由于磁弹耦合效应的存在，发现多铁性畴界 (反铁磁畴 + 马氏体孪晶畴) 在外应力场下也会一起运动，孪晶变体畴和反铁磁磁畴之间仍保持对应关系，值得注意的是外加应力下马氏体变体重排是 x 变体逐渐吞并 y 变体。最终孪晶马氏体变为单变体马氏体，多个反铁磁畴演化为单一反铁磁畴，但磁畴内部会存在一些反向畴界。这种组织转变与前面施加的外磁场对多铁性畴界的推动效果一样。而且，基于以上模拟发现利用反铁磁磁性 Landau 自由能模型模拟的马氏体孪晶组织在外应力下同样能够实现变体重排，这与利用非磁性 Landau 自由能模型进行的相场模拟结果一致。

基于以上分析，下面重点研究不同外加压应力下的微观组织的演化过程及磁化行为等。图 8-8 是不同外应力下合金的磁化曲线和宏观应变曲线，其中外加压应力的变化范围是 [0, 200MPa]，磁场最高为 20T。具体模拟时磁场是连续变化的，而压应力分别取 0MPa、50MPa、90MPa、100MPa、150MPa 和 200MPa。模拟结果显示：(1) 当外加压应力为 50MPa 时，由于没有达到诱发变体重排的临界应力，所得到的磁化强度曲线和宏观应变曲线和无外加应力的模拟结果十分相似，但曲

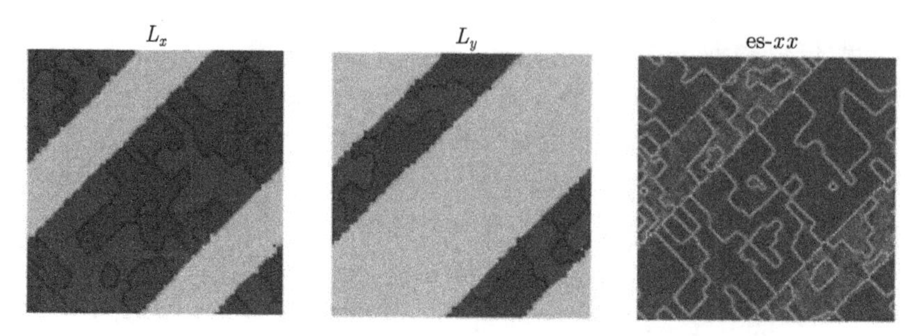

图 8-7 在 x 方向施加 200MPa 压应力后的组织演化过程截图

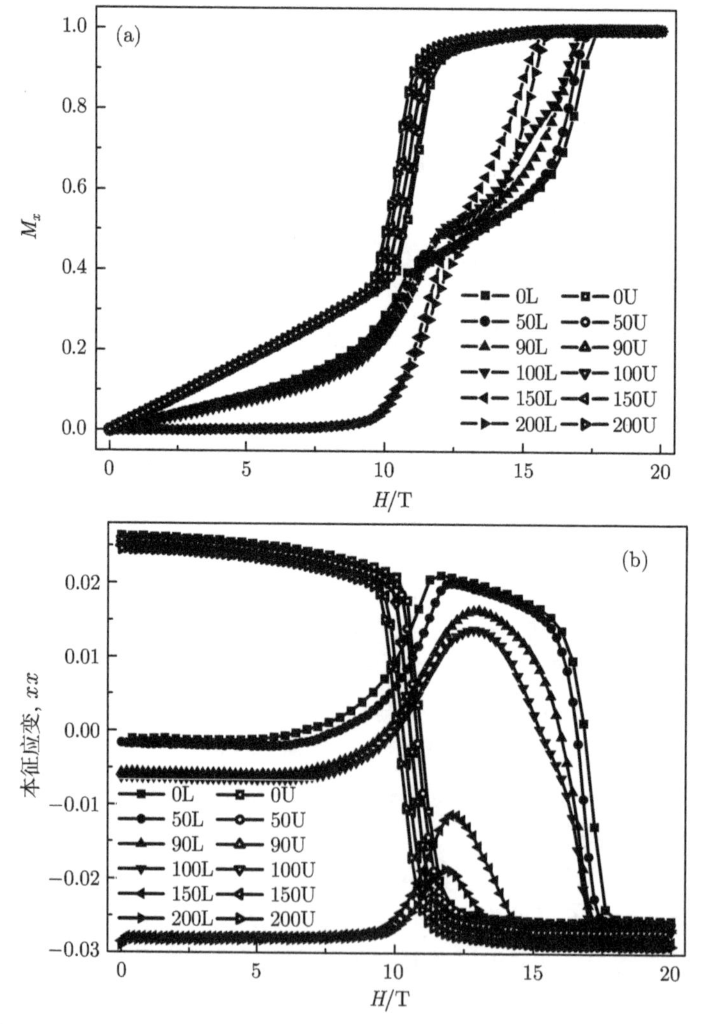

图 8-8 外加应力平行于磁场时，不同大小应力下的磁化强度–磁场曲线 (a) 和相变应变–磁场曲线 (b) [20]

线有一定的偏移，二者并不完全重合，表明应力场对组织演化和磁特性还是有效果的。(2) 当外加压应力为 100MPa 时，发现应力导致了少量的变体重排，但体系中仍保留着多变体组织；对于磁性组织转变，100MPa 的压应力还不足以抑止 x 反铁磁—y 反铁磁转变，但能明显地促进 y 反铁磁变体转变为 x 铁磁变体。(3) 当外加压应力为 200MPa 时，已能完全诱发马氏体孪晶变体重排，并形成单磁畴单变体组织；在 200MPa 的压应力场下合金磁化过程中不再出现第一个阶段的变体重排，由于不同方向反铁磁畴的磁化率不同导致初期磁化率明显低于多畴组织。

总体看来：恒定外加压应力下实施磁场循环加载、卸载处理，对于合金体系内部微观组织的演化将变得更加简单，因为压应力有利于 x 变体的稳定，所以磁化时 x 方向的反铁磁马氏体直接转化为 x 方向的铁磁马氏体，而不会出现无应力状态时 x 反铁磁变体—y 反铁磁变体之间的转变。而且一系列多物理场 (压应力 + 磁场) 的数值模拟显示，随着压应力的增加，导致 M_x 铁磁态形成的临界磁场明显降低，这是因为外加压应力有利于 x 马氏体变体和 M_x 铁磁态的形成。这一结果对于开发利用 Mn 基反铁磁合金的磁致应变还是具有积极意义的。

图 8-9 是 Mn-Ni 合金在 100MPa 压应力下磁场加载过程中微观组织的演化过程。结合图 8-5 和图 8-9，比较发现两种情况下微观组织的演化过程基本一致：先出现第一阶段的 x 反铁磁—y 反铁磁转变，然后出现第二阶段的 y 反铁磁—x 铁

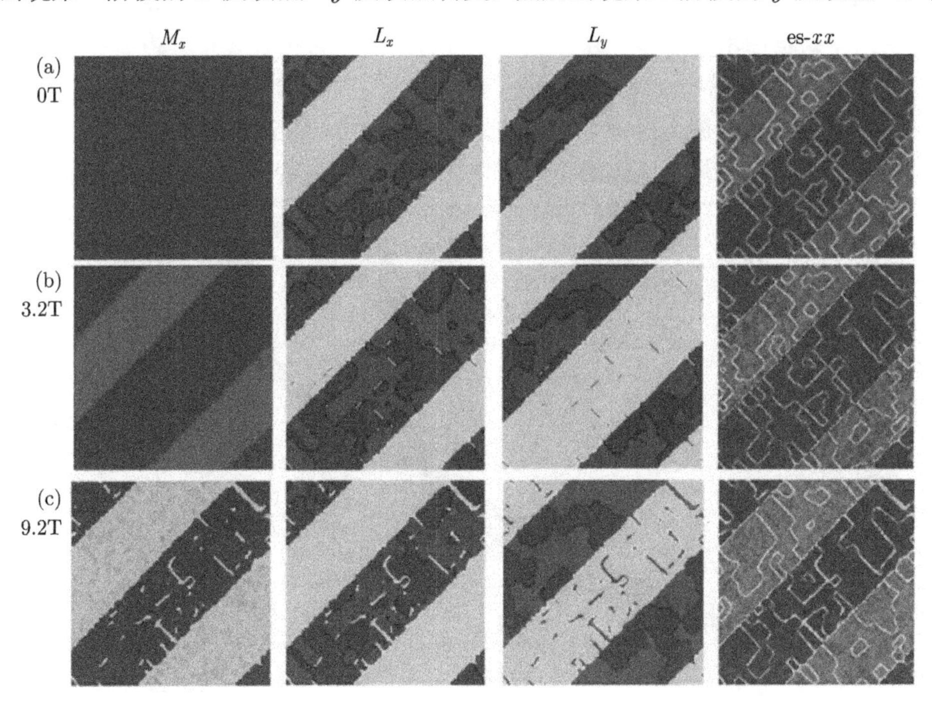

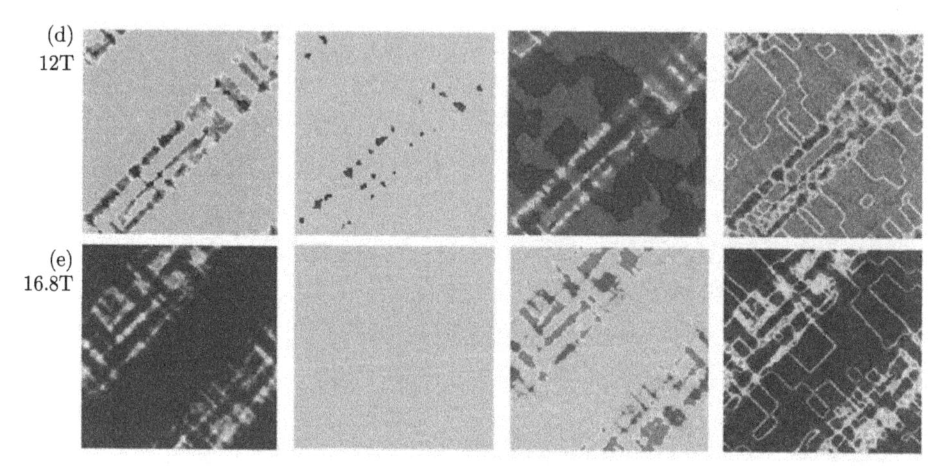

图 8-9　100MPa 平行磁场的压应力下磁场加载过程中的微观组织演化 (a~e)[20]

磁转变；由于磁弹耦合作用使得孪晶变体畴和反铁磁畴之间始终保持对应关系，并在多物理场下一起进行畴界迁移运动。

8.3.3.2　应力场垂直磁场

在实验及应用中对材料施加压应力远比施加拉应力简单快捷，对于试样的要求也简单很多，所以前面及下面的相场模拟中均采用压应力，以便更接近于实际应用，但对于数值模拟而言施加压应力和施加拉应力在数值计算上并没有什么本质区别。不同方向的压应力对材料的磁化行为会产生不同的影响，前面的模拟结果已显示与磁场平行的压应力对微观组织演化及磁化行为、磁致应变等都有重要影响，下面重点分析压应力场垂直磁场下的磁化行为等，宏观模拟结果如图 8-10 所示。

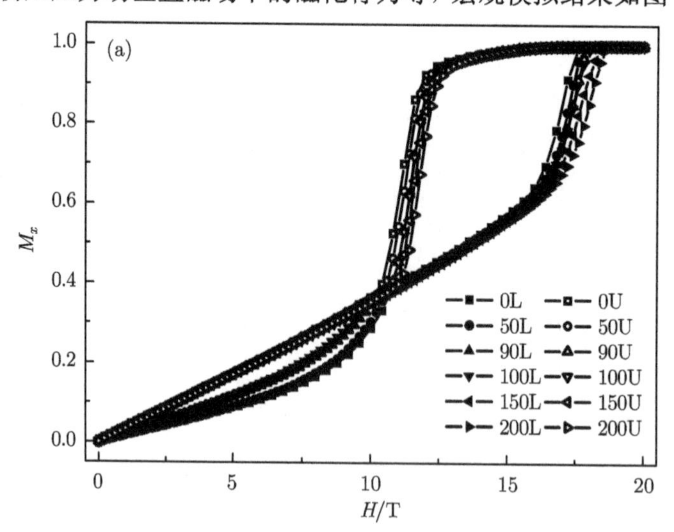

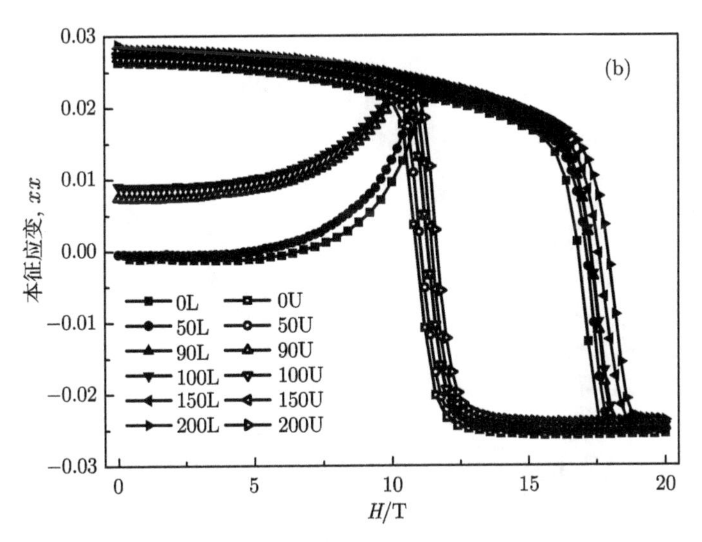

图 8-10 外加应力垂直磁场时，不同大小应力下的磁化强度–磁场曲线 (a) 和相变应变–磁场曲线 (b) [20]

压应力依旧分别取 0MPa、50MPa、90MPa、100MPa、150MPa 和 200MPa。模拟结果显示：(1) 当压应力较小 (50MPa) 时，在无磁场时不足以诱发变体重排，其磁化曲线与无外加应力的结果相比出现了较小移动，与应力平行磁场的模拟结果类似。(2) 当压应力增大到 200MPa 时，在其垂直方向上施加磁场之前体系已发生应力诱发变体重排，转变为反铁磁 y 马氏体变体；初始阶段的磁化曲线和无应力时的曲线明显不同，反铁磁 y 变体的磁化率明显高于反铁磁 x 变体；当磁场达到 17T 时，y 变体转变为 x 变体，反铁磁态转变为铁磁态。由于垂直磁场的外加压应力不利于 x 变体的形成，因此 200MPa 应力使得磁性转变的临界磁场明显升高；结合图 8-8 和图 8-10，比较发现平行磁场或垂直磁场的外加压应力对磁化行为产生影响的主要原因是不同方向的压应力有利于不同马氏体变体的稳定，并通过磁弹耦合作用进而对不同类型反铁磁畴产生影响。

图 8-11 是 Mn-Ni 合金在 100MPa 垂直压应力下磁场加载过程中微观组织的演化过程。与平行压应力的结果 (图 8-9) 类似，100MPa 垂直压应力能够导致体系内部少量的变体重排，但还不足以使全部变体重排完全。比较图 8-5、图 8-9 和图 8-11 发现：(1) 三种情形下磁场卸载过程中的组织演化十分相似，都将出现 x 铁磁—y 反铁磁转变，最终形成单反铁磁磁畴单马氏体变体组织；(2) 不同外场作用下体系总体演化过程尽管相似，但是垂直磁场的压应力能够促进更多 y 反铁磁变体的形成，使得在较小的临界磁场下就可以发生 x 反铁磁—y 反铁磁转变，同时出现较大的宏观应变。因此通过模拟比较发现，采用垂直压应力可有效降低临界磁场，这对于 Mn 基反铁磁合金的工业应用具有积极的指导意义。

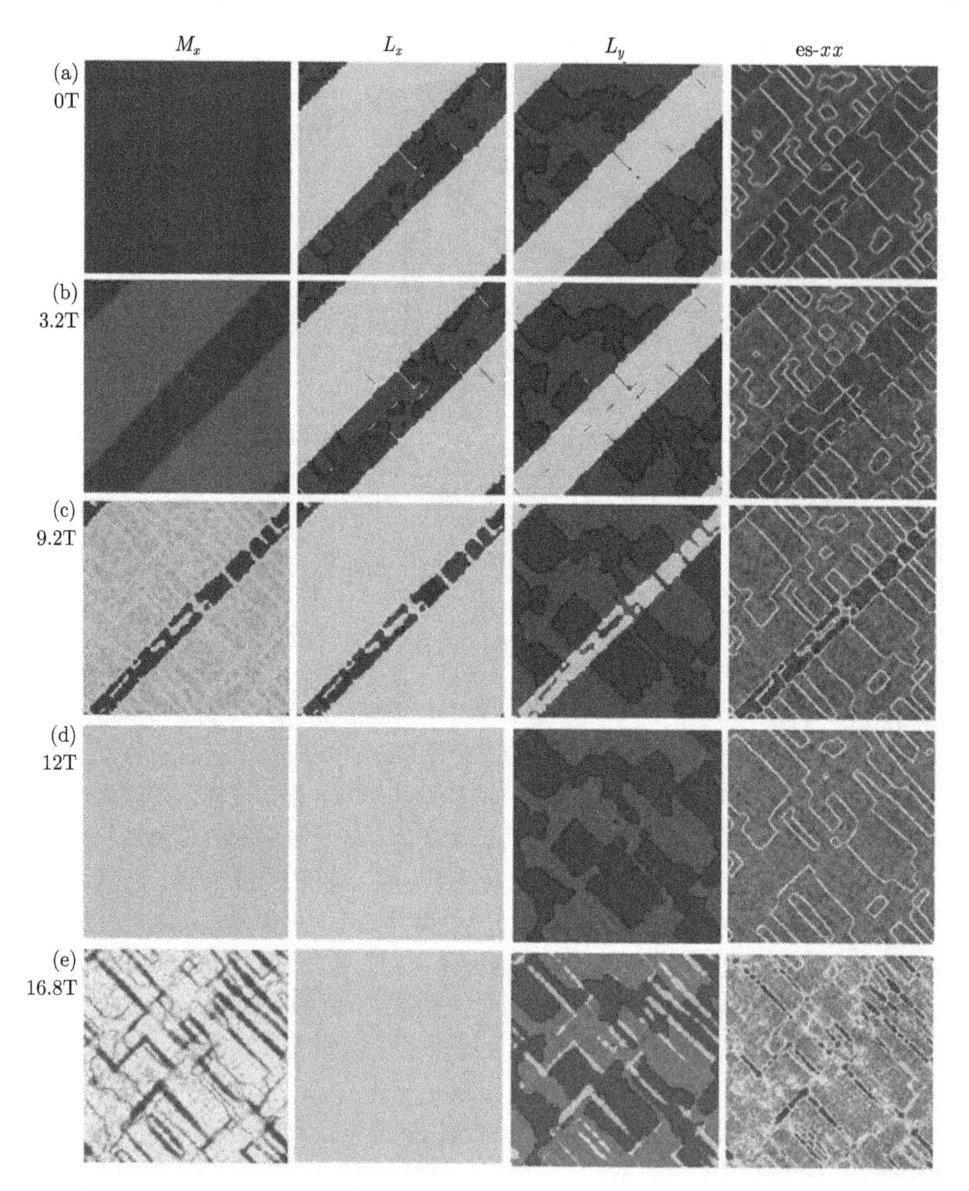

图 8-11　100MPa 垂直磁场的压应力下磁场加载过程中的微观组织演化 (a∼e) [20]

8.3.4　强磁场下单晶畴界的迁移

如图 8-8 和图 8-10 所示，200MPa 外应力下的磁化曲线与低应力下的磁化曲线有很大不同，特别是在低磁场阶段。实际上，低场的这种差异与初始微观结构有关。在大应力作用下，变形再取向的影响会导致单一变形组织的形成。因此，第一阶段的非线性磁化不会发生，这与反铁磁变体的重新取向过程相对应。图 8-12 显示了平行应力下反铁磁–铁磁转变过程中的微观结构演变。研究发现，虽然相变前后的变化都是 x-变化，但外应力使临界相变磁场明显减小。这种转变是通过铁磁区域的形核和后续生长来实现的。大应力完全抑制了 y-反铁磁变体的出现，因此磁转变没有伴随结构转变，这与无应力或小应力的磁转变有明显区别。相比之下，还考虑了垂直压应力的情况，显微组织演变结果如图 8-13 所示。与图 8-13 和图 8-12 相比，它们的相同特征是一阶转变的特征，即成核和生长。当应力阻碍 x 变化的形成时，转变临界场明显增大，磁转变伴随着变取向过程，从而导致宏观形态的改变，如图 8-10(b) 所示。

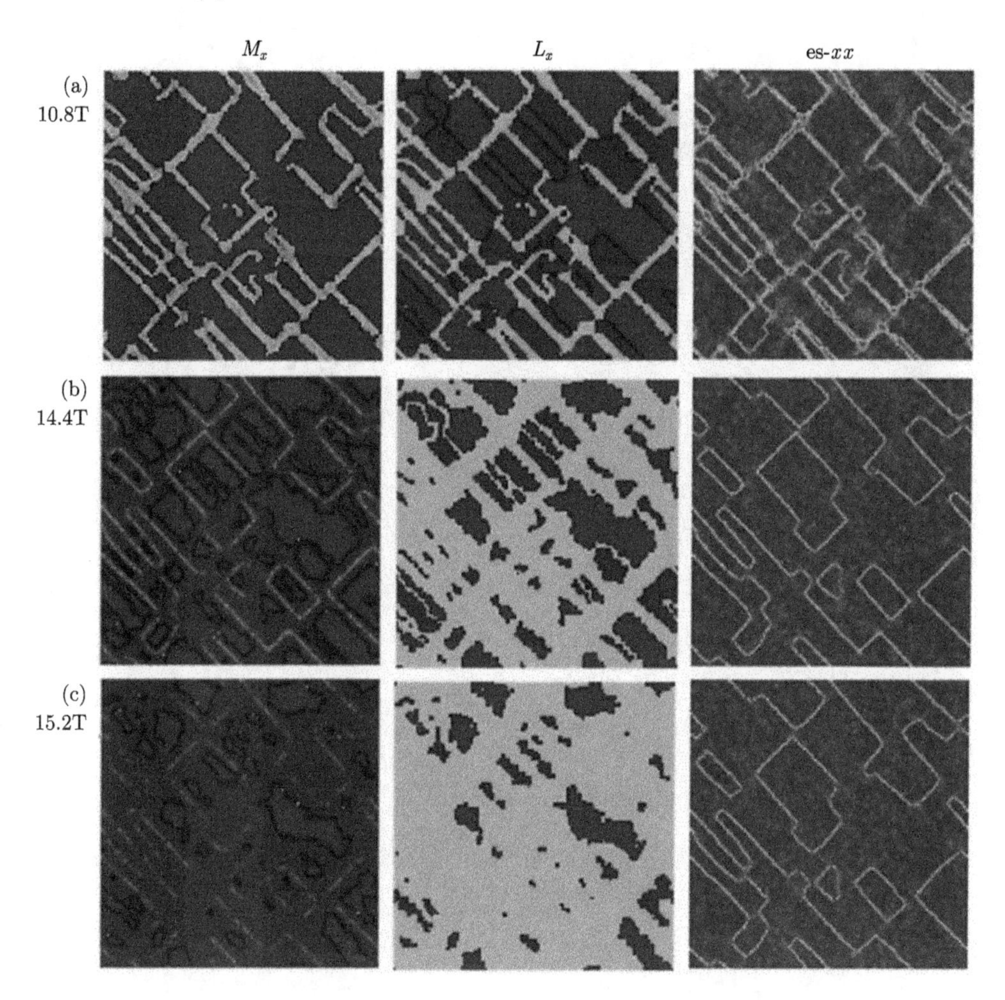

图 8-12 200MPa 压应力场平行于强磁场对顺磁–反铁磁转变微观组织的影响 (a~c)

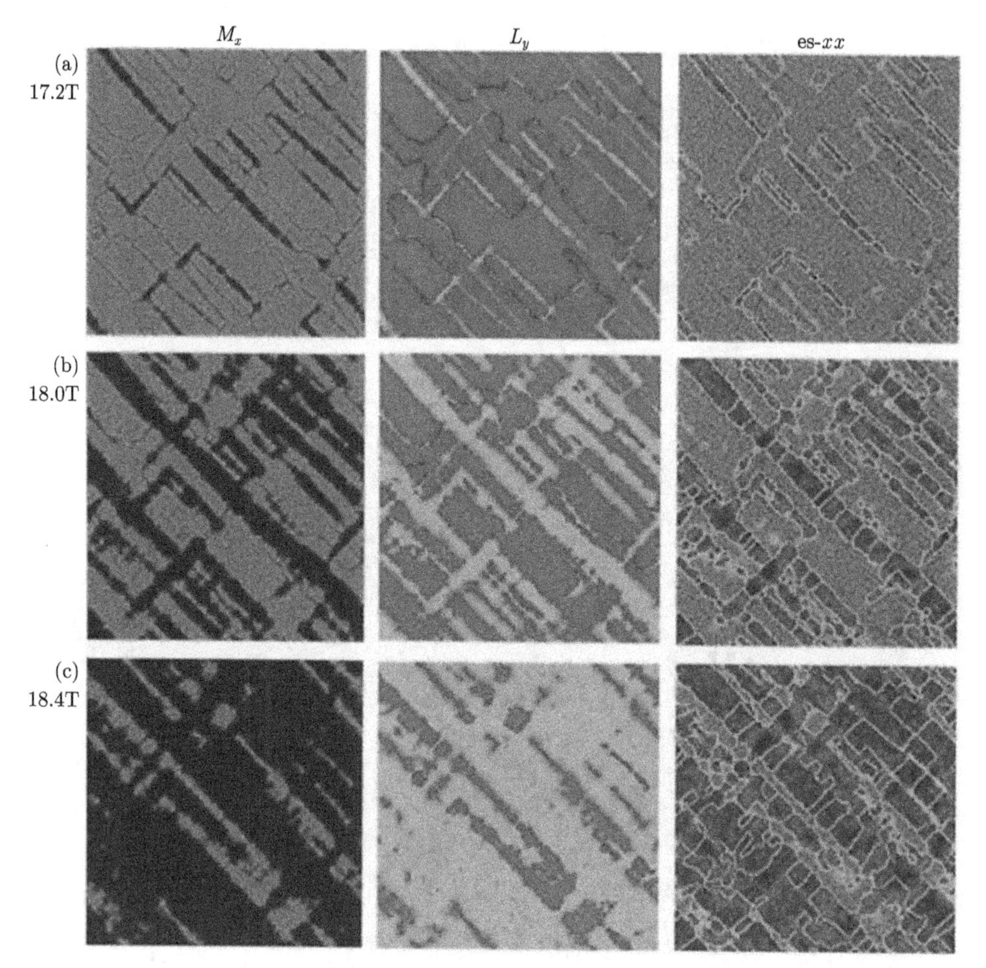

图 8-13 200MPa 压应力场垂直于强磁场对顺磁–反铁磁转变微观组织的影响 (a~c)

8.4 多晶体系中反铁磁结构相变的形态学 [21]

8.4.1 无外场下多晶的微观组织形态

实际材料多为多晶，单晶材料尽管在性能上要比多晶优越，但制备相对困难很多，制造成本高，这些限制了单晶材料的工业应用。前面的模拟主要是考虑反铁磁 Mn-Ni 单晶合金内部微观组织演化的相场模拟，下面将考虑多晶体系，并与单晶体系的组织特性和磁学特性进行比较。相场模拟之前需要将单晶模型扩展为多晶模型，并构建二维多晶结构体系，但 Landau 能量方程、序参量演化控制方程及相关原理不会有太大的改变。图 8-14 给出了 Mn-Ni 合金多晶取向分布图及初步形成的马氏体组织和反铁磁畴。从图 8-14 中可看出：二维多晶模型中包含符合周期边界条件的 4 个晶粒，取向角分别为 0°、15°、30° 和 45°；为了有效降低多晶体系中总的弹性应变能，这 4 个晶粒内两种马氏体变体交替出现，相应的孪晶面会随晶粒取向变化而有所差异，多晶组织比单晶组织复杂很多；在整体坐标系下反铁磁磁矩的方向也会随晶粒取向的变化而变化，因此在整体坐标系下多晶中磁矩存在多种不同取向的反铁磁磁畴。具体模拟过程中考虑到相变应变张量会随晶粒取向而变化，所以 Mn-Ni 多晶合金中相变应变的分布比单晶要复杂很多。

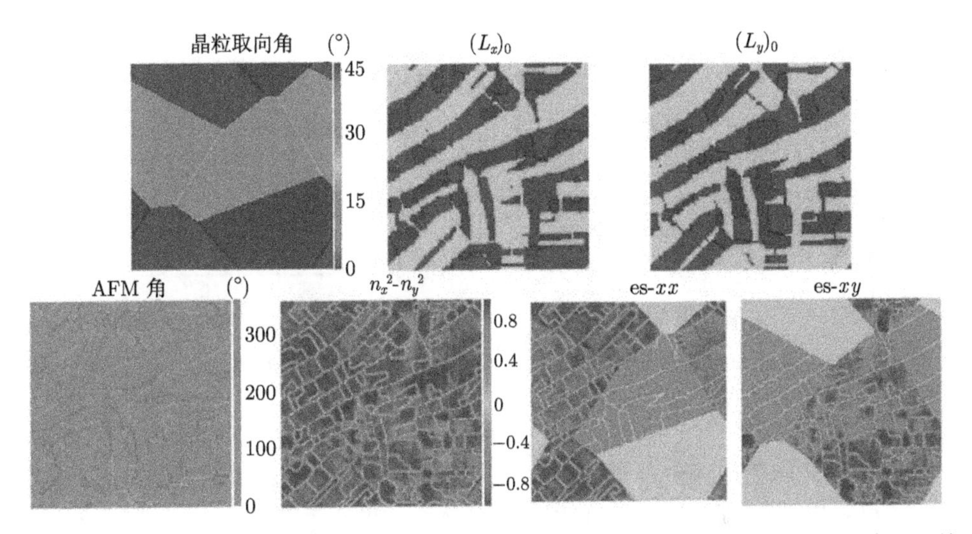

图 8-14 多晶模型中的晶粒取向分布，以及形成的反铁磁马氏体组织。其中 $(L_x)_0$ 表示晶粒的局部坐标系下的反铁磁序参量，AFM 角表示反铁磁态在整体坐标系下的磁矩方向[21]

8.4.2 磁场下多晶微观组织的演化

利用上述多晶模型通过相场模拟计算得到 Mn-Ni 多晶合金在磁场下的磁化强度曲线和磁致应变曲线，如图 8-15 所示；为便于比较，同时给出了单晶的相应曲线。从图 8-15(a) 中可看出，Mn-Ni 多晶合金磁化曲线中的磁滞回线环要明显小于单晶在 [10] 方向加载磁场得到的磁滞回线环，这表明多晶磁损耗要低于单晶体系，同时多晶磁性的滞后效应也比单晶体系要弱很多。对于多晶铁磁体的磁晶各向异性，其不同晶体取向的磁化曲线是不同的，而多晶则体现各晶体取向磁化的综合效果，而反铁磁多晶则完全是磁各向同性。强磁场下反铁磁多晶完全铁磁化后，多晶的宏观应变明显低于 [10] 单晶，这是因为 x 方向各晶粒中相变应变随晶粒取向偏离 [10] 方向而减小，导致多晶中总体的相变应变减小，如图 8-15(b) 所示。所以作为功能材料要尽量选择单晶合金，这样可以获得最佳的功能特性，但是多晶和单晶的宏观应变随磁场的整体变化趋势是相似的。多晶与单晶毕竟存在差别，例如在 16T 磁场下，只有一部分晶粒完全铁磁化；当磁场增大至 20T 时，整个多晶体系的磁矩方向才全部平行于磁场方向，单晶体系可能就不需要这么高的磁场来完成铁磁化。单独从各晶粒的局部坐标系下看，不同晶粒的铁磁磁矩的取向并不相同，但在外部强磁场下各晶粒的铁磁磁矩方向都转换到与外磁场方向一致，实际上总有一些颗粒中的铁磁磁矩方向偏离了它的易磁化方向，最终导致多晶体系中磁晶各向异性能的提高，这与多晶铁磁体的磁化过程相似 [22]。

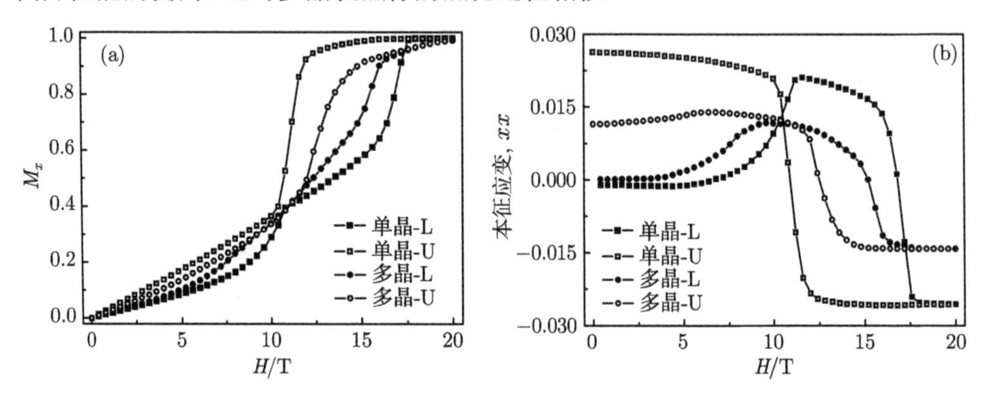

图 8-15　多晶在磁化过程中的磁化强度–磁场曲线 (a) 和相变应变–磁场曲线 (b)。作为比较，同时给出单晶的结果[21]

图 8-16 是磁场加载过程中多晶体系内部微观组织演化的相场模拟结果。从图 8-16 中可看出：在磁场小于 3.2T 时，多晶体系中的反铁磁磁畴难以被磁场推动，此时多晶体系的磁化强度依旧很小，外磁场下的磁性能量也非常小，反铁磁畴连同孪晶畴无法运动；当磁场增加到 6.8T 时多晶体系的磁化强度进一步增加，多晶体系的磁化能得到有效提高，外磁场能够借助反铁磁磁畴的移动带动马氏体孪晶界面一起移动。磁弹耦合作用的结果是反铁磁畴与马氏体孪晶畴具有很好的对应性，相互依存，并一起运动；从模拟的数值上看，结构序参量随着磁性序参量发生相应的变化。和单晶的相场模拟结果相似，多晶内多铁性畴界 (反铁磁畴界 + 马氏体孪晶畴界) 在磁场下的迁移运动同样会经历两个过程：反铁磁磁矩方向的变化过程和反铁磁–铁磁转变过程。在第一阶段，磁矩向着垂直于外加磁场的方向进行演化，因此在一些晶粒中反铁磁磁矩方向并不在易磁化方向 (如图 8-14 中 45° 晶粒)。这一阶段磁化强度明显提高是由于各个晶粒中 y 方向的反铁磁磁畴吞并了 x 方向的反铁磁磁畴，同时伴随着 x 方向的马氏体变体转变为 y 方向的变体，这种情况下合金体系中会出现宏观应变；这个阶段出现变体重排，可认为各晶粒中 y 方向反铁磁态是 x 方向反铁磁态转变为 x 方向铁磁态之间的过渡态。在第二个磁化强度显著提高的阶段，多晶合金体系内部出现铁磁磁畴 M_x 的形核和长大，同时在铁磁磁畴区发生变体重排，形成 x 方向的马氏体变体，最终整个体系形成单一铁磁磁畴和单变体马氏体态。

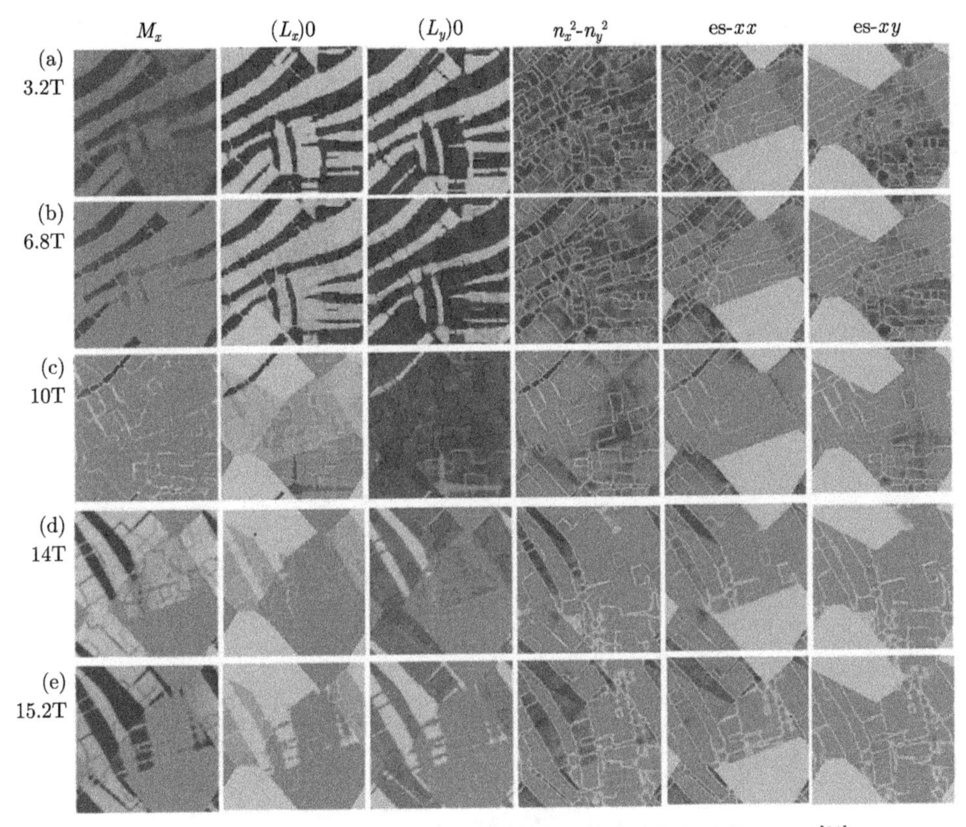

图 8-16 无外加应力时磁场加载过程中多晶的微观组织演化 (a∼e)[21]

8.4.3 磁场和应力场下多晶微观组织的演化

8.4.3.1 *应力场平行磁场*

我们知道对于磁控形状记忆合金，利用多物理场 (应力场 + 磁场) 可有效降低磁场，实验证明这种工艺方案在铁磁性 Ni-Mn-Ga 等合金中得到成功应用，前面的单晶相场模拟显示采用多物理场比单一强磁场可以更有效提高磁控应变，对于 Mn 基多晶合金更需要实施多物理场；单晶模拟结果已给出积极答案，引入外应力场可有效降低磁场，这是一个非常有利的结果，但对于多晶合金而言，这一结果是否有效还需要进一步的研究，下面重点考虑应力场平行磁场的情况下微观组织的演化及磁致应变、磁化强度的变化特性。

相场模拟中采用自由边界条件，在平行磁场方向上施加不同压应力，压应力变化范围 [0,200MPa]，这里选取几个定值：50MPa、100MPa、150MPa 和 200MPa，磁场在 [0, 20T] 范围内连续变化；模拟计算可得到多晶合金体系的磁化强度和磁致应变的变化曲线，如图 8-17 所示。从图中可看出，外加压应力并没有改变磁化曲线的整体变化趋势，但反铁磁–铁磁转变的临界磁场随应力增大而有所降低。对于多晶，200MPa 应力强度已不足以抑止反铁磁 x—反铁磁 y 转变，因此磁化时仍然出现两个阶段。

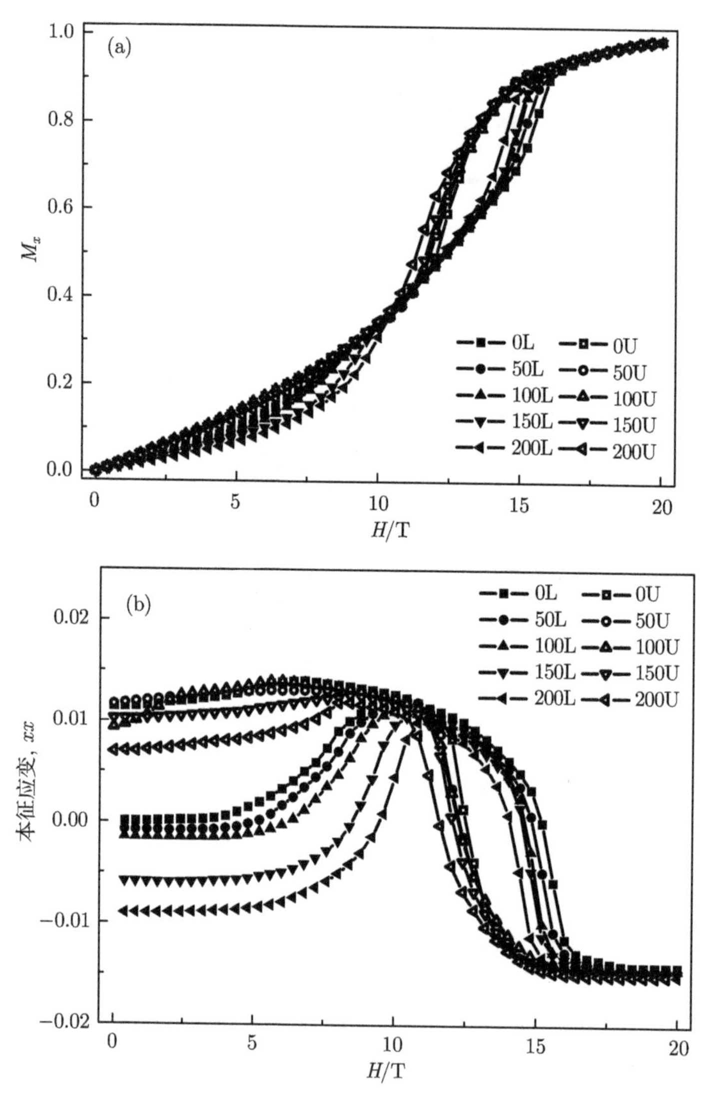

图 8-17　外加应力平行于磁场时，多晶在不同大小应力下的磁化强度–磁场曲线 (a) 和相变应变–磁场曲线 (b)[21]

图 8-18 是平行压应力为 150MPa 时多晶体系中磁化过程的微观组织演化图。从图中可看出，当外加压应力等于 150MPa 时，多晶体系中的反铁磁马氏体孪晶组织已开始进行变体重排，x 变体的含量相对于 y 变体明显增多；借助于磁弹耦合

作用，马氏体变体重排过程中，反铁磁磁畴也在进行重新组合，孪晶畴界的迁移伴随着反铁磁磁畴一起迁移，并相互对应。之后的过程就类似于无外加应力的结果，即出现两个阶段。相场模拟结果显示，单晶合金中马氏体变体重排存在一个临界应力。对于多晶而言，外加应力对变体重排的临界应力值大小还与晶体取向有关，因此在某些取向的晶粒中上述转变受到的抑制程度较低，从而在发生反铁磁–铁磁转变之前发生反铁磁变体重排，多晶体系中提前出现宏观应变。图 8-18 中多晶体系微观组织的演化结果也显示某些晶粒会提前进行孪晶变体重排，在某些区域多铁性畴界也会提前开始迁移。由于磁晶各向异性和磁控应变等都与多晶的晶粒取向有关，因此多物理场下的磁化过程中不同晶粒间内部的微观组织演化呈现不同步的现象，这种先后顺序与各微观组织所处的局域环境 (包括局域应力状态、局域内磁场环境等) 都密切相关。

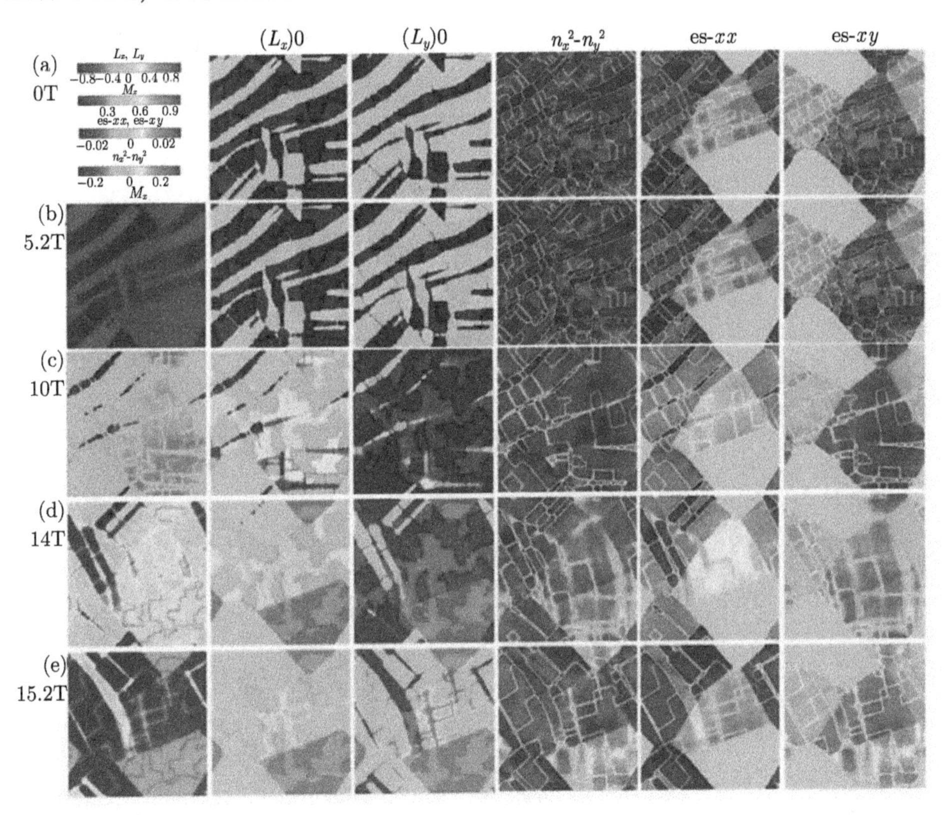

图 8-18 在平行磁场的 150MPa 外加压应力下，磁场加载过程中的微观组织演化 (a∼e)[21]

8.4.3.2 应力场垂直磁场

不同方向的压应力对多晶材料的磁化行为会产生不同的影响，前面的模拟结果已显示与磁场平行的压应力对多晶微观组织演化及磁化行为、磁致应变等都有重要影响，下面重点分析压应力场垂直磁场下的磁化行为等，相场模拟结果如图 8-19 所示。压应力依旧分别取 0MPa、50MPa、100MPa 和 200MPa。模拟结果显示：(1) 当压应力较小 (50MPa) 时，在无磁场时不足以诱发变体重排，其磁化曲线与无外加应力的结果相比出现了较小移动，与应力平行磁场的模拟结果类似，磁化时两个阶段都会出现。(2) 当压应力增大到 200MPa 时，在其垂直方向上施加磁场之前体系已发生应力诱发变体重排，转变为反铁磁 y 马氏体变体；初始阶段的磁化曲线和无应力时的曲线明显不同，反铁磁 y 变体的磁化率明显高于反铁磁 x 变体，在磁化时不再出现第一阶段；当磁场达到 20T 时，反铁磁 y 变体直接转变为铁

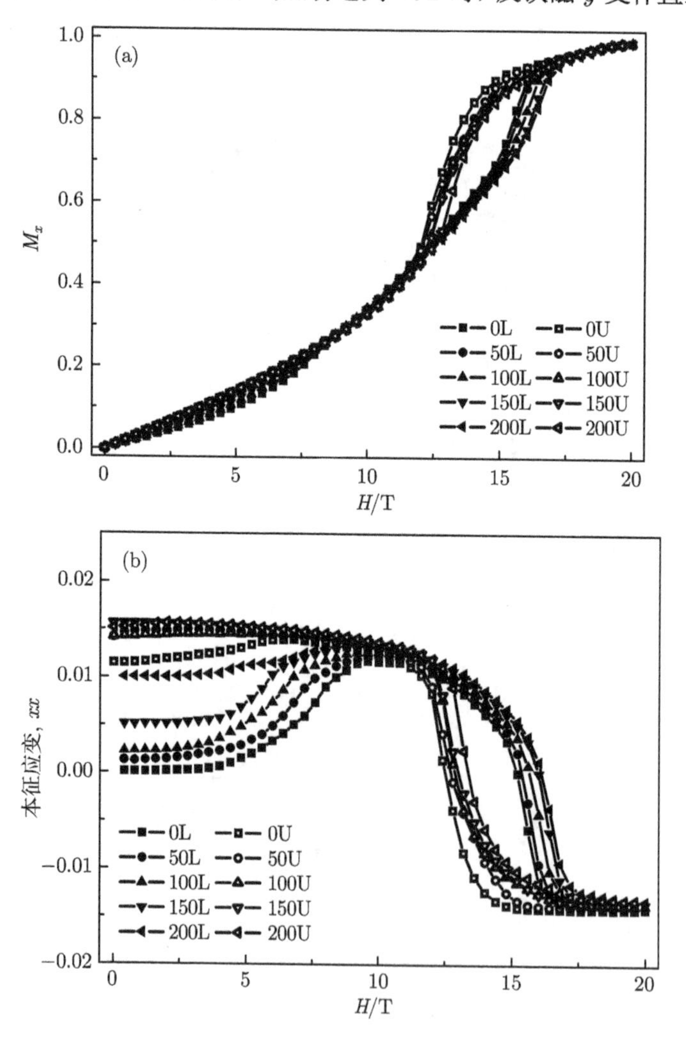

图 8-19　垂直于磁场时，多晶在不同大小应力下的磁化强度曲线 (a) 和磁致应变曲线 (b)[21]

磁 x 变体，多晶反铁磁态转变为铁磁态。由于垂直磁场的外加压应力不利于 x 变体的形成，因此 200MPa 应力使得磁性转变的临界磁场有所升高；结合图 8-18 和图 8-20，比较发现平行磁场或垂直磁场的外加压应力对多晶体系磁化行为产生影响的主要原因依旧是不同方向的压应力有利于不同马氏体变体的稳定，并通过磁弹耦合作用进而对不同类型反铁磁畴产生影响。

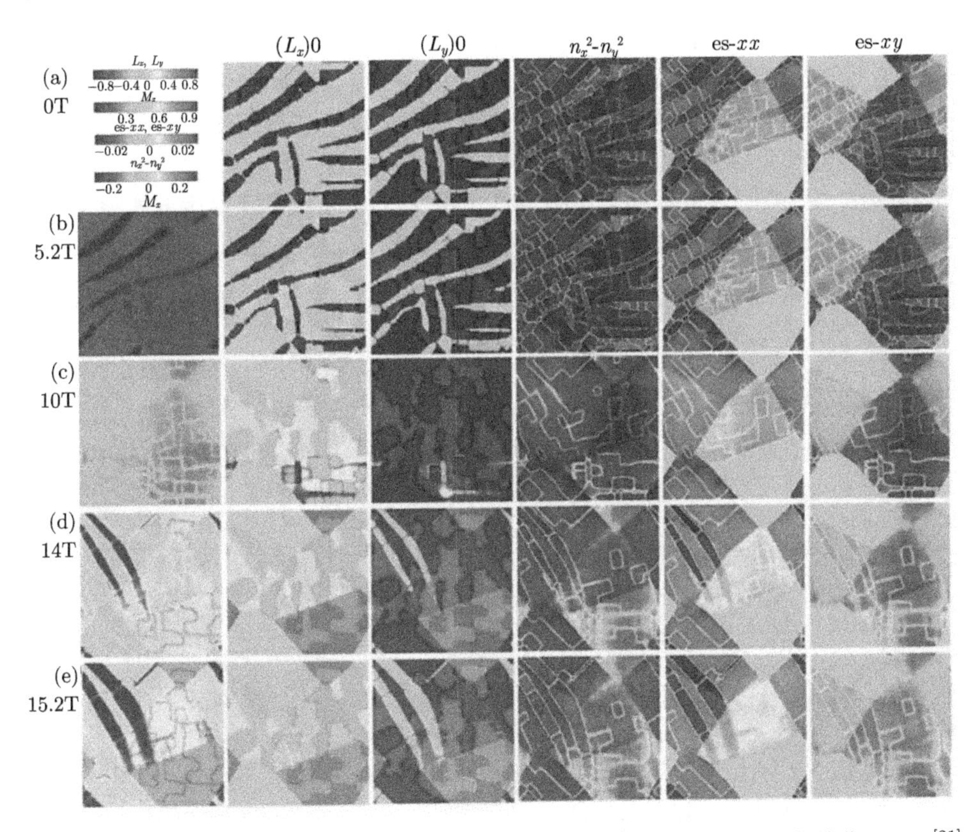

图 8-20 在垂直磁场的 150MPa 外加压应力下，磁场加载过程中的微观组织演化 (a~e)[21]

恒定外加压应力下实施磁场循环加载/卸载处理，对于合金体系内部微观组织的演化将变得更加简单，因为压应力总会有利于某种变体的稳定。图 8-20 是 150MPa 垂直压应力下多晶体系磁化过程中微观组织演化的模拟结果。结果显示在垂直压应力的作用下通过变体重排使得 y 马氏体变体多于 x 马氏体变体，考虑到多晶中晶粒取向关系的影响，这种变体重排的程度肯定要低于单晶；磁化过程中微观组织演化过程和无外加应力时的演化结果相似，先后发生 x 反铁磁变体—y 反铁磁变体转变和 y 反铁磁变体—x 铁磁变体转变，这种转变的内在机理还需要进一步的研究。

8.4.4 大应力场下多晶畴界的迁移

从以上相场模拟结果看，多晶体系的磁化行为对外应力场有较大的依赖关系，在前面的模拟中最大的外应力为 200MPa，这里将其增加到 400MPa，微观组织的模拟结果如图 8-21 所示。对于磁化曲线，外加应力主要影响磁性转变的临界磁场。当外加应力为 −400MPa 时，相变应变–磁场曲线在磁化过程的中间发生变化，明显不同于其他曲线，也不同于单晶试样的结果。分析可知，当压应力较大时，单晶不出现反铁磁 x 变体转变为 y 变体，而多晶中出现了，因此会引起相变应变或磁致应变的变化。多晶合金体系中外加应力对变体重排的临界驱动力和晶体取向有密切关系，因此多晶中肯定存在一些晶粒在发生变体重排时更容易进行，不同晶粒中发生变体重排的时间也不完全相同，所以这些晶粒中可能会在发生反铁磁变体重

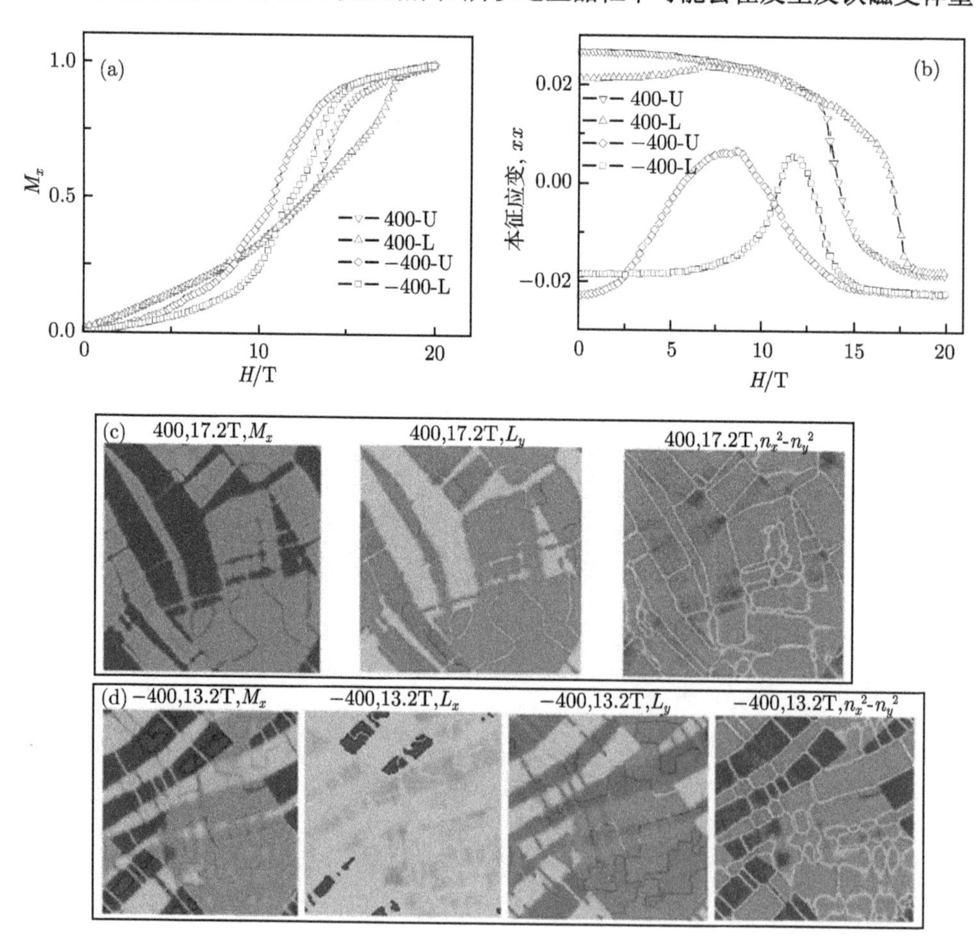

图 8-21 400MPa 外加应力下的磁化行为 (a), 宏观应变 (b)，400MPa 外加应力下磁场为 17.2T 时微观组织分布 (c)，−400MPa 外加应力下磁场为 13.2T 时微观组织分布 (d)[21]

排后再发生反铁磁–铁磁转变，同样会出现宏观应变。多晶体系中微观组织演化的模拟结果和上述分析一致。

铁磁性材料中的磁致应变相对较大，可达到几百 ppm，具有良好的应用前景 [23]。相比而言反铁磁材料的磁致应变尽管有研究结果报道 [24]，但其数值非常小，限制了它的实用；通过添加稀土等措施有望提高它的磁致应变。另外一种方式就是希望借助于结构相变如马氏体相变，将磁致结构相变或磁致结构转变添加到有限的磁致应变中，从而打开 Mn 基反铁磁合金的应用瓶颈。根据 Mn 基二元合金相图，发现在一定成分范围内，顺磁–反铁磁相变与 fcc-fct 马氏体相变耦合在一起，磁相变温度与马氏体相变温度非常接近，这种成分下的 Mn 基合金有望成为一种有价值的磁致应变材料，因为反铁磁相变结束后就形成了反铁磁的孪晶马氏体。以上相场模拟结果显示，其孪晶畴与反铁磁畴是牢牢耦合在一起的，通过磁场或外加应力场可以实现这种界面的往返运动，从而得到高达 2.5% 的宏观应变，这远远高于简单磁致伸缩材料的 ppm 级的磁致应变。通过单晶与多晶的比较，发现单晶的磁致应变要高于多晶，所以提出作为功能材料要获得比较好的功能特性，可优先选择单晶，尽管制备困难且制造成本相对较高。以上通过相场模拟研究了反铁磁 Mn 基单晶和多晶合金在多物理场 (磁场 + 应力场) 下多铁性畴界 (反铁磁磁畴 + 马氏体孪晶畴) 的形成及迁移规律，并对其磁化行为和变形行为进行了研究，得到一些有价值的科学规律，这对于开发应用 Mn 基反铁磁合金均具有重要的意义。

参 考 文 献

[1] Fishman R S, Lee W T, Liu S H, et al. Structural and magnetic phase transitions in Mn-Ni alloys [J]. Physical Review B Condensed Matter & Materials Physics, 2000, 61(18): 12159-12168.

[2] Honda N, Tanji Y, Nakagawa Y. Lattice distortion and elastic properties of antiferromagnetic γ Mn-Ni alloys[J]. Journal of the Physical Society of Japan, 1976, 41: 1931-1937.

[3] Jo T, Hirai K. Lattice distortion and multiple spin density wave state in γ Mn alloys[J]. Journal of the Physical Society of Japan, 1986, 55(55): 2017-2023.

[4] Kumar D, Adeyeye A O. Techniques in micromagnetic simulation and analysis [J]. Journal of Physics D: Applied Physics, 2017, 50(34): 343001.

[5] Josef F, Thomas S. Micromagnetic modelling—The current state of the art [J]. Journal of Physics D: Applied Physics, 2000, 33(15): 135.

[6] Zhang J, Chen L. Phase-field microelasticity theory and micromagnetic simulations of domain structures in giant magnetostrictive materials [J]. Acta Materialia, 2005, 53(9): 2845-2855.

[7] Wu P P, Ma X Q, Zhang J X, et al. Phase-field simulations of stress-strain behavior in ferromagnetic shape memory alloy Ni_2MnGa [J]. Journal of Applied Physics, 2008, 104(7): 073906.

[8] Jin Y M. Domain microstructure evolution in magnetic shape memory alloys: Phase-field model and simulation [J]. Acta Materialia, 2009, 57(8): 2488-2495.

[9] Wang J, Zhang J. A real-space phase field model for the domain evolution of ferromagnetic materials [J]. International Journal of Solids and Structures, 2013, 50(22-23): 3597-3609.

[10] 蒋成保, 王敬民, 徐惠彬. 磁性形状记忆合金研究进展 [J]. 中国材料进展, 2011, 30(9): 42-50, 56.

[11] 聂志华, 王沿东, 刘冬梅. 磁驱动相变材料研究进展 [J]. 中国材料进展, 2012, 31(3): 15-25.

[12] Krenke T, Duman E, Acet M, et al. Inverse magnetocaloric effect in ferromagnetic Ni-Mn-Sn alloys [J]. Nature Materials, 2005, 4(6): 450-454.

[13] Huang H B, Ma X Q, Wang J J, et al. A phase-field model of phase transitions and domain structures of Ni-Co-Mn-In metamagnetic alloys [J]. Acta Materialia, 2015, 83: 333-340.

[14] Wang J J, Ma X Q, Huang H B, et al. A thermodynamic potential for $Ni_{45}Co_5Mn_{36.7}In_{13.3}$ single crystal [J]. Journal of Applied Physics, 2013, 114(1): 013504.

[15] Matsuura Y, Jo T. Theory of multiple spin density wave and lattice distortion in FCC antiferromagnet [J]. Journal of Physics: Conference Series, 2010, 200(3): 032044.

[16] Tokunaga M, Miura N, Tomioka Y, et al. High-magnetic-field study of the phase transitions of $R_{1-x}Ca_xMnO_3$ (R= Pr, Nd) [J]. Physical Review B, 1998, 57(9): 5259.

[17] Belik A A, Azuma M, Matsuo A, et al. Crystal structure and properties of phosphate $PbCu_2(PO_4)_2$ with spin-singlet ground state [J]. Physical Review B, 2006, 73(2): 4429(1-7).

[18] Zavorotnev Y D, Medvedeva L I, Todris B M, et al. Behavior of antiferromagnetic Mn-Co-Si in a magnetic field under pressure [J]. Journal of Magnetism and Magnetic Materials, 2011, 323(22): 2808-2812.

[19] Chen L Q, Shen J. Applications of semi-Implicit fourier-spectral method to phase field equations [J]. Computer Physics Communications, 1998, 108(2-3): 147-158.

[20] Cui S S, Wan J F, Chen N L, et al. Phase-field simulation of magnetic field induced microstructure evolution in γMn-based alloys[J]. Journal of Applied Physics, 2020, 127(9): 095103.

[21] 崔书山. γMn 基合金热弹性马氏体相变的 Fourier 谱方法和有限元法相场模拟研究 [D]. 上海: 上海交通大学, 2019.

[22] Sozinov A, Likhachev A A, Lanska N, et al. Effect of crystal structure on magnetic-field-induced strain in Ni-Mn-Ga [J]. Smart Structures & Materials Active Materials

Behavior & Mechanics, 2003, 5053: 586-594.

[23] 蒋成保, 花慧, 王敬民. 热磁耦合马氏体相变及其物理效应 [J]. 稀有金属, 2017, 41(5): 505-514.

[24] Lavrov A N, Seiki K, Yoichi A. Magnetic shape-memory effects in a crystal [J]. Nature, 2002, 418(6896): 385-386.

编 后 记

《博士后文库》（以下简称《文库》）是汇集自然科学领域博士后研究人员优秀学术成果的系列丛书。《文库》致力于打造专属于博士后学术创新的旗舰品牌，营造博士后百花齐放的学术氛围，提升博士后优秀成果的学术和社会影响力。

《文库》出版资助工作开展以来，得到了全国博士后管委会办公室、中国博士后科学基金会、中国科学院、科学出版社等有关单位领导的大力支持，众多热心博士后事业的专家学者给予积极的建议，工作人员做了大量艰苦细致的工作。在此，我们一并表示感谢！

《博士后文库》编委会